Edizioni PensareDiverso.
Collana Cenacolo Jung Pauli.

L'hindouisme et la théorie quantique.

Bruno Del Medico.

L'hindouisme et la théorie quantique

Toutes les analogies entre les principes quantiques et les concepts de la philosophie hindoue : Brahma, Atman, Karma, Moksha, Dharma.

PensareDiverso Editions
edizioni@delmedico.it
www.giardinoquantico.it

Sur la couverture : à l'entrée du Laboratoire européen de physique des particules (CERN), à Genève, se trouve une statue de Shiva Nataraja, le dieu danseur de l'hindouisme. Cette statue représente le cycle perpétuel de la création, de la préservation et de la destruction, un concept central de la cosmologie indienne.

Résumé.

L'hindouisme et la théorie quantique. 2

Résumé. 5

Introduction. 14

Avant-propos 16

Philosophie hindoue et religion hindoue. Les différences. 16
Doctrine hindoue. 18

Chapitre I. La physique quantique, un nouveau paradigme..... 20

Du sanskrit à la science : une physique qui parle la langue de l'hindouisme. 21

Maya et le voile de "ce qui semble" 21
Paradoxes et philosophies de la mécanique quantique. 23

Histoire et développement de la physique quantique. 27

Une chronologie des idées et des découvertes. 27
Max Planck et la naissance du "quantum". 29
Le scandale scientifique du "combien" 31
Le premier pas de Max Planck. 32
Albert Einstein et l'effet photoélectrique. 34
Une étincelle de lumière change l'histoire 36
Niels Bohr et le modèle atomique (1913). 38
Niels Bohr et l'atome qui n'explose pas. 40
Werner Heisenberg et le principe d'incertitude. 42
Werner Heisenberg et le côté mystérieux de la nature. 44
Erwin Schrödinger et le chat. 46
Ondes, équations et paradoxes de la nature 48
Copenhague 1927. La conférence qui a changé le destin de la physique. 51
Richard Feynman et la contribution américaine (années 1940-1960). 56
Diagrammes du chaos. 58
Une nouvelle compréhension de la réalité. 61
La révolution technologique de la physique quantique. 62

Principes fondamentaux de la physique quantique. 65

Physique quantique et philosophie hindoue : une rencontre entre science et spiritualité. 67
Le principe d'incertitude : l'imprévisibilité du monde quantique. 69
Du voile de Maya au principe d'incertitude : comment la réalité échappe à notre contrôle. 71
La dualité onde-particule : la nature insaisissable de la matière........74
Onde ou particule ? La dualité et l'interaction cosmique de Shiva et Shakti. 77
Intrication : connexion au-delà du temps et de l'espace. 80
L'enchevêtrement quantique et le concept védique d'unité cosmique. 82
L'effondrement de la fonction d'onde et le rôle de l'observateur. 84
Le probabilisme quantique et le karma : l'incertitude comme loi cosmique. 86
Décohérence quantique. 89
Décohérence et Maya : l'illusion de la concrétude dans le temps et l'espace. 90
Brahman et le vide quantique : le tout émergeant du rien. 93
Une statue de Shiva Nataraja au CERN. 95
Les "mondes parallèles" dans la physique quantique et la cosmologie hindoue. 97
La conscience quantique et l'Atman : qui observe l'observateur ? ..100
Dialogue entre la science et la philosophie. 102

Chapitre II. Hindouisme, philosophie et spiritualité. 106

Origines et développement historique de l'hindouisme............ 107

L'hindouisme : une sagesse qui traverse les millénaires. 109
Aux origines de l'éternel : la naissance des Védas et l'aube de la philosophie indienne. 110
Les Upanishads, des dimensions spirituelles et philosophiques plus profondes. 113
Le brahmanisme et la recherche de l'absolu. 115
Les Upanishads, l'aboutissement de la pensée védique. 117
Des rituels aux mantras : comment la spiritualité évolue dans les Upanishads. 118
Spiritualité en chemin : la géographie sacrée et les lieux originels de l'hindouisme. 122
Religion et philosophie. 124
L'Atman et le Brahman : l'éternel dialogue sur la nature du moi. ...127

Chapitre III. Un parallèle entre l'hindouisme et la physique.. 129

La vision hindoue de l'univers. 130

Le concept de Brahman et d'Atman : le cœur de l'interconnexion universelle.. 130
Brahman : l'absolu indivisible. 132
Adi Shankara et la philosophie de l'Advaita Vedānta..................... 136
La danse cosmique de Shiva et la dynamique de l'univers. 137
Le son primordial de l'univers. La résonance de Om...................... 139
Maya : l'illusion de la séparation. 142
Le boson de Higgs 146
L'atman et l'expérience de l'interconnexion. 147
Le cycle du temps et la pulsation de l'univers. 149
L'éternel retour.. 151
L'intelligence cosmique. L'hindouisme entre ordre et entropie. 153
L'univers comme union de la science et de la spiritualité............... 154

L'univers selon la physique quantique. 156

Vide quantique et Brahman : une origine commune ?..................... 156
La vision newtonienne.. 158
La vision quantique. 160
La métaphore du rêve. 161
Samkhya : Purusha et Prakriti, être et devenir. 163
Gravitation quantique en boucle. 166
L'horloge brisée : le temps quantique et le cycle du Samsara......... 168
L'illusion de l'observateur. Physique quantique et conscience hindoue. 171

Chapitre IV. La nature de l'esprit. 174

L'esprit dans l'hindouisme. 175

L'illusion qui emprisonne l'homme dans le Samsara. 177
L'esprit et le Samsara : le grand piège. 179
Ego, esprit et éternité : le voyage de l'ahankara au Soi (Atman). ... 179
L'esprit comme miroir trouble. 182
Le non-dualisme et la libération de l'esprit. 184
De la connaissance de soi à l'expérience de l'infini. 186
Expérimentation intérieure et contrôle de l'esprit. 188
L'esprit comme miroir de l'unité. 190
Au-delà de l'esprit : une perspective intemporelle. 193

Conscience et physique quantique. 195

La nature de l'esprit dans les Upanishads. 195
La conscience crée-t-elle le cosmos ? De la fonction d'onde à l'Advaita Vedanta.. 197

L'univers est-il conscient ?...199
Qu'est-ce que la réalité ? La question quantique....201
Conscience et réalité dans l'hindouisme....203
L'approche de David Bohm : entre physique et mystique....205
L'esprit, illusion ou outil ?...208
Connaître le soi dans le multivers quantique. L'hindouisme et Eugène Wigner...210
L'approche de la réalité par David Bohm et ses liens avec la philosophie indienne....212
De Schrödinger à Krishna : l'hindouisme et l'introspection en physique quantique....214
Conscience, physique quantique et réincarnation...217
La toile de la réalité : philosophie hindoue, physique du vide et dialogues culturels....219
Points de rencontre ?...221

Chapitre V. Le temps et l'impermanence....224

Le temps dans les textes hindous....225

Le temps sans fin : le concept d'éternité dans les textes védiques...227
L'horloge de Brahma : création, destruction et renaissance cosmique. ...228
Les quatre Yugas : les cycles de l'humanité....231
Symbolique culturelle : lieux et textes....235
Réflexions modernes...237
De Konarak à Stonehenge : le temps sacré dans les cultures anciennes. ...239
Que peut nous apprendre l'hindouisme sur la modernité et l'impermanence ?...241
Du Kali Yuga à la Singularité : le temps cyclique rencontre l'avenir technologique....243

Le temps en physique quantique....246

Le temps en physique quantique : un dialogue avec l'hindouisme..248
Le temps en physique quantique : une dimension non linéaire....250
Eugène Wigner et le rôle de la conscience....251
Anecdotes et liens culturels....253
Temps discontinu...255
Le temps qui ne s'écoule pas....257
Temps et non-temps : la philosophie hindoue et le chat de Schrödinger. ...259

Chapitre VI. Un pont entre la physique et la spiritualité. 262

Pratiques méditatives dans l'hindouisme.................................. 263
L'art de la méditation dans les temples de la tradition hindoue. 263
Amener l'esprit à un silence total.. 265
Objectif et signification de la méditation....................................... 267
Les sept chakras : portes d'accès à l'énergie et à la méditation....... 269
Méditer sur le temps : l'illusion maya et la réalité quantique.......... 272
Le souffle de l'univers. Le pranayama et la connexion cosmique... 274
L'esprit comme champ quantique dans la tradition du yoga........... 276
Interconnexions entre la science et la méditation. 277
Méditation et neurosciences quantiques.................................. 280
Méditation : pause dans la réalité et voyage intérieur..................... 280
Le cerveau dans la méditation : la danse quantique entre les ondes et la conscience... 282
Du Samadhi à la conscience quantique.. 284
Que disent les neurosciences ? 286
Quand l'atome rencontre l'âme : méditation, neuroplasticité et potentiel quantique. 288
La méditation et le temps. Le temps cesse d'exister. 290
L'illusion du temps : neurobiologie de la méditation et théorie quantique. 292
Un monde qui change avec l'esprit : expériences et implications... 295
La méditation et la science du futur.. 296
Exemples pratiques et invitation à la réflexion............................... 298
Méditer pour observer. Le parallèle entre l'observateur quantique et la conscience hindoue.. 301

Chapitre VII Brahman : la réalité ultime 304

Brahman, le principe universel qui imprègne tout. 305
Brahman, le champ de Higgs et les structures fondamentales de la physique... 306
Maya, Brahman et l'interconnexion quantique. 308
Brahman et la nature ondulatoire des particules............................. 309
La danse de Shiva dans le champ quantique. Brahman en tant qu'union de la matière et de l'énergie. 311
Brahman et le champ de Higgs : une rencontre entre l'Orient et l'Occident... 312
Brahman, le vide quantique et la création cosmique. 313
Brahman et le potentiel quantique.. 315
Brahman et le mystère de l'intrication quantique........................... 317
Du Big Bang au savoir védique. Brahman et l'origine de l'univers. 318
Existe-t-il un "Tout" universel ? 319

Brahman et la recherche du champ unifié d'Einstein. 321
Brahman et la symétrie cachée de l'univers...................................323
Brahman et le destin de la physique quantique. 324

Chapitre VIII. L'Atman : le moi immortel - 326

L'Atman et la superposition. 327

Atman et champ quantique..328
L'Atman et l'incertitude : Werner Heisenberg et le moi invisible. ..331
L'illusion du soi : l'atman et le multivers quantique. 332
L'atman et le paradoxe du "chat de Schrödinger"...........................333
Méditation quantique : accès à l'Atman et à la superposition des états. 335
Kalidasa et la particule suspendue : poésie et physique de l'Atman. 336
L'atman et l'observateur quantique. Qui êtes-vous lorsque vous regardez ? 338
La danse de l'ego multidimensionnel. Shiva, Atman et superposition quantique. 339
Atman, Déjà Vu et intersections quantiques. 340
L'océan du soi : l'Atman en tant qu'onde dans la physique quantique. 341
Atman et intrication quantique. 343
L'ego et le néant : 344
Maya et la superposition : la réalité que l'Atman observe. 345
Atman et cohérence quantique 347
Krishna, Arjuna et Atman : leçons quantiques dans la Bhagavad Gita. 348
Atman dans l'infini possible. 349
Le retour au Soi quantique. L'atman à l'ère de la physique moderne. 350

Chapitre IX. Le karma : la loi de cause à effet. 352

Le karma, la loi de cause à effet... 353

L'enchevêtrement quantique et le concept de karma : des enchevêtrements invisibles dans le cosmos...................................353
Le flux incertain du karma. 356
La danse du dharma et des électrons. Karma et physique quantique. 358
L'écho du karma. Entre choix humains et réactions subatomiques. 360

L'union de la science et de la spiritualité. Karma et probabilité dans les lois de la nature. 362
Sri Krishna et Heisenberg : comment l'hindouisme explique l'incertitude quantique. 364
Prévisibilité et choix dans le domaine de l'incertitude. 366
Le principe de causalité. 367
La liberté du karma dans un univers indéterminé. 370
Quand la physique et la philosophie se rencontrent. 372
Le karma et le chat de Schrödinger. Les choix sont-ils réels ? 373
Le karma et les réseaux quantiques du destin. 376
Du karma aux ondes probabilistes. 377
Destin et causalité. 379
Celui qui veille façonne l'avenir. 381
Vibrations, décisions et vagues de possibilités. 384

Chapitre X. Moksha. La libération du Samsara. 386

Moksha : libération du cycle des naissances et des morts. 387

Moksha et décohérence quantique. 388
Le chemin vers Moksha. Ascension intérieure et transitions quantiques. 390
États de transition dans la conscience. 393
La méditation comme clé quantique de la libération. 394
Shiva et l'enchevêtrement quantique. 396
Le samsara et la physique de la conscience. 398
Moksha et l'observateur en physique quantique. 399
Décohérence mentale, Moksha dans la vie quotidienne. 401
L'effondrement de Maya et le retour à Brahman. 403
La rupture du cycle, Moksha et la notion de flèche du temps. 404
Moksha et le paradoxe du "Zénon quantique". 406
Moksha dans la mécanique des boucles. 408
L'illusion de l'esprit et l'effondrement de la fonction d'onde. 410

Chapitre XI. Dharma : devoir et éthique. 413

L'éthique dans l'hindouisme. 414

Le Dharma en tant que structure universelle. 414
Le Dharma dans la vie quotidienne. 416
Du personnel au collectif. 418
L'éthique dans la pratique spirituelle. 420
Le dharma dans la vie quotidienne. Éthique familiale et responsabilité sociale. 422

Dharma et interconnexion. L'éthique entre la spiritualité et la science. 423
Dharma et intrication quantique. 426
Le champ de Kurukshetra et la physique d'Heisenberg :.................427
Le dharma en tant que force ordonnatrice. La danse de l'interaction des particules. 429
Le dharma du photon. Une leçon d'éthique de la part de la particule-onde. 431
La théorie des relations quantiques. 432
Le dharma et le multivers : Choix et possibilités infinies entre l'éthique et la science. 434
L'oscillation du neutrino et le Dharma qui coule...........................437
Aligné" dans le chaos. 439
La complémentarité du Dharma. 440
La non-localité et le Dharma global. Influences au-delà de l'espace et du temps. 442
Le dharma et le principe de superposition......................................444
Quand le déséquilibre engendre l'évolution. 445
La déesse Saraswati et le flux quantique,.......................................448
Le dharma et l'effondrement de la fonction d'onde 450
Le but de l'univers : cycles et physique quantique. 452

L'éthique quantique. 454

Éthique et interconnexion. Quand l'hindouisme rencontre la physique quantique. 454
David Bohm, Hindouisme et physique quantique : une vision unifiée de la réalité. 456
Dharma et physique quantique. Une manière éthique de gouverner l'avenir. 458
Technologie et pouvoir : le besoin d'une éthique quantique............460
Le rôle de la vision compassionnelle...463
Progrès technologique et compassion. Une nouvelle vision issue de la Bhagavad Gita. 465
Conclusion : science et compassion, un avenir possible 467

Chapitre XII. Intégration de la spiritualité et de la science..... 470

Vers un nouveau paradigme. 471

Nouvelles voies dans la recherche et la spiritualité.................. 474

Bibliographie pour une étude plus approfondie. 477

Introduction.

La comparaison entre les philosophies orientales et la physique quantique révèle des analogies fascinantes qui nous invitent à reconsidérer notre compréhension de la réalité.

L'objectif de ce livre est d'explorer le lien surprenant entre les anciennes traditions philosophiques de l'hindouisme et les principes de la physique quantique. Une première partie explique de manière tout à fait compréhensible les principes de base de la physique quantique et la philosophie liée à cette nouvelle science. Dans la suite, un voyage évocateur conduit le lecteur à découvrir comment ces deux réalités apparemment éloignées peuvent interagir et s'influencer l'une l'autre.

L'hindouisme, avec ses principes métaphysiques profonds, offre un cadre qui semble anticiper les découvertes de la physique quantique à bien des égards. Le livre compare certains des principaux thèmes de l'hindouisme avec les notions quantiques correspondantes.

Brahman représente la réalité ultime, un tout interconnecté qui imprègne tout. Cela correspond au concept d'intrication quantique, dans lequel les particules peuvent rester connectées quelle que soit la distance qui les sépare, et suggère que la séparation au niveau fondamental pourrait n'être qu'une illusion. L'une des Upanishads dit : "Tout cela est Brahman", soulignant l'interconnexion universelle, et rappelle le champ de Higgs, qui donne une masse et une nature ondulatoire aux particules.

L'atman, l'âme individuelle qui est une manifestation de Brahman, peut être considéré sous l'angle de la superposition quantique, dans laquelle une particule existe dans plusieurs états simultanément. Cela reflète l'idée que la véritable essence du moi existe sur plusieurs plans de la réalité.

Le concept de karma repose sur la loi de cause à effet, parallèle à l'indétermination de Heisenberg, où la précision d'une mesure affecte celle d'une autre. Les actions du présent peuvent donc influencer les résultats futurs d'une manière qui n'est pas toujours prévisible.

Moksha, la libération du cycle des morts et des renaissances, trouve un parallèle dans la décohérence quantique, le processus par lequel un système quantique perd ses propriétés quantiques. Cette transition représente la transformation de la conscience d'un état à un autre, analogue à la quête de la libération spirituelle.

Le dharma, ou le devoir éthique d'une personne, se reflète dans les corrélations entre les particules, dont les interactions influencent le comportement d'un système complexe. Chaque action accomplie conformément au dharma peut avoir des effets à long terme ; de la même manière, les relations quantiques façonnent notre univers.

Il convient de souligner que ce livre traite de la philosophie hindoue et non de la religion hindoue.

Cette distinction est particulièrement pertinente dans le contexte de la physique quantique. Alors que la religion hindoue traite de la dévotion et de l'ordre cosmique établi par les divinités, la philosophie hindoue offre un cadre pour comprendre une réalité complexe, interconnectée et en constante évolution. Par exemple, l'idée de Maya - la perception illusoire du monde matériel - a des parallèles avec le principe d'incertitude de la physique quantique, selon lequel nous ne pouvons pas connaître simultanément avec précision la position et la vitesse d'une particule.

Enfin, la religion est une voie collective et rituelle, tandis que la philosophie est une voie plus individuelle et contemplative. Toutes deux enrichissent l'hindouisme, mais avec des perspectives et des objectifs différents. Dans la religion, on recherche l'union avec le divin. En philosophie, on cherche à comprendre l'être. Les deux dimensions coexistent donc, mais offrent des moyens différents d'explorer la même réalité. Comme l'a dit Swami Vivekananda au Parlement mondial des religions en 1893 : "L'hindouisme n'est pas une religion, mais une richesse infinie de l'expérience humaine". Une phrase qui résume parfaitement cette richesse et cette complexité

Avant-propos.

Philosophie hindoue et religion hindoue. Les différences.

Lorsqu'il s'agit de l'hindouisme, il est facile de confondre philosophie et religion, notamment parce que leurs frontières sont souvent floues et entremêlées. Cependant, pour comprendre les liens entre la philosophie hindoue et des domaines tels que la physique quantique, il est essentiel de distinguer les deux territoires.

La religion hindoue est la dimension pratique et dévotionnelle de l'hindouisme. Elle comprend des rituels, des cérémonies, des croyances populaires et la vénération d'une multitude de divinités. Cette forme religieuse, également appelée Sanatana Dharma (la "*loi éternelle*"), s'exprime dans les temples, dans la récitation de mantras, dans la célébration de festivals tels que Diwali ou Holi, et dans le culte de divinités telles que Vishnu, Shiva, Durga ou Krishna. La religion hindoue est liée à la communauté, à la tradition et aux pratiques quotidiennes. Le temple Jagannath de Puri, l'une des principales destinations religieuses de l'Inde, est célèbre dans ce contexte.

La philosophie hindoue, quant à elle, représente une quête plus abstraite et spéculative. Elle se concentre sur des questions fondamentales : qui sommes-nous vraiment ? Qu'est-ce que la réalité ? Quel est le sens de l'existence ? Cette quête est développée à travers les textes des Védas, des Upanishads et des six principales écoles philosophiques, dont le Samkhya, le Yoga et le Vedanta. La philosophie a souvent une tonalité universelle, transcendant les frontières de la religion et ouvrant la porte à la réflexion individuelle. Par exemple, le concept de Brahman dans les Upanishads est de nature métaphysique et n'est pas lié à la vénération d'un dieu spécifique. Il est décrit comme l'absolu, l'essence fondamentale de tout ce qui existe.

Un exemple concret de cette double face est le "Om". Sur le plan religieux, les hindous utilisent ce symbole dans les rituels pour appeler le sacré. D'un point de vue philosophique, le "Om" représente la vibration primordiale de l'univers, une idée qui rejoint la compréhension moderne des ondes et des fréquences dans les lois quantiques.

L'un des épisodes les plus pertinents pour comprendre la différence entre la religion et la philosophie hindoues se trouve dans la Bhagavad Gita. Ce texte ancien ( ) fait partie du poème épique Mahabharata et se présente comme un dialogue entre Krishna et Arjuna sur le champ de bataille de Kurukshetra. Sur le plan religieux, il s'agit d'un texte sacré récité dans les temples et les foyers hindous. D'un point de vue philosophique, il offre de profondes réflexions sur la nature de l'action, du devoir (Dharma) et de la réalité ultime (Moksha). Krishna explique que chaque individu doit agir sans attachement aux résultats, un enseignement qui fait écho à la théorie du renoncement à l'ego.

Le philosophe allemand Arthur Schopenhauer était fasciné par les Upanishads, qu'il qualifiait de "*lecture la plus noble du monde*". Cet enthousiasme montre que la philosophie hindoue, en tant que voie de recherche universelle, peut également trouver un écho en dehors de sa matrice religieuse.

Un autre concept clé qui sépare la religion de la philosophie est celui du karma. Sur le plan religieux, le karma est souvent compris comme un code moral : chaque action a des conséquences, qu'il s'agisse de bénédictions ou de punitions. D'un point de vue philosophique, en revanche, le karma est la loi de cause à effet qui régit l'univers, un principe rationnel et impersonnel. Dans cette optique, le karma transcende tout contexte religieux et se rapproche des théories physiques modernes sur l'interconnexion des événements.

Outre les différences thématiques, le doute est un élément central de la philosophie hindoue. Les textes tels que les dialogues des Upanishad encouragent souvent la réflexion critique et le dépassement des croyances dogmatiques. Par exemple, le dialogue entre le jeune Nachiketa et le dieu de la mort, Yama, dans la Katha Upanishad, se concentre sur des questions concernant la nature de l'âme et ce qui se passe après la mort. La religion, au contraire, tend à fournir des réponses précises et des rituels codifiés.

Ces distinctions sont particulièrement pertinentes dans le contexte de la physique quantique. Alors que la religion hindoue traite de la dévotion et de l'ordre cosmique établi par les divinités, la philosophie hindoue offre un cadre pour comprendre une réalité complexe, interconnectée et en constante évolution. Par exemple, l'idée de Maya - la perception illusoire du monde matériel - présente des parallèles avec le principe d'incertitude de la physique quantique, selon lequel nous ne pouvons pas connaître simultanément avec précision la position et la vitesse d'une particule.

Enfin, la religion est une voie collective et rituelle, tandis que la philosophie est une voie plus individuelle et contemplative. Toutes deux enrichissent l'hindouisme, mais avec des perspectives et des objectifs différents. Dans la religion, on cherche l'union avec le divin. En philosophie, on cherche à comprendre l'être.

Les deux dimensions coexistent donc, mais offrent des moyens différents d'explorer la même réalité. Comme l'a dit Swami Vivekananda au Parlement mondial des religions en 1893 :

> *L'hindouisme n'est pas une religion, mais un héritage infini de l'expérience humaine.*

Cette phrase résume parfaitement cette richesse et cette complexité. Ce livre fait référence à la philosophie hindoue.

Doctrine hindoue.

Il n'existe pas de doctrine unique et standard dans l'hindouisme, car il s'agit d'une tradition religieuse et philosophique extrêmement complexe et diversifiée. L'hindouisme n'est pas un système théologique centralisé comme certaines autres religions, mais plutôt un ensemble de traditions, de textes, de rituels, de croyances et de pratiques qui ont évolué pendant des milliers d'années.

Les doctrines hindoues sont principalement basées sur une vaste collection de textes sacrés et philosophiques, qui peuvent être divisés en deux grandes catégories :

La "*Shruti*" (ce qui est "entendu") comprend les Vedas et les Upanishads, qui représentent les écritures révélées et explorent des concepts tels que Brahman (l'Absolu) et Atman (le Soi).

La "*Smriti*" (ce qui est "mémorisé") comprend des textes tels que les Puranas, le Mahabharata (qui comprend la Bhagavad Gita), le Ramayana et les Sutras. Ces textes offrent des enseignements plus accessibles, des histoires mythologiques et des directives morales.

Les enseignements sont basés sur des concepts spirituels centraux tels que le Dharma (le devoir), le Karma (l'action et ses conséquences), le Moksha (la libération spirituelle) et la méditation sur le Brahman, l'essence universelle.

L'enseignement hindou est souvent transmis par des maîtres spirituels, appelés *gurus*, qui interprètent et enseignent les écritures d'une manière personnelle, basée à la fois sur la tradition et la réalisation intérieure. Chaque maître peut appartenir à une école de pensée ou à une tradition particulière (sampradāya) et suivre une voie spirituelle particulière telle que le yoga, la bhakti, le jnana ou le tantra.

Les enseignements d'un maître peuvent différer de ceux d'un autre, en fonction de l'école ou de la lignée à laquelle il appartient et de la voie spirituelle qu'il promeut. A titre d'exemple :

Le Vedanta Advaita (non-dualisme), représenté par des maîtres tels qu'Adi Shankaracharya, se concentre sur l'unité de l'Atman et du Brahman.

La bhakti (dévotion), promue par des personnalités telles que Ramanuja ou Chaitanya, met l'accent sur l'adoration d'une divinité personnelle telle que Vishnu ou Krishna.

Le yoga et la méditation, enseignés par Patanjali ou par des maîtres modernes comme Swami Vivekananda, mettent l'accent sur la discipline spirituelle du corps et de l'esprit.

Dans ce livre, j'essaie de fournir une compréhension générique et globale basée sur une connaissance académique et historique de l'hindouisme. Je ne m'appuie pas sur un enseignant spécifique, mais je m'inspire plutôt des textes fondamentaux de l'hindouisme (tels que les Védas, les Upanishads, la Bhagavad Gita et les Puranas). Je peux aussi me référer à la philosophie de grands maîtres comme Adi Shankaracharya, Ramanuja, Swami Vivekananda, ou à certaines approches modernes liant l'hindouisme à la science ou à la spiritualité universelle. En ce sens, mes références à l'hindouisme sont toujours indicatives et jamais exclusives.

Chapitre I. La physique quantique, un nouveau paradigme.

Du sanskrit à la science : une physique qui parle la langue de l'hindouisme.

Face à l'énigme de la réalité, deux mondes apparemment éloignés convergent : la physique quantique et l'ancienne philosophie hindoue. Ensemble, ils racontent une vision du cosmos où tout est lié, où l'observateur influence ce qu'il observe et où la réalité elle-même, comme le suggère l'Advaita Vedanta, peut être illusoire. Mais il ne s'agit pas d'une simple suggestion poétique. Il s'agit d'une profonde imbrication entre la science et une sagesse millénaire.

Maya et le voile de "ce qui semble".

Dans les Upanishads, les textes sapientiels de l'hindouisme, le monde matériel est décrit comme Maya, une réalité illusoire, un voile cachant la vérité ultime. Selon l'Advaita Vedanta, cette vérité ultime est Brahman, le principe universel, indivisible et omniprésent. Ce concept trouve un écho frappant dans la physique quantique moderne, où l'observable semble n'être qu'une manifestation partielle d'une unité sous-jacente plus profonde.

L'exemple du dualisme onde-particule en est un symbole. L'électron, qui se comporte tantôt comme une particule, tantôt comme une onde, met en évidence un paradoxe qui défie toute intuition traditionnelle. L'électron, comme le cosmos décrit dans les Upanishads, semble n'avoir aucune existence intrinsèque sans interaction avec un observateur. C'est notre acte d'observation qui "effondre" les possibilités, transformant le potentiel en réalité.

Dans la Chandogya Upanishad, nous lisons :

Tat tvam asi'. (Tu es cela).

Cet enseignement invite à reconnaître que le moi individuel (Atman) n'est pas séparé du cosmos (Brahman). De même, la physique quantique suggère que ce que nous appelons "objets" ne sont pas réellement séparés les uns des autres, mais émergent d'un champ quantique unitaire qui sous-tend tout.

Le rôle de l'observateur.

L'un des principes les plus fascinants de la physique quantique est le rôle de l'observateur. L'expérience de la double fente l'illustre clairement. Lorsqu'un électron est observé, il se comporte comme une particule, mais lorsque le même électron n'est pas observé, il se comporte comme une onde. La présence de l'observateur modifie inexplicablement le comportement de la matière.

Nous pouvons ici établir un parallèle avec un concept central de l'Advaita Vedanta. Cette école de pensée souligne que la réalité perçue est le résultat d'une limitation de l'esprit humain. Le monde, tel que nous le voyons, est le produit de notre "observation", filtrée par les sens et l'esprit. Sans ce filtre, il ne reste que Brahman, la réalité non duelle. Cet écho philosophique apparaît comme une explication métaphysique de l'étrangeté du paradigme quantique, où la frontière entre l'observateur et l'observable se dissout.

Le champ quantique est l'un des concepts fondamentaux de la physique moderne. Il s'agit d'un état d'énergie potentielle pure, d'une mer invisible d'où émergent toutes les particules et les forces. Le physicien David Bohm l'a décrit comme l'"ordre implicite" de la réalité, d'où émerge l'"ordre explicite" visible.

De même, l'Advaita Vedanta décrit Brahman comme la réalité ultime et indivise, la source de tout ce qui existe. Le monde phénoménal, appelé Jagat, émerge et se dissout dans le Brahman, tout comme les particules naissent et existent temporairement dans le champ quantique.

Ce parallélisme n'est pas qu'une étrange coïncidence. Il montre que tant la science que la philosophie hindoue cherchent, chacune à travers son propre langage, à comprendre l'unité invisible dont découle l'univers observable.

L'étonnement de Feynman et des *rishis*.

Richard Feynman, l'un des pères de la physique quantique, a déclaré :

"Personne ne comprend vraiment la physique quantique.

Pour décrire l'étrangeté du comportement des particules, Feynman a souvent eu recours à des métaphores poétiques pour combler le vide laissé par la logique. Pour lui, le mystère quantique était une source de profonde stupéfaction.

Cette crainte rappelle celle exprimée par de nombreux sages indiens (*rishis*) qui, il y a plus de trois mille ans, méditaient sur la nature de l'univers dans les forêts de l'Inde ancienne. Comme Feynman, les rishis percevaient que la réalité était plus complexe et plus mystérieuse que ce que les sens humains pouvaient appréhender. Leur réponse, cependant, n'était pas l'expérimentation, mais l'introspection, l'immersion profonde dans la conscience pour découvrir les vérités universelles.

Un exemple tiré de la Brhadaranyaka Upanishad est éclairant :

Ce qui est infiniment petit est aussi infiniment grand".

Ce principe apparemment mystique trouve une résonance remarquable dans le monde quantique, où les lois régissant les particules subatomiques semblent influencer le macrocosme.

Un pont entre les cultures.

La rencontre entre la physique quantique et la philosophie hindoue n'est pas seulement un curieux parallèle. C'est un pont culturel et intellectuel qui nous invite à repenser notre façon de voir le monde. La science et la spiritualité ne sont pas antagonistes, mais des perspectives complémentaires qui explorent le même mystère : qu'y a-t-il au-delà des apparences ?

L'Advaita Vedanta nous invite à reconnaître notre unité avec le cosmos. La physique quantique nous montre que le monde est fondamentalement interconnecté et que notre rôle d'observateur est inextricablement lié à la réalité qui nous entoure. Comme deux miroirs se reflétant l'un l'autre, ces deux disciplines offrent une symphonie d'idées qui, tout en s'exprimant sous des formes différentes, parlent le même langage.

Paradoxes et philosophies de la mécanique quantique.

La mécanique quantique représente l'un des plus grands sauts conceptuels de l'histoire de la science. Née dans les premières décennies du XXe siècle, elle a révolutionné notre compréhension de la réalité physique, dévoilant un univers étonnant, à la frontière entre la science, la philosophie et, pour certains, la métaphysique.

Le chat de Schrödinger : la physique de la contradiction apparente.

En 1935, Erwin Schrödinger, physicien autrichien connu pour ses travaux sur la théorie quantique, a formulé une expérience mentale immortelle dans l'histoire de la science. Il imagine un chat enfermé dans une boîte avec un mécanisme comprenant une substance radioactive et une fiole de poison. Si la substance radioactive émet une particule, un mécanisme détecte l'événement, brise la fiole et tue le chat. Selon la mécanique quantique, jusqu'à ce qu'un observateur ouvre la boîte, le chat serait dans un état de superposition quantique : vivant et mort à la fois.

Ce paradoxe n'était pas une simple provocation. Schrödinger voulait mettre en évidence une bizarrerie intrinsèque du formalisme quantique, exprimée par l'équation d'état dont il était le co-créateur. Selon cette théorie, une particule peut exister simultanément dans plusieurs états (par exemple "émise" et "non émise") jusqu'à ce qu'une observation soit faite. Le chat participe alors au phénomène, incarnant métaphoriquement le problème de l'interaction entre le monde quantique et le monde macroscopique...

Ce paradoxe n'était pas une simple provocation. Schrödinger voulait mettre en évidence une bizarrerie intrinsèque du formalisme quantique, exprimée par l'équation d'état dont il était le co-créateur. Selon cette théorie, une particule peut exister simultanément dans plusieurs états (par exemple "émise" et "non émise") jusqu'à ce qu'une observation soit faite. Le chat a donc participé au phénomène, incarnant métaphoriquement le problème de l'interaction entre le monde quantique et le monde macroscopique.

Everett et les mondes parallèles.

Vingt ans plus tard, Hugh Everett a proposé l'"*interprétation des mondes multiples*" (1957), qui apporte une solution radicale au paradoxe du "chat de Schrödinger". Selon Everett, chaque fois qu'un événement quantique se produit, comme la mesure de l'état d'une particule, l'univers se divise. Dans un univers, le chat est vivant. Dans un autre, il est mort. Il ne s'agit pas d'une superposition dans une même réalité, mais de l'émergence de branches parallèles.

Everett, jeune chercheur de Princeton, a d'abord été ignoré par la communauté universitaire. Cependant, ses travaux ont gagné en intérêt au cours des décennies suivantes, principalement grâce à la diffusion de la théorie par le physicien Bryce DeWitt. L'idée des mondes parallèles a non seulement offert une approche plus directe des paradoxes de la mécanique quantique, mais a également ouvert de nouvelles perspectives en philosophie et dans la culture populaire , alimentant des œuvres de fiction, des films et des discussions modernes sur le multivers.

L'observateur et la nature de la réalité.

Les paradoxes de la mécanique quantique ne s'arrêtent pas aux chats ou aux mondes multiples. D'un point de vue philosophique, le véritable cœur de la question concerne le rôle de l'observateur. Max Planck, considéré comme le père de la théorie quantique, a déclaré :

"Nous ne pouvons avoir aucune connaissance de la nature objective du monde sans nous référer à la conscience humaine".

Cette perspective, développée plus tard par des scientifiques tels que Niels Bohr et Werner Heisenberg, pose une question fondamentale : la réalité existe-t-elle indépendamment du sujet qui l'observe ?

Bohr a défendu le principe de complémentarité, selon lequel l'observation modifie inévitablement ce qui est observé. Heisenberg, avec son célèbre principe d'incertitude, a démontré qu'il n'est pas possible de connaître simultanément la position et la quantité de mouvement d'une particule avec une précision absolue. La présence de l'observateur fait donc partie intégrante du phénomène mesuré, un thème qui résonne avec certaines traditions philosophiques orientales.

Dans ce contexte, les relations entre la mécanique quantique et les philosophies orientales, telles que l'hindouisme, ne sont pas accidentelles. L'un des piliers de la philosophie védantique est l'idée que la réalité perçue est Maya, une illusion créée par l'interaction entre le sujet et l'objet. On retrouve des concepts similaires dans la mécanique quantique, où le monde microscopique n'"existe" pas de manière définie sans interaction. L'analogie s'étend même au concept de Brahman, la réalité indifférenciée ultime, qui rappelle le "*champ quantique unifié*" supposé par certaines interprétations plus spéculatives.

Des lieux et des anecdotes historiques permettent de contextualiser ces idées. Le laboratoire de Copenhague, lieu des conversations entre Bohr et Heisenberg dans les années 1920, est une sorte de "berceau" de la mécanique quantique. Parallèlement, des chercheurs tels que

David Bohm ont tenté d'établir un lien entre la physique moderne et les concepts philosophiques orientaux, favorisant ainsi le dialogue entre les deux traditions.

Les paradoxes de la mécanique quantique ne sont pas de simples curiosités abstraites. Ils remettent en question les fondements de la pensée humaine , nous incitant à repenser des concepts tels que la réalité, l'observation et la conscience.

Histoire et développement de la physique quantique.

Une chronologie des idées et des découvertes.

L'humanité a toujours cherché à comprendre l'univers, en partant des grands corps célestes et en descendant vers l'infiniment petit. C'est cette deuxième voie qui, au début du XXe siècle, a ouvert la porte à un monde invisible et surprenant : la physique quantique. Ses origines remontent à une époque où les lois de la physique classique, consacrées par Newton, semblaient offrir des réponses suffisantes à tous les phénomènes observables. Mais quelque chose est en train de changer, et l'agitation commence avec un nom bien précis : Max Planck.

L'idée d'un univers régi par des lois mécaniques prévisibles domine la physique depuis le XVIIe siècle grâce à Isaac Newton. La réalité naturelle, aux yeux des physiciens classiques, était une machine parfaite. Chaque phénomène suit un ordre déterministe. Cependant, au début du 20e siècle, cette vision s'est heurtée à un obstacle inattendu : le comportement des particules subatomiques. L'infiniment petit semblait violer toutes les règles connues. C'est ainsi qu'est née la physique quantique, un nouveau paradigme qui allait bouleverser non seulement la science, mais aussi la façon dont l'homme concevait la réalité.

Le tournant s'est produit en 1900, lorsque Max Planck, physicien allemand, a proposé une idée révolutionnaire pour expliquer un problème apparemment technique. L'énigme concernait le rayonnement du corps noir, c'est-à-dire la manière dont les objets émettent de l'énergie sous forme de lumière. Planck était confronté à une anomalie : la physique classique ne parvenait pas à expliquer correctement l'énergie émise.

Planck a formulé une hypothèse audacieuse. Il suggère que l'énergie n'est pas émise de manière continue, comme l'imagine la physique classique, mais par paquets discrets, qu'il appelle "quanta". Rétrospectivement, Planck avoue avoir trouvé une solution purement technique, sans imaginer qu'elle jetterait les bases d'une révolution philosophique et scientifique.

Quelques années plus tard, Albert Einstein a étendu le concept de "quantum" à la lumière elle-même. En 1905, dans sa célèbre série d'articles qui ont changé la science à jamais, Einstein a suggéré que la lumière était composée de particules discrètes appelées photons. Cela explique l'effet photoélectrique, un phénomène par lequel certains métaux libèrent des électrons lorsqu'ils sont frappés par la lumière.

La découverte de l'effet photoélectrique par Einstein lui a valu le prix Nobel en 1921. Mais ce qui est surprenant, c'est que même Einstein n'a pas pleinement accepté les implications profondes de la physique quantique. Sa phrase "Dieu ne joue pas aux dés avec l'univers" est célèbre, car elle exprime son malaise face à l'indétermination introduite par la nouvelle physique.

Au cours des années suivantes, les implications de la théorie quantique ont également révolutionné notre compréhension des atomes. En 1913, le physicien danois Niels Bohr a proposé un nouveau modèle atomique. Il imagine des électrons se déplaçant autour du noyau atomique sur des orbites spécifiques, comme des planètes autour du soleil. Toutefois, contrairement à une orbite classique, les électrons pouvaient "sauter" d'un niveau à l'autre en émettant ou en absorbant de l'énergie.

Bohr a intégré la théorie quantique de Planck dans son modèle pour expliquer l'émission et l'absorption de la lumière par les atomes. Ses travaux ont jeté les bases de développements ultérieurs et ont fait de lui l'une des figures de proue de la nouvelle physique.

L'année 1925 marque un autre tournant décisif grâce à Werner Heisenberg, un jeune et brillant physicien allemand. Heisenberg introduit le principe d'incertitude, qui fixe une limite fondamentale à notre capacité de connaître le monde subatomique. Il stipule que la position et la vitesse d'une particule ne peuvent être connues avec précision simultanément.

Cette découverte n'est pas seulement technique, mais aussi philosophique. Le principe d'incertitude remet en cause l'idée même d'un univers entièrement connaissable. Selon Heisenberg, l'observation d'un système modifie inévitablement le système lui-même. La réalité subatomique semblait échapper au contrôle du déterminisme classique.

En 1926, Erwin Schrödinger, physicien autrichien, a introduit l'équation d'onde, un autre pilier de la physique quantique. Cette équation décrit le comportement des particules subatomiques en termes de probabilité. Cependant, les implications déroutantes de cette équation ont conduit Schrödinger à concevoir une expérience de pensée célèbre, le "chat de Schrödinger".

Dans cette situation hypothétique, un chat enfermé dans une boîte peut être à la fois vivant et mort, selon l'observation. L'expérience met en évidence le paradoxe de la superposition quantique , un état dans lequel une particule peut se trouver simultanément dans plusieurs états jusqu'au moment où elle est observée.

Le contexte culturel : un changement de paradigme.

La physique quantique n'a pas seulement eu un impact scientifique. Elle a aussi profondément influencé la philosophie, l'art et même la spiritualité. Cette discipline remet en cause les concepts de réalité objective et de causalité, ouvrant le dialogue avec des traditions philosophiques millénaires, comme celles de l'Orient, qui réfléchissent depuis des siècles à la nature illusoire du monde et à l'interconnexion entre le sujet et l'objet.

Au cours du 20e siècle, des personnalités telles que J. Robert Oppenheimer et Fritjof Capra ont exploré les liens entre la physique quantique et la pensée orientale. Oppenheimer, par exemple, a trouvé des analogies entre la physique quantique et les versets de la Bhagavad Gita, tandis que Capra, dans son célèbre livre "*The Tao of Physics*", a mis en parallèle la théorie quantique et la philosophie orientale.

La physique quantique représente l'une des plus grandes réalisations de l'humanité. Elle ne se contente pas de décrire le monde subatomique, mais redéfinit notre rapport à la réalité. Son histoire, marquée par des découvertes révolutionnaires et des personnages extraordinaires, continue de susciter des questions profondes concernant à la fois la science et la nature de l'existence. C'est un voyage d'exploration qui, à l'instar des penseurs de l'Inde ancienne, nous invite à réfléchir sur l'invisible et l'infini.

Max Planck et la naissance du "quantum".

En 1900, le physicien allemand Max Planck a posé une question qui s'est avérée révolutionnaire. Il tentait d'expliquer un problème spécifique lié au rayonnement électromagnétique : le "problème du corps noir". Ses expériences ont montré que le rayonnement émis par un corps noir, un objet idéal capable d'absorber et de rayonner parfaitement de l'énergie, ne pouvait pas être expliqué par les lois de la physique connues à l'époque.

Planck formule une hypothèse audacieuse : l'énergie n'est pas transférée de manière continue, comme on le croyait, mais par petits paquets discrets qu'il appelle "quanta". Cela a tout changé. Planck lui-même a d'abord considéré son idée comme un gadget mathématique, et non comme une nouvelle vision de la réalité. Pourtant, ses travaux ont jeté les bases d'une révolution scientifique. En 1918, il a reçu le prix Nobel pour cette intuition. Aujourd'hui encore, nombreux sont ceux qui considèrent 1900 comme la véritable année de naissance de la physique quantique.

En décembre 1900, Max Planck présente son idée à Berlin. Il s'agit d'une réunion de la prestigieuse *Société allemande de physique*. Le problème auquel Planck s'attaque est connu sous le nom de "catastrophe ultraviolette", un casse-tête apparemment insoluble lié à l'étude de ce que l'on appelle le corps noir.

Un corps noir, en physique théorique, est un objet idéal qui absorbe et rayonne parfaitement l'énergie. Des expériences menées au 19e siècle avaient montré que, lors de l'analyse du spectre d'émission du corps noir, les prédictions basées sur les lois traditionnelles de la physique classique ne tenaient pas la route. En clair, on s'attendait à ce que l'énergie augmente sans limite à mesure que la fréquence du rayonnement émis augmentait. Or, les données expérimentales ont montré quelque chose de très différent : à haute fréquence, l'énergie diminuait de façon spectaculaire. Cette contradiction constituait l'une des principales énigmes de la physique de l'époque, et personne ne semblait en mesure de la résoudre.

Max Planck se met au travail et propose une solution qu'il qualifie de révolutionnaire : pour décrire l'énergie émise par un corps noir, il faut imaginer que l'énergie elle-même n'est pas continue, mais divisée en "quanta". Planck émet l'hypothèse que l'énergie voyage sous forme d'unités discrètes, chacune proportionnelle à la fréquence du rayonnement selon une constante connue aujourd'hui sous le nom de constante de Planck, désignée par le symbole (h).

> *"Mon idée n'est pas née d'une conviction philosophique. C'était une nécessité technique,*

a déclaré Planck quelques années plus tard, admettant qu'au départ, le concept de quantum ne lui semblait guère plus qu'un tour de passe-passe mathématique. Mais cette "astuce" s'est avérée être la première fissure dans la structure solide, mais aujourd'hui désuète, de la physique classique. Le reste, comme on dit, appartient à l'histoire.

Berlin, 1900 : l'épicentre d'une révolution.

Imaginons un instant le Berlin du début du XXe siècle. La ville, capitale scientifique et économique de l'Allemagne, était un centre intellectuel dynamique. Les universités et les académies regorgeaient d'esprits brillants qui repoussaient les limites de la connaissance. Max Planck, qui s'est distingué par son brio dans les sciences théoriques ( ), a enseigné à l'université de Berlin. Officiellement, il était spécialiste de la thermodynamique et étudiait, entre autres, les principes fondamentaux régissant le transfert d'énergie.

Son dévouement à la science était presque religieux. Planck était en effet un homme profondément attaché à une vision de l'univers dans laquelle l'ordre et l'harmonie étaient des éléments fondamentaux.

Il a fallu quelques années et de nombreux développements théoriques ultérieurs pour que l'importance des idées de Planck soit pleinement comprise. Vers 1913, la théorie quantique de Planck a également trouvé d'importantes applications dans le modèle atomique de Niels Bohr, un autre géant de la physique, qui a utilisé les "quanta" pour expliquer comment les électrons sautaient entre des orbites discrètes lorsqu'ils émettaient ou absorbaient de la lumière. La graine plantée par Planck poussait et l'ensemble de la communauté scientifique commençait à réaliser qu'elle était confrontée à une nouvelle ère de connaissances.

En 1918, Max Planck a reçu le prix Nobel de physique "*pour les services rendus à l'avancement de la physique par la découverte du quantum*". Au cours de la cérémonie, Planck a réitéré l'une de ses maximes les plus célèbres :

> *"Un nouveau principe scientifique ne triomphe pas parce qu'il convainc ses opposants. Il triomphe plutôt parce que les nouvelles générations l'acceptent".*

Une phrase prophétique qui résume les difficultés et les résistances que rencontre toute grande révolution culturelle et scientifique.

Le scandale scientifique du "combien".

Lorsque Planck a introduit le concept de quantum en 1900, le monde de la physique classique, jusqu'alors dominé par ses lois, a été ébranlé dans ses fondements. L'idée que l'énergie est discrète n'a pas sa place dans la vision d'un univers régi par des lignes continues et prévisibles. Même Planck, connu pour sa prudence intellectuelle, semble hésiter. Plus tard, une nouvelle génération de physiciens, dont Albert Einstein, a développé le concept de quantum.

Einstein s'est en effet appuyé sur les travaux de Planck pour réaliser l'une de ses découvertes les plus connues : l'effet photoélectrique. C'est en 1905 que le jeune scientifique explique que la lumière, tout comme l'énergie du corps noir, se déplace sous la forme de "quanta de lumière", les photons. La théorie d'Einstein a non seulement apporté une confirmation pratique au modèle de Planck, mais a également ouvert la voie à la physique moderne.

Max Planck n'était pas seulement un physicien. C'était un homme de culture, fasciné par la philosophie et la spiritualité. Il n'est donc pas surprenant que de nombreuses réflexions "quantiques" aient trouvé un écho dans la pensée philosophique et même dans les traditions spirituelles de l'Orient. Planck recherchait avec insistance un ordre sous-jacent, une "vérité cachée". Et c'est précisément cette tension entre le chaos apparent et l'ordre profond, si typique de la physique quantique, qui est l'un des liens subtils qui rapprochent le monde occidental des anciennes philosophies orientales, telles que l'hindouisme.

Mais c'est une histoire que nous raconterons dans les prochains chapitres.

Le premier pas de Max Planck.

Dans le calme apparent du 14 décembre 1900, un homme timide, mathématicien de formation et physicien de vocation, prononce une phrase qui va mettre le feu à la science du XXe siècle. Max Planck, professeur à Berlin, présente à la Société allemande de physique une idée radicale. Parlant doucement, Planck propose que l'énergie ne s'écoule pas comme une rivière continue, mais qu'elle se comporte comme des gouttes discrètes. Ces gouttes sont appelées "quanta". Personne, pas même Planck lui-même, ne se doutait que cette simple intuition jetterait les bases de la physique quantique, un paradigme destiné à bouleverser des siècles de pensée scientifique.

Les physiciens du 19e siècle étaient tourmentés par une énigme apparemment simple : comment décrire avec précision le rayonnement émis par un objet chaud, le fameux "corps noir" ? Les expériences ont montré que les objets chauds émettent des ondes lumineuses dont l'intensité varie en fonction de la longueur d'onde. Or, selon les lois de l'électromagnétisme et de la thermodynamique classiques, l'intensité lumineuse aurait dû devenir infinie pour les courtes longueurs d'onde. Il s'agit d'une absurdité, connue sous le nom de "catastrophe ultraviolette". Cette dissonance remettait en cause tout le cadre théorique de la physique du 19e siècle.

Planck s'est attaqué à ce problème avec la méthode qui lui était la plus familière : les mathématiques pures. Il a consacré ces années à ce défi, mais n'a pas trouvé de solution. Finalement, comme il l'a admis lui-même plus tard, il a été contraint de faire preuve d'un pragmatisme extrême. Il a proposé que l'énergie ne circule pas de manière continue, mais seulement par paquets discrets proportionnels à la fréquence de l'onde lumineuse.

Au début, Planck n'accordait aucune signification physique à cette théorie. Il l'a qualifiée d'"astuce mathématique". Planck était un conservateur de la physique classique et n'imaginait pas qu'une telle découverte pourrait démolir les fondements de la physique qu'il vénérait tant.

L'acceptation initiale des travaux de Planck a été plus tiède qu'enthousiaste. His ideas seemed bizarre even to his colleagues. Cependant, en peu de temps, des données expérimentales ont confirmé la validité de son modèle.

Les travaux de Planck n'étaient pas seulement une découverte scientifique. Il s'agit d'un changement de paradigme qui a transformé la façon dont les êtres humains percevaient l'univers. La quantification a brisé l'illusion de la continuité, révélant un univers de discontinuités et de probabilités. Ce principe a remis en question non seulement la physique classique, mais aussi de nombreuses intuitions philosophiques de l'Occident.

Il est intéressant de noter que le concept de discontinuité a trouvé un écho dans certaines traditions philosophiques orientales, comme l'hindouisme. Dans la philosophie du Vedanta, l'univers est considéré comme une manifestation discontinue de Brahman, le principe universel. Ce parallélisme entre science et spiritualité sera exploré des décennies plus tard, lorsque la physique quantique rencontrera la pensée orientale.

Max Planck était un homme d'une grande humilité. Il ne cherchait ni la gloire ni la révolution. Pourtant, c'est de ses mains qu'est née une nouvelle science. La physique quantique, avec son langage énigmatique, dévoile un univers profondément différent de ce que les scientifiques connaissaient jusqu'alors.

Albert Einstein et l'effet photoélectrique.

En 1905, Albert Einstein a vingt-six ans, vit à Berne et travaille à l'Office des brevets en tant qu'employé de troisième classe. C'est au cours de cette année extraordinaire, appelée plus tard "*Annus Mirabilis*", que le jeune scientifique a publié quatre articles qui allaient changer la physique à jamais. Parmi eux, une publication courte mais intense : son étude de l'effet photoélectrique, un travail qui allait jeter les bases de la physique quantique telle que nous la connaissons aujourd'hui.

Jusqu'au début du 20e siècle, la lumière était essentiellement considérée comme une onde. Les travaux de James Clerk Maxwell avaient montré que les ondes électromagnétiques se propagent dans l'espace en suivant des lois mathématiques bien définies. Cependant, certains phénomènes observés ne suivaient pas ces modèles. L'un d'entre eux est l'effet photoélectrique : lorsqu'une lumière d'une certaine fréquence frappe la surface d'un métal, celui-ci émet des électrons. Les expériences menées sur cet effet ont laissé les physiciens sans réponse. Pourquoi l'intensité de la lumière ne suffit-elle pas à expliquer le processus ? Pourquoi ne suffisait-il pas d'augmenter l'énergie de la lumière avec une plus grande brillance pour générer des électrons ? La clé semblait être la fréquence de la lumière, mais personne ne pouvait expliquer pourquoi.

Einstein a abordé le problème sous un angle différent, en s'inspirant des travaux de Max Planck. En 1900, Planck, en tentant d'expliquer le rayonnement du corps noir, avait introduit une idée révolutionnaire : l'énergie est émise en "quanta discrets", et non de manière continue. Cette intuition, initialement conçue comme un simple artifice mathématique, a ouvert une voie inattendue. Einstein, allant à l'encontre de la conception dominante, suggère que la lumière elle-même est composée de particules, que l'on appellera plus tard photons. Chaque photon porte une énergie proportionnelle à sa fréquence.

Einstein a expliqué l'effet photoélectrique avec une simplicité désarmante. Lorsqu'un photon frappe un électron dans un atome de métal, il peut transférer toute son énergie à l'électron. Si l'énergie du photon est suffisante pour dépasser l'énergie de liaison de l'électron (*appelée fonction de travail ou potentiel d'extraction*), il est éjecté de la surface du métal. Plus la fréquence de la lumière est élevée, plus l'énergie du photon est importante et, par conséquent, plus la probabilité d'émission de l'électron est grande. Ce n'est pas l'intensité de la lumière qui compte, mais la qualité de la lumière elle-même, c'est-à-dire sa fréquence.

La théorie d'Einstein a eu un impact énorme. Non seulement elle explique l'effet photoélectrique, mais elle bouleverse la conception traditionnelle de la lumière. Jusqu'alors, de nombreux scientifiques étaient convaincus que la lumière était une onde. Or, les travaux d'Einstein ont montré que la lumière avait également un comportement corpusculaire, introduisant le concept de "*dualisme onde-particule*". Ce fut le début d'une révolution qui allait redéfinir notre compréhension de la nature même de la réalité.

Einstein a publié son article sur l'effet photoélectrique dans une revue relativement peu connue, "*Annalen der Physik*", en mars 1905. Malgré son importance, l'idée des photons a été d'abord accueillie avec scepticisme. Même d'éminents physiciens de l'époque, tels que Max Planck et Niels Bohr, considéraient le concept de particules de lumière comme une idée trop radicale pour être facilement acceptée.

Planck lui-même, qui avait involontairement ouvert la voie à l'idée quantique, hésitait à adhérer à la vision d'Einstein. Planck dira en privé :

> *"Les radiations ne peuvent pas être comme ça. C'est une interprétation trop audacieuse."*

Cependant, les expériences menées au cours des années suivantes ont confirmé le point de vue d'Einstein. Le physicien américain Robert Millikan, qui avait d'abord tenté de prouver qu'Einstein avait tort, a fini par vérifier expérimentalement sa théorie, ce qui lui a valu le prix Nobel en 1923.

Einstein lui-même a reçu le prix Nobel en 1921, mais pas pour la relativité restreinte, comme on le croit souvent, mais pour ses travaux sur l'effet photoélectrique. Le comité Nobel a choisi de récompenser une contribution quantifiable en physique expérimentale plutôt qu'une théorie encore controversée comme la relativité.

L'histoire de l'effet photoélectrique incarne la tension entre l'intuition scientifique et les croyances établies. Les travaux d'Einstein n'ont pas seulement ouvert de nouveaux horizons, ils ont aussi posé une question plus large sur les fondements de la physique classique.

Comment la lumière peut-elle être à la fois une onde et une particule ? Ce mystère hantera Einstein jusqu'à la fin de sa vie, surtout après le développement de la mécanique quantique. Bien qu'il ait été l'un des fondateurs de ce nouveau paradigme, Einstein est resté critique à l'égard de certaines de ses implications les plus extrêmes.

Le point de vue d'Einstein sur l'effet photoélectrique offre également un lien culturel important. La science, comme l'art ou la philosophie, ne se développe jamais dans le vide. La première moitié du 20e siècle a été une période de changements radicaux dans tous les domaines de la connaissance. Des mouvements artistiques tels que le cubisme et le futurisme ont redéfini l'espace et le temps, tandis qu'en philosophie, des penseurs comme Henri Bergson ont remis en question le concept de temps linéaire. Les idées scientifiques d'Einstein reflètent l'esprit d'une époque qui ne craint pas de rompre avec le passé.

L'effet photoélectrique, dans son apparente simplicité, a été l'un des premiers pas vers une nouvelle façon de penser. Il a montré que la nature ne se conforme pas à nos intuitions et qu'il faut au contraire adapter notre pensée à la réalité, aussi paradoxal que cela puisse paraître.

Une étincelle de lumière change l'histoire

En 1905, Albert Einstein a révolutionné la physique avec une idée aussi audacieuse que simple : la lumière ne se comporte pas seulement comme une onde, mais, dans certaines circonstances, comme si elle était composée de minuscules paquets d'énergie discrets, appelés photons. Ce concept allait ébranler les fondements de la physique classique et ouvrir la voie à l'ère de la physique quantique.

Jusqu'alors, de nombreux scientifiques pensaient que la lumière n'était qu'une onde, suivant les théories de James Clerk Maxwell, qui avait décrit la lumière comme une onde électromagnétique au 19e siècle. Einstein, cependant, s'appuyant sur les idées de Max Planck, qui avait introduit l'idée de l'énergie quantifiée pour expliquer le rayonnement du corps noir au début du 20e siècle, a proposé quelque chose de radical. Partant de l'observation que la lumière pouvait "arracher" des électrons à un matériau tel que le métal (ce qu'on appelle l'effet photoélectrique), Einstein a montré que seul le fait de considérer la lumière comme composée de particules - les futurs photons - permettait d'expliquer ce phénomène.

Pour comprendre l'importance de ce résultat, il faut se replacer dans le contexte scientifique de l'époque. La théorie ondulatoire de la lumière semblait confirmée par de nombreuses expériences, telles que l'interférence et la diffraction. Mais Einstein se rend compte que ces observations ne suffisent pas à expliquer toutes les propriétés de la lumière. Dans son article historique publié en juin 1905, Einstein emprunte l'idée de Planck sur la quantification de l'énergie et l'applique à un nouveau niveau. Il écrit :

"L'énergie d'un faisceau lumineux est répartie dans l'espace non pas de manière continue, mais par petits paquets d'énergie.

C'est le début d'une idée révolutionnaire : la lumière a un double aspect, à la fois onde et particule.

Cette idée a trouvé une confirmation pratique extraordinaire en laboratoire. Les métaux, lorsqu'ils sont exposés à une lumière d'une certaine fréquence, libèrent des électrons, mais uniquement si les "quanta" d'énergie - les photons - possèdent suffisamment d'énergie pour franchir la barrière qui maintient les électrons liés au métal. L'intensité de la lumière importe peu : si les photons n'ont pas assez d'énergie (c'est-à-dire si leur fréquence est trop basse), l'effet photoélectrique ne se produit tout simplement pas.

L'importance de cette découverte est énorme. Einstein a reçu le prix Nobel de physique en 1921 pour ses travaux sur l'effet photoélectrique. Il est intéressant de noter que le prix n'a pas été décerné pour sa théorie de la relativité, qui était probablement moins bien comprise et acceptée à l'époque, mais pour une découverte qui a eu un impact pratique immédiat sur les technologies émergentes du XXe siècle. Aujourd'hui, l'effet photoélectrique est à la base de dispositifs fondamentaux, des appareils à énergie solaire aux appareils photo.

Une anecdote intéressante concerne la relation d'Einstein avec le concept de quantification. Bien qu'Einstein ait utilisé cette idée pour expliquer l'effet photoélectrique, il s'est ensuite montré réticent à accepter certaines des implications les plus extrêmes de la mécanique quantique, telles que l'incertitude et la probabilité.

Cependant, ses travaux sur l'effet photoélectrique restent au cœur de la pensée quantique et représentent un pont extraordinaire entre le monde classique et le nouveau monde de la physique. Chaque fois que nous utilisons une cellule photovoltaïque pour capter la lumière du soleil ou un capteur d'image dans un appareil photo, nous appliquons le principe fondamental découvert par Einstein en 1905.

Niels Bohr et le modèle atomique (1913).

Pendant ce temps, la structure interne de l'atome, ce petit monde mystérieux, commençait à être explorée avec une clarté nouvelle.

En 1913, un jeune physicien danois nommé Niels Bohr a changé à jamais notre façon d'observer l'univers. Fils d'un professeur de physiologie à Copenhague, Bohr a grandi dans un environnement imprégné de questions philosophiques et scientifiques. Il était un pont entre deux mondes : la tradition newtonienne classique et les nouvelles perspectives du mystérieux domaine quantique qui commençait à être exploré. Avec son modèle atomique révolutionnaire, Bohr a démontré que l'ordre caché dans l'univers était bien plus étrange que ce que nous pouvions imaginer.

Bohr est parti d'un problème ouvert. En 1911, Ernest Rutherford avait proposé que l'atome soit comme un petit système solaire : un noyau positif au centre et des électrons en orbite autour de lui. Mais ce modèle présente une faille fatale. Les lois classiques de l'électromagnétisme, celles de Maxwell, stipulent qu'un électron en mouvement émet de l'énergie sous forme de rayonnement. Résultat ? En peu de temps, l'électron tomberait vers le noyau, provoquant l'effondrement de l'atome entier dans une explosion d'instabilité. L'atome ne pouvait pas exister sous la forme imaginée par Rutherford.

Bohr est fasciné par le problème. Étudiant en Angleterre avec Rutherford, il fait une proposition audacieuse. Exploitant le concept de "quantum" introduit par Max Planck en 1900 et développé dans les années suivantes par Albert Einstein, Bohr décide d'appliquer les idées quantiques directement à l'atome. En 1913, il publie un article dans le *magazine* scientifique "*Philosophical Magazine*" dans lequel il expose son modèle.

Dans le modèle de Bohr, les électrons gravitent autour du noyau sur des niveaux d'énergie définis, appelés "*orbites quantifiées*". Ces niveaux n'étaient pas continus, comme l'imaginait la physique classique, mais discrets. Les électrons ne pouvaient occuper que certaines orbites, comme les lignes d'une portée musicale sur lesquelles seules des notes précises peuvent être placées.

Voici l'innovation qui a choqué le monde scientifique : Bohr a suggéré qu'un électron pouvait "*sauter*" d'une orbite à l'autre *sans passer par un espace intermédiaire*. Lorsqu'un électron descend à un niveau d'énergie inférieur, il émet un quantum d'énergie sous forme de lumière. Ce "quantum" était un photon. Cela confirme le miracle quantique découvert quelques années plus tôt par Einstein pour expliquer l'effet photoélectrique.

Le modèle de Bohr a immédiatement trouvé une application concrète dans le cas du spectre de l'hydrogène. Les scientifiques savaient depuis longtemps que les atomes d'hydrogène, soumis à une décharge électrique, émettaient de la lumière à des longueurs d'onde spécifiques. Personne, jusqu'alors, n'avait été en mesure d'expliquer pourquoi. Le nouveau modèle de Bohr correspondait parfaitement à ces lignes spectrales, comme si l'univers avait enfin révélé l'un de ses secrets les plus cachés.

Les réactions aux travaux de Bohr ont été diverses. Beaucoup sont enthousiastes, d'autres sont plus sceptiques. Rutherford lui-même a été impressionné par l'audace du modèle. Mais certains détails, tels que la preuve du concept de "saut quantique", ont suscité des doutes. Un collaborateur proche de Bohr, le physicien allemand Arnold Sommerfeld, a amélioré le modèle en introduisant les idées d'orbites elliptiques. Sommerfeld a noté que, dans certains cas, les électrons n'étaient pas limités à des orbites circulaires, mais le développement de ces extensions a tout de même conduit à une vision plus complexe et plus précise.

Cependant, les travaux de Bohr n'ont marqué que le début. Dans les années qui suivent, de nouveaux scientifiques entrent en scène. Werner Heisenberg, d'Allemagne, deviendra l'un de ses principaux héritiers et amis. Heisenberg dira plus tard :

> *"Bohr nous a appris à regarder non seulement l'atome, mais la réalité elle-même comme un processus de relations, plus mystérieux que nous ne l'avions jamais imaginé".*

Le modèle atomique de 1913 n'est pas parfait. Il a été dépassé dans les années 1920 avec l'arrivée de la mécanique quantique de Schrödinger et du principe d'incertitude de Heisenberg. Cependant, l'intuition de Bohr est fondamentale, non seulement parce qu'elle explique des phénomènes concrets comme le spectre de l'hydrogène, mais aussi parce qu'elle ouvre la porte à une nouvelle façon de penser : l'univers n'est pas une machine prévisible, mais un mystère quantifié fait de sauts, de discrétions et de dualités.

Niels Bohr, dans son approche de la science, a également été influencé par des idées philosophiques. Il a étudié la pensée orientale et aimait citer un ancien dicton chinois :

> *"Les mots ouvrent la porte, mais c'est le silence qui la franchit.*

Ce n'est pas une coïncidence si ses idées sont entrelacées avec des thèmes philosophiques qui rappellent, d'une certaine manière, le Brahman de l'hindouisme, cet absolu qui échappe à la compréhension linéaire. Bohr a également déclaré

"La vérité s'apprend par la complémentarité des contraires".

Ces oppositions étaient déjà visibles dans le modèle atomique : stabilité et instabilité, ordre et saut quantique. Son travail reflétait non seulement une révolution scientifique, mais aussi une profonde transformation culturelle. Avec son atome, Bohr conduisait la science vers un nouveau paradigme. Un monde où plus rien n'est continu et prévisible, mais où chaque phénomène, même le plus petit, porte en lui la possibilité d'un plus grand mystère.

Niels Bohr et l'atome qui n'explose pas.

En 1913, un jeune physicien danois nommé Niels Bohr a publié une théorie révolutionnaire qui allait changer à jamais notre vision de la matière. Bohr est né et a grandi à Copenhague, une ville située au bord de la mer Baltique, et dès son plus jeune âge, il fait preuve d'une brillante intelligence. Sa mère était issue d'une famille d'intellectuels juifs, tandis que son père était un physiologiste renommé, et il régnait dans le foyer Bohr une atmosphère propice aux idées novatrices. Il n'est donc pas surprenant que Niels Bohr soit devenu l'une des figures de proue de la physique quantique naissante.

Au début du 20e siècle, la physique connaît une crise. Les modèles classiques de Newton et Maxwell, bien que puissants, ne peuvent expliquer les phénomènes à l'échelle de l'atome. Pourquoi les atomes, ces minuscules unités de base de la matière, ne s'effondrent-ils pas sur eux-mêmes ? Pourquoi les électrons, tournant autour du noyau positif, ne perdent-ils pas de l'énergie et ne tombent-ils pas dans le noyau, comme on aurait pu s'y attendre selon la théorie classique ?

La réponse est venue avec Bohr et son modèle atomique des orbites quantifiées. Sur la base des hypothèses proposées par Max Planck et des travaux d'Einstein, Bohr a introduit un concept extraordinaire : les électrons ne peuvent graviter autour du noyau que sur des orbites spécifiques, ou quantifiées. Dans ces états définis, les électrons ne perdent pas d'énergie.

Cette découverte a permis non seulement d'expliquer la stabilité de la matière, mais aussi de résoudre un autre mystère : le spectre d'émission de l'atome d'hydrogène. Lorsque l'atome est excité, les électrons se déplacent d'une orbite supérieure à une orbite inférieure, émettant de la lumière à une fréquence précise. Les observations expérimentales correspondaient parfaitement à la théorie de Bohr.

Un atome qui n'explose pas et le lien avec la philosophie orientale.

Le modèle de Bohr était extraordinaire dans ses implications. Il montrait un monde atomique régi par des lois qui ne suivaient pas une logique intuitive mais imposaient une dualité entre continuité et discontinuité. D'une certaine manière, la matière semblait danser selon une règle qui rappelait les concepts exprimés dans certaines philosophies orientales, comme l'hindouisme.

Dans les textes philosophiques indiens tels que l'Upanishad, le monde matériel est décrit comme "*Maya*" (illusion), où l'apparence cache une réalité profonde et indescriptible. De même, dans la vision moderne de la mécanique quantique, la matière n'est pas entièrement "solide" ; les électrons se comportent à la fois comme des particules et des ondes, et leur position est "floue" jusqu'à ce qu'ils soient observés. Cette nature paradoxale relie, au moins sur le plan conceptuel, les idées scientifiques de Bohr à l'ancienne sagesse orientale.

Aujourd'hui, les visiteurs de Copenhague peuvent se rendre à la *Maison d'honneur de* Bohr, un centre dédié à la mémoire de l'un des plus grands scientifiques du XXe siècle. Ce centre retrace la vie et la pensée de Bohr ( ), depuis ses premières études jusqu'à l'application de sa vision à la théorie quantique naissante.

Mais il y a un autre aspect qui rend Bohr unique : sa philosophie de la science. Il a constamment cherché à combiner "vérité et clarté". Cet engagement n'était pas seulement une approche méthodologique. Il s'agissait d'une idée éthique, fondée sur la conviction que la science doit nous rapprocher de la compréhension de la réalité sans sacrifier la simplicité et la transparence.

Bohr n'était pas seulement un physicien, mais aussi un penseur philosophique. Il disait souvent

> *"Nous ne pouvons pas séparer le monde de la physique de la manière dont nous l'observons.*

Cette affirmation anticipe de nombreuses réflexions modernes sur la nature de la réalité et le rôle de la conscience, thèmes chers à la mécanique quantique et aux philosophies orientales.

Si nous regardons en arrière, nous pouvons apercevoir un fil qui relie la révolution quantique à la sagesse ancienne. Bohr, avec son modèle atomique, a montré que la matière n'est ni rigide ni absolue, mais dynamique, relationnelle et régie par des lois qui dépassent l'entendement. Ce concept, si contre-intuitif, trouve une résonance surprenante dans la philosophie indienne, qui nous invite à regarder au-delà du monde phénoménal pour découvrir la réalité ultime, Brahman.

Werner Heisenberg et le principe d'incertitude.

Dans les années 1920, la physique quantique prend enfin forme grâce à une vague de découvertes faites par de jeunes et brillants esprits, dont Werner Heisenberg et Erwin Schrödinger. En 1927, Heisenberg énonce le principe d'incertitude, l'un des piliers de la mécanique quantique. Ce principe stipule qu'il n'est pas possible de connaître simultanément avec une précision absolue deux grandeurs complémentaires, telles que la position et la vitesse d'une particule.

Ce concept bouleverse l'idée que l'expérience scientifique est neutre. Les physiciens ont découvert que la réalité microscopique était profondément liée à l'expérimentateur.

Dans les années 1920, la physique connaît une révolution. Les concepts clairs et prévisibles de la science classique, qui avaient été les maîtres de la scène depuis l'aube de Galilée jusqu'à Newton, vacillent. Le monde subatomique, révélé grâce à la mécanique quantique, présente des caractéristiques inquiétantes, apparemment contraires au bon sens . C'est dans ce contexte qu'en 1927, un jeune physicien allemand, Werner Heisenberg, âgé d'à peine 26 ans, formule l'un des principes les plus choquants de la science moderne : le principe d'incertitude.

Selon ce principe, deux grandeurs complémentaires, telles que la position et la vitesse (ou la quantité de mouvement) d'une particule, ne peuvent être connues avec précision en même temps. Plus la précision de la mesure de l'une est grande, moins on peut connaître l'autre avec précision. Il ne s'agit pas d'une limitation instrumentale, mais d'une caractéristique intrinsèque de la nature. La science classique, qui décrivait l'univers comme une machine régie par des lois déterministes, était confrontée à une autre réalité : celle de l'incertitude.

L'idée du principe d'incertitude est née au cours de l'un des étés les plus fructueux de la vie d'Heisenberg. En 1925, Heisenberg se réfugie sur l'île d'Heligoland, en mer du Nord, pour échapper au rhume des foins et se concentrer sans distraction sur les dilemmes de la mécanique quantique. Tourmenté par la difficulté de comprendre les orbites des électrons dans les atomes, il décide d'abandonner la représentation spatiale des particules. Cette intuition l'amène à développer la formulation matricielle de la mécanique quantique, qui constitue la base du principe qu'il énoncera deux ans plus tard.

En 1927, lors d'une conférence à Copenhague, Heisenberg a formalisé cette idée. Le principe d'incertitude a profondément influencé la philosophie des sciences. Il s'agit d'un changement de paradigme. Non seulement la physique classique ne suffit plus, mais l'observateur lui-même devient partie intégrante du système observé. Heisenberg l'a expliqué par une citation devenue célèbre :

"Ce que nous observons n'est pas la nature elle-même, mais la nature exposée à notre méthode d'investigation".

Le principe d'Heisenberg n'a pas seulement transformé la science, il a eu un impact culturel bien au-delà des frontières de la physique. Le concept d'indétermination a inspiré des philosophes, des artistes et même des écrivains. En Allemagne, Thomas Mann a réfléchi à la mécanique quantique dans son œuvre "Doktor Faustus". Martin Heidegger, philosophe contemporain de Heisenberg, s'est confronté à l'idée d'une réalité qui échappe à la certitude objective.

La formulation de Heisenberg a donné lieu à un débat animé avec Albert Einstein. Einstein, qui prônait un univers régi par des lois déterministes ( ), rejetait l'idée que le hasard et l'indétermination puissent régir la nature. La phrase d'Einstein est restée célèbre :

"Dieu ne joue pas aux dés.

Niels Bohr, collègue et mentor de Heisenberg, lui répond :

"Ne dites pas à Dieu ce qu'il doit faire avec ses dés.

Werner Heisenberg était plus qu'un brillant physicien. Son intelligence exceptionnelle s'accompagnait d'un intérêt marqué pour la philosophie. Heisenberg admirait Platon et remettait souvent en question les fondements théoriques de la connaissance. C'est peut-être cet esprit philosophique qui lui a permis d'accepter l'incertitude comme un élément fondamental du monde naturel.

L'interaction entre la science et l'humanisme se reflète également dans ses relations personnelles. Werner Heisenberg s'est lié d'amitié avec le poète Rainer Maria Rilke et a cultivé le dialogue entre l'art et la science. Dans son célèbre ouvrage "*Physique et philosophie*" publié en 1958, Heisenberg souligne comment la mécanique quantique ne redéfinit pas seulement la physique, mais offre une nouvelle vision du monde, intimement liée à la subjectivité de l'être humain.

Près d'un siècle après sa formulation, le principe d'Heisenberg reste une pierre angulaire de la physique moderne. Il est à la base de technologies telles que les microscopes électroniques et a des applications allant de l'informatique quantique à la cryptographie. Mais sa valeur n'est pas seulement technique. Le principe d'incertitude nous rappelle les limites de la connaissance humaine et la complexité du monde naturel. Comme le suggèrent l'hindouisme et les philosophies orientales depuis des millénaires, la connaissance n'est pas une pure description de la réalité, mais une interaction entre le sujet et l'objet, l'observateur et l'observé.

Heisenberg, armé de son esprit brillant et du courage de défier les conventions, a changé à jamais notre perception du monde. Ce faisant, il a laissé un message éternel : l'univers n'est pas seulement à expliquer, mais aussi - et surtout - à contempler.

Werner Heisenberg et le côté mystérieux de la nature.

En 1927, Werner Heisenberg a révolutionné la façon dont nous comprenons le monde physique. Jeune physicien allemand doué, Heisenberg travaillait à *l'Institut de physique théorique* de Leipzig, un environnement dynamique où les esprits les plus brillants de l'époque redéfinissaient les fondements de la science moderne. C'est là qu'il a formulé le célèbre principe d'incertitude, ouvrant une nouvelle perspective sur le fonctionnement de la nature.

Le principe repose sur une idée à la fois simple et désarmante : il est impossible de connaître avec une précision absolue à la fois la position et la vitesse d'une particule subatomique. Plus l'un de ces aspects est mesuré avec précision, plus l'autre échappe. Heisenberg a d'abord expliqué cela par une formulation mathématique, mais la signification philosophique du principe est apparue immédiatement. Pour les scientifiques et les penseurs, cette découverte a ouvert la voie à des questions profondes sur la réalité elle-même.

Dans les années 1920, l'Institut de Leipzig était un centre d'avant-garde scientifique. À cette époque, des physiciens tels que Niels Bohr et Max Born s'interrogent sur l'essence du monde microscopique. Heisenberg, alors âgé d'une trentaine d'années et élève de Bohr, relève ces défis avec beaucoup d'audace. Son idée est née non seulement d'une étude théorique, mais aussi d'une longue réflexion sur la manière dont les observations sont faites dans le domaine de la physique quantique.

Une anecdote célèbre raconte que Heisenberg, tourmenté par le problème, trouva l'inspiration lors d'une promenade dans les prairies de la campagne allemande. On raconte que l'immensité de la nature, avec ses mouvements invisibles mais perceptibles, lui fit prendre conscience de l'insaisissabilité des particules subatomiques. Cette prise de conscience lui a permis de formaliser l'idée que l'"observation" elle-même modifiait l'objet observé.

La métaphore de la lumière et le microscope.

Pour expliquer le principe, Heisenberg utilise souvent l'exemple du microscope. Imaginons que nous voulions observer un électron à l'aide d'un faisceau de lumière. La lumière, nécessaire pour voir l'électron, le pousse et modifie sa position ou sa vitesse. Cela signifie que le simple fait d'observer modifie la réalité microscopique.

C'est une question technique, mais aussi profondément philosophique. L'idée même de mesure devient ambiguë. Que signifie connaître un objet si notre "regard" finit par le modifier ?

Le principe d'indétermination n'est pas resté confiné aux laboratoires de physique. La portée de cette découverte a transformé la philosophie des sciences, trouvant des échos dans la littérature, les arts et même les religions. Des penseurs comme Albert Einstein, d'abord sceptiques, se sont demandé si l'univers pouvait vraiment être aussi insaisissable.

Les différences entre deux géants de la physique tels que Bohr et Einstein montrent à quel point le principe d'indétermination a touché le cœur des grands mystères de l'existence. Pour Einstein, l'univers était censé être ordonné et prévisible. Pour Heisenberg et Bohr, en revanche, l'indétermination est une caractéristique fondamentale de la réalité.

Dans le monde occidental, le principe d'indétermination a été accueilli avec un mélange d'étonnement et d'angoisse. Il mettait à mal la vision traditionnelle du monde comme une "*machine parfaitement prévisible*", un paradigme qui remontait à Newton. L'univers n'était plus une horloge ordonnée, mais une entité dans laquelle le hasard, l'incertitude et le mystère jouaient un rôle central.

Curieusement, les philosophies orientales telles que l'hindouisme et le bouddhisme ont longtemps adopté un point de vue similaire. Dans la pensée védique, le monde matériel est considéré comme *Maya*, une illusion insaisissable et transitoire. De même, la mécanique quantique suggère une idée profonde et cachée de la réalité, accessible uniquement par des intuitions plutôt que par des mesures.

Dans les Upanishads, anciens textes hindous, nous lisons :

"Ce que l'esprit voit, on ne peut le fixer avec les yeux, car il est sans forme.

Ces mots semblent anticiper le défi que Heisenberg a lui-même relevé : décrire ce qui ne peut être vu, et le faire dans le langage des mathématiques. Il n'est pas étonnant que, des années plus tard, le même physicien ait déclaré qu'il se sentait une affinité particulière avec la pensée orientale.

Un héritage qui va au-delà de la science.

Le principe d'indétermination ne concerne pas seulement les particules. Il nous invite à réfléchir à la relation entre la connaissance et la réalité. Jusqu'à quel point pouvons-nous réellement connaître le monde qui nous entoure ? Et à quel moment notre observation devient-elle interaction, transformant ce que nous cherchons à comprendre ?

Aujourd'hui encore, les idées d'Heisenberg restent un pilier de la physique moderne, influençant des disciplines allant de l'informatique quantique à la cosmologie. Mais son véritable impact dépasse les frontières de la science et touche au cœur de la condition humaine : le désir de savoir, mêlé au mystère de l'inconnaissable.

En 1927, Heisenberg ne pouvait pas prévoir à quel point son travail changerait à jamais notre vision du monde. Pourtant, avec son principe d'indétermination, il nous a donné un aperçu du fossé qui sépare ce que nous pouvons mesurer de ce que nous ne pouvons qu'imaginer. Aujourd'hui, ce mystère continue d'inspirer les scientifiques et les philosophes, nous rappelant que la connaissance, comme les particules, est toujours en mouvement.

Erwin Schrödinger et le chat.

En 1935, Erwin Schrödinger, connu pour ses contributions fondamentales à la physique quantique, a soulevé l'une des questions les plus célèbres et les plus débattues de cette nouvelle frontière scientifique. Le physicien autrichien, né en 1887 à Vienne, est connu pour l'équation d'onde qui porte son nom. Cette équation est toujours un outil central pour décrire le comportement probabiliste des particules à l'échelle subatomique. Mais Schrödinger était aussi un homme à l'esprit critique, capable de remettre en question les implications des théories qu'il avait lui-même contribué à développer.

Le paradoxe du chat de Schrödinger est né de cette veine intellectuelle. Il s'agissait d'une manière provocante d'explorer les limites de l'interprétation de Copenhague, formulée par Niels Bohr et Werner Heisenberg. Selon l'interprétation de Copenhague, l'état d'une particule quantique, comme la position ou la vitesse, reste indéfini jusqu'à ce qu'elle soit observée. Schrödinger a décidé de mettre en évidence l'aspect paradoxal de cette idée en réalisant une expérience (mentale) avec un chat.

Il a imaginé un système fermé : une boîte contenant un chat, une bouteille de poison, un compteur Geiger et une source radioactive. La source a une probabilité de 50% d'émettre une particule dans un temps donné. Si cette particule est détectée par le compteur Geiger, un mécanisme est activé, brisant la bouteille et libérant le poison, qui tue le chat. Jusqu'à ce que quelqu'un ouvre la boîte pour observer le système, le chat se trouve dans un état quantique "hybride", c'est-à-dire à la fois vivant et mort.

Pourquoi Schrödinger a-t-il proposé cette expérience ? Il n'était certainement pas un défenseur du chat "zombie". Son intention était de démontrer à quel point les implications de la physique quantique étaient étranges et contre-intuitives lorsqu'elles étaient appliquées à la réalité macroscopique. En tant que physicien de formation classique, Schrödinger avait du mal à accepter que la réalité puisse exister dans un état indéfini. Dans une lettre adressée à son ami Albert Einstein, il écrit :

> *"Je n'aime pas cette interprétation vague et insaisissable de la réalité physique.*

L'expérience du chat a eu un impact considérable sur la culture scientifique. Alors que Niels Bohr affirmait que l'interprétation de Copenhague était la meilleure description du comportement quantique, beaucoup d'autres, dont Einstein et Schrödinger lui-même, restaient sceptiques. Einstein, célèbre critique du déterminisme quantique, a accueilli le paradoxe de Schrödinger avec intérêt.

Le contexte historique de la proposition de Schrödinger est tout aussi important. Dans les années 1930, l'Europe était un creuset d'esprits scientifiques qui, malgré les tensions géopolitiques croissantes, continuaient à collaborer et à repousser les limites de la connaissance. Schrödinger, ainsi que des personnalités telles que Bohr, Heisenberg, Dirac et Born, redéfinissaient les fondements de la physique, tout en s'attaquant à des questions philosophiques qui semblaient insolubles.

Curieusement, Schrödinger n'a jamais choisi le chat comme exemple arbitraire. Il aimait les animaux et son expérience de pensée ne se voulait pas cruelle, mais plutôt ironique et provocatrice. Au fil des ans, cette image du "chat mort et vivant" est devenue un symbole non seulement de la physique quantique, mais aussi de la réflexion philosophique moderne sur ce que signifie observer et comprendre la réalité.

L'écho culturel du paradoxe de Schrödinger a largement dépassé son contexte scientifique d'origine. Il a inspiré des romans, des bandes dessinées, des films et même des expressions populaires. Dans la sphère littéraire, par exemple, l'écrivain britannique Douglas Adams a ironisé sur le chat dans "*The Hitchhiker's Guide to the Galaxy*". Dans la culture populaire, l'expression "*comme le chat de Schrödinger*" est souvent utilisée pour désigner des situations d'incertitude ou d'ambiguïté.

Avec ce paradoxe, Schrödinger a laissé un héritage qui va bien au-delà du monde scientifique. D'une certaine manière, le célèbre "chat" incarne le fait que nous sommes suspendus entre deux mondes : celui du déterminisme classique, qui a façonné la physique préquantique, et celui de l'indéterminisme, qui définit la vision quantique moderne. C'est un autre exemple qui montre que la science n'est jamais seulement une analyse technique ou une expérimentation, mais aussi une exploration philosophique profonde. Et en cela, Schrödinger, le physicien et le penseur, reste une figure centrale, capable de stimuler des questions qui résonnent encore aujourd'hui.

Ondes, équations et paradoxes de la nature

Dans les années 1920, les théories classiques ne parvenaient plus à décrire le comportement des particules atomiques et subatomiques. Les scientifiques sont donc à la recherche de nouveaux paradigmes pour comprendre la nature profonde de la matière. C'est dans ce contexte qu'Erwin Schrödinger, physicien autrichien doté d'une profonde sensibilité philosophique, a contribué à réécrire la manière dont nous observons l'univers.

En 1926, dans les montagnes enneigées d'Arosa, une vallée suisse éloignée de l'agitation des grandes villes, Schrödinger formule l'une des équations les plus célèbres de l'histoire de la science : l'équation des ondes. Contraint de déménager pour des raisons de santé et plongé dans une période d'isolement créatif, Schrödinger a trouvé dans ce calme montagnard l'environnement idéal pour réfléchir aux questions qui le taraudaient. La lumière filtrait clairement à travers les paysages alpins, et cette clarté semblait se refléter dans son travail.

L'équation d'onde de Schrödinger décrit la nature probabiliste des particules au niveau quantique. Il ne s'agit plus d'un corpuscule ponctuel, mais d'une entité floue, distribuée dans l'espace par une fonction d'onde. Cette idée a bouleversé de nombreux physiciens de l'époque. Schrödinger a proposé que cette fonction ne calcule pas seulement la probabilité de trouver une particule à une position spécifique, mais qu'elle révèle également la dualité intrinsèque de la particule et de l'onde.

La fonction d'onde.

La fonction d'onde est un concept fondamental de la mécanique quantique. Il s'agit d'une fonction mathématique qui décrit l'état quantique d'une particule ou d'un système de particules.

La particularité de la fonction d'onde est qu'elle n'a pas de signification physique directe, mais représente la densité de probabilité de trouver une particule à une certaine position à un certain moment. Elle est dérivée de l'interprétation probabiliste de la mécanique quantique de Max Born.

Quelques points clés de la fonction d'onde :

Il s'agit d'une fonction complexe (c'est-à-dire qu'elle peut avoir une partie réelle et une partie imaginaire).

Il doit satisfaire l'équation de Schrödinger, qui régit l'évolution temporelle du système.

Il contient toutes les informations accessibles sur le système quantique étudié.

En termes simples, la fonction d'onde est un outil mathématique qui nous permet de faire des prédictions sur les mesures possibles (position, quantité de mouvement, énergie...) associées à une particule dans un système quantique donné.

La vision de Schrödinger s'inspire à la fois de la science et de la philosophie. Comme de nombreux intellectuels autrichiens de l'époque, Schrödinger a étudié les œuvres d'Arthur Schopenhauer, qui était fasciné par les philosophies orientales. Le lien profond entre l'observateur et la réalité, au cœur de la mécanique quantique, rappelle les principes de l'Advaita Vedānta, un courant philosophique hindou qu'il a lui-même étudié. Selon ce dernier, le monde phénoménal est le résultat d'une conscience unique qui imprègne tout. Schrödinger n'était pas pratiquant, mais reconnaissait l'intuition philosophique de l'unité fondamentale de l'existence.

Le génie de son travail s'accompagnait toutefois d'un côté provocateur et sceptique. En 1935, afin de remettre en question l'interprétation de Copenhague de la physique quantique - qui impliquait une réalité "indéterminée" jusqu'à ce qu'elle soit observée - Schrödinger a conçu l'une des expériences mentales les plus célèbres de tous les temps : le chat de Schrödinger.

Bien que critique, Schrödinger savait que son travail représentait une révolution. Loin des explications déterministes de la physique newtonienne, la mécanique quantique révélait un univers contre-intuitif, où la certitude cédait la place à la probabilité et au potentiel. Comprendre le "chat", c'est se confronter à un dualisme qui semble opposé à la logique, mais qui trouve de profonds échos non seulement dans la philosophie occidentale, mais aussi dans la philosophie orientale.

La figure de Schrödinger est indissociable du contexte culturel et philosophique de son époque. Il fréquentait les milieux intellectuels et littéraires, et était connu pour son intérêt pour des sujets qui dépassaient les frontières de la physique. Il aimait citer des poètes, des penseurs et des traditions mystiques.

> *Ce que nous observons comme le corps, l'esprit et le monde sont des manifestations d'une seule et même chose",*

écrit-il, révélant la vision unifiée qui l'a inspiré.

Le séjour à Arosa représente symboliquement l'esprit du physicien. Tel un sage se retirant dans une montagne pour méditer, Schrödinger a utilisé la solitude pour observer le monde d'une nouvelle perspective. Le silence des Alpes lui a permis de formuler des concepts qui, des décennies plus tard, allaient influencer non seulement la physique, mais aussi la technologie, la philosophie et des domaines de pensée encore plus poétiques.

L'équation d'onde et le chat de Schrödinger incarnent parfaitement le cœur de la mécanique quantique : un monde suspendu entre des vagues de probabilité et des observations qui modifient la réalité elle-même. Schrödinger, avec sa synthèse de la science, de la philosophie et de l'imagination, nous a donné une lentille à travers laquelle regarder l'univers. Non seulement en tournant notre regard vers le microcosme des atomes, mais aussi en interrogeant la place de l'esprit humain dans ce mystère cosmique.

Copenhague 1927. La conférence qui a changé le destin de la physique.

Dans la science moderne, peu d'événements ont eu un impact comparable à la conférence Solvay de 1927 à Copenhague.

Les congrès Solvay (également appelés conférences Solvay), fondés par l'industriel belge Ernest Solvay, sont une série de conférences scientifiques consacrées à d'importants problèmes ouverts concernant la physique et la chimie, qui se tiennent à Bruxelles tous les trois ans, à partir de 1911, dans le cadre des "*Instituts internationaux Solvay de physique et de chimie*".

La réunion de 1927, également connue sous le nom de cinquième conférence Solvay, représente un moment crucial dans l'histoire de la physique et de la pensée humaine. À cette occasion, les plus grands scientifiques du XXe siècle se sont réunis pour discuter d'un sujet qui allait redéfinir notre compréhension du monde : la nature de la réalité quantique. Parmi eux se trouvaient des personnalités au prestige extraordinaire, des noms qui évoquent encore aujourd'hui la profondeur et la complexité de la pensée scientifique : Max Planck, Albert Einstein, Niels Bohr, Werner Heisenberg et Erwin Schrödinger.

Au début du XXe siècle, la physique classique, fondée sur les lois de Newton, dominait tous les aspects de la compréhension scientifique. Cependant, au cours des premières décennies du 20e siècle, des phénomènes sont apparus que les lois classiques ne pouvaient pas expliquer. La nature de la lumière, le comportement des atomes et la relation entre l'énergie et la matière ont ouvert la voie à de nouvelles théories. En 1900, Max Planck a formulé la théorie quantique , une révolution qui a jeté les bases d'une nouvelle physique. Plus tard, en 1905, Albert Einstein explique l'effet photoélectrique en partant de l'idée que la lumière est composée de particules, les photons, renforçant ainsi le paradigme quantique.

Dans les années 1920, des théories telles que le principe d'incertitude d'Heisenberg et l'équation d'onde de Schrödinger ont donné une structure mathématique au monde de l'infiniment petit, où règne le comportement imprévisible des particules subatomiques. Ces découvertes ont marqué le passage d'une vision déterministe de la physique classique à une interprétation probabiliste et intrinsèquement incertaine de la réalité.

Dans ce contexte, 1927 est devenue l'année cruciale pour confronter ces visions et commencer à résoudre l'un des dilemmes les plus intrigants de la science : existe-t-il une réalité objective indépendante de l'observateur ?

La conférence était organisée par la "*Fondation Solvay*" et avait pour thème "*Electrons et photons*", mais le débat s'est rapidement orienté vers des questions philosophiques plus profondes. Vingt-neuf des plus brillants physiciens de l'époque ont participé à l'événement, et presque tous ont contribué de manière significative à la naissance de la physique quantique.

Albert Einstein était déjà célèbre pour sa théorie de la relativité et sa contribution au paradigme quantique. Cependant, Einstein était profondément mal à l'aise avec l'interprétation qui émergeait des nouveaux modèles probabilistes. Il était fermement opposé à l'idée que la réalité était fondamentalement régie par le hasard. Niels Bohr, physicien danois reconnu comme l'un des pères fondateurs de la mécanique quantique, s'est opposé à la vision einsteinienne. Bohr a développé l'interprétation de Copenhague, selon laquelle le comportement des particules ne peut être décrit indépendamment de l'observateur.

Parmi les autres participants figurent Werner Heisenberg, qui a proposé le principe d'incertitude en 1927, et Erwin Schrödinger, qui pense que les ondes peuvent représenter une réalité plus fondamentale. Max Planck, le fondateur de la théorie quantique, préside l'assemblée, représentant la figure du sage patriarche.

Le débat entre Einstein et Bohr.

L'un des moments les plus célèbres de la conférence a été l'affrontement philosophique entre Einstein et Bohr. Einstein estimait que la mécanique quantique, de par sa nature probabiliste, était incomplète. Sa déclaration la plus emblématique à cet égard est la suivante : "Dieu ne joue pas aux dés". Einstein ne nie pas les succès de la théorie quantique dans la description des phénomènes à l'échelle subatomique, mais affirme qu'il existe une explication plus profonde, pas encore comprise, qui réconcilierait le monde quantique avec les principes du déterminisme.

Bohr, quant à lui, soutenait fermement que la réalité elle-même était intrinsèquement probabiliste. Son approche était basée sur la complémentarité, le principe selon lequel des particules telles que l'électron peuvent se comporter à la fois comme des ondes et comme des particules en fonction du contexte dans lequel elles sont observées. La position de Bohr était claire : la réalité ne peut être séparée de l'interaction entre l'observateur et l'objet observé. Au cours d'une confrontation animée, Bohr a répondu à Einstein par une observation qui résume l'essence de la physique moderne :

"L'univers n'est pas obligé d'être compréhensible pour l'homme".

Une anecdote mémorable.

Parmi les nombreuses pages fascinantes de l'histoire de la science, celle écrite lors des congrès Solvay est sans doute l'une des plus emblématiques. C'est là qu'eut lieu un extraordinaire affrontement intellectuel entre deux géants de la physique, Albert Einstein et Niels Bohr, sur une question qui allait façonner le destin de la science du XXe siècle : le principe d'incertitude de Werner Heisenberg. L'histoire est significative non seulement par la profondeur des arguments développés, mais aussi par l'imbrication humaine et culturelle qui a caractérisé la rencontre.

Nous sommes à la fin des années 1920, une période extraordinairement fertile pour la physique théorique. Les théories quantiques, développées depuis le début du XXe siècle avec Max Planck et affinées par des contributions telles que celles d'Einstein, Bohr, Heisenberg et Schrödinger, ont ouvert de nouvelles perspectives sur le monde microscopique. Toutefois, ces nouvelles découvertes ont soulevé de profondes questions sur la nature de la réalité, le déterminisme et les limites de la connaissance humaine ( ). Albert Einstein, lauréat du prix Nobel de physique en 1921 pour son explication de l'effet photoélectrique et père de la théorie de la relativité, a été l'un des plus féroces critiques de la nouvelle mécanique quantique. Il n'acceptait pas l'idée que la physique soit régie par une indétermination fondamentale. Comme il l'a dit dans une de ses phrases célèbres : "Dieu ne joue pas aux dés".

En revanche, Niels Bohr, physicien danois et l'un des fondateurs de la mécanique quantique, a vigoureusement défendu l'indétermination introduite par les nouvelles théories. Pour Bohr, cette caractéristique n'est pas un défaut de la théorie, mais une description essentielle de la nature profonde du monde. Leurs différences philosophiques sont évidentes : Einstein s'accroche à une conception déterministe de la réalité, tandis que Bohr adhère à l'idée que les phénomènes de la nature ne peuvent être décrits qu'en termes probabilistes.

Le congrès Solvay a été le théâtre d'une vive confrontation entre ces deux géants de la physique. Einstein porte à la connaissance de l'assemblée une expérience de pensée destinée à critiquer le principe d'incertitude d'Heisenberg.

Einstein, pour défier Bohr, a proposé l'expérience suivante : il a imaginé une boîte avec une petite ouverture contrôlée par une horloge. La boîte contenait de la lumière ou de l'énergie électromagnétique et permettait à un seul photon de passer par l'ouverture dans un intervalle de temps bien défini. Grâce à l'horloge, on peut théoriquement enregistrer le moment exact où le photon est sorti. De même, en mesurant la variation de la masse de la boîte avant et après la sortie du photon (selon la relation d'Einstein (E = mc^2)), l'énergie du photon aurait pu être calculée avec précision. Selon Einstein, cela contredisait le principe d'incertitude, permettant de connaître simultanément le temps et l'énergie avec une précision absolue.

Face à l'argumentation d'Einstein, Niels Bohr comprend immédiatement l'ampleur du défi, mais la solution est loin d'être simple. Cette nuit-là, Bohr se retire pour réfléchir avec une grande intensité ; il semble qu'il n'ait pas fermé l'œil, méditant et s'immergeant dans les détails du problème. Le lendemain, Bohr répond à la provocation d'Einstein par une pirouette intellectuelle qui non seulement préserve le principe d'incertitude, mais le renforce, en utilisant la théorie de la relativité générale développée par Einstein lui-même.

Bohr a fait remarquer que pour déterminer le changement de masse de la boîte (nécessaire pour calculer l'énergie du photon), il fallait la suspendre à une balance. Or, toute mesure de la masse implique que la boîte est soumise à l'influence de la gravité. À ce stade, Bohr a mis en évidence un point crucial : selon la relativité générale, le champ gravitationnel affecte l'écoulement du temps. La position de la boîte dans le champ gravitationnel entraîne une indétermination légère, mais inévitable, de l'heure à laquelle le photon a quitté la boîte, en raison de la relation entre la gravité et les horloges. Cette indétermination était de la même ampleur que l'indétermination énergie-temps prédite par le principe d'Heisenberg. En d'autres termes, la tentative d'Einstein de contourner le principe d'incertitude a échoué parce que le phénomène lui-même a introduit une incertitude compatible avec la mécanique quantique.

Cet affrontement mémorable ne portait pas seulement sur des formules ou des lois physiques, mais remettait en question le sens profond de la réalité. Bohr, en discutant avec Einstein, a déclaré :

> *"Nous ne pouvons pas séparer les phénomènes quantiques des instruments de mesure. Toute description de la réalité doit prendre en compte à la fois le comportement observé et le contexte dans lequel il est observé".*

Ce point de vue, connu sous le nom d'interprétation de Copenhague, constituera la base philosophique de la mécanique quantique.

Malgré la réfutation de Bohr, Einstein n'a jamais cédé à l'idée que la mécanique quantique n'était pas une théorie définitive. Il a continué jusqu'à la fin de sa vie à chercher une théorie plus profonde et unificatrice, capable d'expliquer la réalité sans indétermination. Cependant, cette confrontation particulière a marqué l'une des rares occasions où Einstein a été publiquement vaincu dans un débat.

On dit qu'à l'issue du Congrès Solvay, Einstein reconnut, bien qu'à contrecœur, l'ingéniosité des arguments de Bohr, sans jamais être totalement convaincu. Cette confrontation est devenue une véritable légende dans le monde scientifique, un symbole de la façon dont le progrès de la connaissance se nourrit de débats passionnés mais intellectuellement honnêtes.

Dans un sens plus large, le débat entre Bohr et Einstein est devenu le paradigme d'une tension persistante dans la science : celle entre le désir de certitude et la reconnaissance des limites inhérentes à la connaissance humaine. Ce congrès Solvay représente non seulement un moment de glorieuse confrontation scientifique, mais aussi une illustration du profond dialogue entre la philosophie et la science moderne.

Malgré les divergences entre les deux géants de la pensée, la conférence de Copenhague ne s'est pas achevée sur un vainqueur. Les discussions et les critiques qui y ont été formulées ont continué à influencer profondément la science et la philosophie au cours des décennies suivantes. La mécanique quantique est rapidement devenue un outil puissant pour décrire et prédire les phénomènes naturels, et la majeure partie de la communauté scientifique a accepté l'interprétation probabiliste de Bohr. Cependant, les doutes d'Einstein n'ont pas été oubliés. Ses critiques ont donné lieu à toute une série de recherches qui ont abouti, des années plus tard, aux théorèmes de Bell et aux expériences sur l'intrication quantique.

La conférence Solvay de 1927 n'est pas seulement un événement scientifique, mais le symbole de la confrontation de visions du monde radicalement opposées. D'un côté, l'idée d'un univers ordonné, régi par des lois déterministes ; de l'autre, un univers insaisissable, qui résiste à toute tentative humaine de l'enfermer dans des catégories absolues. Cette tension, entre certitude et incertitude, entre réalité et observation, continue de résonner non seulement dans la science, mais aussi dans la philosophie et la spiritualité.

Richard Feynman et la contribution américaine (années 1940-1960).

Au cours des années suivantes, la physique quantique s'est développée, trouvant des applications technologiques et théoriques. Parmi les grands protagonistes du XXe siècle figure Richard Feynman, un physicien américain connu pour son talent à rendre compréhensibles des concepts compliqués. Feynman a développé la théorie de l'électrodynamique quantique (QED), une étape importante qui décrit l'interaction entre la lumière et la matière. Ses célèbres "diagrammes de Feynman" ont permis de représenter visuellement les interactions subatomiques, rendant ainsi le chaos de la réalité quantique plus compréhensible.

Feynman aimait rendre la science amusante, mais ne manquait jamais de souligner sa complexité.

Feynman est né en 1918 à Far Rockaway, dans la banlieue de New York. Dès son plus jeune âge, il fait preuve d'un esprit brillant et créatif. On raconte qu'enfant, il démontait les radios pour comprendre leur fonctionnement. Cette curiosité ne s'est jamais démentie tout au long de sa carrière. Pendant les années de la Seconde Guerre mondiale, Feynman a participé au projet Manhattan , qui a abouti à la création de la bombe atomique. Cette expérience marque son entrée dans l'élite scientifique américaine.

Après la guerre, Feynman s'est consacré à l'un des problèmes les plus complexes de la physique moderne : comprendre comment la lumière et la matière interagissent. En termes théoriques, il s'agit de l'*électrodynamique* quantique, ou QED (*Quantum Electrodynamics*). Avec Julian Schwinger et Shin'ichirō Tomonaga, Feynman a été l'un des grands architectes de cette théorie révolutionnaire. En 1965, il a reçu le prix Nobel pour ce travail, partagé avec les deux autres scientifiques.

La contribution de Feynman ne s'est pas limitée aux mathématiques théoriques. Il a inventé un nouveau langage visuel pour représenter les processus subatomiques : les diagrammes de Feynman. Ces diagrammes, simples en apparence, ont un pouvoir explicatif extraordinaire. Ils montrent comment les particules échangent des photons ou interagissent avec d'autres particules d'une manière qui peut être calculée avec précision. Pour des millions d'étudiants, ces diagrammes sont devenus un tremplin vers la compréhension de la mécanique quantique.

Le génie de Feynman réside dans sa capacité à simplifier sans jamais banaliser. Lors de ses conférences au *California Institute of Technology* (Caltech), il parvenait à expliquer les concepts les plus abstraits à l'aide d'exemples pratiques et d'anecdotes. En 1964, il a donné une célèbre série de conférences à l'*université de Cornell*, documentée dans la série télévisée de la BBC "*The Character of Physical Law*". Au cours de l'une de ces conférences, il a prononcé une phrase devenue célèbre :

> *"Je pense pouvoir dire que personne ne comprend vraiment la mécanique quantique.*

Feynman lui-même a admis qu'il trouvait la physique quantique déconcertante, bien qu'il en soit l'un des pères fondateurs.

On se souvient souvent de l'implication de Feynman dans la résolution de la catastrophe de *la navette spatiale Challenger* en 1986. Bien qu'il ne s'agisse pas d'une question directement liée à la physique quantique, il a une fois de plus démontré son approche fraîche et directe du problème : en immergeant un simple joint d'étanchéité dans de l'eau froide, il a prouvé que le matériau perdait sa flexibilité, contribuant ainsi à l'identification de la cause de la catastrophe.

Dans les années 1960, la physique quantique a commencé à montrer ses implications pratiques. Les théories de Feynman et d'autres ont largement dépassé le cadre des laboratoires universitaires. Elles ont été appliquées à la conception des transistors et des semi-conducteurs , les piliers de l'électronique moderne. Bien des années plus tard, les principes de la physique quantique trouveront également une application dans l'informatique quantique et la cryptographie.

Mais Feynman n'était pas seulement un scientifique. Il était aussi un observateur de la culture. Il était fasciné par les voies alternatives de la pensée humaine, telles que les langues des peuples indigènes ou les philosophies orientales. Cet intérêt s'est manifesté lors de ses voyages au Brésil, où il a appris à jouer du bongo, et au Japon, où il a observé avec intérêt les différentes coutumes.

Richard Feynman est décédé en 1988, laissant un immense héritage. Ses travaux sur la physique quantique, et en particulier sur la QED, ont transformé notre façon d'appréhender la nature de la réalité. Mais sa plus grande leçon réside peut-être dans les mots qu'il répétait souvent à ses étudiants :

> *"N'ayez jamais peur de ne pas tout comprendre. L'important est de poser des questions".*

Diagrammes du chaos.

Dans les années 1940 et 1950, la physique quantique était en pleine révolution. C'est une période de grande effervescence scientifique, où les lois classiques semblent perdre du terrain face à un univers de plus en plus complexe et mystérieux. La nature de la lumière et de la matière, l'interaction entre les particules subatomiques, la probabilité au lieu de la certitude : ces sujets dominent le débat scientifique. Dans ce scénario chaotique, un jeune physicien américain a émergé, plein d'imagination et avec une approche hors des sentiers battus, destiné à changer la compréhension de l'univers pour toujours. Il s'appelait Richard Feynman.

Richard Feynman brille déjà pendant ses années d'université. Après avoir obtenu son diplôme au MIT, il s'est installé à Princeton, où il a commencé à travailler sur des problèmes qui allaient marquer sa carrière. C'est à cette époque qu'il commence à s'intéresser à la théorie de l'électrodynamique quantique (QED). Cette théorie vise à décrire l'interaction entre la lumière et la matière, un domaine où les lois classiques ne peuvent plus fournir de réponses adéquates.

La QED, à l'époque, était un véritable casse-tête. Les calculs mathématiques aboutissaient souvent à des résultats infinis, contradictoires et totalement inutiles. C'était comme essayer de mettre de l'ordre dans un chaos sans solution. C'est là que le génie de Feynman est entré en jeu. Sa perspicacité n'était pas seulement mathématique, mais aussi visuelle. Il a décidé de transformer la complexité des interactions subatomiques en quelque chose de plus "humain", accessible même à ses collègues les plus sceptiques.

Entre 1948 et 1950, Feynman élabore ses fameux diagrammes et les présente lors d'un séminaire à l'université de Princeton, laissant ses collègues stupéfaits. Ces diagrammes apparemment simples représentaient en fait un langage révolutionnaire pour décrire les interactions entre les particules élémentaires. Lignes droites et ondulées, points de rencontre et angles : les diagrammes traduisaient des années de calculs complexes en symboles compréhensibles, capables de raconter l'histoire des processus subatomiques. Ces dessins apparemment simples représentaient en fait un langage révolutionnaire pour décrire les interactions entre les particules élémentaires. Lignes droites et ondulées, points de rencontre et angles : les diagrammes traduisaient des années de calculs complexes en symboles compréhensibles capables de raconter l'histoire des processus subatomiques.

Un exemple classique est le contenu d'un diagramme typique illustrant l'échange d'un photon (la particule de lumière) entre deux électrons. Les lignes droites représentent les électrons ; la ligne ondulée, le photon. En un instant, tout le monde peut voir ce qui aurait nécessité des pages de formules complexes. Ce n'était pas seulement un outil mathématique : c'était une lentille visuelle qui permettait de voir le chaos caché de l'univers.

Ces diagrammes n'ont pas seulement simplifié les calculs, ils ont aussi changé la façon dont les physiciens concevaient la réalité elle-même. Le prix Nobel de physique, que Feynman a reçu en 1965 avec Julian Schwinger et Sin-Itiro Tomonaga, soulignait précisément l'importance de sa contribution à la QED.

Un génie qui sort des sentiers battus.

Richard Feynman, en plus d'être un penseur extraordinaire, était aussi un personnage excentrique et fascinant. Son esprit curieux et sa capacité à expliquer des concepts complexes à l'aide de métaphores simples ont fait de lui une figure emblématique non seulement sur les campus universitaires, mais aussi dans la culture populaire. Au

Caltech (*California Institute of Technology*), où il a passé la majeure partie de sa carrière, il était connu pour ses conférences brillantes et son approche humble et directe de la science. Il disait souvent :

"Ce que je ne peux pas construire, je ne le comprends pas.

Cette phrase reflète son approche intellectuelle : tout ce qu'il apprenait devait être enraciné dans une compréhension concrète, rendu clair et tangible.

Une anecdote emblématique le met en scène au MIT. Feynman, surnommé "*le génie aux bongos*" par ses étudiants, aimait jouer d'instruments de musique improvisés et discuter de science de la manière la plus informelle qui soit. Sa passion pour la vulgarisation l'a également conduit à écrire des livres qui sont aujourd'hui considérés comme des jalons, tels que "*Six Easy Pieces"*.

Ce qui rend le travail de Feynman si fascinant, ce n'est pas seulement la précision de sa science, mais la façon dont elle est liée à une vision philosophique du monde. Pour Feynman, le chaos n'est pas une chose à craindre, mais plutôt une occasion de découvrir de nouvelles règles cachées. D'une certaine manière, son génie se manifestait précisément dans sa capacité à découvrir un ordre dans le désordre. Cette vision reflète en partie la pensée orientale et l'idée que le chaos et l'harmonie peuvent coexister.

Lors d'une conférence ultérieure, réfléchissant à la signification de la recherche scientifique, il a déclaré :

"Il n'est pas important de connaître les réponses. Il est important d'éprouver la joie de poser des questions".

Cette curiosité sans bornes, associée à un talent naturel pour la simplicité, a fait de Feynman non seulement l'un des plus grands physiciens du XXe siècle, mais aussi un pont entre le mathématicien et le philosophe, le scientifique et l'artiste.

Aujourd'hui, les diagrammes de Feynman sont un pilier fondamental de la physique moderne. Ils sont utilisés non seulement dans la QED, mais aussi dans des domaines plus avancés tels que la théorie des cordes et les théories du tout. Pourtant, ils n'ont jamais été un simple outil. Ils sont le symbole de son approche audacieuse, de son rejet de la complexité pour elle-même et de son extraordinaire capacité à voir la beauté dans le chaos.

Feynman a laissé une empreinte qui va au-delà des équations et des prix scientifiques. Il a montré que les découvertes les plus complexes ont souvent une saveur de simplicité innée. Et qu'en fin de compte, même le chaos peut être raconté par l'intersection d'une ligne ondulée et d'une ligne droite.

Une nouvelle compréhension de la réalité.

Au début du 20e siècle, la physique connaît un âge d'or. Les scientifiques pensaient avoir compris presque tout ce qu'il y avait à savoir sur l'univers physique. Sir Isaac Newton avait énoncé les lois du mouvement et de la gravitation universelle. James Clerk Maxwell avait décrit avec élégance les phénomènes électromagnétiques. Seuls quelques détails semblaient manquer pour parfaire l'immense machine de la connaissance.

Mais en 1900, un physicien allemand, Max Planck, a pris une mesure révolutionnaire sans le vouloir. En étudiant le problème du rayonnement du corps noir, il a découvert quelque chose de surprenant. Le rayonnement électromagnétique, comme la lumière, ne s'écoule pas de manière continue, comme on s'y attendait, mais se comporte comme s'il était constitué de paquets d'énergie distincts. Planck a appelé ces mystérieux paquets des "quanta". Au départ, cette idée n'était qu'un gadget mathématique, rien de plus. Mais elle s'est avérée être le début d'un tremblement de terre dans la façon dont nous comprenons la réalité.

Dans les années qui ont suivi, ces bizarreries se sont multipliées. En 1905, Albert Einstein a utilisé les quanta de Planck pour expliquer l'effet photoélectrique, démontrant que la lumière elle-même pouvait se comporter comme une particule. Einstein a reçu le prix Nobel pour cette découverte, mais une vérité plus choquante est rapidement apparue : la matière présentait également un comportement apparemment dual. Des expériences menées par des scientifiques tels que Louis de Broglie et Davisson-Germer ont prouvé que les particules, telles que les électrons, se comportent tantôt comme des ondes, tantôt comme des corpuscules, en fonction de la manière dont elles sont observées.

Cette ambiguïté n'était pas un simple détail négligeable. Elle impliquait une vision totalement nouvelle de la réalité : dans le monde quantique, il est impossible de connaître avec certitude à la fois la position et la vitesse d'une particule. Werner Heisenberg a formalisé cette idée en 1927 avec son principe d'incertitude. La physique quantique ne décrit plus un univers déterministe, comme celui de Newton, mais un univers régi par des probabilités.

Niels Bohr, un autre pionnier de la physique quantique, a clairement exprimé cette réalité :

"Si cela ne vous perturbe pas, c'est que vous n'avez pas vraiment compris la physique quantique.

Selon Bohr, le monde microscopique est régi par des règles étranges. Les particules peuvent être ici et là en même temps, et elles peuvent interagir instantanément sur de grandes distances, dans un phénomène qu'Einstein lui-même a appelé "*action spectrale à distance*", connu aujourd'hui sous le nom d'*intrication quantique*.

Cette nouvelle physique n'est pas le fruit d'un seul esprit, mais d'une extraordinaire ère de collaborations et de désaccords entre quelques-uns des esprits les plus brillants de l'histoire. En premier lieu, celui d'Einstein qui, tout en contribuant énormément à la naissance de la physique quantique, est resté longtemps sceptique à son égard.

La révolution technologique de la physique quantique.

La physique quantique est l'une des réalisations intellectuelles les plus extraordinaires du 20e siècle. Elle est née au début du XXe siècle comme une idée théorique contre-culturelle, destinée à bouleverser la vision classique du monde. Aujourd'hui, cette branche de la science n'est pas seulement le point de départ de réflexions philosophiques, mais une force concrète qui a changé notre vie quotidienne. Des outils de communication aux appareils médicaux, la physique quantique est devenue le pilier invisible de notre réalité technologique.

Mais comment tout cela est-il arrivé ? Comment sommes-nous passés des équations de Max Planck et d'Albert Einstein aux lasers et aux ordinateurs ?

En 1900, Max Planck, physicien allemand, a introduit l'idée radicale que l'énergie n'est pas continue, mais qu'elle se présente sous forme de paquets discrets appelés "quanta". C'est à ce moment-là que la mécanique quantique est née. Albert Einstein, quelques années plus tard, reprend le concept pour expliquer l'effet photoélectrique, un phénomène fondamental pour la compréhension de la lumière et de la matière. Einstein a démontré que la lumière est elle-même constituée de quanta, ou photons.

Ses idées ont non seulement changé la physique, mais elles ont également jeté les bases d'instruments essentiels aujourd'hui. Le laser, par exemple, est un descendant direct de cette compréhension de la nature quantique de la lumière. Dans les années 1960, lorsque le premier laser a été construit, il est rapidement devenu évident que cette invention allait révolutionner les communications et l'industrie. De la chirurgie à la lecture des codes-barres dans les supermarchés, le laser est aujourd'hui omniprésent, mais rares sont ceux qui se souviennent de son origine quantique.

L'application de la mécanique quantique aux solides a constitué une autre avancée révolutionnaire. Dans les années 1940, les physiciens ont découvert que les principes quantiques pouvaient expliquer le comportement des électrons dans les matériaux. Cette découverte a conduit à la création des semi-conducteurs et, avec eux, à l'une des inventions les plus importantes du 20e siècle : le transistor.

Le transistor, inventé en 1947 par John Bardeen, Walter Brattain et William Shockley aux "*Bell Labs*", est le cœur battant de l'électronique moderne. Chaque ordinateur, smartphone et appareil électronique doit son existence à cette petite merveille technologique.

William Shockley, en particulier, était non seulement un brillant physicien théoricien, mais aussi un innovateur controversé. C'est grâce à ses travaux sur les semi-conducteurs qu'est née la Silicon Valley, centre mondial de la technologie. En effet, dans les années 1950, Shockley a fondé une petite entreprise de semi-conducteurs dans la vallée californienne de Santa Clara. Nombre de ses collaborateurs ont ensuite créé des entreprises que nous connaissons bien aujourd'hui, comme Intel. À partir de là, la science théorique de Planck est devenue inextricablement liée au monde industriel.

Nous vivons aujourd'hui ce que beaucoup appellent la "deuxième révolution quantique". Si les lasers et les semi-conducteurs représentent la première ère technologique de la physique quantique, les ordinateurs quantiques en sont l'avenir.

Mais qu'est-ce qui fait la particularité d'un ordinateur quantique ? Alors que les ordinateurs traditionnels utilisent des bits qui ne peuvent être que 0 ou 1, les ordinateurs quantiques utilisent des qubits qui, grâce au principe de superposition, peuvent être 0, 1 ou les deux en même temps. Cela les rend incroyablement puissants pour certains types de calculs, tels que la cryptographie ou la simulation de molécules complexes.

Là encore, les idées qui sous-tendent les ordinateurs quantiques remontent aux travaux théoriques sur les phénomènes quantiques. Le physicien Richard Feynman a été l'un des premiers à imaginer, dans les années 1980, qu'il serait possible d'exploiter la mécanique quantique pour construire des machines incroyablement nouvelles.

Aujourd'hui, des entreprises comme IBM, Google et Microsoft font de cette vision une réalité.

Cette révolution scientifique et technologique a également eu des répercussions culturelles et philosophiques. L'idée que le comportement de la matière est régi par des principes contre-intuitifs, tels que l'indétermination et la superposition, fascine et déstabilise. Beaucoup ont tenté de trouver dans la physique quantique une résonance avec les philosophies orientales, comme l'hindouisme ou le bouddhisme, qui remettent en cause la compréhension linéaire de la réalité.

Il est intéressant de noter que certains des pionniers de la physique quantique, tels que Niels Bohr et Erwin Schrödinger, étaient eux-mêmes fascinés par les idées orientales. Bohr, par exemple, a placé le symbole chinois de Taijitu (le fameux "yin et yang") sur ses propres armoiries, tandis que Schrödinger s'est inspiré d'anciens textes védantiques dans sa recherche d'une compréhension unifiée de la nature.

Principes fondamentaux de la physique quantique.

La physique quantique, née au début du 20e siècle, a révolutionné notre compréhension de l'univers. Ses principes fondamentaux ont remis en question les certitudes de la physique classique et nous ont fait découvrir un monde d'incertitude, d'interconnexion et d'ambiguïté. Des concepts tels que le principe d'incertitude, la dualité onde-particule et le phénomène d'intrication ont non seulement changé la science, mais ont également ouvert de nouvelles possibilités de dialogue avec les philosophies orientales, en particulier l'hindouisme.

Le principe d'incertitude : la révolution de l'incertitude.

Werner Heisenberg, physicien allemand et l'un des pères de la mécanique quantique, a formulé le principe d'incertitude en 1927. Ce principe stipule qu'il est impossible de connaître simultanément, avec une précision absolue, la position et la vitesse d'une particule subatomique. Plus nous mesurons une quantité avec précision, moins nous pouvons connaître l'autre.

L'indétermination n'est pas une limitation technologique, mais une propriété fondamentale de la nature. Dans le monde quantique, les particules n'existent pas dans un état défini avant d'être observées. C'est comme si une particule était en "suspension de possibilité". Ce concept semble trouver un écho dans l'ancienne philosophie hindoue, en particulier dans l'Advaita Vedanta, qui considère le monde phénoménal comme une manifestation momentanée d'une seule réalité sous-jacente : Brahman. Dans ce contexte, ce qui semble solide et défini (l'univers) est en réalité un flux continu de possibilités.

La dualité onde-particule : la nature ambivalente de la réalité.

Une autre idée déroutante introduite par la physique quantique est la dualité onde-particule. Les photons, les électrons et d'autres particules subatomiques se comportent comme des ondes dans certaines circonstances et comme des particules dans d'autres.

L'expérience emblématique des doubles fentes, réalisée pour la première fois en 1801 par Thomas Young et répétée dans le contexte quantique au 20e siècle, a démontré qu'une particule de lumière, lorsqu'elle n'est pas observée, génère des interférences de type ondulatoire. Mais dès qu'un scientifique tente d'observer par quelle fente elle passe, la particule adopte un comportement corpusculaire...

Ce phénomène soulève des questions radicales sur ce qu'est la "réalité". Richard Feynman, célèbre physicien, a déclaré :

> *"Le comportement de la lumière est impossible à expliquer en langage ordinaire. C'est le cœur du mystère".*

La dualité trouve un parallèle intrigant dans l'hindouisme. Selon la philosophie Advaita, l'univers est *Maya* (illusion), une danse de manifestations qui diffèrent selon la perception. Un exemple courant est l'espace et le temps, qui semblent distincts mais sont interconnectés. Tout comme les particules sont à la fois ondes et particules, les mondes physique et spirituel dérivent de la même essence et coexistent de manière apparemment contradictoire.

Intrication : la connexion instantanée.

Einstein a qualifié le phénomène d'intrication d'"*action spectrale à distance*". Lorsque deux particules entrent dans un état "intriqué", leur destin s'entremêle profondément, quelle que soit la distance qui les sépare. Si l'une des particules change d'état, l'autre le fera immédiatement aussi, comme si elles étaient intimement liées par un fil invisible. Ce phénomène, démontré expérimentalement en 1982 par le physicien Alain Aspect, bouleverse le concept classique de séparation entre les objets.

L'enchevêtrement a incité de nombreux physiciens à se demander si l'univers est intrinsèquement connecté. La philosophie hindoue fait apparaître un concept similaire frappant. Dans la Bhagavad Gita et les textes védiques, il est dit que tout est interconnecté par Brahman, la réalité ultime. Le saint Yajnavalkya, dans la *Brihadaranyaka Upanishad*, décrit l'univers comme une toile infinie où chaque point reflète l'autre, à l'instar du concept de "*toile d'Indra*" dans le bouddhisme.

L'enchevêtrement semble confirmer une idée spirituelle millénaire : la frontière entre le soi et l'univers est une illusion, et toutes les choses existent en relation les unes avec les autres.

La physique quantique propose un voyage dans un monde mystérieux où les lois ordinaires du sens commun ne s'appliquent pas. Ses concepts fondamentaux - indétermination, dualité et intrication - semblent faire écho à des idées enracinées dans la philosophie hindoue. Bien que la science et la spiritualité suivent des méthodologies très différentes, leur dialogue nous invite à voir la réalité sous un angle nouveau, reliant le passé millénaire de l'humanité aux frontières de la connaissance moderne.

Physique quantique et philosophie hindoue : une rencontre entre science et spiritualité.

L'idée que la science et la spiritualité puissent dialoguer peut sembler paradoxale. D'une part, la science est basée sur des observations empiriques et des calculs mathématiques. D'autre part, la spiritualité relève de l'expérience subjective et de l'introspection. Pourtant, avec l'émergence de la physique quantique au 20e siècle, ces deux dimensions apparemment éloignées se sont découvert des similitudes frappantes. La physique quantique, avec ses principes révolutionnaires, a offert une nouvelle façon de penser la réalité qui rappelle, à certains égards, les idées anciennes des philosophies orientales, en particulier l'hindouisme et l'Advaita Vedanta.

Lorsque Werner Heisenberg a formulé le principe d'incertitude en 1927, la physique traditionnelle a connu une crise épistémologique. Ce principe stipule qu'il n'est pas possible de connaître à la fois la position et la vitesse d'une particule subatomique avec une précision absolue. Face à cette incertitude, le déterminisme de la physique classique fait place aux probabilités, introduisant des concepts qui remettent en cause la pensée linéaire occidentale.

Imaginez maintenant à quel point ce concept entre en résonance avec les textes sacrés de l'hindouisme, tels que les Upanishads. Dans leurs versets, une idée similaire est souvent explorée : la réalité ultime, ou Brahman, est insondable par les seuls sens ou moyens rationnels. Le Brahman n'est pas un objet de certitude empirique, mais une vérité qui ne peut être perçue que par une expansion de la conscience. Heisenberg lui-même, au cours de conversations avec le poète Rabindranath Tagore, ne manquait pas de souligner combien la pensée orientale semblait capable d'embrasser naturellement les paradoxes que la physique quantique révélait.

La double nature de la lumière et de la réalité.

L'un des concepts centraux de la physique quantique est le dualisme onde-particule. La lumière se comporte tantôt comme une onde, tantôt comme une particule, selon l'expérience menée. Ce comportement, observé depuis les études de Max Planck et d'Albert Einstein, défie les catégories rigides de la science classique. Mais n'est-il pas en accord avec la sagesse ancestrale de la philosophie hindoue ?

La pensée hindoue décrit la réalité comme étant composée de dualités apparemment opposées, qui sont cependant des manifestations complémentaires d'une unité plus grande. Dans l'Advaita Vedanta, cette unité est appelée Brahman, le principe suprême et indivisible. Les dualités telles que prakriti (matière) et purusha (conscience) trouvent leur harmonie dans une réalité sous-jacente. Cet appel à l'unité au-delà des divisions n'est pas très éloigné de l'image quantique d'un univers où les ondes et les particules ne sont que des manifestations d'une nature plus profonde et interconnectée.

L'enchevêtrement : l'interconnexion universelle.

Un autre principe fondamental de la physique quantique est le phénomène de l'intrication quantique. Deux particules, séparées dans l'espace, peuvent rester interconnectées de telle sorte que l'état de l'une influence instantanément l'état de l'autre, quelle que soit la distance. Ce phénomène, décrit dans les expériences d'Alain Aspect dans les années 1980, remet en question la conception courante de la séparation spatiale.

L'enchevêtrement trouve un écho intéressant dans les enseignements hindous sur le concept d'interconnexion universelle. Selon la philosophie védantique, toutes les entités de l'univers sont liées par un tissu invisible. Dans ce contexte, l'individu n'existe pas vraiment en tant qu'entité séparée, mais il est le reflet de la totalité cosmique. Cette conception est tout simplement exprimée dans le célèbre mantra des Upanishads : "*Tat Tvam Asi*" ("Tu es cela"). Le soi individuel (Atman) et le soi universel (Brahman) ne font qu'un. Une idée qui semble également résonner avec le concept d'interconnexion enraciné dans l'enchevêtrement.

La rencontre entre l'Orient et l'Occident.

Dans les années 1920 et 1930, alors que la physique quantique faisait son apparition, de nombreux scientifiques ont été frappés par les similitudes entre leurs découvertes et les pensées orientales. Niels Bohr, l'un des fondateurs de la théorie quantique, était attiré par la philosophie taoïste et l'idée d'équilibrer les opposés. Erwin Schrödinger, connu pour son célèbre "chat", a également été profondément inspiré par l'Advaita Vedanta. Schrödinger a déclaré sans réserve qu'il estimait que la vision indienne de l'unité spirituelle de l'univers correspondait à la compréhension scientifique émergente d'un univers indivisible.

Ce dialogue entre science et spiritualité montre que le progrès humain n'est jamais confiné dans un cadre étroit. La physique quantique, avec ses idées radicales, n'a pas fermé de portes mais en a ouvert d'autres à d'autres façons de connaître la réalité. L'hindouisme, avec son exploration méticuleuse de l'infini et de l'esprit humain, continue d'offrir des outils conceptuels pour aborder les questions fondamentales que la science elle-même soulève.

Le dialogue entre la physique quantique et la philosophie hindoue représente une rencontre entre deux langages différents, qui répondent tous deux à la même curiosité profonde. Qu'est-ce qui sous-tend tout cela ? Face au mystère de l'univers, la science occidentale moderne et la sagesse orientale ancienne se rejoignent, comme deux voyageurs qui, suivant des chemins différents, arrivent au même point de vue. Ce n'est que le début d'une conversation potentiellement sans fin entre logique et intuition, entre mesure et mystère.

Le principe d'incertitude : l'imprévisibilité du monde quantique.

En 1927, Werner Heisenberg, l'un des pères de la physique quantique, a ébranlé les fondements de la science classique en faisant une révélation stupéfiante : le principe d'incertitude. Cette découverte, faite alors que Heisenberg travaillait dans le centre névralgique de la physique théorique européenne, à Copenhague, sous la direction de Niels Bohr, n'a pas seulement transformé la science. Elle a ouvert une nouvelle voie à la conception de la réalité.

Le principe d'incertitude stipule qu'il est impossible de connaître simultanément, avec une précision absolue, deux grandeurs fondamentales liées l'une à l'autre, telles que la position et la quantité de mouvement d'une particule. Cette limitation ne résulte pas d'un manque d'instruments ou de technologie. Au contraire, elle est inscrite dans la nature même de l'univers. Plus on tente de mesurer précisément la position d'un électron, par exemple, plus l'information sur sa vitesse est nuancée. Il ne s'agit pas d'un problème technique, mais d'une loi profonde de la physique, que Heisenberg a résumée sous la forme d'un principe universel.

Avant Heisenberg, la physique était dominée par le déterminisme newtonien. Isaac Newton, au XVIIe siècle, avait défini un univers régi par des lois précises et prévisibles. Dans le paradigme classique, si l'on connaît les conditions initiales d'un système, on peut calculer son avenir. Mais avec la physique quantique, ce rêve de contrôle total s'évanouit.

Le monde quantique oscille dans le domaine des probabilités. Nous ne pouvons pas dire ce qu'une particule va faire, mais seulement quelle est la probabilité qu'elle fasse telle ou telle chose. Ce concept fait de l'incertitude une partie intrinsèque de la nature.

La révolution conceptuelle introduite par la physique quantique trouve un écho fascinant dans les textes philosophiques hindous. Selon les *Védas*, l'un des plus anciens recueils de sagesse de l'humanité (datant au moins du deuxième millénaire avant J.-C.), la réalité que nous percevons avec nos sens n'est qu'une illusion. Les sages de la tradition védique appelaient cette illusion *Maya*.

Cependant, Maya n'est pas une illusion au sens banal du terme. Il ne s'agit pas d'une tromperie ou de quelque chose de faux, mais d'un rideau qui cache une vérité plus profonde et plus insaisissable. De même, dans le contexte des lois quantiques, notre tentative de mesurer et de comprendre le monde subatomique se heurte à une impossibilité fondamentale : chaque mesure modifie le système que nous observons. Il reste alors une sorte de danse invisible, muable et indéfinissable, à l'image de la réalité voilée décrite par la philosophie hindoue.

Le lien entre Maya et l'indétermination n'est pas un simple jeu de symboles. Il s'agit d'un profond parallélisme qui a fasciné les physiciens et les philosophes occidentaux. Fritjof Capra, physicien de renom et auteur du célèbre "*Tao of Physics*", a étudié cette correspondance. Il a constaté que l'approche contemplative de la tradition indienne, qui accepte le mystère de la réalité, s'harmonise étonnamment bien avec la physique quantique. Les deux perspectives embrassent l'incertitude et suggèrent que la connaissance humaine a des limites inhérentes.

Pour illustrer les effets de l'indétermination quantique sur le monde réel, les physiciens ont souvent eu recours à des expériences mentales. L'une des plus célèbres est l'expérience du chat de Schrödinger, proposée en 1935 par Erwin Schrödinger, un autre géant de la physique quantique. Cette expérience met en scène un chat enfermé dans une boîte, avec un mécanisme qui peut soit le tuer, soit le laisser vivre. La question est la suivante : jusqu'à ce que nous ouvrions la boîte, le chat est-il mort ou vivant ?

Selon l'interprétation quantique, tant que l'observation n'est pas faite, le chat est dans une sorte de superposition d'états : vivant et mort à la fois. Ce paradoxe illustre le fait que l'univers quantique n'est pas conforme à notre sens commun. L'indétermination et la probabilité s'entremêlent d'une manière qui défie notre intuition.

La réalité se cache dans l'invisible.

L'indétermination de Heisenberg et le concept védique de Maya convergent vers une conclusion similaire. L'univers n'est pas tel qu'il apparaît à première vue. Au niveau macroscopique, la réalité semble solide et déterministe. Cependant, plus on s'enfonce dans le microscopique, plus tout se dissout dans un maelström de probabilités, d'incertitudes et de connexions étranges.

Le physicien britannique Sir James Jeans, dans les années 1930, avait observé avec étonnement :

> *"L'univers commence à ressembler davantage à une grande pensée qu'à une grande machine.*

La physique quantique nous invite donc à réexaminer notre idée de la réalité, tout comme la philosophie hindoue nous invite à regarder sous la surface de l'apparence. Peut-être que, comme l'auraient dit les sages védiques, ce que nous ignorons n'est pas moins réel que ce que nous percevons.

Du voile de Maya au principe d'incertitude : comment la réalité échappe à notre contrôle.

La physique quantique et la philosophie orientale se rencontrent sur un terrain étonnamment commun : l'insaisissable mystère de la réalité. Cette science du XXe siècle, qui a profondément transformé notre compréhension du monde, semble entrer en résonance avec des idées millénaires que l'on retrouve dans les textes sacrés de l'hindouisme. En particulier, le principe d'incertitude de Werner Heisenberg (1927) et le concept de *"Maya"* des traditions védiques révèlent une affinité conceptuelle qui pourrait sembler impensable, mais qui suggère combien les êtres humains, à chaque époque, ont cherché à lever le voile qui sépare la vérité ultime de la perception sensorielle.

En 1927, le physicien allemand Werner Heisenberg a formulé l'un des principes fondamentaux de la physique quantique : le fameux principe d'incertitude. Ce principe stipule qu'il n'est pas possible de connaître simultanément, avec une exactitude absolue, deux propriétés d'une particule, telles que sa position et son élan. Plus on mesure précisément l'une de ces deux variables, moins on peut connaître l'autre.

Heisenberg a découvert que le comportement de la matière au niveau subatomique n'est jamais complètement déterminable. Les électrons, par exemple, ne se déplacent pas selon des trajectoires prévisibles comme les planètes autour du soleil. Ils semblent plutôt "exister" comme une probabilité diffuse, un nuage indistinct qui ne prend forme que lorsqu'il est observé directement. Cela a été confirmé par des expériences fondamentales telles que celles liées au fameux "dualisme onde-particule", dans lequel la lumière et les électrons se comportent soit comme des ondes, soit comme des particules, selon le mode d'observation.

Cette vision révolutionnaire a déstabilisé le paradigme de la physique classique, qui reposait sur un univers mécaniste où tout était déterminable. La réalité, telle que la science la découvrait, apparaissait désormais insaisissable, imprévisible et, en un sens, illusoire. Mais cette idée n'était pas nouvelle pour tout le monde. Des siècles plus tôt, en Inde, les sages des Upanishads avaient déjà décrit le monde phénoménal comme quelque chose de similaire : une illusion, un voile cachant la vérité ultime.

L'hindouisme, avec sa riche tradition philosophique et spirituelle, a développé le concept de "Maya" pour indiquer la nature illusoire ou trompeuse de la réalité perceptible. Les Védas, les textes sacrés les plus anciens de la culture indienne, et les Upanishads, les commentaires philosophiques qui les développent, soulignent que le monde qui apparaît à nos sens n'est pas la réalité ultime, mais une représentation partielle et illusoire de Brahman, le principe absolu et indescriptible qui sous-tend tout ce qui existe.

Un passage significatif est contenu dans le Rigveda, où l'on peut lire :

"Celui qui connaît cette vérité cachée derrière le voile de l'apparence est éclairé.

Ici, le "voile" fait allusion à Maya, ce qui sépare notre monde empirique de la réalité essentielle. Maya ne signifie pas seulement l'illusion dans le sens de la tromperie, mais la perception d'un monde qui semble réel mais qui, au fond, est composé de quelque chose de plus profond et d'intrinsèquement insaisissable.

Un exemple intéressant se trouve dans la figure du sage Yajnavalkya, protagoniste de nombreux dialogues dans les Upanishads. Lorsqu'on lui demande de décrire le Brahman, Yajnavalkya répond par le célèbre enseignement :

Neti, neti" ("Pas ceci, pas cela").

Cette expression indique que la réalité ultime ne peut être définie ou catégorisée, tout comme la nature insaisissable des particules subatomiques observées par la physique moderne.

L'analogie entre le principe d'incertitude et Maya ne doit pas être interprétée comme un chevauchement direct, mais plutôt comme une résonance. Les deux concepts nous rappellent que la réalité est plus complexe que ce que notre esprit ou nos outils peuvent appréhender. D'une part, Heisenberg nous montre un univers microcosmique dans lequel l'acte même d'observer modifie ce que nous observons. De l'autre, la philosophie hindoue nous invite à reconnaître les limites de nos sens et à nous tourner vers une intuition plus profonde.

Ce qui est fascinant dans cette comparaison, c'est aussi la façon dont les deux perspectives reconnaissent le rôle de l'observateur. Dans la physique quantique, l'observation directe d'une particule influence son état ; dans la philosophie hindoue, la réalité phénoménale est façonnée par la conscience humaine, mais la vérité ultime n'émerge que lorsque l'apparence sensorielle est transcendée.

Une célèbre rencontre intellectuelle entre la tradition orientale et la physique quantique a eu lieu avec les pionniers de cette discipline. Heisenberg lui-même, lors d'un de ses voyages en Inde dans les années 1930, a été confronté au philosophe indien Rabindranath Tagore. À cette occasion, Tagore aurait expliqué la conception indienne selon laquelle le monde et la conscience sont dans une relation d'interdépendance, une idée qui reflète, au moins intuitivement, le rôle de l'observateur dans la mécanique quantique.

Ce qui ressort de la comparaison entre la physique quantique et la philosophie hindoue est une invitation à revoir nos certitudes sur la réalité. L'univers, tant dans sa dimension subatomique que phénoménale, semble enveloppé d'un mystère qui échappe à notre contrôle. Les physiciens du 20e siècle et les sages védiques, bien que par des voies différentes, nous ont transmis la même conscience : ce qui semble solide et immuable n'est en réalité qu'un reflet, une illusion, ou peut-être, comme l'a dit un sage indien il y a des millénaires, un rêve que nous rêvons ensemble.

La dualité onde-particule : la nature insaisissable de la matière.

Un autre principe cardinal de la physique quantique est la dualité onde-particule, théorisée en 1801 par le physicien anglais Thomas Young, puis en 1924 par Louis de Broglie, et vérifiée par la suite par des expériences telles que la version moderne de la double fente. Ce phénomène montre qu'une particule, par exemple un électron, peut se comporter comme une onde si personne ne l'observe, alors qu'elle manifeste des propriétés corpusculaires (une véritable "particule") lorsqu'elle est mesurée. Ce comportement paradoxal est au cœur de la célèbre équation de Schrödinger, qui décrit l'état quantique comme une superposition de possibilités.

Dans le contexte hindou, la dualité onde-particule rappelle le double aspect de Brahman, l'absolu, qui se manifeste à la fois comme une réalité immanente (matière) et transcendante (conscience ou esprit). Tout comme la particule est à la fois onde et corpuscule, Brahman peut être à la fois la substance observable de l'univers et ce qui le transcende.

En 1801, le physicien anglais Thomas Young a démontré, par la célèbre expérience des doubles fentes, que la lumière se comportait comme une onde. Ce résultat semblait clore une question de longue date, débattue depuis des siècles par la science occidentale : la lumière est-elle composée de particules ou se propage-t-elle comme une onde ? Young apportait une réponse claire, mais l'affaire était loin d'être close. Avec l'avènement du XXe siècle, un fait révolutionnaire est apparu : la matière et l'énergie ne se comportent pas seulement comme des ondes, mais peuvent aussi se manifester sous forme de particules.

Le premier pas vers cette étonnante découverte a été fait par Max Planck en 1900, lorsqu'il a introduit le concept de quanta d'énergie, des "paquets" théoriques indivisibles d'énergie. Puis Albert Einstein a démontré en 1905 que la lumière pouvait se comporter comme des particules appelées photons, expliquant l'effet photoélectrique et ouvrant la porte à une nouvelle façon d'appréhender le monde physique. Mais ce n'est qu'en 1924 que Louis de Broglie a jeté les bases d'une compréhension encore plus profonde de la réalité. De Broglie a proposé que non seulement la lumière, mais aussi toute matière, puisse avoir un double comportement : celui d'une particule et celui d'une onde. Sa théorie a été confirmée quelques années plus tard par des expériences telles que celle réalisée par Davisson et Germer en 1927, qui a mis en évidence le phénomène de diffraction des électrons.

L'expérience de la double fente.

Cette expérience reste cependant l'exemple le plus emblématique. Imaginons une particule unique, un électron par exemple, lancée vers une barrière à deux fines fentes. Si personne n'intervient pour "observer", le résultat sera surprenant : l'électron formera un motif en bandes typique des ondes sur l'écran photo sensible situé derrière la barrière, comme s'il avait traversé les deux fentes simultanément. En revanche, si un appareil est positionné pour mesurer par quelle fente passe l'électron, la figure ondulatoire disparaît pour laisser place à un simple point, comme on l'attendrait d'une particule. Le comportement de l'électron change en fonction de l'interaction avec l'observateur, c'est-à-dire selon que l'observateur place ou non une jauge sur le passage. Mais quel est le point crucial ? Jusqu'à ce qu'une mesure soit effectuée, l'électron n'est ni une particule ni une onde : il est les deux à la fois, dans un état de superposition quantique.

Ce comportement paradoxal a été formalisé par Erwin Schrödinger en 1926, avec sa célèbre équation décrivant l'état quantique des particules comme une "somme" de possibilités. Tant qu'une mesure n'est pas effectuée, la réalité est ouverte, ambiguë. L'univers quantique défie donc notre besoin humain de clarté, de divisions claires, d'un monde fait de choses visibles, mesurables, tangibles.

Le parallélisme avec l'hindouisme.

Ce concept peut sembler ancré dans la pensée scientifique moderne et étranger à la philosophie ancienne. Pourtant, pour ceux qui connaissent l'hindouisme, le parallèle semble étonnamment familier.

En effet, la dualité onde-particule trouve son écho métaphorique dans le concept de Brahman. Dans la tradition védique, Brahman est la réalité ultime, à la fois immanente et transcendante. Il est ce qui constitue le monde matériel, mais aussi ce qui le transcende radicalement, régnant en tant que pure conscience.

Les Vedas, textes sacrés fondamentaux de l'hindouisme, décrivent le Brahman dans des déclarations énigmatiques mais puissantes, telles que le célèbre verset :

Ekam sat, vipra bahudha vadanti".

("La vérité est une, les sages lui donnent des noms différents").

Selon ce point de vue, la réalité elle-même peut apparaître multiple et dualiste à l'œil humain, tout en restant une unité fondamentale. Tout comme un électron est à la fois onde et particule, mais en même temps ni l'un ni l'autre.

La Brihadaranyaka Upanishad, l'un des textes les plus anciens et les plus fondamentaux de l'hindouisme, décrit le concept de l'état latent, dans lequel Brahman est à la fois tout et rien, reposant dans un état de "*potentialité infinie*". Cette description rappelle l'état quantique de superposition. Le Brahman, tout comme la matière dans le domaine quantique, peut se manifester de différentes manières en fonction de la perspective ou de la connaissance de l'observateur.

Science et spiritualité : un pont possible ?

Niels Bohr, l'un des pères de la mécanique quantique, était connu pour son intérêt pour les philosophies orientales. Le physicien danois a même adopté le symbole taoïste du Yin-Yang dans ses armoiries, y voyant une image du dualisme complémentaire qui caractérise la réalité quantique. Cependant, nous trouvons également des liens dans l'hindouisme, même s'ils sont moins immédiats. Le concept de complémentarité en physique quantique, selon lequel des propriétés apparemment opposées telles que l'onde et la particule ne sont pas contradictoires mais plutôt des aspects complémentaires d'une même réalité, semble s'aligner sur la vision védique de l'unité dans la diversité.

L'interconnexion entre la science et la spiritualité devient encore plus évidente lorsque l'on considère le rôle de l'observateur dans l'expérience de la double fente. Dans le royaume de Maya, le "voile de l'illusion" décrit dans l'hindouisme, la réalité matérielle est perçue comme séparée de l'essence universelle de Brahman. Cependant, cette séparation est, selon la tradition, causée précisément par le point de vue limité de l'observateur humain. De même, en physique quantique, l'observateur n'est pas une entité neutre ou passive. Son interaction avec le système modifie la réalité observée.

La dualité onde-particule n'est pas seulement l'un des principes fondamentaux de la physique quantique. Elle constitue également un défi profond pour notre compréhension de la nature même de la réalité. La science et la spiritualité, bien que nées dans des contextes et avec des objectifs apparemment éloignés, semblent converger dans la découverte d'une ambiguïté universelle, d'une réalité multiforme dans laquelle la matière, l'énergie et la conscience semblent inséparables.

Après tout, comme l'a écrit le grand poète et philosophe indien Rabindranath Tagore,

> *Le monde n'est pas fait de choses, mais d'un halo de possibilités".*

Une description poétique, peut-être, mais pas si éloignée de la vision quantique de Schrödinger. Ni du cœur philosophique de l'hindouisme.

Onde ou particule ? La dualité et l'interaction cosmique de Shiva et Shakti.

Parmi les concepts les plus fascinants de la physique quantique figure la dualité onde-particule, un phénomène qui a révolutionné notre vision du monde et qui, étonnamment, trouve un écho profond dans les anciennes philosophies indiennes. L'interaction entre les concepts de Shiva et Shakti, d'immuable et de mouvement, de conscience et de création, semble faire écho à la même complémentarité qui domine le comportement de la matière subatomique.

En 1801, Thomas Young a réalisé une expérience célèbre connue sous le nom de "double fente". Young éclaire un écran avec une source lumineuse et la laisse passer à travers deux fines fentes. Le résultat fut surprenant : au lieu de deux simples faisceaux de lumière projetés sur l'écran opposé, une figure d'interférence apparut, semblable à celle produite par les vagues sur l'eau. Cela prouvait que la lumière n'était pas seulement composée de particules, mais qu'elle possédait également une nature ondulatoire.

Jusque-là, tout semblait relativement simple. Mais le véritable mystère est apparu un siècle plus tard, lorsque des scientifiques ont tenté de répéter l'expérience en utilisant des électrons uniques. Jusqu'à présent, tout pouvait sembler relativement simple. Mais le véritable mystère est apparu un siècle plus tard, lorsque des scientifiques ont tenté de répéter l'expérience en utilisant des électrons uniques. Ces particules, bien qu'envoyées une par une, ont également produit le même schéma d'interférence, suggérant qu'elles se comportaient comme des ondes. Cependant, au moment où ils ont été observés - avec des instruments conçus spécifiquement pour déterminer par quelle fente ils passaient - les électrons se sont comportés comme des particules, annulant la figure d'interférence.

Ce phénomène, qui viole toute intuition, est l'un des fondements de la mécanique quantique. La matière, au niveau subatomique, n'est ni onde ni particule tant qu'elle n'est pas observée. L'acte d'observation semble en quelque sorte "effondrer" la fonction d'onde en une réalité spécifique. Mais qu'est-ce que tout cela signifie ? Les scientifiques ont trouvé plus de questions que de réponses.

Shiva et Shakti : la danse cosmique du dynamique et de l'immuable.

Le choix des noms n'est pas fortuit : dans la culture hindoue, Shiva et Shakti représentent la juxtaposition des deux principes pivots de l'univers. Le premier est l'esprit, lié à la figure masculine, tandis que la seconde représente l'énergie du monde, liée plutôt à la figure féminine.

Dans le monde de la philosophie hindoue, l'univers est souvent décrit comme le résultat de l'interaction entre ces deux principes suprêmes. Shiva représente la conscience pure, le témoin immobile et immuable de la réalité. Shakti, quant à elle, est l'énergie créative et dynamique qui façonne l'univers matériel. Séparés, aucun des deux ne peut exister. La vie, le temps et le changement résultent de leur interaction. Comme le décrivent les Shivagamas et les Tantras, Shiva sans Shakti est un pur potentiel, mais dépourvu d'expression. Shakti sans Shiva est une énergie sans direction.

Cette complémentarité rappelle la dualité onde-particule. La matière se comporte comme une onde lorsqu'elle n'est pas observée : elle est un pur potentiel, un champ de possibilités. Pourtant, dès qu'il y a observation, ces possibilités s'effondrent en une réalité concrète, à l'image de Shiva qui, en tant que témoin immobile, donne un sens au dynamisme de Shakti. Sans observation, il n'y a pas de forme ; sans conscience, il n'y a pas de création.

La dualité onde-particule pose une question profonde : le rôle de la conscience dans la construction de la réalité. D'éminents physiciens tels qu'Eugene Wigner et John Wheeler ont exploré cette idée. Wigner, en particulier, a postulé que la conscience de l'observateur pouvait jouer un rôle fondamental dans la détermination du comportement subatomique. Bien que cette hypothèse reste controversée, ajoute un niveau supplémentaire de résonance fascinante avec la philosophie indienne.

Dans le contexte de l'hindouisme, l'idée que la réalité est déterminée par la conscience n'est pas nouvelle. Les textes védiques et les Upanishads affirment que la réalité extérieure est, en quelque sorte, une projection de la conscience suprême, Brahman. Ce dernier est à la fois le témoin (Shiva) et le créateur actif (Shakti) de toutes choses. Tout comme l'observation dans le domaine quantique détermine si nous voyons une onde ou une particule, la conscience, dans l'hindouisme, crée et façonne la réalité perçue.

Un autre concept clé de l'hindouisme, lié à la physique quantique, est celui de Lila, le "jeu cosmique". Selon cette conception, l'univers est une danse ludique de création, de préservation et de destruction, orchestrée par Shiva et Shakti. Rien n'est statique, rien n'est immuable : tout se manifeste de manière dynamique à travers le jeu de la dualité.

De même, l'univers quantique est un royaume dynamique de possibilités. La matière n'existe pas dans un état fixe ; elle fluctue entre différents états, tout comme Shakti fluctue dans un mouvement constant, manifestant la réalité par la présence de Shiva. L'électron qui agit alternativement comme onde ou comme particule est un parfait exemple de cette fluidité : un "jeu" qui révèle la nature interconnectée de la réalité.

Un pont entre l'Est et l'Ouest.

La physique quantique, née en Occident en réponse aux limites de la physique classique, nous invite à réévaluer le rôle de la réalité et de l'observation d'une manière qui trouve des parallèles frappants avec d'anciennes visions orientales. Dans les sanctuaires de Varanasi, le long des rives du Gange, les dévots chantent des mantras en l'honneur de Shiva et de Shakti. Au même moment, dans un laboratoire moderne, un scientifique regarde avec émerveillement un électron "décider" de son état en réponse à une observation.

Ce n'est peut-être pas une coïncidence. Ce n'est peut-être pas une coïncidence si l'Occident découvre, grâce à ses instruments scientifiques, des vérités que l'Orient contemple depuis des millénaires à travers la méditation et la philosophie. Comme le disait le physicien et prix Nobel Erwin Schrödinger :

> *"La vérité se manifeste de différentes manières, mais en fin de compte, elle est unique.*

En d'autres termes, l'univers est un pont. La danse de Shiva et Shakti et le comportement des électrons nous rappellent qu'au-delà des différences culturelles, il existe une profonde unité dans la recherche de ce qui est éternel et de ce qui est dynamique, de ce qui est onde et de ce qui est particule.

Intrication : connexion au-delà du temps et de l'espace.

L'un des concepts les plus fascinants de la physique quantique est l'"intrication", ou "enchevêtrement quantique". Lorsque deux particules interagissent et deviennent "intriquées", leur état quantique ne peut plus être décrit indépendamment. Bien que séparées par d'immenses distances, les particules restent mystérieusement liées : le changement d'état de l'une se répercute immédiatement sur l'autre. Albert Einstein a appelé ce phénomène "*action spectrale à distance*" et l'a considéré comme l'une des plus grandes énigmes de la physique moderne.

Albert Einstein, tout en reconnaissant la vérité expérimentale du phénomène, était sceptique. Pour Einstein et nombre de ses contemporains, l'idée d'une influence instantanée entre particules à travers les frontières de l'espace et du temps allait à l'encontre des principes fondamentaux de la physique classique. Cependant, depuis les expériences fondamentales d'Alain Aspect dans les années 1980, la réalité de l'intrication a été confirmée en laboratoire.

L'enchevêtrement exerce une fascination qui va au-delà de la science. Elle semble rappeler d'anciennes idées philosophiques sur l'interconnexion cosmique. La pensée hindoue du Brahman, souvent décrite comme l'immense toile invisible qui unit tout, est l'une des plus importantes. Selon les Vedas et les Upanishads, la multiplicité perçue de l'univers est une illusion (*Maya*), car en réalité tout existe en tant que partie d'une entité unique et indivisible.

Une image évocatrice de cette interconnexion est le "*filet d'Indra*", une ancienne métaphore védique. Imaginez un filet infini, suspendu dans l'espace, dont chaque nœud est un joyau parfaitement poli. Chaque joyau reflète l'ensemble du réseau, et dans chaque reflet se trouvent les images de tous les autres nœuds. Chaque partie contient le tout, tout comme l'intrication montre que deux particules, bien que physiquement séparées, existent en tant que partie d'une seule réalité partagée.

La science rencontre la métaphysique.

Le physicien David Bohm, disciple du grand Robert Oppenheimer et collaborateur d'Albert Einstein, a proposé un modèle d'univers qui semble dialoguer profondément avec les conceptions de l'hindouisme. Selon Bohm, la réalité ne peut être pleinement comprise à travers une analyse fragmentaire, mais doit être considérée comme un tout. Bohm a proposé l'idée d'un "ordre implicite", une structure sous-jacente cachée qui contient et relie tout. Dans ce cadre, l'intrication n'est pas une bizarrerie isolée, mais l'exemple tangible de la façon dont le monde est fondamentalement interconnecté.

Un autre scientifique, Erwin Schrödinger, connu pour le célèbre paradoxe du chat, a été l'un des premiers à reconnaître l'importance philosophique de l'enchevêtrement. Il n'est pas surprenant que Schrödinger ait eu une connaissance approfondie de la philosophie védique, dont il s'est inspiré. Il a écrit qu'en mécanique quantique

"Le monde apparaît comme un réseau d'événements interdépendants.

Des mots qui, pour un public familier de la philosophie indienne, semblent presque un écho des anciens textes sacrés.

Aujourd'hui, l'intrication trouve des applications concrètes dans le domaine de l'informatique quantique, avec le développement d'ordinateurs et de systèmes cryptographiques qui exploitent cette mystérieuse propriété de connexion. Certaines des expériences les plus avancées sur l'intrication ont été menées dans les laboratoires du CERN à Genève et en Chine, où les scientifiques ont démontré l'intrication à une échelle jamais atteinte auparavant, comme dans les satellites en orbite autour de la Terre.

Pourtant, aussi innovantes que soient ces expériences, elles reviennent toujours à une grande question sous-jacente : qu'est-ce que la réalité ? L'hindouisme et la physique quantique nous invitent, de manière différente, à regarder au-delà des apparences. La science nous montre que la séparation n'est finalement qu'une illusion. Les philosophies orientales, depuis des millénaires, nous disent exactement la même chose.

Dans un monde où tout semble divisé - les personnes, les cultures, les particules de matière - l'intrication devient une sorte de pont vertigineux entre le mysticisme ancien et la science la plus avancée. C'est la démonstration que, peut-être, au cœur de la complexité du cosmos se trouve une vérité aussi simple que profonde : rien n'est vraiment séparé.

L'enchevêtrement quantique et le concept védique d'unité cosmique.

Au cours du XXe siècle, la physique quantique a radicalement transformé la façon dont nous comprenons la nature de la réalité. Parmi ses principes les plus fascinants et les plus controversés, on trouve le phénomène de l'intrication quantique. Deux particules, même distantes de plusieurs années-lumière, peuvent s'influencer instantanément. Une réalité si étonnante qu'elle a poussé Albert Einstein à définir cette interaction comme "spectrale".

Ce concept, qui défie le sens commun et l'idée classique de causalité, a ensuite été validé par les expériences d'Alain Aspect dans les années 1980. Cependant, l'intuition que l'univers est un tout interconnecté n'est pas nouvelle. Plusieurs millénaires auparavant, les textes védiques de l'hindouisme décrivaient le cosmos comme un réseau indivisible, dont le cœur battant est Brahman.

L'intrication quantique découle des fondements de la mécanique quantique, une théorie élaborée dans les premières décennies du XXe siècle par des pionniers tels que Werner Heisenberg, Erwin Schrödinger et Niels Bohr. En termes simples, l'intrication se produit lorsque deux particules, après avoir interagi, deviennent connectées de telle manière que l'état de l'une dépend instantanément de l'état de l'autre, quelle que soit la distance qui les sépare. En général, on dit que deux particules nées du même événement sont "liées", comme dans le cas d'un double saut quantique. Si l'on mesure le spin d'un électron intriqué, on détermine instantanément le spin de son compagnon, même s'il se trouve à l'autre bout de l'univers.

Einstein, bien que père de la théorie de la relativité, a eu du mal à accepter ce concept. Sa vision de l'univers était ancrée dans la causalité locale, c'est-à-dire la croyance qu'un événement en un point de l'espace ne peut pas influencer directement un autre point éloigné sans un intermédiaire physique. C'est pour cette raison qu'il a qualifié l'intrication d'"*action étrange à distance"*. Mais en 1964, le physicien irlandais John Bell a proposé une expérience concrète pour tester l'intrication. Ses expériences - vérifiées des décennies plus tard à l'aide d'instruments de plus en plus sophistiqués - ont prouvé qu'Einstein avait tort. L'intrication n'est pas une illusion : elle est réelle.

Bien avant l'avènement de la science moderne, les anciens philosophes védiques ont développé des visions qui semblent aujourd'hui anticiper certaines des découvertes que la physique quantique commence à faire. Au cœur de cette philosophie se trouve le concept de Brahman. Dans la vision védique de , Brahman est la réalité ultime, éternelle, infinie et indivisible. Il est décrit comme la source cosmique d'où tout émerge et à laquelle tout retourne, mais aussi comme la toile secrète qui relie tout dans l'univers.

Les expériences proposées par Bell ont marqué un tournant dans la physique moderne, en montrant que notre univers n'est pas simplement régi par des forces visibles ou des interactions locales. Mais qu'est-ce que ces découvertes peuvent nous apprendre sur notre relation avec le cosmos ? C'est ici que s'ouvre un dialogue suggestif entre la physique et la philosophie orientale. Les textes védiques nous rappellent que l'interconnexion de toutes choses n'est pas une simple curiosité scientifique. Il s'agit d'une intuition profonde qui traverse des millénaires de réflexion humaine.

Par exemple, la Chandogya Upanishad, l'un des textes fondamentaux de l'hindouisme, stipule que

Tout ce qui existe est Brahman (Sarvam khalvidam Brahman).

Cette déclaration nous invite à reconnaître l'unité de tous les aspects de la réalité. L'unité n'est pas une métaphore, mais la nature essentielle du cosmos. Cette même unité, réverbérée dans l'enchevêtrement quantique, suggère qu'il n'y a pas de réelle séparation entre ce que nous sommes (le microcosme de notre esprit et de notre corps) et le vaste univers que nous habitons (le macrocosme).

Il est fascinant de constater que les découvertes de la physique quantique, nées dans les laboratoires de scientifiques occidentaux équipés d'instruments de pointe, font écho aux murmures des sages védiques qui, il y a des milliers d'années, méditaient dans les forêts de l'Inde ancienne. Cela ne signifie pas que la physique quantique valide la philosophie védique ou vice versa. Mais cela suggère que les deux, à partir de perspectives différentes, cherchent à répondre à la même question : quelle est la nature profonde de la réalité ?

Les textes védiques poussent souvent le lecteur à affronter des vérités qui remettent en question la dualité de l'esprit rationnel. Les deux mondes, le laboratoire quantique et l'*ashram philosophique*, nous invitent à explorer le plus grand des mystères : nous sommes tous connectés.

Dans ces explorations, ce qui émerge n'est pas seulement une fascination pour le mystère technique de la physique ou l'éloquence mystique des Upanishads. C'est la possibilité de voir l'être humain comme un pont entre l'infiniment petit et l'infiniment grand. Entre les particules enchevêtrées et le Brahman, une vérité intemporelle se révèle : ce qui est lointain est, en fin de compte, toujours proche.

L'effondrement de la fonction d'onde et le rôle de l'observateur.

La physique quantique nous a présenté une réalité surprenante : le monde subatomique n'est pas statique et déterminé, mais fluide et probabiliste. L'un de ses concepts les plus fascinants est l'"*effondrement de la fonction d'onde*". Ce phénomène postule que, tant qu'une particule subatomique n'est pas "observée", elle existe dans un état indéfini, une superposition de possibilités. Lorsque l'observateur intervient, soit avec un instrument de mesure, soit avec ses propres yeux, cette superposition disparaît et la particule prend un état défini. Quel est donc le pouvoir de l'observateur ? Et surtout, que signifie "observer" ?

La question n'est pas seulement scientifique. Pendant des siècles, les philosophes et les yogis indiens se sont interrogés sur le rôle fondamental de l'esprit dans la formation de la réalité. Les parallèles avec les principes de la méditation hindoue, en particulier le Raja Yoga et les enseignements de Patanjali, sont irrésistibles. Tous deux, à leur manière, suggèrent que la conscience est l'outil essentiel pour influencer ce que nous percevons comme réel.

Erwin Schrödinger, l'un des pères de la physique quantique, a décrit le phénomène d'effondrement de la fonction d'onde avec le célèbre exemple du "chat de Schrödinger". Imaginons un chat enfermé dans une boîte, associé à un mécanisme qui peut libérer du poison en fonction de l'état d'une particule subatomique. La particule peut se trouver dans deux états simultanément, ce qui place le chat dans un état théorique où il est à la fois vivant et mort. Le système "décide" quel état devient réel (le chat vivant ou le chat mort) uniquement lorsqu'un observateur ouvre la boîte. Plus les scientifiques tentaient de répondre à cette métaphore, plus la question se posait : est-ce l'observateur humain, par son acte d'observation, qui détermine cette réalité ?

Ce phénomène est connu sous le nom d'"effet observateur". Même dans les cercles académiques, des philosophes comme Eugène Wigner ont émis l'hypothèse que l'esprit lui-même joue un rôle fondamental dans l'évolution du monde subatomique. Ce postulat conduit inévitablement à un dialogue avec les anciennes traditions spirituelles.

Yoga, Patanjali et observation intérieure.

Le Raja Yoga, tel qu'il est décrit dans les "Yoga Sutras" de Patanjali, est basé sur l'introspection et l'observation de l'esprit lui-même. Patanjali, en expliquant les étapes du yoga, écrit dans un célèbre aphorisme :

Yogas chitta vritti nirodhah".

(*Le yoga est la cessation des fluctuations de l'esprit*).

Le terme "*chitta*" désigne ici la conscience mentale, qui est l'instrument par lequel nous percevons le monde.

Pour Patanjali, les pensées sont comme des vagues à la surface d'un lac. Lorsque ces vagues se calment, l'esprit devient un miroir clair reflétant la réalité sans distorsion. Cet état est atteint grâce à une méditation concentrée et au contrôle de la respiration. Le sujet (le moi intérieur) devient alors l'observateur détaché, capable d'influencer sa propre perception du monde.

Les yogis et les sages ont longtemps soutenu que le monde que nous voyons est le résultat d'impressions produites par notre esprit. Cette idée est étroitement liée au concept de "*Maya*" dans l'hindouisme : l'illusion de la réalité matérielle. En d'autres termes, ce qui semble solide, concret et indépendant est en fait l'*effondrement* de nos perceptions sur le champ fluide du possible. La conscience façonne la réalité par un processus d'observation consciente, semblable à ce qui se passe dans l'effondrement de la fonction d'onde.

Prenons un autre exemple historique. En 1973, le physicien indien Jagadish Chandra Bose, pionnier dans l'étude des ondes électromagnétiques, entreprend d'explorer les coïncidences entre les découvertes scientifiques et les principes védiques. Bose, inspiré par les écritures indiennes, voyait l'univers comme un tout interconnecté, une sorte de "champ quantique" qui résonnait en synchronisation avec l'observateur. De nombreux yogis contemporains ont suivi sa vision, suggérant que la méditation profonde non seulement module notre conscience, mais interagit également, à des niveaux subtils, avec le tissu de la réalité.

Le physicien David Bohm, connu pour sa théorie de l'ordre implicite, a également exprimé des idées qui se recoupent avec les idées spirituelles hindoues. Bohm a soutenu que tout existe dans un état implicite de potentialité jusqu'à ce qu'une interaction le rende explicite, comme le fait l'effondrement de la fonction d'onde.

À la lumière de ces réflexions, le parallèle entre l'observateur de la physique quantique et l'observateur introspectif du yoga prend une nouvelle profondeur . Tous deux sont confrontés à une vérité cruciale : ce qui est observé dépend de l'observateur.

La physique quantique ne prétend pas expliquer la conscience, tout comme le yoga védique ne prétend pas faire de la science au sens moderne du terme. Cependant, ensemble, elles nous offrent un aperçu fascinant : l'univers n'est pas un "extérieur" séparé de notre "intérieur". Les pratiques de méditation, telles que le Raja Yoga, nous forment à l'observation consciente, tout comme la physique quantique nous rappelle que l'observateur fait partie intégrante de ce qu'il observe.

En fin de compte, les deux traditions nous confrontent à une question fondamentale : sommes-nous de simples spectateurs de la réalité ou, en l'observant, en devenons-nous aussi les créateurs ?

Le probabilisme quantique et le karma : l'incertitude comme loi cosmique.

La physique quantique n'est pas seulement une révolution scientifique. Il s'agit d'une percée conceptuelle qui nous oblige à repenser les fondements mêmes de la réalité. Au cœur de la mécanique quantique se trouve son trait le plus déroutant : l'incertitude.

Pendant des siècles, les lois de la physique classique ont semblé solides et immuables. Selon Newton, une cause produit inévitablement un effet avec une précision mathématique. Mais au XXe siècle, la physique a fait voler en éclats cette certitude. Avec l'avènement de la mécanique quantique, des hommes comme Werner Heisenberg et Niels Bohr ont démontré que, dans le monde subatomique, les règles sont dictées par la probabilité et non par la certitude.

Le principe d'incertitude de Heisenberg, formulé en 1927, est un concept essentiel de la physique quantique. Ce principe stipule que nous ne pouvons pas connaître la position et l'élan d'une particule avec une précision absolue. Au niveau microscopique, l'univers semble donc jouer avec les règles du hasard, créant une sorte de kaléidoscope dynamique dans lequel rien n'est complètement prévisible.

Cette "incertitude quantique" a trouvé l'une de ses formulations les plus élégantes dans l'interprétation de Copenhague, défendue par Bohr. Selon cette interprétation, le comportement des particules subatomiques n'est pas défini tant qu'elles ne sont pas observées. Avant la mesure, elles existent sous la forme d'une superposition de probabilités. Einstein lui-même était sceptique. Pourtant, des décennies plus tard, , le modèle probabiliste de la mécanique quantique tient la route et explique des phénomènes que la physique classique ne pouvait même pas imaginer.

Le karma : un système probabiliste de la réalité.

Le concept de karma apparaît dans les textes sacrés de l'hindouisme, tels que les Upanishads et la Bhagavad Gita. Dans l'idée commune, le karma est une sorte de banque cosmique d'actions : chaque bonne action génère un mérite, tandis que chaque mauvaise action entraîne une conséquence négative. Mais le karma n'est pas seulement une loi de "*cause à effet*". Dans la pensée hindoue, le karma n'implique pas une réaction mécanique et immédiate. Il agit comme un réseau complexe de conséquences qui dépendent de multiples facteurs.

Selon les Upanishads, le karma se manifeste comme une somme collective de possibilités. Il n'y a jamais de certitude absolue quant à la façon dont les effets d'un choix se manifesteront, ni quant au moment où ils se manifesteront. Pour un lecteur contemporain, cette conception du karma rappelle étonnamment le probabilisme quantique. Tout comme l'état d'une particule dépend de son interaction avec son observateur, les conséquences du karma dépendent du contexte et d'un ensemble de variables qui échappent à toute prévisibilité. Ainsi, même dans le monde hindou, l'incertitude est un moteur du devenir.

Une image puissante de l'hindouisme qui peut éclairer cette analogie provient du symbolisme de Shiva Nataraja, le "*Seigneur de la danse*". Sa danse cosmique représente le cycle continu de création, de destruction et de régénération de l'univers. Il s'agit d'une danse de mouvement et de transformation, dans laquelle l'incertitude est essentielle au flux de l'existence.

Tout comme la danse de Shiva ne suit pas un modèle linéaire prédéterminé, mais répond à un rythme cosmique de variations et d'adaptations, le probabilisme quantique introduit une interprétation dynamique de la réalité.

Même le physicien Fritjof Capra, dans son célèbre livre "*Le Tao de la physique*" (1975), a souligné le parallélisme entre les mouvements "fluctuants" des particules subatomiques et la nature cyclique de la pensée orientale. Ce n'est pas un hasard si Capra a précisément utilisé la danse de Shiva comme symbole du mariage de la science et de la spiritualité.

Un autre parallèle significatif concerne la responsabilité individuelle de l'observateur. Dans le domaine quantique, l'acte d'observation influence directement le système observé. La célèbre expérience mentale du "chat de Schrödinger" ( ), proposée en 1935, illustre le fait que l'état d'une particule (et donc la réalité elle-même) n'est déterminé que lorsque quelqu'un l'observe.

De même, le karma hindou souligne que les actions individuelles influencent le tissu de l'existence. Non pas d'une manière fataliste ou prédéterminée, mais par un mécanisme qui laisse place au libre arbitre et à la co-création de la réalité. Tout comme les particules subatomiques réagissent aux interactions, le karma nous invite à considérer chaque choix comme faisant partie d'un système plus vaste et imprévisible.

Bien que partant de perspectives apparemment opposées, la physique quantique et la pensée philosophique de l'hindouisme offrent une vision fascinante de l'incertitude en tant que force créatrice. En Occident, l'incertitude est souvent vécue comme une lacune, presque une erreur à corriger. En revanche, dans la vision orientale, elle devient un élément essentiel du processus cosmique.

La physique quantique, avec ses mathématiques élégantes et ses abstractions, et le concept de karma, qui plonge ses racines millénaires dans la spiritualité hindoue, se recoupent de manière surprenante. Tous deux invitent à considérer la vie comme un réseau de possibilités, plutôt que comme un chemin rigide et fixe.

Décohérence quantique.

La décohérence quantique est un phénomène fondamental de la mécanique quantique qui explique comment et pourquoi un système quantique perd ses propriétés quantiques, telles que la superposition et l'intrication, sous l'influence de l'environnement extérieur. Ce processus joue un rôle crucial dans la transition du comportement quantique (qui régit les systèmes microscopiques) au comportement classique (que nous observons dans les systèmes macroscopiques de la vie quotidienne).

En mécanique quantique, un système peut exister dans une superposition d'états, c'est-à-dire dans une combinaison linéaire de différentes possibilités (décrites mathématiquement par une fonction d'onde). Toutefois, lorsqu'un système quantique interagit avec un environnement extérieur, sa fonction d'onde se "mélange" à celle de l'environnement. Il en résulte une perte d'interférence entre les états quantiques du système , ce qui rend impossible l'observation ou l'exploitation de certains effets quantiques tels que la superposition.

Cette perte de cohérence (d'où le terme "décohérence") entraîne l'émergence d'un comportement classique : le système commence à apparaître comme s'il se trouvait dans un état "défini", plutôt que dans une superposition d'états.

La décohérence se produit lorsqu'un système quantique interagit avec son environnement externe, qui peut être constitué de molécules, de vibrations thermiques, de champs électromagnétiques, etc.

Les étapes de la décohérence peuvent être résumées comme suit :

Superposition quantique initiale.

Au départ, le système quantique peut se trouver dans une superposition d'états (par exemple, un électron dans deux orbitales en même temps, ou un chat "vivant et mort" comme dans l'expérience de pensée de Schrödinger).

Interaction avec l'environnement.

Lorsque le système interagit avec l'environnement, certaines informations sur son état quantique "s'échappent". L'environnement agit comme un "observateur" involontaire.

Perte de cohérence.

L'interaction avec un grand nombre de degrés de liberté dans l'environnement détruit les phases relatives entre les états quantiques. Cela annule les effets d'interférence, qui sont la caractéristique essentielle de la mécanique quantique.

Émergence de la "réalité classique".

Le système cesse de se comporter de manière quantique et commence à apparaître comme s'il se trouvait dans un état classique défini.

La décohérence est étroitement liée au problème de la mesure quantique. Lorsque nous observons un système quantique, nous le forçons à "s'effondrer" dans un état défini. La décohérence n'est pas exactement l'effondrement de la fonction d'onde, mais elle explique pourquoi, au niveau macroscopique, nous voyons le monde comme étant composé d'objets qui existent dans des états définis, plutôt qu'en superposition.

Ainsi, la décohérence explique comment et pourquoi les systèmes quantiques apparaissent classiques lorsque nous les observons directement ou lorsqu'ils interagissent avec leur environnement.

Dans l'informatique quantique, la décohérence est un problème critique. L'information quantique peut perdre sa cohérence très rapidement, ce qui détruit le calcul. La création de systèmes résistants à la décohérence est l'un des principaux défis de la technologie quantique.

La décohérence ne résout pas encore totalement le problème de l'effondrement de la fonction d'onde, mais elle clarifie la manière dont les propriétés classiques émergent des systèmes quantiques.

En résumé, la décohérence est le processus par lequel un système quantique perd son comportement quantique en raison de l'interaction avec l'environnement, ce qui conduit à l'apparition d'un monde classique.

Décohérence et Maya : l'illusion de la concrétude dans le temps et l'espace.

La mécanique quantique introduit l'incertitude et la superposition. Pourtant, notre vie quotidienne nous paraît stable et concrète. Ce phénomène, qui explique comment le "concret" apparent émerge d'une nature quantique sous-jacente, est appelé décohérence. Remarquablement, cette idée trouve un parallèle fascinant dans le concept hindou de Maya, l'illusion.

La décohérence est une clé pour comprendre comment on passe du mystérieux au visible. Dans le microcosme quantique, les particules existent dans des états de superposition : elles peuvent, par exemple, se trouver à deux endroits à la fois. Cependant, lorsqu'elles interagissent avec leur environnement (comme la lumière, les molécules d'air ou même un instrument de mesure), elles perdent cette superposition. Ils "s'effondrent" en un état observable : un objet défini. Ce processus, appelé décohérence, donne l'impression que nous vivons dans un monde classique et stable, mais ce n'est qu'une impression.

Dans la philosophie hindoue, la réalité perçue est appelée *Maya*. Les Upanishads, anciennes écritures datant du premier millénaire avant notre ère, décrivent le monde physique comme une illusion transitoire. Selon ces textes, ce que les sens perçoivent n'est pas la réalité ultime, mais un masque cachant la vérité éternelle de Brahman, la substance infinie et immortelle de l'univers. Cette illusion, comme la décohérence, disparaît lorsque l'individu atteint la pleine conscience.

Pourquoi la décohérence est-elle importante ? La décohérence explique pourquoi notre monde semble ordonné, malgré le chaos sous-jacent. Cependant, la décohérence ne détruit pas la superposition, mais la rend invisible. Cela signifie que le domaine quantique ne disparaît jamais : il reste caché comme un substrat de possibilités infinies. De même, dans la philosophie hindoue, le cycle de Maya n'est jamais complètement détruit. La réalité illusoire se dissout et se recrée, dans un jeu cosmique éternel de construction et de décomposition. Cela rappelle le concept de temps cyclique exposé dans les Védas et les Puranas, où le cosmos naît et meurt au cours de périodes infinies appelées "*kalpa*".

Selon les écritures hindoues, chaque fois qu'un cycle se termine, tout retourne au chaos primordial appelé prakriti. À partir de cet état, le cycle reprend. En physique moderne, l'univers pourrait suivre des schémas similaires. Certains physiciens théoriques comme Roger Penrose suggèrent la possibilité de cycles cosmiques, où le Big Bang ne représente qu'un des nombreux commencements.

Le célèbre paradoxe du chat de Schrödinger est un concept essentiel de la physique quantique. Imaginons un chat dans une boîte fermée. Jusqu'à ce que quelqu'un ouvre la boîte, le chat est vivant et mort, c'est-à-dire qu'il est dans un état de superposition. Avec l'observation, nous obtenons une réponse : le chat est soit vivant, soit mort. La décohérence explique pourquoi, dans la réalité ordinaire, nous n'observons jamais de chats "simultanément vivants et morts". Cette expérience subjective correspond à ce que Maya représente dans la philosophie hindoue : l'illusion de la stabilité, alors qu'il existe en réalité une infinité d'états potentiels.

Le lien avec le concept hindou de *Lila*, le jeu cosmique, est tout aussi fascinant. Selon l'hindouisme, l'univers est un jeu divin, une danse sans fin de création et de destruction mue par l'énergie suprême. De même, dans le monde quantique, les particules semblent "jouer" aux limites de l'existence, disparaissant et réapparaissant, entrant et sortant de nos instruments de mesure.

La décohérence nous rappelle que rien n'est stable pour toujours. Même ce que nous percevons comme concret, comme les limites de notre corps ou la terre ferme sous nos pieds, naît d'une interaction complexe qui, avec le temps, s'effiloche. Ce point de vue fait écho à la cosmologie hindoue, dans laquelle le monde est temporairement construit avant de se dissoudre dans le Brahman. La Svetasvatara Upanishad déclare :

"Comme des milliers d'étincelles naissent d'une flamme,
d'innombrables mondes naissent et disparaissent de l'éternel".

De même, la physique quantique suggère que l'univers peut naître et s'effondrer d'une manière qui échappe encore à notre compréhension totale. Cependant, pour les physiciens comme pour les sages indiens, la leçon reste claire : ce que nous voyons n'est qu'une représentation partielle de la réalité. Notre tâche consiste à explorer le sens caché sous l'apparente solidité.

Décohérence et Maya montrent comment la science et la philosophie peuvent converger vers des questions universelles. Que la réalité soit une illusion, comme le suggèrent les écritures anciennes, ou une construction émergente, comme l'indique la physique quantique, le message est le même. Tout ce qui paraît solide et concret ne l'est pas forcément. Au cœur de la matière, comme dans les profondeurs de l'esprit, se trouve le mystère. Un mystère qui nous invite à l'explorer, en poussant au-delà des apparences, vers une vérité plus grande, éternelle et insaisissable.

Brahman et le vide quantique : le tout émergeant du rien.

L'humanité a toujours tenté de répondre à une question fondamentale : d'où vient le monde ? Cette quête, en Occident, a suivi deux voies principales, l'une philosophique et l'autre scientifique. En Orient, cependant, ces voies ne se sont jamais vraiment séparées. Elles se sont entremêlées pendant des millénaires dans les œuvres des sages et des mystiques, notamment dans la tradition hindoue. Et aujourd'hui, grâce à la physique quantique, ces questions apparaissent sous un jour nouveau, nous rappelant que la science et la métaphysique peuvent être deux langages différents pour illustrer une même réalité.

Au cœur de la physique quantique se trouve un concept aussi puissant que déroutant : le vide quantique. À première vue, on pourrait penser que le "vide" représente le néant. Or, selon la théorie quantique des champs, le néant est tout sauf vide. Le vide quantique est un état de potentiel illimité, une sorte de mer d'énergie invisible et omniprésente. De cette mer naissent des particules subatomiques qui apparaissent et disparaissent dans un jeu cosmique fluctuant. Le physicien anglais Paul Dirac a décrit ce phénomène en 1928 avec sa "*théorie du vide*". Il a observé que le vide quantique n'est pas vraiment "vide", mais une matrice vivante et fertile, capable de créer des particules à partir de rien et de les faire disparaître ailleurs.

Ce "vide", si étrange par rapport à l'intuition commune, rappelle les réflexions de l'hindouisme sur le Brahman, le principe cosmique universel qui imprègne tout. Dans les Upanishads, Brahman n'est ni l'existence ni la non-existence, mais une réalité qui se situe au-delà de ces catégories. C'est le principe d'où tout émerge, ce qui reste invisible et indéfinissable, mais qui est la matrice de toute forme et de tout phénomène.

Les anciens sages hindous décrivaient Brahman comme la matrice métaphysique de tout ce qui existe. Les anciens sages hindous décrivaient le Brahman comme la matrice métaphysique de tout ce qui existe. L'image évocatrice contenue dans les Upanishads est celle d'une toile d'araignée suspendue dans le vide. À partir du Brahman, comme à partir de cette toile invisible, des univers infinis se déploient, touchant l'existence et se dissolvant à nouveau. L'un des passages les plus connus des Upanishads est le suivant :

Comme les étincelles jaillissent du feu, les mondes naissent de Brahman et tout y retourne.

Le parallèle avec les fluctuations quantiques - les particules émergeant du vide pour disparaître et retourner dans son ventre - est presque inévitable.

Pour les physiciens quantiques, le vide quantique explique le comportement des particules et, par extension, la structure de l'univers tout entier. Pour les maîtres de l'hindouisme, Brahman explique non seulement la matière, mais aussi la conscience de l'homme et sa relation avec l'infini. Il est extraordinaire de voir comment les horizons scientifiques modernes et les philosophies millénaires se croisent pour décrire une réalité où tout et rien coïncident.

Les travaux de Paul Dirac, ainsi que ceux de pionniers tels que Werner Heisenberg et Erwin Schrödinger, ont contribué à redéfinir notre compréhension de la réalité dans les années 1930. Schrödinger, en particulier, était fasciné par les philosophies orientales, qu'il avait rencontrées au cours de ses études. Dans une lettre datant de 1925, il écrit

> *"Certains des concepts les plus profonds de la physique moderne semblent trouver un écho extraordinaire dans le Vedanta".*

Et ce n'est pas un hasard. Schrödinger a trouvé dans les Upanishads l'idée que le monde que nous percevons est une manifestation illusoire, un jeu d'apparences qui cache une réalité unique, profonde et indivisible : le Brahman, en fait.

Même en physique quantique, le monde macroscopique que nous voyons est le résultat d'un entrelacement complexe de probabilités et d'ondes quantiques ; ce qui semble solide à l'échelle humaine n'est rien d'autre qu'une danse invisible de particules et de champs. Dirac, étudiant les particules dans le vide, a découvert qu'il existe des "antiparticules" ayant la même masse mais des charges opposées. Une découverte fondamentale qui lui a valu le prix Nobel de physique en 1933. Mais au-delà du prix, ses recherches ont ouvert une porte philosophique : le vide peut créer des paires de particules qui s'annulent au fur et à mesure qu'elles se manifestent, dans un cycle éternel de création et de destruction.

L'Inde, avec ses temples et ses textes sacrés, a toujours considéré le cosmos comme le résultat d'un équilibre délicat entre l'ordre et le chaos, la manifestation et la dissolution. Cette conception trouve un ancrage surprenant dans la physique quantique. L'idée d'indétermination sous-tend la pensée scientifique moderne : aucun phénomène physique, au niveau subatomique, n'est jamais complètement prévisible. Les particules se comportent de manière probabiliste et non déterministe. C'est ce que Niels Bohr, un autre des pères de la physique quantique, appelait "*le principe de complémentarité*". Curieusement, dans la tradition hindoue, nous trouvons quelque chose de similaire. Brahman s'exprime dans le monde à travers une double réalité : l'énergie créatrice (*shakti*) et la conscience pure. C'est une complémentarité qui permet au cosmos d'exister.

Aujourd'hui, nous vivons dans un monde où la science et la spiritualité sont souvent opposées. Mais il n'est peut-être pas nécessaire qu'il en soit ainsi. Le vide quantique et le Brahman nous montrent que deux manières d'observer la réalité - l'une empirique, l'autre intuitive et philosophique - ne sont pas nécessairement en conflit. Au contraire, elles se complètent. Les Upanishads, avec leurs versets poétiques et mystérieux, anticipent certaines questions qui interpellent encore aujourd'hui les physiciens théoriciens. Est-il possible que le vide quantique ne soit pas réellement vide et que, comme Brahman, il porte la mémoire d'un potentiel infini ?

Une statue de Shiva Nataraja au CERN.

Dans l'un des sites les plus avancés de la science moderne, le CERN à Genève, un détail attire souvent l'attention des visiteurs. À l'entrée du laboratoire européen de physique des particules, à côté des accélérateurs complexes qui étudient la structure profonde de la matière, se trouve une statue de Shiva Nataraja, le dieu danseur de l'hindouisme. Cette statue représente le cycle continu de la création, de la préservation et de la destruction, un concept central de la cosmologie indienne. Ce qui surprend, ce n'est pas seulement la beauté symbolique de l'œuvre, mais aussi ses liens avec les concepts de la physique quantique qui révolutionnent notre compréhension de l'univers.

Shiva Nataraja est représenté dansant dans un cercle de flammes. Son corps se déplace gracieusement tandis que son pied droit écrase un démon, symbole de l'ignorance. Une main tient une flamme, l'autre un petit tambour qui bat le rythme de la création. Selon la philosophie indienne, cette danse symbolise le dynamisme de l'univers : il n'y a pas d'immobilité, seulement un flux continu.

Jusqu'au 20e siècle, cette vision semblait très éloignée des idées de la physique classique, qui concevait l'univers comme une sorte de machine prévisible et rigide, régie par des lois immuables. Mais avec l'arrivée de la physique quantique, tout change. Les physiciens découvrent un microcosme dans lequel les particules ne se comportent pas comme des objets stables, mais émergent et disparaissent, agissant de manière imprévisible. Incroyablement, cette description semble refléter le symbolisme de la danse de Nataraja : un mouvement incessant et créatif qui embrasse le chaos et l'ordre.

Énergie quantique et particules virtuelles.

L'un des phénomènes centraux de la mécanique quantique est le concept d'énergie du vide. Dans le vide quantique, le "néant" n'est pas vraiment vide, mais une mer d'activité invisible. Des particules appelées "virtuelles" émergent brièvement du néant puis disparaissent, dans ce qui semble être une danse éphémère de création et de destruction. Ce processus, confirmé par des expériences telles que l'effet Casimir, présente une analogie frappante avec le cycle cosmique décrit dans la mythologie hindoue.

Les scientifiques du CERN explorent précisément ce domaine inaccessible aux sens humains, en exploitant des accélérateurs de particules tels que le Grand collisionneur de hadrons (LHC). En 2004, lorsque la statue de Shiva a été offerte par l'Inde au laboratoire, le physicien Fritjof Capra l'a qualifiée de statue :

> *"un symbole parfait de la synergie entre la science et la spiritualité".*

Fritjof Capra, qui a consacré sa carrière à explorer les parallèles entre la pensée orientale et la physique moderne, affirme que la danse de Shiva représente l'énergie quantique d'une manière extraordinaire : il s'agit d'énergie incessante, dynamique et créative.

Un autre aspect de la physique quantique qui rappelle la philosophie indienne est le principe de non-localité. Ce principe, mis en évidence par l'intrication quantique, décrit comment deux particules peuvent rester immédiatement connectées, même si elles sont séparées par d'immenses distances. Cette "action à distance" défie le sens commun et les connaissances de la physique classique.

Là encore, le lien avec la pensée orientale est fascinant. Dans la philosophie indienne, le concept d'interconnexion universelle (le "*tout est un*") imprègne des textes anciens tels que les Upanishads. Selon ces textes, il n'y a pas de séparation réelle entre les éléments de l'univers, mais seulement un réseau invisible qui lie tout ensemble. La physique quantique, avec ses expériences démontrant l'intrication quantique, concrétise aujourd'hui scientifiquement un principe dont l'hindouisme a l'intuition depuis des millénaires.

La statue de Shiva Nataraja au CERN n'est donc pas seulement un ornement ou un hommage culturel, mais un symbole puissant. Elle incarne l'idée que la réalité, tant dans le domaine de la science que de la spiritualité, est animée par des rythmes complexes et interconnectés. En étudiant les particules subatomiques et les ondes de probabilité, les physiciens redécouvrent le mystère de l'univers comme une danse fluide et imprévisible.

En conclusion, la présence de Shiva Nataraja à l'entrée du CERN nous rappelle que la science et la culture ne sont pas des mondes séparés. L'objectif ultime de l'une et de l'autre est en effet de percer le mystère du cosmos, de s'interroger sur ses origines et de saisir ce dynamisme qui, dans l'ancienne symbolique hindoue, était déjà contenu dans les pas d'un dieu dansant. Comme dans une danse, la découverte scientifique et la réflexion philosophique s'entremêlent, unissant le passé et l'avenir dans un cercle infini.

Les "mondes parallèles" dans la physique quantique et la cosmologie hindoue.

Dans un article célèbre publié en 1957, Hugh Everett a présenté une idée destinée à révolutionner la physique moderne : l'"*Interprétation des mondes multiples*". Selon cette théorie, chaque mesure quantique produit une bifurcation de la réalité, générant un nombre potentiellement infini d'univers parallèles. Chaque fois qu'un phénomène quantique est observé, l'univers "se divise", créant des réalités distinctes, chacune avec un résultat différent de l'événement observé. Pour la science du 20e siècle, ce point de vue était hautement spéculatif. Pourtant, à y regarder de plus près, l'idée d'une multiplicité d'univers n'était pas nouvelle.

Dans l'ancienne cosmologie hindoue, des milliers d'années avant Everett, l'existence de dimensions cosmiques parallèles, d'innombrables mondes et de cycles temporels infinis était déjà envisagée. Cette correspondance fascinante entre la physique quantique et les textes religieux indiens n'est pas une simple coïncidence. Elle témoigne plutôt de la manière dont l'esprit humain, dans des cultures et des contextes différents, a tenté de s'attaquer aux mystères de la réalité, formulant des idées qui sont plus pertinentes aujourd'hui que jamais.

Le multivers de la physique quantique.

La physique quantique a brisé le paradigme traditionnel du déterminisme classique. Dans le domaine de l'infiniment petit, celui des particules subatomiques, les lois qui régissent la réalité ordinaire ne s'appliquent plus. Les électrons se comportent à la fois comme des particules et comme des ondes. Les photons peuvent exister dans plusieurs états simultanément, selon un principe connu sous le nom de "*superposition quantique*".

Selon l'interprétation traditionnelle de la physique quantique, appelée "*interprétation de Copenhague*", une particule dans un état "probabiliste" s'effondre dans un état défini lorsque son comportement est observé. Everett a cependant proposé une autre explication : la particule ne choisit pas un état unique. Tous les états possibles de la particule sont réalisés simultanément, mais dans des univers distincts. Cela implique que la réalité n'est pas unique, mais multiple. Chaque décision, chaque événement quantique conduit à un nouvel univers, qui continue d'exister en parallèle avec les autres.

Dans la pensée hindoue, la réalité est conçue comme un système complexe, stratifié et infini. Selon les Puranas, les textes sacrés qui relatent la cosmologie et les mythes de l'univers, il existe d'innombrables mondes ou "*lokas*". Ces mondes peuvent être divisés en trois catégories principales : les mondes supérieurs (svarga loka), les mondes intermédiaires (martya loka) et les mondes inférieurs (patala loka). Chaque loka est un plan d'existence distinct, habité par des êtres différents, avec ses propres lois physiques et temporelles.

Le Vishnu Purana, l'un des textes fondamentaux, décrit comment l'univers est cyclique et infiniment multiple. Chaque univers naît, vit et meurt dans un processus éternel de création et de destruction, connu sous le nom de cycle "*kalpa*". Vishnu, le dieu conservateur, dort sur l'océan cosmique, et de son souffle émergent des univers infinis, comme des bulles qui se forment et se dissolvent dans l'eau. Ce concept rappelle de manière frappante l'image moderne du multivers quantique, où les univers coexistent comme de multiples bulles de réalité, chacune régie par ses propres lois.

Le Bhagavata Purana développe également cette vision. Dans l'un de ses passages les plus célèbres, il est raconté que Krishna, une manifestation divine, a révélé à son dévot Arjuna une image cosmique de réalités infinies, chacune représentant un univers différent. Krishna affirme que l'existence est composée "d'*innombrables mondes à l'intérieur des mondes*". Cette expression rappelle l'idée moderne du multivers.

Parallèles entre la science moderne et la cosmologie ancienne.

L'interprétation de la physique quantique par Everett et la cosmologie hindoue remettent toutes deux en question notre intuition d'une réalité objective unique. Les deux systèmes reconnaissent que l'univers n'est peut-être pas unique, mais qu'il s'agit d'un univers parmi d'autres.

Il est intéressant de noter que, dans la conception hindoue, chaque *loka* n'est pas seulement physiquement séparé, mais peut suivre un temps complètement différent du nôtre. Certains mondes ont un temps accéléré, d'autres un temps ralenti. Ce concept peut être comparé aux "*temps propres*" observés dans la relativité générale d'Einstein, un autre domaine qui a permis d'éclairer la discussion sur les multivers.

Un exemple particulièrement évocateur peut être tiré de l'ancienne ville de Dvaraka, le royaume de Krishna sur Terre. Selon le Mahabharata et le Bhagavata Purana, Dvaraka était un royaume terrestre, mais avec un lien direct avec les dimensions supérieures. Après le départ de Krishna, la ville a été submergée par l'océan, devenant inaccessible et invisible pour les humains. Aujourd'hui, certains archéologues pensent avoir trouvé des vestiges submergés au large des côtes indiennes (au Gujarat), mais la légende de Dvaraka continue d'évoquer la possibilité d'un monde "parallèle", un espace intermédiaire entre l'humain et le divin.

La similitude entre les conceptions hindoues et l'hypothèse du multivers suggère que les idées cosmologiques anciennes ne sont pas de simples mythes, mais de puissantes métaphores pour décrire la complexité de l'existence. Joseph Campbell, célèbre spécialiste des mythes, a écrit que

"Les religions sont des codes pour enseigner le mystère".

Peut-être que ce que les textes sacrés voulaient enseigner n'est pas différent de ce que la physique quantique découvre aujourd'hui.

Dans les deux cas, qu'il s'agisse de la théorie des univers multiples d'Everett ou des bulles cosmiques infinies de Vishnu, c'est un concept d'infini qui émerge. La réalité n'est pas déterminée ; il s'agit plutôt d'un jeu de possibilités, d'un espace créatif sans fin. Comme nous le lisons dans la Bhagavad Gita,

"Dans le rêve de la création, l'univers entier apparaît et disparaît comme un reflet dans l'eau".

La physique quantique et la cosmologie hindoue, bien que nées dans des contextes historiques et culturels très différents, semblent converger sur un point fondamental : la réalité est plus vaste, plus mystérieuse et plus multiforme que ce que nous percevons avec nos sens. Les mots d'Everett trouvent un écho dans les anciennes écritures hindoues et nous rappellent que la pensée humaine, qu'elle soit scientifique ou spirituelle, a toujours cherché à comprendre l'infini. La fascination du multivers nous pousse à explorer ces mondes, réels ou imaginaires, car, comme l'a dit le poète Rumi,

Si un univers se ferme, un autre s'ouvre.

La conscience quantique et l'Atman : qui observe l'observateur ?

Il y a un moment dans l'histoire de la pensée humaine où la science et la philosophie semblent s'entrecroiser, comme les fils d'une intrigue plus vaste qui tente d'expliquer l'univers et la place que nous y occupons. D'une part, la physique quantique, avec ses implications à la limite de l'incroyable, et d'autre part, les anciennes traditions sapientielles de l'Orient, en particulier l'hindouisme. Ce qui est surprenant, ce n'est pas tant le fait qu'une science aussi moderne et une philosophie aussi ancienne puissent dialoguer, mais la manière dont elles le font. Le dialogue se développe à partir de questions similaires, qui semblent naître d'une profonde intuition commune. L'une de ces questions, peut-être la plus fascinante, est la suivante : Qui observe l'observateur ?

Le problème de la mesure en physique quantique.

La physique quantique est née au début du 20e siècle en réponse aux limites de la physique classique. Des géants comme Max Planck et Erwin Schrödinger ont ouvert la porte à un univers étrange et contre-intuitif où les règles du sens commun s'effondrent. L'un des concepts clés qui ont choqué les scientifiques est le problème de la mesure ( ).

Qu'est-ce que cela signifie ? Dans le monde quantique, les particules telles que les électrons ou les photons n'existent pas dans des positions définies. Elles vivent dans un état de superposition, sous forme d'ondes de probabilité. Ce n'est que lorsqu'un "observateur" (quelqu'un ou quelque chose qui mesure) intervient que ces ondes se transforment en une réalité concrète. Ce principe, appelé "*effondrement de la fonction d'onde*", est l'une des notions clés de la physique quantique. Mais ce qui reste inexpliqué, c'est : qui ou quoi provoque l'effondrement ?

C'est là qu'intervient le problème de la conscience. De nombreux physiciens et philosophes se sont demandé si l'esprit humain lui-même, en observant le monde, jouait un rôle dans la création de la réalité. Roger Penrose, physicien et mathématicien britannique, ainsi que l'anesthésiste Stuart Hameroff, ont théorisé que la conscience pouvait naître de processus quantiques au sein des microtubules des cellules cérébrales. Si tel est le cas, la réalité que nous connaissons pourrait être le fruit d'un lien profond et invisible entre l'esprit et la matière.

L'atman et le "*moi observateur*" : une vision hindoue ancienne.

Alors que la science étudie le rôle de l'observateur en physique, les anciennes écritures hindoues, en particulier l'Upaniṣhad, s'étaient déjà penchées sur une question similaire, mais à travers un prisme spirituel. Dans l'hindouisme, le concept d'Atman représente le Soi suprême et immuable, le noyau le plus profond de chaque être. Atman n'est pas simplement la conscience individuelle, mais la conscience universelle qui, selon la philosophie hindoue, observe et soutient le monde phénoménal.

Dans l'Upaniṣhad, un dialogue célèbre illustre cette idée.

Il s'agit du discours entre le jeune Śvetaketu et son père, Uddālaka. Ce dialogue, contenu dans le Chāndogya Upaniṣhad (VI.12.3), introduit la métaphore de la graine du nyagrodha (figuier). Uddālaka demande à son fils de briser une graine et d'observer ce qu'elle contient. Lorsque Śvetaketu répond qu'à l'intérieur de la graine il ne voit "rien", son père lui révèle :

> *"Dans cette essence subtile et invisible réside le principe qui soutient le grand arbre. Le même principe, "Tat tvam asi", est aussi en vous".*

Tat tvam asi" peut se traduire par "Tu es cela".

Cette phrase, l'une des plus célèbres de l'hindouisme, implique que l'observateur ultime, le moi profond, ne fait qu'un avec la réalité ultime. Il existe un lien silencieux entre la conscience individuelle et l'intelligence cosmique qui gouverne l'univers. Cette idée n'est pas très éloignée de la question quantique sur le rôle de l'observateur dans la "création" de la réalité.

Il n'est pas surprenant que certains des plus grands physiciens du monde aient trouvé ces parallèles fascinants. Erwin Schrödinger, père de l'équation du même nom et pionnier de la théorie quantique, a été profondément influencé par les philosophies orientales. Schrödinger connaissait le concept hindou de l'Atman ; il a d'ailleurs écrit :

> *La conscience est singulière, le pluralisme est une illusion. C'est la très ancienne pensée indienne".*

Plus récemment, le physicien et vulgarisateur scientifique Fritjof Capra a exploré les affinités entre la physique moderne et les traditions mystiques orientales dans son livre "*Le Tao de la physique*". Capra note que les principes de la physique quantique, avec leurs interconnexions et l'absence de séparation entre l'observateur et l'observé, reflètent une "vision universelle" similaire à celle des anciennes philosophies orientales.

Nous pouvons alors nous demander si la conscience humaine n'est qu'un épiphénomène du cerveau, comme le suggère une vision matérialiste, ou si elle fait partie d'un ensemble plus vaste. La physique quantique, malgré ses avancées technologiques, n'a pas encore résolu ce dilemme. La philosophie hindoue, au contraire, admet que la conscience - l'Atman - est la racine de toute existence.

Ces deux approches ont cependant un point commun : l'humilité face au mystère. Un mystère qui nous invite à explorer non seulement les profondeurs de la matière, mais aussi celles de l'âme et de l'esprit. Peut-être, comme le suggère l'ancien philosophe indien Nagarjuna,

> *"Il n'y a pas de détachement entre le familier et le connu. Tous deux expriment la même réalité intime".*

Et si l'observateur n'était pas seulement un esprit curieux, mais aussi une étincelle de l'univers même qu'il souhaite connaître ?

Dialogue entre la science et la philosophie.

La physique quantique, avec ses théories révolutionnaires, a redéfini le concept même de réalité. C'est une science qui, par sa nature même, pose des questions profondes sur les fondements de l'existence. C'est ici que entame un dialogue fascinant entre la physique moderne et les philosophies orientales, en particulier l'hindouisme.

Mais il faut être clair. La relation entre ces deux dimensions n'est pas une relation d'équivalence ou de chevauchement. La science et la philosophie opèrent sur des plans distincts. La physique quantique construit des modèles basés sur les mathématiques et la vérification expérimentale. L'hindouisme, quant à lui, réfléchit à la nature de la réalité par la méditation et l'intuition. Pourtant, ces disciplines partagent une vision extraordinaire : ce que nous percevons comme "réel" n'est que la surface de quelque chose de beaucoup plus profond.

Avant le XXe siècle, la physique classique décrivait un univers stable, prévisible et régi par des lois rigides. Isaac Newton, avec sa gravitation universelle, avait posé les bases d'un monde mécanique et déterministe : chaque événement avait une cause précise et compréhensible. Mais tout a changé avec l'avènement de la théorie quantique.

À ce stade, les liens avec l'hindouisme deviennent extraordinaires. Les sages védiques, auteurs des Upanishads, avaient déjà réfléchi à l'impermanence du monde perceptible. Selon la philosophie hindoue, ce que nous voyons et touchons est maya, une illusion, une ombre de la véritable réalité sous-jacente. L'univers tangible, le macrocosme et le microcosme, recèlent une essence ultime, Brahman, l'absolu, l'éternel et l'indivisible.

Un parallélisme apparaît en physique quantique. Ici aussi, le monde observé cache des niveaux plus profonds, où les objets matériels se dissolvent dans un réseau de probabilités, de relations et d'interconnexions. Par exemple, le phénomène de l'enchevêtrement quantique a suscité des comparaisons avec l'idée, centrale dans la philosophie védique, d'un univers inextricablement interconnecté.

Toutefois, il est essentiel de souligner que la physique n'est pas de la philosophie. Les scientifiques utilisent des outils mathématiques et des tests technologiques pour explorer le monde physique. Les sages de l'hindouisme, quant à eux, cherchaient des réponses par l'introspection. Mais l'idée commune est fascinante : le monde ordinaire que nous percevons n'est peut-être qu'une manifestation superficielle de quelque chose de plus profond et de plus indivisible.

De grands penseurs entre science et philosophie.

Certains protagonistes de la révolution quantique ont cherché un sens au dialogue avec les traditions orientales. Robert Oppenheimer, célèbre physicien nucléaire, a été profondément influencé par la lecture de la Bhagavad Gita, l'une des œuvres fondamentales de l'hindouisme. Lors du premier essai de la bombe atomique, le 16 juillet 1945 dans le désert du Nouveau-Mexique, Oppenheimer a prononcé une phrase de la Gita :

"Maintenant je suis devenu la Mort, le destructeur des mondes".

Cette référence n'était pas une simple citation, mais une réflexion sur les effets dévastateurs de la connaissance appliquée au monde réel.

Un autre exemple est celui de Fritjof Capra, physicien et écrivain autrichien, qui, dans son livre "*Le Tao de la physique*", a exploré les parallèles entre la pensée scientifique moderne et la spiritualité orientale, suggérant que toutes deux partagent une vision du monde profondément unifiée et interconnectée. Cependant, Capra a souligné que son intention n'était pas de confondre des domaines aussi différents, mais de s'inspirer des langages de l'un et de l'autre.

Un point commun de réflexion entre la physique quantique et l'hindouisme est la limitation inhérente à la perception humaine. Le physicien Niels Bohr, l'un des pères de la théorie quantique, affirmait que les modèles de la physique ne représentent jamais la réalité, mais simplement la façon dont nous l'observons. De même, la philosophie hindoue soutient que l'individu ordinaire, piégé dans le royaume de Maya, est incapable de percevoir l'absolu jusqu'à ce qu'il atteigne l'illumination.

Alors que les physiciens étudient la nature avec des instruments de plus en plus sophistiqués, les sages hindous ont enseigné que la conscience est l'outil principal pour accéder à la vérité ultime. Il s'agit donc de deux voies distinctes, mais toutes deux nous rappellent combien nos connaissances sont limitées et combien le mystère de l'univers est grand.

La physique quantique et l'hindouisme proposent des visions du monde qui, tout en partant de postulats différents, trouvent une curieuse affinité dans leurs questions. Ce n'est ni la science qui confirme la religion, ni la sagesse ancienne qui anticipe les modèles modernes. Au contraire, le dialogue entre ces disciplines représente une opportunité pour les scientifiques et les philosophes de trouver une inspiration mutuelle. Peut-être, comme l'a suggéré Carl Sagan, le grand astrophysicien américain, l'étude de l'univers, avec un regard sur les étoiles ou sur notre moi le plus profond, nous permet-elle de comprendre cela

> *"Nous sommes la voie par laquelle le cosmos se connaît lui-même.*

La physique quantique nous invite à reconsidérer notre compréhension de la réalité en éliminant les catégories rigides de l'espace, du temps et de la causalité. La philosophie hindoue, avec sa sagesse millénaire, est déjà parvenue à une conclusion similaire par des voies très différentes. Plutôt que d'identifier une vérité unique et absolue, les scientifiques et les philosophes nous invitent à contempler le mystère intrinsèque de l'univers. Peut-être, après tout, est-ce le mystère qui nous unit tous, dans la science comme dans la spiritualité.

Chapitre II. Hindouisme, philosophie et spiritualité.

Origines et développement historique de l'hindouisme.

L'hindouisme est l'une des plus anciennes traditions spirituelles et philosophiques du monde. Avec des racines remontant à plus de 4 000 ans, l'hindouisme est bien plus qu'une simple religion. Il s'agit d'un système articulé de croyances, de pratiques, d'histoires et de mythologies qui a progressivement évolué au cours des millénaires. On trouve des traces de ses origines dans les textes sacrés, les *Vedas*, véritables jalons de la spiritualité indienne. Ces textes ne fournissent pas seulement une image des premières pratiques rituelles, mais suggèrent également une vision du cosmos qui continue à parler aux êtres humains contemporains.

Les Védas : les origines de la spiritualité hindoue.

Les Védas sont la clé pour comprendre le contexte historique des débuts de l'hindouisme. Les Védas ont été rédigés en sanskrit environ 1500 ans avant Jésus-Christ.

Ces textes constituent l'une des plus anciennes archives littéraires de l'humanité. Le terme "Veda" signifie "connaissance" ou "savoir". Ces textes ont été transmis oralement de maître à disciple par des méthodes mnémotechniques complexes, à tel point qu'on pense qu'ils sont restés inchangés pendant des siècles avant d'être mis par écrit.

Le Rigveda est le plus ancien des quatre Védas. Il s'agit d'un recueil d'hymnes dédiés aux dieux de la nature, tels qu'*Agni* (le dieu du feu) et *Indra* (le dieu de la pluie et de la guerre). Ces hymnes témoignent du lien étroit qui unissait les peuples védiques à la nature et aux forces cosmiques. Ces textes contiennent déjà une idée intéressante : l'univers est perçu comme un tout harmonieux. Ce concept, qui sera développé au cours des siècles suivants, établit un pont spirituel entre l'ancienne vision védique et les réflexions scientifiques modernes, telles que celles sur la physique quantique.

Les Upanishads : le passage du rituel à la philosophie.

Vers le 6e siècle avant J.-C., une transformation importante a redéfini le paysage spirituel indien. Alors que les Védas mettaient l'accent sur les rituels comme moyen de maintenir l'ordre cosmique, les Upanishads, une série de textes ultérieurs, ont introduit une dimension plus philosophique et contemplative. Dans ces textes, l'accent se déplace de l'extérieur (rituels, sacrifices) vers l'intérieur : la connaissance de soi devient le cœur de la quête spirituelle.

Les Upanishads sont également connues sous le nom de Vedānta, terme qui signifie "*fin des Vedas*". Il n'est donc pas surprenant qu'elles représentent l'apogée de la pensée védique. Parmi les concepts clés des Upanishads figurent le Brahman et l'Atman. Brahman est le principe universel, la réalité ultime dont tout découle et à laquelle tout retourne. L'Atman, quant à lui, est le moi intérieur, l'étincelle divine présente en chaque être humain. La célèbre phrase "*Tat Tvam Asi*" (Tu es cela), tirée de la Chandogya Upanishad, résume cette vision : l'individu et le cosmos ne sont pas séparés, mais profondément unis.

Les transformations historiques et les grands essais.

L'hindouisme n'est pas le produit d'un fondateur unique, contrairement à d'autres traditions religieuses. Il est le résultat d'une évolution culturelle et spirituelle qui a impliqué de nombreuses civilisations et de nombreux peuples au cours des siècles. Un aspect crucial de cette tradition est la façon dont elle a absorbé les influences extérieures sans jamais perdre sa propre identité.

Parmi les grands sages qui ont interprété et promu la pensée hindoue figure Yajnavalkya. Il a joué un rôle central dans le développement des idées contenues dans les Upanishads. Selon une anecdote célèbre rapportée dans la Brihadaranyaka Upanishad, Yajnavalkya s'est engagé dans une dispute philosophique au cours de laquelle il a exprimé la vision de l'Atman comme ce qui survit à la mort et qui, en même temps, transcende toute dualité. Cette approche était révolutionnaire car elle mettait l'accent sur la réflexion profonde plutôt que sur les pratiques extérieures.

Le lien avec le monde actuel.

Les origines et le développement de la philosophie hindoue ne concernent pas seulement le passé ; ils offrent également des perspectives intéressantes pour le présent. À l'heure où la physique quantique nous invite à repenser la réalité comme une mosaïque interconnectée d'énergie et de potentiel, l'extraordinaire intuition hindoue du lien entre le microcosme et le macrocosme semble extraordinairement contemporaine. La question de savoir dans quelle mesure les idées de Brahman et de Atman peuvent nous rappeler des concepts tels que l'enchevêtrement et l'unité fondamentale des particules reste un sujet de recherche et de discussion.

Des lieux comme Bénarès (aujourd'hui Varanasi), considérée comme la "*ville éternelle des dieux*", gardent vivante la mémoire des origines de l'hindouisme. Sur les rives du Gange, fleuve sacré au cœur de la conscience hindoue, on trouve la synthèse parfaite de l'antiquité et de l'actualité. En ces lieux, la philosophie des textes sacrés trouve une dimension concrète dans la spiritualité quotidienne de millions de fidèles.

En conclusion, se plonger dans l'origine historique de l'hindouisme, c'est entrer en contact avec l'une des clés les plus fascinantes pour comprendre la réalité. Des Védas aux Upanishads, l'ancienne sagesse indienne se présente encore aujourd'hui non pas comme une relique du passé, mais comme une puissante lentille pour comprendre notre époque et, peut-être, notre place dans l'univers.

L'hindouisme : une sagesse qui traverse les millénaires.

Lorsque l'on parle d'hindouisme, on entre dans un univers ancien et complexe. C'est la plus ancienne religion vivante au monde. Ses racines remontent à plus de trois mille ans et se mêlent à l'histoire de la vallée de l'Indus et des civilisations aryennes. Ce long voyage a donné naissance à une tradition aux multiples facettes qui ne se limite pas à la religion, mais s'étend à la philosophie, à l'art et à la vie quotidienne de millions de personnes.

L'hindouisme n'a pas de fondateur spécifique, ni de moment de naissance bien défini. Son essence s'est formée progressivement, accumulant au fil des siècles des couches de significations et de textes sacrés. C'est ce dynamisme qui le rend unique. Il ne s'agit pas d'une religion monolithique, mais d'une imbrication continue de pratiques, de croyances et de visions du monde. Sa force réside précisément dans sa capacité à évoluer et à absorber des idées sans perdre son essence.

Les racines philosophiques de l'hindouisme se trouvent dans les Vedas, les plus anciens textes connus de la tradition hindoue.

Rédigés à l'époque védique (vers 1500-500 av. J.-C.), les Védas sont quatre recueils d'hymnes et de formules sacrées : le Rigveda, le Yajurveda, le Samaveda et l'Atharvaveda. Les Védas sont considérés comme divinement inspirés et constituent le fondement de toute la tradition védique. Ils contiennent des hymnes aux dieux, des rituels solennels et des instructions pour maintenir l'harmonie entre les mondes humain et cosmique.

Un exemple particulièrement fascinant se trouve dans le Rigveda, qui comprend le célèbre "*Hymne de la création*" (*Nasadiya Sukta*). On y trouve une réflexion merveilleuse et ambiguë sur l'origine de l'univers :

> *"D'où vient cette création ? Est-ce le dieu d'en haut qui le sait ? Ou pas ?"*

Une question profonde, qui semble résonner avec les questions modernes de la physique quantique.

Aux origines de l'éternel : la naissance des Védas et l'aube de la philosophie indienne.

L'hindouisme est considéré comme la plus ancienne religion du monde. Mais le terme lui-même, "hindouisme", est une étiquette moderne qui englobe un réseau complexe de croyances, de pratiques, de textes sacrés et de traditions philosophiques développées au cours de plusieurs millénaires d'histoire. Pour comprendre les racines de cet immense héritage spirituel, il faut remonter dans le temps, entre 1500 et 500 avant J.-C., jusqu'à l'Inde védique, une époque mythique et extraordinaire au cours de laquelle sont apparus les Védas, les fondements de l'hindouisme et l'une des premières traces écrites de la pensée humaine.

La civilisation védique s'est épanouie dans la région du sous-continent indien, sur les rives de la Sarasvati et du Gange. Cette population était une société nomade et pastorale liée aux cycles de la nature, dont le peuple, les Arya (terme signifiant "noble"), a laissé en héritage un ensemble de textes sacrés connus sous le nom de Veda, mot dérivé du sanskrit "vid", qui signifie "connaissance". Les Veda ne sont pas de simples documents religieux : ils sont à la fois poésie, cosmologie, éthique, philosophie et guide pratique de la vie. Par le biais de chants et d'hymnes, ils chantent la relation entre le microcosme humain et le macrocosme de l'univers.

Parmi les quatre Védas - Rigveda, Samaveda, Yajurveda et Atharvaveda - une place d'honneur revient au Rigveda, le plus ancien et le plus important. Daté de 1500 à 1200 avant J.-C., le Rigveda contient plus d'un millier d'hymnes, composés dans un langage rigide et empreint de symbolisme, célébrant des divinités célestes telles qu'*Agni* (le dieu du feu) et *Indra* (le dieu de la guerre et de la pluie). Ces hymnes donnent un aperçu du monde védique, dominé par un sens profond du sacré qui imprègne tous les aspects de la vie.

Rta" signifie ordre, harmonie.

Le cœur de la philosophie védique réside dans le concept de "Rta", un mot qui signifie "ordre", "vérité" ou "harmonie". Ṛta représente le principe universel qui régit à la fois le cosmos et l'action humaine. Selon cette conception, le soleil se lève chaque jour, les saisons changent et les eaux coulent grâce à l'ordre sacré de Rta. Mais Rta n'est pas seulement la loi de l'univers : c'est une dimension éthique. Les êtres humains, pour vivre en harmonie, doivent suivre cette loi en observant le Dharma (devoir moral) et les rituels sacrés.

Ce sens de l'ordre n'est pas imposé par une divinité capricieuse, mais est tissé dans le tissu même de la réalité. Cette vision anticipe, à bien des égards, les principes d'interconnexion de toutes choses qui caractérisent certaines interprétations modernes de la physique quantique.

"Ṛṣi" : voyants inspirés par la nature.

Qui étaient les auteurs des Védas ? Il ne s'agit pas de simples poètes ou prêtres. Les Védas ont été composés par des personnages appelés Ṛṣi, des sages considérés comme des "voyants" capables de percevoir et d'entendre *(śruti)* les vérités éternelles révélées par le cosmos. Leurs visions s'inspiraient de la nature : l'horizon infini du ciel, le crépitement du feu, le cours des rivières. Dans un sens métaphorique, on pensait que ces sages n'avaient rien inventé, mais qu'ils avaient reçu les Védas directement des forces divines.

De nombreux récits de la tradition védique parlent de sages éclairés qui vivaient en profonde méditation dans les forêts, des lieux considérés comme sacrés et imprégnés d'énergie spirituelle. L'un de ces Rṣi, le légendaire Vasistha, est lié au concept du feu sacré (*yajña*) et de la méditation, et est célébré pour sa dévotion à Rta.

"Yajña" : le feu sacré comme lien entre l'homme et l'univers,

Le rite fondamental de la civilisation védique est le "yajña", un sacrifice complexe par le feu qui revêt une signification spirituelle et sociale précise. Dans la vision védique, le feu n'est pas seulement un élément naturel, mais un médiateur entre la terre et le ciel, entre les êtres humains et les divinités. Pendant le yajña, les gens offrent du lait, du beurre clarifié (*ghi*), des céréales et d'autres cadeaux aux flammes, en récitant des hymnes védiques, sachant qu'ils envoient un message céleste aux divinités.

Le yajña n'était pas un acte individuel, mais collectif. Il rassemblait toute la communauté dans un esprit commun de coopération, dominé par la croyance que le sacrifice maintenait l'harmonie du cosmos grâce au pouvoir de Rta. C'était un moment où l'individu se percevait comme une partie intégrante d'un projet universel plus vaste.

L'hymne à la création : le mystère de l'origine de l'univers.

L'un des passages les plus célèbres du Rigveda est l'hymne à la création (*Nasadiya Sukta*), une composition énigmatique qui interroge l'origine de l'univers avec une incroyable profondeur philosophique. L'hymne se lit comme suit :

"Y avait-il de l'être ou du non-être ? Lui seul le sait, ou peut-être même pas Lui".

Cette question extraordinaire, qui ne s'adresse pas à la certitude mais au mystère, a fasciné les philosophes pendant des siècles. L'idée que l'univers ait pu naître à la fois du tout et du néant rappelle certains concepts clés de la physique quantique moderne, comme le vide quantique, qui n'est jamais vraiment "vide" mais regorge de possibilités.

L'Inde védique a été le berceau d'une pensée qui ne sépare pas le sacré du quotidien : la nature est divine, l'ordre cosmique est éthique et l'homme fait partie d'un grand tout. Les Védas, et en particulier le Rigveda, ne sont pas seulement le point de départ de l'hindouisme : ils constituent un témoignage universel de la réflexion de l'humanité sur les questions fondamentales de l'existence.

Ce savoir ancien, transmis oralement pendant des siècles avant d'être mis par écrit, continue d'inspirer. Se pencher sur les Védas, c'est se plonger non seulement dans l'histoire de l'Inde, mais aussi dans un héritage culturel et philosophique qui a influencé le développement de nombreuses traditions spirituelles orientales. Et même aujourd'hui, au milieu des mystères des particules subatomiques et des questions sur la nature du cosmos, les versets védiques semblent encore murmurer, mystérieux et modernes : "*Seul Lui sait, ou peut-être même pas Lui.*"

Les Upanishads, des dimensions spirituelles et philosophiques plus profondes.

Au fil du temps, la réflexion religieuse s'est déplacée des rituels communautaires vers une perspective plus introspective et philosophique. C'est ainsi que sont nées les Upanishads, textes composés entre 700 et 300 av. J.-C., qui marquent un tournant extraordinaire dans l'hindouisme. Les Upanishads abandonnent progressivement l'aspect rituel des Vedas pour explorer des dimensions spirituelles et philosophiques plus profondes.

Dans l'une des plus célèbres Upanishads, la Chandogya Upanishad, on trouve la phrase : "Tat Tvam Asi" (Tu es cela). Cette expression résume l'idée que l'âme individuelle (Atman) n'est rien d'autre qu'une manifestation de la réalité universelle (Brahman). Un principe qui, dans une clé symbolique, semble anticiper les concepts d'interconnexion et d'unité qui émergent de la physique moderne.

Parallèlement aux Védas et aux Upanishads, deux gigantesques poèmes épiques ont vu le jour : le Mahabharata et le Ramayana. Ces textes ont été composés entre le 4e siècle avant Jésus-Christ et le 3e siècle après Jésus-Christ. Dans ces textes se mêlent mythologie, philosophie et enseignements éthiques. Le Mahabharata, avec ses plus de 100 000 vers, est le plus long poème épique de la littérature humaine. Il contient la Bhagavad Gita, l'un des textes les plus vénérés de l'hindouisme.

La Gita est une conversation entre le prince Arjuna et le dieu Krishna, au cours de laquelle des questions spirituelles, morales et philosophiques sont abordées. Krishna enseigne que le devoir (*Dharma*) doit être accompli sans attachement aux résultats. Une leçon qui, aujourd'hui encore, inspire non seulement les dévots, mais aussi les penseurs et les dirigeants modernes, tels que Mohandas Gandhi, qui a appelé la Bhagavad Gita

"mon phare dans les moments d'obscurité".

Chronologie et lieux de l'hindouisme.

Géographiquement et historiquement, l'hindouisme a pris racine dans ce qui est aujourd'hui le sous-continent indien. Les lieux sacrés, tels que Varanasi (ville située sur les rives du Gange et considérée comme le centre spirituel de l'univers), sont toujours importants pour les adeptes de l'hindouisme. Selon une ancienne tradition, Varanasi a été fondée par le dieu Shiva, l'un des principaux dieux de la tradition hindoue. Ici, on ne se contente pas de prier, mais on réfléchit aussi à l'impermanence de la vie en observant les crémations sur les rives du Gange.

La période Gupta (vers 320-550 après J.-C.) a également joué un rôle crucial dans le développement de l'hindouisme en tant que système culturel complet. C'est à cette époque que de nombreux temples ont été construits, renforçant ainsi le lien entre la foi, l'art et l'architecture. Le temple de Khajuraho, construit plus tard (9e-10e siècle après J.-C.), illustre avec ses sculptures une compréhension unique de la spiritualité, où le divin se mêle à la vie terrestre dans un jeu symbolique et raffiné.

L'hindouisme n'est pas seulement une religion, mais un miroir reflétant l'histoire et la culture d'une civilisation millénaire. Sa capacité à concilier rituels, philosophie et vision spirituelle de l'univers en a fait un phare pour de nombreux chercheurs, voyageurs et penseurs. Dans un monde où la modernité se heurte souvent au passé, l'hindouisme prouve qu'il est possible d'intégrer la tradition à l'innovation.

La redécouverte de ses origines n'est pas seulement un voyage dans l'histoire, mais une occasion de réfléchir aux grandes questions qui continuent de fasciner l'humanité : Qui sommes-nous ? Qu'est-ce que la réalité ? Peut-on vraiment comprendre les lois qui régissent l'univers ? Ces questions, nées des Védas et approfondies par les Upanishads, sont celles-là mêmes qui alimentent aujourd'hui une nouvelle ère de dialogue entre la philosophie orientale et la science.

Le brahmanisme et la recherche de l'absolu.

Dans l'évolution de l'hindouisme, le passage de la religiosité rituelle védique à la pensée philosophique du brahmanisme marque l'un des tournants les plus significatifs de la spiritualité indienne. Ce processus, qui se développe entre les textes des Brahmanas et des Aranyakas (VIIIe-VIe siècles avant J.-C.), voit le dépassement progressif du matérialisme rituel au profit d'une réflexion plus profonde sur le sens de la réalité et l'existence de l'homme. Le concept central de ce tournant est Brahman, le principe absolu et indivisible, qui s'affirme comme le noyau de la spéculation métaphysique indienne.

Dans la phase védique, la religiosité était ancrée dans un système complexe de rituels (yajña), destinés à préserver l'ordre cosmique (Rta) et à assurer la prospérité du clan. Les prêtres (brahmanes) accomplissaient des sacrifices élaborés, convaincus que ces pratiques avaient le pouvoir d'influencer l'univers. Mais avec le temps, cette religion rituelle a commencé à montrer des limites. L'effort s'est alors déplacé de la forme vers le sens : la question n'était plus de savoir comment exécuter le rituel, mais pourquoi le rituel pouvait fonctionner.

Ce changement se reflète dans les textes de Brahmana. Ici, les prêtres commencent à chercher des liens intérieurs entre l'homme, l'univers et les rituels. Le rituel prend une signification symbolique : il représente un microcosme de la réalité. Cependant, une spéculation plus profonde prend forme dans les textes de la forêt (Aranyakas), où la recherche devient plus personnelle et mystique. Dans ces textes, les pratiques ascétiques et l'isolement dans le silence de la nature deviennent les moyens d'accéder à une dimension supérieure de la connaissance.

La notion de Brahman est apparue comme une réponse aux questions fondamentales qui émergeaient dans la société védique : quelle est la réalité ultime ? Quel est le principe qui unifie tout ce qui existe ? Dans les Brahmanas, le Brahman est toujours lié au rituel, à la puissance invisible qui le rend efficace. Mais dans les Aranyakas et les premières Upanishads, le Brahman s'émancipe de ce contexte pour devenir une réalité absolue, infinie et indivisible.

Le mystique Yājñavalkya, l'un des principaux philosophes de la Brihadaranyaka Upanishad (datée d'environ 700 av. J.-C.), en offre un exemple éclairant. Yājñavalkya discute avec ses disciples et sa propre épouse Maitreyi, explorant la signification de Brahman. Dans un dialogue mémorable, il déclare :

Tout ce qui est précieux ne l'est pas pour lui-même, mais pour l'Atman.

Yājñavalkya introduit ici un lien crucial entre l'Atman (le Moi profond de l'individu) et le Brahman. Ce lien révèle une vérité universelle : l'âme humaine n'est pas séparée de l'absolu, mais en fait elle-même partie.

La forêt comme lieu de transformation.

L'aranya, la forêt, est un élément symbolique central dans la montée du brahmanisme. Dans une Inde de plus en plus stratifiée et urbanisée, la forêt devient le lieu de la quête intérieure. Les rituels forestiers des Aranyakas marquent un détachement du monde matériel, du chaos social et de la rigidité rituelle. La solitude favorise l'introspection et le silence conduit à une meilleure compréhension du Brahman.

L'ascétisme, qui avait déjà des racines dans la période védique, prend une nouvelle dimension dans cette phase. Les sages (*rishis*) commencent à pratiquer des techniques de méditation et de contrôle de la respiration pour atteindre des états de conscience plus élevés. Cette approche intuitive et mystique se mêle aux premières réflexions philosophiques, initiant un dialogue fructueux entre la méditation et la logique spéculative.

Un exemple significatif est celui du Vénérable Uddālaka Aruni, un autre maître des Upanishads. Dans son célèbre dialogue avec son fils Śvetaketu, Uddālaka explique le concept de Brahman à l'aide d'une image poétique :

"De même qu'en regardant la graine du figuier on ne voit pas le figuier, de même du tout (apparemment vide) émerge l'être unique et omniprésent".

Cet enseignement souligne le caractère ineffable du Brahman.

Les idées des Brahmanas et des Aranyakas ne sont pas restées confinées dans un passé lointain, mais ont jeté les bases d'une grande partie de la philosophie et de la spiritualité indiennes. Les concepts de Brahman et d'Atman, affinés et élargis au fil du temps, ont continué à influencer des écoles de pensée telles que l'Advaita Vedanta, qui proclame l'identité absolue entre le Soi et l'Absolu.

Aujourd'hui encore, la notion de Brahman imprègne la spiritualité indienne. L'idée qu'il existe une réalité unificatrice, invisible pour les yeux, mais perceptible pour l'esprit et le cœur, continue d'inspirer non seulement les mystiques et les philosophes, mais aussi les scientifiques et les penseurs qui recherchent des liens entre l'univers visible et invisible.

Le brahmanisme représente un moment crucial dans l'histoire de l'hindouisme. Il marque le passage de l'action rituelle à la méditation philosophique et mystique. Cette transformation a non seulement façonné la spiritualité indienne, mais a laissé un héritage durable qui est encore exploré aujourd'hui par ceux qui cherchent à comprendre le mystère de l'existence. Comme l'a dit Yājñavalkya :

Celui qui connaît le Brahman devient lui-même le Brahman.

C'est une quête qui se poursuit, entre mythe et philosophie.

Les Upanishads, l'aboutissement de la pensée védique.

Les Upanishads, cœur de la philosophie védique et hindoue, représentent l'une des pierres angulaires de la pensée spirituelle de l'humanité. Leur nom, qui signifie littéralement "s'asseoir près de", évoque l'image d'un disciple à côté de son maître, prêt à recevoir des enseignements profonds et révélateurs. Composés entre le VIIIe et le IVe siècle avant J.-C., à une époque de grande transformation spirituelle en Inde, ces textes marquent le passage décisif d'une religion ritualiste, fondée sur les sacrifices védiques, à une philosophie d'introspection et de recherche universelle.

L'une des anecdotes les plus évocatrices des Upanishads est tirée de la Chandogya Upanishad, où un maître, Uddalaka Aruni, enseigne à son fils Svetaketu la signification de l'identité entre Atman et Brahman. Uddalaka invite son fils à dissoudre du sel dans un récipient d'eau et à le boire. Svetaketu ne voit pas le sel mais en perçoit clairement le goût. Le maître explique alors :

"De même, Brahman imprègne tout ce qui existe. Bien qu'invisible, sa présence est évidente partout."

Cet exemple simple mais profond a traversé les millénaires, guidant des générations de penseurs et de spiritualistes.

Les Upanishads sont plus que des textes religieux : ce sont des traités philosophiques qui réfléchissent sur des thèmes universels. Leur approche du cosmos, de la nature et de la condition humaine les rend incroyablement modernes. Elles n'offrent pas de dogme mais invitent à la réflexion et à l'expérience. "Qui suis-je ?" est la question centrale qui traverse ces pages, une question que les philosophes de toutes les époques se sont posée.

Dans l'Isha Upanishad, nous trouvons l'affirmation paradoxale selon laquelle Brahman est "plus petit que le plus petit, plus grand que le plus grand". Cette conception pousse l'être humain à transcender ses limites mentales pour embrasser la réalité infinie. L'oscillation entre la vision immanente (le divin dans le monde) et la vision transcendante (le divin au-delà du monde) rend ces textes particulièrement riches en enseignements.

Les Upanishads ont profondément influencé la culture et la spiritualité indiennes et mondiales. Elles ont inspiré des systèmes philosophiques tels que le Vedanta, qui se fonde directement sur leurs réflexions, et des dialogues internes avec d'autres traditions religieuses. Lorsque le philosophe allemand Arthur Schopenhauer a découvert les Upanishads au XIXe siècle, il les a qualifiées de "consolation de ma vie" et les a considérées comme l'un des sommets de la pensée humaine.

En plus de poser les fondements de la spiritualité hindoue, les Upanishads continuent de dialoguer avec des questions contemporaines. Leurs réflexions sur la nature de l'univers et la relation entre l'individu et le cosmos ont été mises en relation avec les théories de la physique moderne, telles que la mécanique quantique. L'idée que la réalité est interconnectée et apparemment contradictoire - le dualisme apparent de l'onde et de la particule, par exemple - rappelle de manière frappante les concepts exposés dans ces textes anciens.

À une époque comme la nôtre, où beaucoup s'interrogent sur le sens de l'existence, les Upanishads nous invitent à regarder à l'intérieur de nous-mêmes, nous rappelant que "*Vous êtes Cela*". Les idées de ces textes, nés il y a des millénaires, restent vivantes et pertinentes, indiquant que la sagesse authentique ne connaît ni le temps ni les frontières.

Des rituels aux mantras : comment la spiritualité évolue dans les Upanishads.

Dans la révolution intellectuelle et spirituelle représentée par les Upanishads, les prières et les rituels cèdent la place à la méditation et à la connaissance directe du soi (Atman). Cette section montre comment ces "écritures secrètes" ont reformulé l'expérience religieuse védique, en introduisant des thèmes majeurs tels que le Samsara (cycle des renaissances), le Karma (loi de l'action) et la Moksha (libération).

L'hindouisme trouve ses racines dans les Védas, les plus anciens textes sacrés. Dans cette phase védique (vers 1500-800 av. J.-C.), la religion était basée sur les rituels védiques. Les brahmanes tentaient, par des sacrifices complexes, de maintenir l'ordre cosmique (Ṛta) et d'obtenir les faveurs divines. Cependant, plus tard (vers 800 av. J.-C.), une révolution spirituelle et intellectuelle a profondément modifié l'expérience religieuse. Les Upanishads, les "écritures secrètes", ont inauguré une nouvelle phase : la quête intérieure a remplacé la centralité des rituels extérieurs.

Les Upanishads ont déplacé l'accent de la prière et du sacrifice vers la méditation et l'introspection. Au centre de ce changement se trouve l'Atman, le moi individuel. La connaissance directe de ce principe intérieur permet de découvrir une vérité fondamentale : l'Atman n'est pas séparé de l'univers, mais identique à Brahman, l'absolu.

Les Upanishads répondent aux grandes questions sur l'existence. Le concept de Samsara, le cycle sans fin de la naissance, de la mort et de la renaissance, y est introduit. Ce cycle est régi par le karma, la loi selon laquelle chaque action a une conséquence morale, qui détermine le destin de l'âme dans les vies futures. Cependant, le but ultime de la vie n'est pas de rester emprisonné dans le Samsara, mais d'atteindre Moksha, la libération. Cet état transcende la souffrance et l'illusion et conduit à l'union complète avec Brahman.

Avant les Upanishads, la religion était dominée par des rituels et des sacrifices complexes, qui nécessitaient la supervision des brahmanes. Cependant, ces textes marquent un abandon progressif du ritualisme védique. L'importance s'est déplacée vers les mantras, des mots ou des sons sacrés qui favorisent la concentration lors de la méditation. L'un des plus célèbres est le mantra "Om", considéré comme la vibration primordiale à l'origine de l'univers.

Cette transformation spirituelle a démocratisé la religion. La méditation et la pensée philosophique sont devenues accessibles non seulement aux prêtres expérimentés, mais aussi aux individus en quête de vérité. La connaissance des Upanishads, bien qu'exclusive à certains, a été le germe de pratiques futures qui ont inspiré des écoles de pensée telles que le bouddhisme et le jaïnisme.

La nouvelle approche des Upanishads a influencé non seulement la religion, mais aussi la culture. La vision du monde proposée par les Upanishads mettait l'accent sur l'unité, l'interconnexion et la compassion. Cette réflexion profonde s'est étendue aux arts, à la littérature et à la pensée. D'ailleurs, nombre de ces thèmes trouveront un écho à des époques ultérieures, lorsque l'Inde entrera en dialogue avec le monde occidental par le biais du mouvement théosophique et de la philosophie moderne.

Les Upanishads ont fait passer l'hindouisme d'une religion rituelle à une quête philosophique et spirituelle. Par la méditation, la connaissance de soi et une éthique centrée sur le karma, ces textes offrent un moyen de comprendre le divin et le sens ultime de l'existence. Leur héritage ne se limite pas au développement de l'hindouisme, mais continue d'inspirer des réflexions universelles sur l'identité, la réalité et l'unité de l'être.

Parallèlement à la transformation religieuse, l'Inde ancienne a connu de profonds changements culturels et sociaux. (6e siècle av. J.-C.). Cette période marque une ère de changement. L'urbanisation s'intensifie dans de nombreuses régions et de nouvelles villes voient le jour, comme Pataliputra et Varanasi. Ces centres attirent des commerçants, des penseurs et des ascètes, favorisant un climat intellectuel fertile pour l'évolution des idées. C'est dans ce contexte qu'ont été développées bon nombre des notions philosophiques et spirituelles qui allaient définir l'hindouisme.

Les villes sont devenues des carrefours de cultures, stimulant une exploration profonde du sens de la vie. Les gens ont commencé à poser des questions cruciales. Qu'est-ce que la souffrance ? Y a-t-il une vie après la mort ? Comment rompre le cycle des naissances et des renaissances, connu sous le nom de Samsara ? En réponse à ces questions, des concepts tels que le karma, qui régit les actions et leurs conséquences, et le dharma, qui représente le devoir moral et universel, ont été développés.

L'idée de Moksha, la libération ultime du Samsara, est devenue l'un des piliers de la philosophie hindoue. Pour beaucoup, le but ultime de la vie était d'échapper à la nature cyclique de l'existence et de parvenir à l'union avec le divin, Brahman. Cette vision offrait des réponses qui dépassaient le niveau rituel des Védas, s'approchant d'une pensée plus intime et spéculative. Cette évolution se reflète dans les Upanishads, des textes philosophiques qui ont vu le jour à cette époque. Dans ces textes, l'être humain n'est plus seulement l'instrument d'un rituel, mais un chercheur de vérité.

La ville de Varanasi, qui surplombe le Gange sacré, est l'un des lieux les plus emblématiques associés à l'hindouisme. Selon la tradition hindoue, Varanasi est l'une des plus anciennes villes du monde, également connue sous le nom de Kashi, "*la ville de la lumière*". Beaucoup croient que mourir à Varanasi, immergé dans ses eaux sacrées, garantit la libération du cycle des renaissances. La ville est riche en symboles. Ses rives regorgent de fidèles qui se livrent à des ablutions rituelles, méditent ou allument des lampes votives au coucher du soleil, créant un spectacle qui allie le sacré et le profane.

L'un des "*Shakti Pitha*", les sept lieux saints les plus vénérés, se trouve ici, à Varanasi. D'anciens poèmes racontent que le dieu Shiva, dans son aspect destructeur et régénérateur, a choisi Varanasi comme royaume terrestre. Ce lien avec Shiva, l'une des principales divinités de l'hindouisme, a renforcé la place centrale de la ville dans la religion. Les épopées du Mahabharata et du Ramayana mentionnent souvent ces lieux, reliant la ville au tissu mythique de l'Inde.

Le climat intellectuel de l'époque a donné naissance à de nouveaux courants de pensée qui répondaient à des besoins profonds. L'une des figures marquantes de cette époque est le sage Yajnavalkya, connu pour ses enseignements dans la Brihadaranyaka Upanishad. Yajnavalkya aurait dialogué avec ses disciples et même avec sa propre épouse, Maitreyi, sur des sujets élevés tels que l'immortalité de l'âme et la nature de l'absolu. Maitreyi apparaît comme une figure importante, soulignant le rôle des femmes dans la recherche philosophique dans l'Inde ancienne, même si le contexte restait essentiellement dominé par les hommes.

Les réflexions sur le Samsara ont également trouvé des échos dans d'autres courants religieux, tels que le jaïnisme et le bouddhisme, qui ont commencé à se répandre au cours de cette période. L'hindouisme, quant à lui, a maintenu une puissante synthèse entre le ritualisme et la philosophie, créant ainsi une tradition ouverte et flexible.

Le Gange, fleuve sacré par excellence, représente plus qu'un simple cours d'eau. L'hindouisme le conçoit comme un don divin apporté à la Terre par Shiva. D'innombrables pèlerins viennent chaque année se baigner dans ses eaux, auxquelles on prête le pouvoir de purifier l'âme de ses péchés et de permettre l'accès à Moksha. Le Gange est célébré par des textes et des cérémonies. On dit que la déesse Ganga, personnification du fleuve, est descendue du ciel à la demande de Shiva, qui a agi à sa descente pour protéger le monde.

Varanasi, située sur les rives du fleuve, est le point de convergence entre les dimensions terrestres et spirituelles. Chaque année, les "*ghats*" (les marches surplombant le Gange) voient des millions de croyants se rassembler pour célébrer des fêtes religieuses, telles que Diwali ou la Kumbh Mela.

Cette période (6e siècle avant J.-C.) a donc été un moment crucial dans l'histoire de l'hindouisme. La croissance des villes et l'évolution de la pensée philosophique ont conduit à l'émergence d'une spiritualité plus profonde et plus complexe. Des lieux comme Varanasi et des concepts comme le karma, le dharma et le moksha ont permis de combiner la tradition rituelle des Védas avec un nouveau sens de l'introspection. Cet équilibre entre religiosité et réflexion personnelle a fait de l'hindouisme l'un des systèmes philosophiques les plus riches et les plus durables au monde. Le lien avec le "territoire sacré" et le respect des rivières telles que le Gange continuent d'inspirer des millions de personnes, unissant le présent et le passé dans une tradition intemporelle.

Spiritualité en chemin : la géographie sacrée et les lieux originels de l'hindouisme.

L'hindouisme, l'une des plus anciennes traditions spirituelles du monde, plonge ses racines dans les lieux où la terre, l'eau et le ciel se sont rencontrés pour inspirer des générations de sages, de poètes et de dévots. La géographie n'est pas une simple toile de fond dans l'histoire de l'hindouisme, mais un élément vivant et sacré, imprégné de symbolisme. Les plaines du Gange et les forêts du nord de l'Inde ont été des berceaux de réflexion, de prière et de philosophie. Dans ces lieux, la spiritualité s'est profondément mêlée à la nature, donnant naissance à une vision unique du monde et du divin.

Les plaines fertiles et majestueuses du Gange ont été le théâtre principal de la consolidation des traditions védiques. Ce fleuve, qui coule majestueusement à travers le nord de l'Inde, est bien plus qu'un cours d'eau. Pour les dévots, le Gange (Ganga) est une mère, une déesse vivante qui purifie et régénère. Selon les textes sacrés, ses eaux descendent directement du ciel et l'immersion dans ses courants a le pouvoir de laver les péchés.

Les premiers centres spirituels et culturels se sont développés dans ces plaines. Des villes sacrées telles que Kashi, aujourd'hui connue sous le nom de Varanasi, sont devenues des lieux de connaissance, de rituels et de méditation. Kashi, appelée la ville éternelle, est considérée comme l'un des plus anciens lieux habités sans interruption dans l'histoire de l'humanité. C'est là que les "*rishis*" (sages) se réunissaient pour étudier les Védas, réciter des mantras et enseigner la relation entre Atman (l'essence individuelle) et Brahman (la réalité universelle).

Des anecdotes enrichissent cette géographie sacrée. L'un des textes védiques raconte que la rivière Sarasvati, aujourd'hui disparue, rejoignait le Gange et la Yamuna en un point sacré appelé Prayaga (aujourd'hui Allahabad). Ce confluent, ou "*triveni sangam*", est toujours vénéré comme un symbole de l'union des forces divines et de la quête de l'illumination spirituelle.

Là où l'agitation des plaines prend fin, naît le silence des forêts. Les forêts denses du nord de l'Inde, peuplées d'arbres gigantesques et de lieux isolés, étaient des refuges idéaux pour les ascètes et les mystiques qui recherchaient le divin par la méditation et l'introspection. C'est dans ces espaces isolés, loin de la civilisation, qu'ont pris forme les enseignements des Upanishads, ces textes philosophiques qui ont développé une nouvelle façon de concevoir la relation entre l'homme et le cosmos.

Une figure emblématique de cette spiritualité contemplative est Yajnavalkya, un philosophe védique qui errait dans ces forêts en s'interrogeant sur la nature de l'univers et du moi. La forêt est ainsi devenue non seulement un refuge physique, mais une métaphore de la quête intérieure, du voyage vers le Brahman, la vérité absolue.

La rivière Sarasvati : le ruisseau perdu de la connaissance.

Un chapitre fondamental de la géographie sacrée hindoue concerne la rivière Sarasvati, un cours d'eau aussi réel que mythologique. Mentionnée dans le Rigveda comme une "rivière puissante, rapide et lumineuse", la Sarasvati était un symbole du flux créatif de la connaissance et de la pureté. Ce fleuve, qui coulait autrefois parallèlement à l'Indus, a progressivement disparu en raison de changements climatiques et géologiques. Son destin a alimenté les débats et les recherches archéologiques, mais sa présence spirituelle reste intacte.

La rivière Sarasvati n'est jamais "morte" dans le cœur des hindous. Son mythe l'a rendu immortel, un archétype qui célèbre le lien entre la nature et la culture. Ce fleuve est souvent comparé à d'autres grands fleuves de l'Antiquité, comme le Nil en Égypte ou le Tigre en Mésopotamie. Tout comme le Gange, l'Indus ou le Nil ont nourri les civilisations, la Sarasvati était également considérée comme une matrice divine, où se développaient non seulement les villes, mais aussi les idées religieuses et sociales.

Le lien entre les rivières et la spiritualité n'est pas propre à l'Inde. Les premières grandes civilisations humaines sont nées le long de rivières sacrées. L'Égypte vénérait le Nil comme source de vie et d'ordre cosmique. La Mésopotamie s'appuyait sur les rives fertiles du Tigre et de l'Euphrate pour nourrir sa culture et ses croyances religieuses. De même, les plaines du Gange et le cours aujourd'hui disparu de la Sarasvati ont favorisé un développement non seulement matériel mais aussi métaphysique.

Ce qui rend l'hindouisme unique, c'est l'intensité symbolique attribuée à ces lieux. Alors que d'autres civilisations considéraient les rivières comme des sources de vie physique, les sages indiens y ont trouvé des métaphores spirituelles. L'eau est devenue le symbole non seulement de la renaissance physique, mais aussi de la purification karmique et du passage à une réalité supérieure.

Les plaines du Gange et les forêts du nord de l'Inde ne sont pas seulement des paysages : ce sont des livres ouverts sur l'histoire de l'hindouisme. Chaque rivière, chaque arbre et chaque ville a une histoire à raconter. Ces géographies ont façonné des générations de penseurs, de rituels et de croyances. Le Gange et la Sarasvati continuent de couler, l'un avec ses eaux sacrées, l'autre comme un souvenir, mais tous deux éternels pour les millions de personnes qui les vénèrent.

Dans l'hindouisme, la géographie n'est jamais statique. C'est un voyage. Une invitation à explorer, à réfléchir et à découvrir le divin qui se manifeste dans le monde naturel. En fin de compte, c'est la preuve du lien profond entre l'homme, la nature et l'infini.

Religion et philosophie

Ces développements ont fait de l'hindouisme non seulement une religion, mais aussi une philosophie très articulée. L'une de ses particularités est l'absence d'un fondateur unique et son évolution en tant que tradition ouverte. La pluralité est un concept clé : Dieu est un, mais il se manifeste dans la multiplicité. Des divinités telles que Vishnu, Shiva et Devi sont des expressions différentes du même absolu.

En résumé, le passage des rituels védiques à la pensée méditative des Upanishads représente le cœur de la transformation de l'hindouisme. Son histoire n'est pas seulement une leçon du passé, mais aussi une invitation à explorer les profondeurs de la spiritualité et de la philosophie. Dans un monde qui cherche aujourd'hui un lien entre science et spiritualité, l'hindouisme offre des exemples d'intuitions qui semblent anticiper les concepts modernes, tels que l'interconnexion de l'univers et la recherche de ce qui est au-delà de l'apparent.

Le cœur de l'hindouisme trouve son origine dans les Védas, les textes les plus anciens de cette tradition. Les Védas sont des poèmes et des hymnes. Ils célèbrent les forces de la nature, comme le feu (Agni) et le soleil (Surya), invoquées lors de sacrifices rituels. À cette époque, la relation avec le divin est médiatisée par des prêtres (les brahmanes), qui accomplissent des cérémonies complexes pour maintenir l'harmonie cosmique.

Avec le temps, cependant, beaucoup ont commencé à se demander : quelle est la signification de ces rituels ? Ces questions ont donné naissance aux Upanishads. Les Upanishads abandonnent l'accent mis sur les sacrifices et plongent dans le mystère de l'être. Elles introduisent des concepts révolutionnaires, tels que Brahman, le principe absolu qui sous-tend l'univers, et Atman, l'essence individuelle qui coïncide avec le tout.

Alors qu'en Occident, la foi et la pensée philosophique ont souvent été opposées, l'hindouisme les intègre dans une recherche unifiée du sens de la vie. La place centrale de la méditation et de l'introspection est évidente. Un exemple significatif est le chant du mantra "Om", considéré comme le son primordial de l'univers. La Bhagavad Gita, l'un des textes les plus importants de la tradition, combine des enseignements éthiques, philosophiques et spirituels sous une forme épique, relatant le dialogue entre le prince Arjuna et Krishna, une incarnation du divin.

La philosophie hindoue se distingue par son ouverture. Il n'existe pas de voie unique vers le divin, ni de dogme unique. L'hindouisme reconnaît la pluralité des voies spirituelles, résumée dans l'affirmation suivante : "*Dieu est un, mais il se manifeste dans la multiplicité*". Les principales divinités - Vishnu, Shiva et Devi - ne sont pas des entités distinctes, mais différentes expressions du même Brahman. Vishnu représente le conservateur de l'univers, Shiva le transformateur, tandis que Devi incarne l'énergie créatrice, souvent associée à la figure de la Mère divine.

Le passage des rituels védiques à la méditation et à la pensée philosophique des Upanishads a eu de profondes conséquences culturelles. Ce processus a également reflété les changements sociaux de l'Inde ancienne, marqués par la formation de villes et de royaumes complexes. Des philosophes et des enseignants tels que Yajnavalkya, une figure de l'ère védique, ont remis en question les conventions des brahmanes, proposant que la véritable sagesse ne réside pas dans les rituels, mais dans la connaissance de soi.

L'hindouisme s'est également mêlé à d'autres traditions culturelles. Certains chercheurs voient une influence mutuelle entre la pensée védique et les cultures de la vallée de l'Indus, une civilisation qui s'est épanouie le long de l'Indus et de la Sarasvati. Dans cette région, les fouilles archéologiques ont révélé des sceaux et des statues représentant des personnages dans des postures méditatives et des symboles qui peuvent être attribués à des divinités telles que Shiva dans son aspect de seigneur de la méditation (Pashupati).

Les enseignements de cette tradition ne sont pas seulement un héritage du passé, mais une invitation à explorer le présent. La vision hindoue de l'interconnexion de l'humanité et de l'univers a trouvé des parallèles fascinants dans la physique moderne. Le concept d'un Brahman omniprésent rappelle l'idée scientifique selon laquelle l'univers est un système interconnecté basé sur l'énergie et les vibrations. Des personnalités telles que le physicien Erwin Schrödinger, l'un des initiateurs de la mécanique quantique, ont affirmé avoir été influencées par l'hindouisme. Schrödinger a souvent cité l'idée de l'Atman dans ses écrits.

L'hindouisme, avec son ouverture et sa pluralité, reste un phare pour ceux qui cherchent des réponses aux grandes questions de l'existence. Ce n'est pas seulement une religion qui garde la mémoire de ses mythes et de ses rituels, c'est une philosophie ouverte, en dialogue permanent avec la pensée contemporaine. Dans un monde fragmenté, l'idée hindoue d'unité - entre soi, les autres et le cosmos - continue de parler d'une voix ancienne, mais extraordinairement actuelle.

L'Atman et le Brahman : l'éternel dialogue sur la nature du moi.

Un thème central ressort des Upanishads : la relation entre Atman, l'âme individuelle, et Brahman, la réalité universelle. Cette relation est explorée à travers des dialogues symboliques entre maîtres et disciples, créant une réflexion intemporelle sur la nature du moi.

L'enseignement le plus célèbre des Upanishads est résumé dans la phrase sanskrite "*Tat Tvam Asi*", qui signifie "*Tu es cela*". Cette maxime est tirée de la Chandogya Upanishad, où le maître Uddalaka Aruni guide son fils Svetaketu dans une série de dialogues éclairants. Uddalaka explique que le moi profond de l'individu (Atman) n'est pas séparé mais identique à Brahman, la source ultime qui imprègne l'univers tout entier. "*Tat Tvam Asi*" n'est pas une simple théorie, mais une révélation : chaque individu fait partie d'une réalité plus vaste et unifiée.

Un autre exemple célèbre se trouve dans l'histoire de Nachiketa dans la Katha Upanishad. Ce jeune homme, dans l'au-delà, pose de profondes questions au dieu de la mort, Yama, pour tenter de découvrir ce qui se passe après la mort. Yama enseigne que l'Atman est immortel, au-delà du corps et de l'esprit. Cette compréhension élimine la peur de la mort et conduit à la réalisation de la véritable nature éternelle de l'être.

Les grands maîtres utilisaient des images et des métaphores pour exposer des concepts difficiles. Dans la Brihadaranyaka Upanishad, le sage Yajnavalkya utilise l'exemple du sel dissous dans l'eau pour expliquer que, tout comme le sel devient indiscernable de l'eau, l'Atman est inséparable du Brahman. En d'autres termes, alors que l'individu se perçoit comme séparé, il ne fait en réalité qu'un avec l'univers.

Les dialogues ne sont pas de simples échanges d'idées, mais de véritables parcours pédagogiques. Le disciple commençait par poser des questions, souvent incertaines ou limitées à une vision matérialiste, et le maître répondait avec patience, l'amenant progressivement à percevoir une vision plus large et transcendante.

La portée philosophique de la relation entre Atman et Brahman a franchi les frontières géographiques. Les écrits des Upanishads sont arrivés en Occident au XIXe siècle, attirés par l'intérêt de penseurs tels qu'Arthur Schopenhauer. Le philosophe allemand décrivait les Upanishads comme "le confort de ma vie" et y trouvait une vision spéculative qui renforçait son pessimisme métaphysique. Ralph

Waldo Emerson, poète et essayiste américain, a également admiré ces textes et a été inspiré par l'accent mis sur l'interconnexion entre l'être humain et l'univers.

En Orient, cependant, le dialogue sur l'Atman et le Brahman a profondément influencé les écoles philosophiques ultérieures, telles que l'Advaita Vedānta d'Adi Shankara. Shankara, philosophe du IXe siècle, a consolidé l'identité de l'Atman et du Brahman en tant que fondement du monisme védantique. Selon lui, le monde perçu est *Maya* (illusion), tandis que la réalité ultime est Brahman.

Les Upanishads enseignent que la connaissance de soi est le premier pas vers la liberté. Prendre conscience de l'identité entre l'Atman et le Brahman signifie surmonter le sentiment de séparation, briser l'ego et vivre avec une connexion profonde à la réalité universelle. Ce message reste incroyablement moderne, offrant des réponses aux questions existentielles et équilibrant la quête personnelle avec l'interdépendance cosmique.

Des lieux sacrés tels que Varanasi ou les glaciers de l'Himalaya ont été pendant des siècles le refuge de sages et de chercheurs, engagés dans la découverte de l'Atman. Le charme de ces paysages, associé à la puissance symbolique des dialogues védiques, continue d'attirer des pèlerins du monde entier ( ). L'hindouisme n'offre pas de réponses toutes faites, mais un voyage sans fin vers la conscience.

En conclusion, le dialogue entre Atman et Brahman dans les Upanishads est plus qu'une exploration philosophique. C'est une invitation à l'être humain à reconnaître son unicité et son unité avec le tout. Et cette invitation reste ouverte, toujours en dialogue avec notre époque.

Chapitre III. Un parallèle entre l'hindouisme et la physique.

La vision hindoue de l'univers.

L'hindouisme, l'une des traditions spirituelles les plus anciennes et les plus profondes du monde, a toujours proposé une vision de l'univers comme une entité unique et interconnectée. Cette conception se retrouve dans ses textes fondateurs, les Vedas et les Upanishads, qui remontent à quelque 3 000 ans. Dans un langage poétique et symbolique, ces textes décrivent l'univers comme une grande "*unité cosmique*" dans laquelle tout s'entrelace, fusionne et se reflète. Pour l'hindouisme, l'univers n'est pas une simple collection d'objets matériels. Il s'agit plutôt d'un océan dynamique d'énergie, de conscience et de connexion. Cette idée, étonnamment, anticipe certaines des découvertes de la physique quantique moderne.

Le concept de Brahman et d'Atman : le cœur de l'interconnexion universelle

Au cœur de la vision hindoue se trouve le concept de Brahman, le principe cosmique suprême. Brahman est décrit comme la source primordiale de tout ce qui existe. Il est éternel, infini et transcende le temps et l'espace. Selon les Upanishads, tout dans l'univers provient du Brahman et y retourne, dans un cycle continu de création, de préservation et de dissolution.

À côté de Brahman se trouve Atman, l'âme individuelle. La philosophie hindoue enseigne que l'Atman et le Brahman sont, par essence, un. Cette notion est résumée dans la célèbre phrase des Upanishads : "*Tat Tvam Asi*" (*Tu es Cela*). Dans cette phrase, "*Cela*" fait référence à Brahman, la réalité ultime. L'individu n'est pas séparé de l'univers, il en est une partie intrinsèque et fondamentale. Le même principe d'unité se retrouve en physique quantique, où chaque particule est liée à toutes les autres par des lois et des phénomènes qui transcendent la perception ordinaire.

La physique quantique, développée au 20e siècle, a introduit une vision de l'univers différente de celle de la physique classique. Les phénomènes quantiques, tels que l'intrication (quantum entanglement), montrent comment deux particules, même séparées par d'énormes distances, peuvent rester instantanément connectées. Ce comportement a incité de nombreux scientifiques à s'interroger sur la nature profonde de la réalité et sur son interconnexion cachée.

Dans la philosophie hindoue, on trouve un parallèle intéressant dans le concept du "*filet d'Indra*", une ancienne métaphore décrite dans les textes bouddhistes et hindous. On imagine l'univers comme un filet infini, avec des perles placées à chaque intersection. Chaque perle reflète toutes les autres, dans un jeu infini de références croisées et d'interdépendances. L'image de ce réseau rappelle l'idée de l'univers quantique comme un réseau indivisible de relations.

Le principe de complémentarité de Niels Bohr, pilier de la physique quantique, trouve également un écho dans la pensée hindoue. Selon ce principe, les particules telles que les électrons ou les photons présentent à la fois des propriétés ondulatoires et corpusculaires, en fonction du contexte d'observation. Ce dualisme ressemble étrangement à la double nature du Brahman, qui est à la fois impalpable (*nirguna Brahman*) et manifesté (*saguna Brahman*).

L'hindouisme intègre sa vision cosmique non seulement dans la philosophie, mais aussi dans la géographie sacrée et les rituels. Des lieux comme Varanasi, sur les rives du Gange, sont considérés comme des reflets physiques de l'harmonie cosmique. Les temples hindous, avec leur structure architecturale unique, représentent l'univers en miniature, où le dôme symbolise le ciel et la base la terre. Ces lieux agissent comme des ponts entre le matériel et le spirituel, incarnant l'idée d'une interconnexion universelle.

Le Mahabharata, l'une des grandes épopées hindoues, offre un autre exemple. Krishna y révèle à Arjuna sa forme cosmique dans la Bhagavad Gita, montrant une image de l'univers comme un tout vivant et palpitant, dans lequel le divin est présent dans chaque particule. Cette vision reflète également l'idée centrale de la physique quantique : l'univers est plus que la somme de ses parties.

Scientifiques et philosophes : un dialogue entre l'Orient et l'Occident.

De nombreux philosophes et scientifiques ont souligné les similitudes entre l'hindouisme et la physique quantique. Fritjof Capra, physicien autrichien et auteur de *The Tao of Physics*, a étudié ce parallèle en profondeur. Dans son livre, Capra affirme que les concepts d'interconnexion et d'unité que l'on trouve dans les traditions philosophiques orientales, telles que l'hindouisme, résonnent avec les découvertes de la physique moderne. Un autre exemple ( ) nous vient d'Erwin Schrödinger, l'un des pères de la mécanique quantique, qui a affirmé avoir été inspiré par la philosophie védantique. Schrödinger, fasciné par l'idée de l'unité de l'observateur et de l'observé, est parvenu à cette intuition en lisant les Upanishads.

L'hindouisme, avec sa vision globale de l'univers, n'est pas seulement une religion ou une philosophie. C'est un modèle de pensée qui nous invite à percevoir le monde comme un organisme vivant. À l'heure où la science continue de démêler les liens subtils entre les particules, la vision hindoue du cosmos semble incroyablement pertinente.

La physique quantique et l'hindouisme, chacun à leur manière, nous rappellent que nous faisons tous partie d'un même "tissu cosmique". Que ce soit à travers les formules mathématiques d'un physicien ou les chants sacrés d'un mystique, le message est le même : l'univers n'est pas divisé, mais profondément uni. Ainsi, la tradition spirituelle et la science moderne nous offrent deux langages pour explorer une vérité universelle qui englobe à la fois le visible et l'invisible.

Brahman : l'absolu indivisible.

Au cœur de la vision hindoue se trouve le concept de Brahman, la réalité ultime et absolue. Brahman n'est pas une divinité personnelle, mais une force cosmique, infinie et omniprésente. Selon les textes des Upanishads, tout ce qui existe est une manifestation de ce principe unique. Un passage emblématique de la Chandogya Upanishad se lit comme suit :

Tout ce qui existe est essentiellement Brahman.

Cette affirmation souligne l'idée que chaque atome de l'univers, chaque individu et chaque événement font partie d'un ensemble plus vaste.

Parallèlement, la physique quantique a montré que le monde subatomique n'est pas composé d'entités isolées, mais de champs d'énergie entrelacés. Le phénomène de l'intrication quantique, découvert dans les années 1930, montre que deux particules, même séparées par d'immenses distances, peuvent rester connectées instantanément. Ce principe ressemble beaucoup à la vision hindoue de l'interconnexion universelle. Si tout est Brahman, l'idée de séparation devient une illusion.

L'hindouisme, à travers Brahman, décrit l'univers comme une unité indivisible. Selon cette conception, la distinction entre les objets, les êtres vivants et les événements n'est qu'apparente. Les sens humains perçoivent la séparation, mais les Upanishads affirment qu'il s'agit de *maya*, d'une illusion. Derrière tout, il y a une essence unique, à la fois transcendante et immanente. Brahman n'est pas seulement "à l'extérieur", dans l'univers observable, mais se trouve également "à l'intérieur", en tant qu'Atman, le Soi intérieur.

Une métaphore traditionnelle pour expliquer cette vérité est celle de l'argile et des pots : les pots peuvent avoir des formes différentes, mais ils sont tous faits du même matériau. De même, chaque élément de l'univers visible est une forme particulière, mais la substance originelle reste unique : Brahman.

La physique quantique, développée au 20e siècle, a remis en cause le sens commun et les intuitions scientifiques classiques. Dans cette quête de l'infiniment petit, les physiciens ont découvert que l'univers n'est pas constitué de particules isolées. Tout ce qui existe est constitué de champs d'énergie complexes et imbriqués. Les particules sont comme les "vagues" d'une même mer, une image qui rappelle profondément les concepts exprimés dans les Upanishads.

L'un des exemples les plus surprenants est celui de l'intrication quantique. Proposée pour la première fois par Albert Einstein, Boris Podolsky et Nathan Rosen en 1935, puis confirmée par des expériences comme celles d'Alain Aspect dans les années 1980, l'intrication démontre que deux particules peuvent rester connectées instantanément, même si elles sont séparées par des milliers de kilomètres. Si une particule change d'état, son "jumeau" le fera simultanément. Ce phénomène remet en cause l'idée classique de séparation spatiale et évoque une réalité sous-jacente interconnectée, similaire à celle indiquée par l'hindouisme.

Pour les maîtres indiens, le sentiment de séparation qui domine l'esprit humain peut être surmonté par des pratiques spirituelles telles que le *dhyana* (méditation) et le *jnana* (connaissance). Ce processus permet de reconnaître l'interconnexion universelle et de redécouvrir son unité avec Brahman.

Un célèbre dialogue entre le père Aruni et son fils Svetaketu dans la Chandogya Upanishad offre un enseignement symbolique : Aruni utilise le lait d'une vache pour expliquer à son fils que les formes peuvent changer, mais que la substance de base reste la même.

Aruni, souhaitant donner une bonne leçon à son fils, décide d'utiliser un exemple très simple de la vie quotidienne. Il prend du lait dans une cruche et commence à le verser dans différents récipients, l'un après l'autre. Il le verse d'abord dans un verre haut et étroit, puis dans un bol large et plat, et enfin dans une bouteille à col fin. Après chaque versement, il demande à son fils d'observer comment la forme du lait change.

Le fils, intrigué, remarque que le lait prend la forme du récipient dans lequel il est versé. C'est alors qu'Aruni lui explique :

> *"Vous voyez, le lait change de forme parce qu'il s'adapte au contenant, mais en lui-même, il reste toujours du lait. L'essence du lait ne change pas".*

Par cette simple expérience, Aruni veut transmettre à son fils un principe profond : dans la vie, beaucoup de choses peuvent changer dans leur forme extérieure, mais leur essence, ce qu'elles sont vraiment, reste constante. Il enseigne cela non seulement en référence aux objets, mais aussi à la vie en général, aux personnes et aux situations. C'est une leçon de stabilité, d'identité et de compréhension de ce qui est essentiel au-delà des apparences.

Cet enseignement est valable non seulement pour l'univers visible, mais aussi pour l'invisible.

La physique quantique, même avec ses racines occidentales, arrive à des conclusions qui semblent rappeler l'intuition spirituelle de l'hindouisme. Les physiciens théoriques rapportent souvent que la réalité subatomique ne peut être observée sans être influencée par le processus d'observation. En d'autres termes, l'observateur et le phénomène observé font partie d'un seul et même système. De même, les Upanishads affirment que le moi humain (Atman) n'est pas séparé de ce qu'il observe, mais qu'il est un fragment du tout.

Personnages et réflexions contemporaines.

Des penseurs comme Erwin Schrödinger, l'un des pères de la physique quantique, étaient fascinés par les philosophies orientales. Schrödinger, qui a lu les Upanishads en profondeur, a souvent écrit sur la façon dont la notion d'indivisibilité dans l'investigation scientifique faisait écho à l'idée de Brahman. Il soutenait que l'ancienne sagesse indienne pouvait offrir des outils pour comprendre des phénomènes complexes tels que l'enchevêtrement.

Un autre scientifique inspiré par la vision hindoue est le physicien David Bohm, qui a développé l'idée d'un "*ordre implicite*". Bohm a suggéré que l'univers observable est le reflet d'un ordre sous-jacent et indivisible. Cette perspective est proche de l'idée indienne de Brahman et Maya, où l'univers matériel n'est que la surface d'une réalité plus profonde.

La vision hindoue de l'univers, avec le concept de Brahman en son centre, propose une compréhension révolutionnaire de la réalité. La physique quantique, bien que basée sur des méthodes scientifiques, révèle également un lien universel entre les éléments de l'existence. Ces deux domaines, apparemment si éloignés, semblent converger vers un même point : l'idée que la séparation est une illusion et que l'univers est une réalité indivisible.

À une époque où la science et la spiritualité cherchent des langages communs, le brahman et la physique quantique démontrent qu'il n'est pas nécessaire de choisir entre l'intuition et la rationalité : les deux peuvent contribuer à représenter le mystère de l'existence.

Dans l'hindouisme, l'univers est perçu comme une unité indivisible, une immense toile dont chaque partie est intimement liée à l'ensemble. Cette vision cosmique s'articule autour du concept de Brahman, l'entité absolue qui représente la réalité ultime et le principe fondamental de tout ce qui existe. Brahman n'est pas seulement "le divin" au sens théologique occidental ; Brahman est le Tout. C'est l'essence unique et indéfinissable qui sous-tend et imprègne le cosmos tout entier.

Selon les Upanishads, les textes philosophiques les plus profonds de la tradition hindoue, le Brahman est éternel, infini et indivisible. Il n'a pas de forme, mais tout ce qui a une forme découle de lui. L'expression "*Tat Tvam Asi*" suggère qu'Atman, le moi individuel, et Brahman, la réalité suprême, ne font qu'un. L'individu n'est pas séparé du cosmos mais en est la pleine manifestation.

Cette perspective hindoue entre étonnamment en résonance avec certaines idées de la physique quantique contemporaine. Par exemple, le phénomène connu sous le nom d'intrication quantique démontre que deux particules, même à d'énormes distances, restent constamment connectées. Tout changement d'état d'une particule affecte instantanément l'autre, comme si toutes deux faisaient partie d'une seule entité interconnectée. De même, pour l'hindouisme, rien n'est vraiment séparé. Dans une phrase assez emblématique des Upanishads, on peut lire :

"Celui qui voit le tout dans chaque chose et chaque chose dans le tout ne connaît ni la peur ni la division.

Pour les physiciens quantiques modernes, comme David Bohm, cette interconnexion rappelle l'idée d'un "ordre implicite", d'une réalité sous-jacente dans laquelle tout est uni à un niveau profond, même s'il apparaît fragmenté dans notre perception. Ce concept n'est pas si différent de la vision du Brahman proposée par les sages indiens il y a des milliers d'années.

Adi Shankara et la philosophie de l'Advaita Vedānta.

Au cours du 8e siècle, Adi Shankara, l'un des plus grands penseurs de l'Inde, a élaboré la philosophie de l'*Advaita Vedānta.* Advaita signifie "non-dualité" et représente le cœur de la pensée hindoue sur l'unité cosmique. Selon Shankara, la séparation entre l'individu et l'univers, entre l'esprit et la matière, est une illusion dérivée du mental. Cette illusion est appelée *Maya.* Seules la connaissance et la conscience permettent de percevoir la vérité ultime : tout est Brahman.

Une anecdote raconte que Shankara, voyageant en Inde, répondit à un disciple qui l'interrogeait sur le sens de la réalité :

"En méditant sur l'océan, souvenez-vous que chaque vague, même la plus petite, est toujours un océan. L'oublier, c'est faire preuve d'ignorance".

Cette métaphore, aussi simple que profonde, rappelle l'idée moderne d'une réalité fondamentale qui unifie tout, même ce qui semble séparé.

Un symbole tangible de cette vision unifiée se trouve à Varanasi, également connue sous le nom de Kashi, l'une des villes les plus sacrées de l'hindouisme. Située sur les rives du Gange, Varanasi est non seulement un lieu sacré, mais aussi un microcosme de l'univers. Selon la tradition hindoue, Varanasi existe simultanément sur un plan physique et spirituel, représentant symboliquement le point où Brahman se manifeste à travers le devenir du monde phénoménal. La ville est souvent décrite comme le "pont" entre le visible et l'invisible, entre la multiplicité et l'unité.

Chaque matin, des milliers de fidèles plongent dans le Gange à Varanasi, à la recherche d'une unité spirituelle avec l'univers. Cet acte n'est pas seulement un rituel, mais une reconnaissance symbolique de leur lien avec Brahman, l'absolu. Les textes racontent que "ceux qui meurent à Kashi sont libérés de l'illusion de la séparation" et retrouvent leur identité avec le tout.

L'hindouisme et l'univers holistique.

La vision hindoue de l'univers comme un tout indivisible nous invite à réfléchir à ce qui nous unit, au-delà des apparences de différences et de divisions. L'approche holistique de la philosophie indienne nous encourage à penser que chaque aspect du cosmos - de la plus petite particule aux galaxies les plus majestueuses - a une signification intrinsèque en tant que partie d'un réseau universel et infini.

La physique quantique, avec ses récentes découvertes, suggère une image du monde étonnamment similaire. Malgré l'énorme distance temporelle et culturelle entre la tradition hindoue et la science moderne, toutes deux nous poussent vers la même intuition : l'univers n'est pas un puzzle fragmenté, mais un tout qui respire à l'unisson.

Dans cette vision, l'union de la physique et de la philosophie n'apparaît plus comme une utopie, mais comme un dialogue nécessaire pour comprendre la substance de l'existence. Après tout, comme l'affirmait un philosophe indien encore inconnu de l'Occident :

Pour celui qui connaît le Brahman, tout est connu.

La danse cosmique de Shiva et la dynamique de l'univers.

Au cœur de la philosophie hindoue, Shiva apparaît comme une figure universelle, un pont entre la spiritualité et la science. Parmi ses nombreuses représentations, celle de Nataraja, *le Seigneur de la danse*, est peut-être la plus fascinante. Sa danse cosmique possède non seulement une profonde signification spirituelle, mais semble également anticiper certaines des dynamiques étudiées aujourd'hui par la cosmologie moderne.

Le Nataraja représente Shiva dansant sur le corps d'un démon, Apasmara, symbole de l'ignorance. Sa pose est entourée d'un anneau de feu, représentant le cycle continu de la création, de la préservation et de la destruction. D'une main, il tient le tambour (*damaru*), symbole du son primordial (*nada*) et de la création. D'une autre main, il porte la flamme, emblème de la destruction. Le geste de la main droite (*abhaya mudra*) invite au calme, indiquant que le cycle cosmique, aussi formidable soit-il, ne doit pas être craint.

Selon la philosophie hindoue, ces rythmes cosmiques ne s'arrêtent jamais. Dans la danse de Shiva se manifeste l'essence même de l'univers : une alternance perpétuelle de naissance, de mort et de renaissance. Ce concept, enraciné dans des textes sacrés tels que le Shiva Purana, a trouvé un écho dans la compréhension moderne du cosmos ( ), qui décrit un univers en expansion et en contraction, comparable aux "respirations" d'une entité infinie.

La cosmologie contemporaine décrit l'univers comme une réalité dynamique. La théorie du *Big Bang* représente le début de tout, une explosion primordiale qui rappelle le tambour de Shiva et le premier son vibrant de la création. Mais l'univers ne se contente pas de s'étendre : selon certaines théories, comme celle du *Big Crunch*, il pourrait atteindre une contraction finale. Cet effondrement final rappellerait le feu destructeur dans la main de Nataraja. Après cette destruction, une nouvelle naissance cosmique pourrait suivre, dans une cyclicité qui résonne profondément avec la vision hindoue du temps, conçu comme un cycle infini plutôt que comme une ligne droite.

> Le célèbre astrophysicien Carl Sagan a souligné ce point. Parlant de la danse de Shiva, il a commenté que cette danse *"représente le flux continu de matière et d'énergie dans l'univers, qui se transforme sans cesse pour maintenir l'harmonie cosmique".*

Sagan a été fascinée par la perspicacité des textes indiens, dans lesquels la dynamique de l'existence aux niveaux macrocosmique et microcosmique était déjà perçue.

La vision de la danse cosmique de Shiva a trouvé son expression non seulement dans la philosophie, mais aussi dans l'art et l'architecture. Un exemple extraordinaire est le temple de Chidambaram, dans le Tamil Nadu, l'un des plus importants sites sacrés dédiés au Nataraja. Construit au 10e siècle, ce site incarne littéralement la conscience cosmique.

À l'intérieur du temple, la salle de danse dorée (*Kanaka Sabha*) symbolise le cœur de l'univers, un lieu sacré où la matière et l'esprit se rencontrent. Le mouvement éternel de la réalité y est célébré. L'architecture elle-même, avec ses proportions géométriques et ses détails, s'inspire du concept cosmique d'ordre et de rythme. Cet impact culturel ne s'arrête pas à l'Inde : aujourd'hui, une statue de Nataraja se dresse également devant le CERN, le *Centre européen pour la recherche nucléaire*, à Genève, comme un symbole du dialogue permanent entre la science et la spiritualité.

La pertinence de la danse de Shiva réside dans sa capacité à combiner d'anciennes connaissances philosophiques avec des découvertes scientifiques modernes. Pour les rishis indiens, les sages qui ont composé les Upanishads et les Puranas, la matière n'était ni statique ni séparée de la conscience. De manière tout à fait similaire, la physique quantique démontre que la matière n'est jamais au repos : les particules subatomiques vibrent selon des schémas complexes, résonnant comme dans la danse cosmique de Nataraja.

Le parallélisme entre l'hindouisme et la physique n'est pas une simple coïncidence. Il est le résultat d'une profonde réflexion sur le cosmos, qui unit les esprits des anciens sages spirituels et des chercheurs scientifiques modernes. Aujourd'hui comme hier, le message de la danse de Shiva reste puissant : l'univers est une entité vivante, en perpétuel mouvement, en perpétuelle évolution.

Ce dialogue entre tradition et science nous invite à regarder au-delà des apparences, en posant des questions fondamentales sur l'origine et le destin de l'univers. Comme Shiva dans sa danse sans fin, nous, observateurs curieux de la création, continuons à chercher l'harmonie cachée dans le chaos apparent.

Le son primordial de l'univers. La résonance de Om.

Dans l'ancienne vision hindoue, l'univers n'est pas un simple agrégat d'objets matériels, mais une texture complexe d'énergie et de vibrations, en perpétuelle transformation. Cette vision trouve son symbole le plus puissant et le plus universel dans Om (ou Aum), considéré comme le son primordial, la première vibration d'où tout jaillit. Les Upanishads, textes philosophiques centraux du corpus védique, décrivent Om comme le murmure éternel qui imprègne l'existence, la matrice sur laquelle se manifeste le cosmos. Aujourd'hui, de manière surprenante, cette conception entre en dialogue avec la physique quantique, qui explore l'univers précisément comme un réseau d'ondes, de vibrations et de fréquences.

Selon la Mandukya Upanishad, l'un des textes les plus profonds de la tradition hindoue, le Om est bien plus qu'un son. C'est le son et la représentation symbolique de toute la réalité. Dans sa structure triple

(A-U-M), Om résume les trois états de la conscience humaine : l'éveil (*Jagrat*), le rêve (*Svapna*) et le sommeil profond (*Sushupti*). Le dernier état, le silence qui suit la répétition de Om, représente *Turiya*, la conscience pure, celle qui est au-delà du temps et de l'espace.

La vibration de Om est décrite dans les Upanishads comme un "son éternel" (*Shabda-Brahman*), une onde qui relie chaque élément de l'univers. Il est intéressant de noter que les physiciens et les cosmologistes modernes ont trouvé des parallèles avec cette idée dans les théories qui considèrent le cosmos comme un réseau de vibrations. La théorie des cordes, par exemple, soutient que chaque particule subatomique n'est rien d'autre qu'une vibration d'une corde fondamentale. Pour la pensée hindoue, cela revient à dire que tout dans le cosmos, du macro au micro, est une expression de la résonance originelle.

La science des vibrations.

De nombreuses pratiques hindoues, telles que la méditation et le chant des mantras, ont intériorisé cette perspective vibratoire. Les sages indiens (rishis) pensaient que chanter Om n'était pas seulement une activité spirituelle, mais aussi un moyen de s'accorder avec l'univers lui-même. Aujourd'hui, les neuroscientifiques et les physiciens commencent à comprendre l'effet des vibrations sonores sur le corps humain. Des études sur la résonance acoustique ont montré que le chant répété de Om peut stabiliser le système nerveux et influencer les ondes cérébrales, conduisant à des états de relaxation et de conscience.

En physique, un autre parallèle intéressant est le phénomène du Big Bang, la théorie selon laquelle l'univers est né il y a environ 13,8 milliards d'années. Les scientifiques décrivent le début du cosmos comme une phase d'expansion initiale accompagnée de fluctuations d'énergie. De manière poétique, certains théologiens et cosmologistes ont comparé cette "explosion créatrice" au son initial de Om, compris comme l'origine vibratoire de toute chose.

L'importance de Om ne s'est jamais limitée à la spéculation philosophique. Ce son fait partie intégrante des pratiques spirituelles indiennes depuis des milliers d'années. Il est récité en introduction et en clôture des prières, des rituels et du yoga. Des figures historiques comme Patanjali, le grand codificateur du yoga, ont souligné que Om est un symbole sacré qui aide à se connecter à l'absolu (Brahman).

Dans les temples indiens, comme le magnifique complexe de Rishikesh sur les rives du Gange, on peut souvent entendre le chant collectif de Om résonner comme une vague d'énergie continue, capable d'unir les esprits des dévots dans une expérience commune de transcendance.

Om joue également un rôle central dans la méditation moderne. Des célébrités telles que le maître spirituel Paramhansa Yogananda ont largement popularisé la pratique du chant Om en Occident, en soulignant ses bienfaits pour le calme mental et la croissance spirituelle. Les séances de yoga et de pleine conscience modernes reprennent souvent ce son ancien pour aider les pratiquants à atteindre l'équilibre intérieur.

La convergence des connaissances anciennes et des découvertes modernes.

La philosophie hindoue nous invite à voir l'univers non pas comme une multiplicité d'objets séparés, mais comme une entité unique générée par des vibrations universelles. La physique quantique, quant à elle, souligne que chaque particule est à la fois matière et onde. La dualité onde-particule, l'un des concepts les plus connus de la mécanique quantique, semble ainsi faire écho à la métaphore de Om : une vibration qui donne forme à toute chose, mais qui est également invisible et immatérielle en elle-même.

Ce parallèle entre les traditions anciennes et la science contemporaine trouve un soutien supplémentaire chez les physiciens et penseurs modernes, tels que David Bohm. Bohm a théorisé que l'univers lui-même est un champ unifié d'énergies, dans lequel la matière émerge d'une sorte d'ordre vibratoire implicite. Cette idée n'est pas très éloignée de celle contenue dans les anciens textes hindous, dans lesquels Om est la trame cachée de la réalité.

Le Om est bien plus qu'un son ou un mantra. C'est un symbole qui couvre des milliers d'années d'histoire et représente l'essence de la vision hindoue de l'univers. Sa description en tant que "*son primordial*" trouve un écho aujourd'hui dans les modèles les plus avancés de la physique quantique, montrant comment les idées philosophiques des Upanishads peuvent encore dialoguer avec la pensée scientifique contemporaine. D'une certaine manière, Om nous invite à contempler l'univers comme une symphonie infinie de vibrations, dans laquelle chaque élément, y compris nous, participe à la grande résonance de l'ensemble.

Maya : l'illusion de la séparation.

Selon l'hindouisme, la réalité que nous percevons chaque jour n'est qu'un semblant, une apparence destinée à tromper nos sens. Cette tromperie n'est pas le fruit du hasard : c'est Maya, l'illusion. Maya, dans la philosophie hindoue, ne prétend pas que le monde est inexistant ou faux. Au contraire, elle affirme que la perception de la séparation entre les objets, l'espace et le temps est un voile qui cache l'unité sous-jacente de la réalité. La matière nous apparaît distincte - un arbre, une montagne, une rivière - mais tout est l'expression de Brahman, le principe unique et infini qui imprègne toute chose.

Un exemple clair de ce concept se trouve dans l'analogie de la corde et du serpent. Dans les textes védiques, on est invité à imaginer une personne qui, dans l'obscurité, aperçoit ce qu'elle croit être un serpent. Elle a peur, elle sent le danger. Ce n'est qu'en allumant une lumière qu'elle découvre qu'il n'y avait pas de reptile à : il s'agissait d'une corde enroulée. Le serpent était une illusion, comme l'est la fragmentation du monde que nous percevons. En allumant la lumière (celle de la sagesse ou de la réalisation de soi), nous comprenons la véritable nature de l'univers : un réseau unifié dans lequel tout est interconnecté.

Cette vision du monde, qui trouve ses racines dans les Védas et les Upanishads, trouve aujourd'hui des parallèles intéressants dans la physique moderne. La mécanique quantique, en particulier, révèle que ce que nous percevons comme solide, tangible et matériel n'est qu'une illusion à la Maya. Les particules, considérées comme les "éléments fondamentaux" de la réalité, ne sont jamais vraiment stables. Les expériences montrent qu'elles sont des ondes de probabilité : elles n'ont pas de position fixe ni de forme définie tant qu'elles ne sont pas observées.

Prenons l'exemple de l'atome, fondement de toute matière. Pendant des siècles, les scientifiques ont imaginé les atomes comme de petits objets solides, semblables à de minuscules billes. Mais nous savons aujourd'hui que l'atome est presque entièrement vide : le noyau est entouré d'une "coquille" d'électrons flottant dans l'espace vide. Ce qui semble "solide", comme une pierre ou un morceau de bois, est en fait une danse d'énergie incroyablement rapide. Cette prise de conscience fait écho aux principes exprimés par les rishis, les sages hindous : la réalité perçue n'est pas ce qu'elle semble être, et seule une connaissance plus approfondie peut révéler la vérité sous-jacente.

Albert Einstein lui-même, bien que sceptique quant à certaines implications de la mécanique quantique, a reconnu l'existence d'un substrat universel. En 1935, avec Boris Podolsky et Nathan Rosen, il a mis au point le célèbre paradoxe EPR, qui démontre que deux particules séparées dans l'espace peuvent rester instantanément connectées, une propriété connue sous le nom d'*intrication quantique*. Cela suggère que la séparation physique entre les objets est en fait une illusion. Bien qu'elles ne soient pas directement influencées par l'hindouisme, les théories quantiques semblent reproduire d'anciens concepts hindous dans un langage scientifique contemporain.

Les textes hindous ne se contentent pas de décrire Maya. Ils offrent également des outils pour la surmonter. La méditation, l'étude des textes sacrés et une profonde introspection permettent de voir au-delà de l'illusion. Swami Vivekananda, l'un des philosophes les plus influents de l'hindouisme moderne, a décrit Maya comme un rêve dont l'homme doit se réveiller. Il a écrit que

> *L'univers tout entier n'est qu'une perception, mais en son sein se trouve Brahman, le réel.*

Vivekananda a également apporté cette vision à l'Occident, en faisant dialoguer la philosophie védique avec le matérialisme scientifique de l'Europe du XIXe siècle.

De même, les scientifiques engagés dans la recherche quantique semblent poursuivre une forme d'"illumination". Ce n'est pas un hasard si certains physiciens ont trouvé leur inspiration dans la philosophie orientale. Werner Heisenberg, l'un des pères de la mécanique quantique, a avoué qu'après avoir lu les textes védiques, il s'était senti "profondément fasciné" par leur capacité à pressentir certaines vérités que la science commençait à peine à découvrir.

Maya comme principe universel.

L'hindouisme ne considère pas Maya comme un ennemi à combattre, mais comme un obstacle à comprendre. Maya est une explication symbolique du fonctionnement de l'esprit et des sens. Elle sépare, analyse et fragmente le monde pour rendre la réalité compréhensible. Cependant, pour l'hindouisme, le chemin de l'illumination exige de transcender ces limitations et de reconnaître l'unité fondamentale de l'existence.

Maya nous aide à réfléchir à notre vision moderne du monde. Lorsque nous regardons un écran ou une ville, nous voyons une réalité concrète, mais nous oublions qu'elle est composée de milliards d'atomes en mouvement constant. Il en va de même pour notre moi, la partie de nous-mêmes que nous percevons comme distincte des autres. Aujourd'hui, nous savons que nous faisons partie d'un écosystème global et que l'illusion de la séparation peut nous conduire à détruire l'environnement et nous-mêmes. La physique moderne et la sagesse ancestrale de l'hindouisme nous invitent à voir au-delà du voile et à retrouver l'unité que nous avons peut-être perdue.

La philosophie Vedānta, largement influencée par les Upanishads, définit Maya comme le voile qui recouvre la vraie nature de la réalité. Selon ces écritures, ce que nous voyons avec nos sens est volatile, sujet au temps et au changement, une manifestation transitoire de quelque chose de plus profond et d'immuable. Adi Shankaracharya, philosophe du 8e siècle, a souligné que Maya crée l'illusion d'une séparation entre l'individu et Brahman. Selon lui, le monde empirique est comme un rêve : réel tant qu'il dure, mais dépourvu d'authenticité absolue.

Un exemple célèbre est fourni par Swami Vivekananda qui, dans ses discours en Occident, a décrit le monde matériel comme une "ombre", un reflet de Brahman. De la même manière que les vagues de surface ne représentent pas toute la profondeur de l'océan, le monde sensoriel dissimule la profondeur de l'existence.

La mécanique quantique remet également en question la véritable nature de la réalité. Une expérience emblématique, celle de la double fente, offre un parallèle fascinant. Dans cette expérience, les particules subatomiques (telles que les électrons) se comportent tantôt comme des ondes, tantôt comme des particules, selon qu'elles sont observées ou non. L'acte même d'observation modifie le comportement des particules, ce qui suggère que l'observateur et l'observé sont profondément liés.

Ce phénomène rappelle le concept védantique de la conscience comme facteur central de la perception de la réalité. Dans la philosophie hindoue, le monde existe en fonction de la conscience qui le perçoit. De même, en physique quantique, la fonction de l'observateur semble influencer le résultat des événements physiques. Il existe un lien profond entre le monde phénoménal et l'esprit qui l'interprète.

La question qui se pose est cruciale : existe-t-il une réalité objective indépendante de l'observation ou tout ce que nous voyons dépend-il de la conscience qui observe ? Le Vedānta répond par le concept d'Advaita : il n'y a pas de dualisme, mais tout est "*non-duel*". Brahman est la seule vérité, tandis que Maya est la construction mentale qui donne naissance à une réalité multiple. Dans le monde de la physique moderne, le physicien Erwin Schrödinger, qui a étudié en profondeur les philosophies hindoues, s'est inspiré de ces concepts pour ses réflexions sur la nature de la conscience.

Dans un contexte culturel différent, le scientifique John Wheeler a présenté une théorie appelée "*univers participatif*". Wheeler a proposé que l'univers n'existe pas de manière définie tant qu'il n'est pas observé. Cette affirmation rappelle la dynamique de la double fente et semble rendre hommage aux principes de l'Advaita Vedānta.

Les liens entre Maya et les observations de la physique quantique s'étendent également à l'idée que la réalité perçue est, dans un certain sens, une "construction collective". Les enseignements traditionnels décrivent Maya non seulement comme un phénomène individuel, mais aussi comme une illusion partagée par tous ceux qui vivent dans le monde phénoménal. Dans la science moderne, les paradigmes de référence communément acceptés, tels que le temps et l'espace, peuvent être interprétés comme des constructions mentales. La relativité d'Einstein elle-même a sapé l'idée d'un temps absolu, rendant le concept de Maya encore plus pertinent.

Les parallèles entre la maya et la réalité quantique ne suggèrent pas que l'hindouisme est "scientifique" au sens moderne du terme. Ils montrent plutôt que les deux camps ont une conscience similaire : ce qui semble réel peut ne pas l'être du tout. Cette prise de conscience invite à explorer une réalité plus profonde. Et c'est précisément là que la science et la philosophie se rencontrent : dans l'humilité devant le mystère de l'univers.

Bien qu'issus de voies complètement différentes, l'hindouisme et la physique moderne semblent converger vers une vérité essentielle. La réalité que nous percevons, comme le dit le Vedānta, est une illusion temporaire. Mais l'illusion peut être un véhicule pour comprendre l'infini.

Le boson de Higgs

Imaginez un laboratoire de pointe comme le CERN, niché dans la campagne suisse, où certains des plus grands scientifiques du monde travaillent pour répondre à une question profonde et apparemment simple : de quoi la réalité est-elle faite ? C'est grâce à cette ambition que le boson de Higgs, plus connu du grand public sous le nom de "particule de Dieu", a été découvert en 2012. Ce nom évocateur mais controversé a attiré l'attention non seulement sur la physique moderne, mais aussi sur les anciens mystères de la philosophie. Parmi ceux-ci, l'hindouisme se distingue par ses affinités frappantes avec certaines des théories les plus avancées de la physique quantique.

Mais qu'est-ce que le boson de Higgs a de si particulier ? Cette particule élémentaire a été théorisée pour la première fois en 1964 par le physicien Peter Higgs et d'autres chercheurs. Son existence explique comment les particules élémentaires acquièrent une masse, grâce à un champ invisible appelé champ de Higgs. L'expérience qui a confirmé son existence a été menée au CERN à l'aide de puissants accélérateurs de particules tels que le *Grand collisionneur de hadrons* (LHC). Pour simplifier, le boson de Higgs est une sorte de "colle cosmique", un élément fondamental qui permet d'expliquer le fonctionnement de l'univers.

Faisons maintenant un saut dans le temps et l'espace, dans l'Inde ancienne, où les textes sacrés de l'hindouisme célèbrent un concept tout aussi fascinant : le Brahman. Les sages indiens le décrivent comme la réalité ultime, l'essence universelle qui imprègne toute chose. Dans les Védas et les Upanishads, il est souvent fait référence au fait que tout ce qui existe - de l'infiniment petit à l'immensément grand - est une manifestation d'une énergie unique. N'est-ce pas étonnamment proche de l'idée du champ de Higgs ?

Le physicien et vulgarisateur Fritjof Capra, auteur de "*The Tao of Physics*", a été l'un des premiers chercheurs à explorer le lien entre ces deux visions du monde. Capra note, par exemple, que la physique quantique a bouleversé notre conception de la matière. Au niveau subatomique, ce que nous percevons comme "solide" est en fait un tourbillon de particules qui apparaissent et disparaissent continuellement. Les sages védiques étaient parvenus à une conclusion similaire, affirmant que la réalité matérielle est une "illusion" (Maya), un voile cachant la véritable essence divine de toute chose.

Une curieuse anecdote nous ramène au CERN, où une blague contenant un écho philosophique inattendu est courante parmi les scientifiques. On dit que si quelqu'un voulait vraiment "voir" les particules élémentaires de l'univers, ce serait comme essayer de regarder les vagues de la mer sans la présence de l'eau. Pour comprendre la métaphore, il faut penser que les particules, telles que les électrons ou les quarks, n'existent pas par elles-mêmes, mais se manifestent grâce aux champs d'énergie qui les entourent. De même, dans l'hindouisme, la réalité n'existe pas séparément du Brahman qui soutient tout.

Un autre parallèle stimulant se trouve dans les théories du temps. La physique quantique propose un modèle dans lequel le passé, le présent et le futur, à un niveau fondamental, pourraient être inextricablement liés. Cette idée, bien que complexe, rappelle le concept védique de Kalachakra, "*la roue du temps*". Dans cette vision, le temps n'est pas linéaire mais cyclique, une danse cosmique qui répète sans cesse la création, la destruction et la renaissance.

Qu'est-ce qui pousse donc l'humanité, que ce soit à travers la science moderne ou l'introspection philosophique, à chercher des réponses à l'origine de l'existence ? C'est peut-être le désir de comprendre ce qui unit tous les niveaux de la réalité. Comme l'a dit Werner Heisenberg, l'un des pères de la mécanique quantique :

> *"Les premières gorgées du verre de la science naturelle feront de vous un athée, mais au fond du verre, vous trouverez Dieu qui vous attend".*

Il est fascinant de penser que, des salles hypertechnologiques du CERN aux méditations des sages indiens sous les banians millénaires, nous parvenons à des intuitions si semblables. Le seul point commun semble être l'émerveillement de la découverte : le même principe qui fait vibrer les particules élémentaires et inspire les esprits les plus curieux, aujourd'hui comme il y a des millénaires.

L'atman et l'expérience de l'interconnexion.

L'hindouisme est l'une des traditions spirituelles les plus profondes et les plus anciennes du monde. Les concepts d'Atman et de Brahman sont au cœur de sa philosophie. Alors que Brahman représente l'absolu, le principe cosmique universel, Atman est le principe individuel, l'essence spirituelle de chaque être humain. Cependant, l'une des idées maîtresses des Upanishads, textes philosophiques hindous datant de plus de 2 500 ans, est qu'il n'y a pas de séparation entre l'Atman et le Brahman. La célèbre phrase "*Tat Tvam Asi*" affirme que chaque individu fait intrinsèquement partie du tout universel.

Ce point de vue suggère que toute la réalité est unie. Il n'y a pas de divisions fondamentales entre l'individu et le cosmos, entre l'intérieur et l'extérieur, entre l'observateur et l'observé. L'expérience de l'Atman, vécue à travers la méditation profonde ou la contemplation philosophique, conduit à la reconnaissance de cette interconnexion.

Un exemple significatif vient de la pratique du yoga, une discipline millénaire qui vise à unir le corps, l'âme et l'esprit. Yoga est dérivé du mot sanskrit "*yuj*", qui signifie précisément union. Cette union se fait non seulement entre les différentes composantes de l'être humain, mais aussi entre l'être humain et le cosmos.

La physique quantique moderne, d'une manière étonnamment similaire, suggère que l'univers est profondément interconnecté.

Par exemple, le principe de non-localité quantique mis en évidence dans les célèbres expériences d'Alain Aspect dans les années 1980 a montré comment deux particules, une fois corrélées, peuvent continuer à s'influencer l'une l'autre même si elles sont séparées par d'immenses distances. Ce phénomène, qui remet en cause les intuitions classiques de la physique, n'est pas sans rappeler la vision hindoue selon laquelle toute existence fait partie d'un réseau universel de connexions.

En physique classique, une distinction claire était faite entre l'observateur et l'élément observé. La physique quantique, en revanche, suggère que les deux sont inséparables. Le physicien danois Niels Bohr, parlant des résultats de la théorie quantique, a déclaré :

> *"L'univers n'est pas constitué d'objets séparés, mais d'un réseau de relations indivisibles.*

De même, dans l'hindouisme, on ne peut considérer l'Atman comme séparé du cosmos ; chaque être humain fait toujours partie intégrante de l'ensemble. L'hindouisme souligne que l'interconnexion n'est pas seulement un concept philosophique abstrait. Il s'agit d'une expérience directe qui peut être vécue sur le site . Dans la pratique méditative, la frontière entre le soi et l'autre se dissout. La perception d'être séparé du monde disparaît, amenant le méditant à une compréhension profonde : l'Atman et le Brahman ne font qu'un.

Si la méditation révèle cette réalité unifiée à l'individu, dans le domaine de la science, ce sont les mathématiques et l'expérimentation qui portent le même message. La vision hindoue de l'unité entre l'être humain et le cosmos s'accorde étonnamment bien avec les découvertes de la science moderne. Les deux disciplines suggèrent que la séparation est en fin de compte une construction illusoire de l'esprit humain.

Le cycle du temps et la pulsation de l'univers.

Dans l'hindouisme, l'univers n'est pas immobile ou linéaire. C'est un organisme vivant qui traverse des cycles sans fin de création, de destruction et de renaissance. Cette conception, décrite dans les Puranas, introduit l'idée du *kalpa*, un cycle cosmique qui s'étend sur des milliards d'années terrestres. Chaque kalpa représente le souffle de Brahma, le créateur : lorsqu'il expire, l'univers se dilate ; lorsqu'il inspire, l'univers se contracte. Cela ressemble étrangement à la théorie moderne du *Big Bang* et du *Big Crunch.*

L'hindouisme ne se contente pas d'anticiper cette idée d'un cosmos cyclique, il va même plus loin. Il décrit l'univers comme un être vivant, dont le pouls est le rythme éternel des galaxies et dont la vie est animée par l'énergie divine.

Ce lien entre la science et la spiritualité n'est pas fortuit. L'idée de l'univers cyclique proposée par les textes hindous exerce toujours une fascination unique sur les scientifiques et les penseurs contemporains. Le physicien Robert Oppenheimer, célèbre pour son rôle dans la création de la bombe atomique, en est un exemple emblématique. Profondément influencé par la philosophie indienne, Oppenheimer a cité un passage de la Bhagavad Gita alors qu'il observait le premier essai nucléaire en 1945 :

"Maintenant je suis devenu la Mort, le destructeur des mondes".

Oppenheimer a interprété le concept de destruction non seulement comme une tragédie, mais aussi comme un élément naturel d'un cycle cosmique plus large.

Cette idée cyclique traverse toute la philosophie hindoue. Non seulement le temps, mais l'univers lui-même est conçu comme un organisme vivant. Son existence vibre au rythme des galaxies, tandis que les particules subatomiques en marquent le rythme. Chaque atome contribue à la danse harmonieuse de ce que les textes appellent le Sanatana Dharma, l'ordre éternel.

Le souffle de Brahma et l'énergie cosmique.

Dans les Puranas, la durée d'un seul souffle de Brahma est impressionnante. Un jour de Brahma équivaut à environ 4,32 milliards d'années terrestres. Lorsque sa "journée" s'achève, l'univers se dissout dans le "*pralaya*", l'état de quiescence cosmique. Ici, il n'y a pas de vide, mais une énergie dormante qui attend de se réveiller. Le cosmos n'a donc ni début ni fin définis. Il s'agit d'un cycle continu, soutenu par le principe de l'interconnexion universelle.

Ce souffle de Brahma trouve une analogie frappante dans la physique moderne, grâce à l'idée d'un univers pulsant. Certains scientifiques imaginent que l'univers peut osciller à l'infini, alternant des phases d'expansion et d'effondrement, à l'instar des battements de cœur d'un être vivant. L'astrophysicien indien Jayant Narlikar a exploré des théories similaires, proposant un modèle oscillant qui considère le cosmos comme un système cyclique, dans lequel le temps lui-même devient une variable infinie.

Physique, philosophie et poésie.

L'hindouisme, cependant, ne se contente pas de décrire l'univers cyclique en termes cosmologiques. Il l'enveloppe de poésie et de spiritualité. Chaque cycle représente une œuvre divine, une émanation de l'énergie créatrice appelée Shakti. Dans la Bhagavad Gita, Krishna parle à Arjuna de l'éternité de Brahman (l'Absolu), le décrivant comme ce qui existe au-delà de la création et de la destruction :

> *"Jamais né, éternel, immuable, immortel. Même si le corps meurt, l'esprit survit".*

Cette éternité entre en résonance avec certaines questions fondamentales de la physique. L'énergie, selon le principe de conservation, ne peut être ni créée ni détruite, mais seulement transformée. Cette propriété de la matière et de l'énergie fait écho à l'idée hindoue d'un cosmos qui se régénère continuellement par des processus cycliques.

Le lien entre la philosophie hindoue et la physique moderne reflète en effet un dialogue profond entre l'Orient et l'Occident. D'un côté, il y a les anciens *rishis* de l'Inde, qui ont conçu un univers pulsant avec une perspicacité étonnante. De l'autre, les scientifiques contemporains qui, à l'aide de modèles mathématiques et d'observations empiriques, parviennent à des conclusions similaires.

Albert Einstein, bien qu'il n'ait pas été directement influencé par l'hindouisme, cherchait une vision unifiée de la réalité qui transcende le temps linéaire. Sa théorie de la relativité, qui relie l'espace et le temps en une seule dimension fluide, rappelle l'idée hindoue de Maya, le voile qui unit et sépare simultanément la réalité visible et invisible.

Le cycle du temps et la pulsation de l'univers ne sont donc pas de simples concepts. Ils invitent à réfléchir sur ce qui nous lie à l'éternité du cosmos. Ils inscrivent chaque instant dans une histoire infinie, rythmée par le souffle de l'univers lui-même.

L'éternel retour.

L'hindouisme offre une vision du temps et de l'espace radicalement différente de la tradition occidentale. Dans de nombreuses cultures occidentales, le temps est imaginé de manière linéaire : un début, une progression et une fin définitive. L'hindouisme, quant à lui, conçoit le temps comme cyclique, un éternel retour ponctué d'ères cosmiques, de dissolutions et de renaissances.

Cette conception est exprimée dans des textes sacrés tels que les Puranas et les Upanishads, qui décrivent l'univers comme soumis à des cycles infinis. Il existe deux concepts fondamentaux : le Kalpa et le Yuga. Le Kalpa représente un "jour" dans la vie de Brahma, le Créateur, et dure 4,32 milliards d'années. À la fin de chaque Kalpa, Pralaya, la dissolution cosmique, a lieu. Le Yuga, quant à lui, divise le temps en époques plus courtes, dans un cycle qui rappelle le changement des saisons. Chaque cycle Yuga se termine par un moment de dégénérescence avant une nouvelle renaissance.

Selon l'hindouisme, le temps et l'espace n'ont ni commencement ni fin. Ce concept entre étonnamment en résonance avec certaines théories cosmologiques modernes. Certains physiciens proposent l'idée d'un univers cyclique, qui croît et décroît dans un processus éternel. La théorie du Big Bang, par exemple, suppose que notre univers a émergé d'une compression cosmique, rebondissant vers une nouvelle expansion. Ces modèles se rapprochent des descriptions hindoues des cycles cosmiques de création et de destruction.

Dans la mythologie hindoue, ces concepts ne sont pas exclusivement abstraits, mais sont racontés sous forme d'événements vivants. Une légende célèbre raconte que Shiva danse *le Tandava*, sa danse cosmique. Cette danse représente la destruction de l'univers à la fin d'un cycle, suivie de sa création. Le symbolisme du Tandava rappelle directement les oscillations cosmiques supposées par la physique moderne.

La nature cyclique du temps est profondément ancrée dans la culture hindoue, non seulement à travers les textes, mais aussi dans les lieux et les créations artistiques de l'Inde. L'un des exemples les plus fascinants est le temple du Soleil à Konarak, dans l'État d'Odisha. Construit au XIIIe siècle, ce temple représente un char tiré par sept chevaux, symbolisant le mouvement du soleil et le temps cyclique. Les roues sculptées du char constituent également un calendrier détaillé, reflétant le passage des âges.

La présence du soleil, symbole de cyclicité et de régénération, imprègne chaque détail du temple. Dans ce contexte, le Konarak n'est pas seulement une œuvre artistique, mais une illustration matérielle de la conception hindoue du temps comme mouvement perpétuel.

Dans le poème épique Mahabharata, le sage Markandeya raconte une vision du Pralaya. Au cours de la grande inondation, Markandeya décrit comment l'univers tout entier disparaît, ne laissant que Vishnu flottant sur l'océan cosmique sous la forme d'un enfant sur une feuille de lotus. Ce récit est une puissante métaphore de la dissolution et de la renaissance inévitable.

Yajnavalkya, l'un des plus célèbres philosophes des Upanishads, expliquait que "*le temps est comme un souffle cosmique*". Le sceau de la cyclicité est ici réitéré : le souffle commence, se dilate, atteint un point maximum et revient.

La vision hindoue de l'éternel retour n'est pas un concept purement cosmologique. Elle influence l'interprétation de la vie elle-même. L'idée du Samsara - le cycle de la naissance, de la mort et de la renaissance - est un reflet microcosmique de ce modèle universel. La libération finale, Moksha, représente le seul moyen de sortir de ce cycle sans fin, un thème qui résonne profondément dans la philosophie et la spiritualité orientales.

Les similitudes entre la pensée hindoue et les théories cosmologiques actuelles soulèvent des questions fascinantes. Est-il possible que l'humanité, à travers les traditions anciennes et la science moderne, parvienne à la même compréhension de l'univers ? La nature cyclique du temps décrite dans les Védas pourrait être plus qu'un mythe : elle pourrait refléter des idées profondes antérieures de plusieurs millénaires aux découvertes scientifiques.

L'intelligence cosmique. L'hindouisme entre ordre et entropie.

L'hindouisme offre une vision extraordinairement complexe de l'univers. Au cœur de cette perspective se trouve le concept de Ṛta, l'ordre cosmique. Présent dans les Védas, le Ṛta représente un principe universel qui régit le mouvement des étoiles, le cycle des saisons et la grande danse de la vie. Cette vision n'exclut cependant pas l'existence du chaos. Dans l'hindouisme, le chaos et l'ordre ne s'opposent pas, mais se complètent, créant une dynamique qui rappelle les principes modernes de la physique, comme l'entropie.

Dans les Védas, composés il y a quelque 3 500 ans, Ṛta est décrit comme la force qui soutient l'harmonie du cosmos. Cette loi invisible régit les lois de la nature et les règles morales. Dans le Rigveda, l'un des textes les plus anciens, on peut lire :

> *"Grâce à Ṛta, le soleil apparaît dans le ciel et les rivières coulent vers la mer."*

Ce principe est immuable mais dynamique, car il permet le flux de l'existence.

Le Ṛta est un principe qui n'agit pas seul. Les divinités védiques, telles que Varuna, le gardien de l'ordre cosmique, et Vishnu, le conservateur de l'équilibre, jouent un rôle fondamental dans le maintien du système universel. Vishnu, en particulier, est au cœur de la mythologie hindoue. À travers ses nombreuses incarnations, ou avatars, comme Krishna et Rama, Vishnu intervient en temps de crise pour rétablir l'harmonie.

Ordre et chaos : des principes complémentaires

La philosophie hindoue interprète le chaos non pas comme une pure destruction, mais comme un élément nécessaire à la transformation. Le mythe de Shiva, connu sous le nom de "transformateur", présente cette idée avec une puissance narrative. Shiva, souvent représenté dans une danse cosmique, le Tandava, détruit ce qui est ancien pour créer un espace pour le nouveau. Ce processus représente la complémentarité de l'ordre et du désordre, une dynamique que la science moderne appelle "*entropie*".

En physique, l'entropie mesure le degré de désordre d'un système. Selon la deuxième loi de la thermodynamique, l'entropie tend à augmenter, poussant les systèmes vers des états moins ordonnés. Cependant, la vie et les systèmes complexes se développent grâce à des processus qui créent de l'ordre à partir du chaos, en utilisant de l'énergie. Cette idée scientifique fait écho à la pensée hindoue : le chaos et l'ordre ne sont pas des contraires irréconciliables, mais les composantes d'un équilibre cosmique.

Un autre exemple symbolique de l'ordre cosmique hindou est le mont Meru, décrit dans les textes puraniques. Cette montagne mythique représente l'"*axis mundi*", le centre de l'univers. Dans les Puranas, le mont Meru soutient le ciel et relie la terre au divin. Sa position centrale symbolise l'harmonie entre les différentes sphères de l'existence : matérielle, spirituelle et cosmique.

Le parallèle avec l'astrophysique moderne est intéressant. Le concept de "centre cosmique" pourrait rappeler l'idée d'un point central à partir duquel l'univers se développe, comme ce fut le cas lors du Big Bang. Si le mont Meru est immobile, il représente la stabilité absolue au milieu du dynamisme de l'univers, une idée qui trouve un écho dans le concept scientifique des lois fondamentales.

Le dialogue entre l'hindouisme et la science n'est pas fortuit. Tous deux cherchent à expliquer les lois qui régissent l'univers, que ce soit par la spiritualité ou par l'observation empirique. Ṛta, dans cette optique, peut être considéré comme un précurseur des concepts de loi naturelle. De même, Vishnu, avec son rôle protecteur, incarne une approximation des visions modernes d'un "*univers bien réglé*" (organisé avec art pour soutenir la vie).

La capacité de l'hindouisme à unir l'ordre et le chaos, la stabilité et le dynamisme, trouve ainsi des résonances intrigantes dans la pensée scientifique. Il ne s'agit pas de chevauchements forcés, mais d'espaces de réflexion qui font dialoguer une philosophie millénaire avec les frontières de la science.

Dans un univers gouverné par Ṛta, où le chaos joue également un rôle, les êtres humains sont positionnés comme des participants actifs. Comme le mont Meru, nous devons chercher notre équilibre, en conciliant ordre et changement, dans un cosmos aussi mystérieux qu'intelligent.

L'univers comme union de la science et de la spiritualité.

La vision hindoue du cosmos comme un tout interconnecté continue d'inspirer non seulement la pensée philosophique, mais aussi les frontières de la science. La similitude entre les enseignements des rishis indiens et les découvertes de la physique quantique est plus qu'un simple parallèle. Tous deux cherchent à expliquer l'inexplicable : ce fil ténu et invisible qui unit toutes choses.

Dans le temple de Chidambaram, dans le sud de l'Inde, dédié à Shiva Nataraja, le seigneur de la danse cosmique, les hindous célèbrent cette interconnexion universelle. La danse de Shiva symbolise la création et la destruction de l'univers, dans un cycle éternel qui rappelle le flux incessant d'énergie que la physique quantique tente encore de décrypter.

Tout comme le scientifique observe au microscope pour comprendre les mystères de l'univers, le mystique indien ferme les yeux pour explorer les mêmes profondeurs à l'intérieur de lui-même. Tous deux semblent finalement se rejoindre dans cette même vérité : que tout est un et que l'univers danse, indivisible, au rythme éternel de l'existence.

L'univers selon la physique quantique.

Depuis des siècles, les êtres humains se penchent sur le mystère de l'univers. S'agit-il d'un système ordonné, régi par des lois précises ? Ou est-il le résultat d'énergies subtiles et interconnectées, où le hasard et l'imprévisibilité jouent un rôle fondamental ? Avec l'avènement de la physique quantique au XXe siècle, les réponses ont changé. Cette discipline a redessiné les frontières de la connaissance scientifique, révélant un monde où les certitudes se dissolvent et où le mystère règne en maître. De manière surprenante, certaines des découvertes modernes semblent refléter d'anciennes conceptions de l'hindouisme, façonnées dans des textes sacrés tels que les Upanishads.

Vide quantique et Brahman : une origine commune ?

La physique quantique décrit la réalité au niveau subatomique comme un énorme champ de possibilités. Ce que l'on appelle le "vide quantique" n'est pas vraiment vide. Au contraire, il s'agit d'une mer d'énergies potentielles, où les particules et les antiparticules émergent et disparaissent dans un mouvement continu. Cette conception rappelle l'idée de Brahman, le principe suprême de l'hindouisme. Dans les textes védiques, Brahman est décrit comme la réalité ultime, une essence invisible, éternelle et indivisible qui imprègne tout. Le vide quantique et le Brahman ne sont pas directement observables. Pourtant, ils représentent tous deux la source de toute manifestation.

L'Upanishad la plus célèbre, la Chandogya Upanishad, affirme :

> *L'univers entier est enraciné dans le Brahman, tout existe à travers lui et tout y retournera.*

Les physiciens quantiques, emmenés par des pionniers tels que Werner Heisenberg, ont souvent cité des similitudes avec ce point de vue. Heisenberg lui-même, après une rencontre avec le poète indien Rabindranath Tagore en 1929, s'est déclaré fasciné par les similitudes entre les idées orientales et la physique moderne.

Un autre point de contact crucial concerne l'interconnexion. La physique quantique a introduit le concept d'enchevêtrement enchevêtrement quantique. Lorsque deux particules sont intriquées, un changement d'état de l'une se répercute instantanément sur l'autre, quelle que soit la distance qui les sépare. Albert Einstein appelait ce phénomène "*une action spectrale à distance*", mais il est aujourd'hui considéré comme l'une des pierres angulaires de la théorie quantique.

Dans l'hindouisme, cette interconnexion universelle est exprimée par l'idée que le cosmos tout entier est une toile inséparable. Un célèbre verset de la Brihadaranyaka Upanishad dit : "*Tat Tvam Asi*", rappelant que chaque individu (Atman) est une partie inséparable du tout (Brahman). Swami Vivekananda, l'un des plus grands représentants de la pensée indienne moderne, a souligné que l'unité de l'univers est une idée centrale des écritures védiques. En 1893, lors du Parlement des religions à Chicago, Vivekananda a parlé de l'interconnexion de toutes les choses, anticipant des idées que la science allait vérifier des décennies plus tard.

La physique quantique a également montré que la lumière et les électrons se comportent à la fois comme des particules et comme des ondes, selon l'expérience. Cette dualité a choqué les scientifiques du XXe siècle. Comment une chose pouvait-elle être deux choses à la fois ? Un tel phénomène paradoxal ressemble à Maya, le concept hindou d'"illusion" qui dissimule la véritable nature de la réalité. Selon les Upanishads, ce que nous percevons est une représentation illusoire, créée par l'esprit. Swami Vivekananda a expliqué que la vérité ultime n'est pas ce qui apparaît, mais ce qui est caché sous le voile de l'apparence.

Dans le monde quantique, l'observation joue un rôle crucial. Les expériences sur le célèbre chat de Schrödinger et le principe d'incertitude de Heisenberg montrent que l'observateur modifie la réalité observée. Cette idée trouve également un écho dans la philosophie hindoue, où la perception elle-même est considérée comme la clé pour déterminer ce que nous appelons "réel".

L'hindouisme adopte une vision cyclique du temps, divisé en ères (*Yuga*) qui se répètent dans une danse sans fin de création et de destruction. De même, la physique quantique propose des modèles de l'univers dans lesquels le temps n'est peut-être pas une ligne droite, mais plutôt une dimension malléable et récursive. Des théories récentes, comme celle du multivers, suggèrent la possibilité de cycles cosmiques infinis, rappelant la vision d'un univers sans début ni fin décrite dans les Puranas et la Bhagavad Gita.

La convergence de la physique quantique et de la philosophie hindoue ne signifie pas que l'une explique l'autre. Cependant, les deux offrent des visions complémentaires du mystère de l'univers. Alors que les physiciens ont recours à l'expérimentation et aux mathématiques, les sages indiens explorent la réalité par la méditation et l'introspection. Le physicien Fritjof Capra, dans son best-seller "*Le Tao de la physique*", a déclaré :

> *"La physique moderne nous conduit vers une conception du monde plus proche de celle des Upanishads que des idées de Newton".*

Le défi que l'humanité doit relever aujourd'hui est peut-être d'unir ces deux perspectives. La science quantique déchiffre le langage de l'univers à travers les nombres. L'hindouisme nous invite à le vivre comme une unité. C'est peut-être dans le dialogue entre l'Orient et l'Occident que se trouve la clé pour comprendre les mystères qui nous échappent encore.

La vision newtonienne

a vision du cosmos a connu une révolution au 20e siècle. Auparavant, la perspective de la physique classique, représentée par Isaac Newton, dominait. Au 17e siècle, Newton décrivait un univers prévisible et ordonné, dominé par des lois mécaniques. Selon cette vision, tout fonctionne comme une machine parfaite. L'exemple célèbre est celui de "l'*univers horloger*". Dans cette métaphore, l'univers fonctionne comme un rouage : chaque pièce bouge selon son rôle précis, ce qui permet une connaissance déterministe du passé, du présent et du futur.

Cette idée d'ordre a trouvé un écho dans de nombreuses conceptions occidentales de l'époque et a également influencé la pensée philosophique et sociale. Les scientifiques pensaient qu'une fois que toutes les lois naturelles seraient connues, plus rien ne serait insaisissable. Même l'avenir, moyennant des calculs suffisants, pouvait être prédit. Cet univers mécanique offrait une certaine sécurité. La réalité semblait claire, logique, compréhensible.

Cependant, au début du 20e siècle, cette certitude a commencé à vaciller. Albert Einstein, avec sa théorie de la relativité (1905 et 1915), a montré que l'espace et le temps n'étaient pas absolus. Mais ce n'est pas tout. En 1927, Werner Heisenberg brise définitivement l'idée de prévisibilité avec le principe d'incertitude. Heisenberg a démontré un fait choquant : nous ne pouvons pas connaître simultanément la position et la vitesse d'une particule élémentaire avec une précision absolue. Ce principe apparemment simple a changé à jamais notre vision de l'univers.

L'univers subatomique, celui qui est à la base de la matière, n'obéit pas à la rigueur newtonienne. Il n'est pas mécanique, mais probabiliste. Les particules ne se comportent pas comme de petites boules de billard, mais comme des entités qui bougent et vibrent de manière imprévisible. Le simple fait d'observer une particule influence son comportement. Cela introduit une nouvelle dimension : le rôle de l'observateur dans l'univers.

En physique quantique, cette indétermination rappelle certaines idées des philosophies orientales, en particulier de l'hindouisme. Dans les textes védiques, l'univers est souvent décrit comme une toile infinie entrelacée, où tout est connecté et où la connaissance ultime échappe à l'interprétation humaine ultime. La maya (l'illusion cosmique) et les cycles de l'énergie dans l'hindouisme reflètent précisément l'instabilité et la transformation continue observées en mécanique quantique.

Heisenberg lui-même a eu un contact direct avec la culture orientale. Lors d'un de ses voyages en Inde au milieu du XXe siècle, il s'est entretenu avec le poète et philosophe indien Rabindranath Tagore, qui a reçu le prix Nobel de littérature en 1913. La conversation portait sur le lien entre la science et la philosophie orientale. Heisenberg, selon une anecdote bien connue, a déclaré qu'il avait trouvé dans les textes philosophiques indiens une certaine "familiarité" avec les principes de la physique quantique : tous deux suggèrent l'impossibilité d'une connaissance absolue de la réalité.

La vérité ultime, pour l'hindouisme, est Brahman, une réalité inconnaissable et transcendante. Cela se rapproche de l'idée que, au niveau quantique, nous ne pourrons jamais observer l'univers dans sa totalité objective.

Le scientifique allemand n'était pas le seul à faire le lien entre ces concepts. Erwin Schrödinger, l'un des pères de la mécanique quantique, était également très intéressé par la philosophie védique et les concepts de Brahman et d'Atman (le moi individuel). Schrödinger a écrit que, selon lui, l'hindouisme avait compris bien avant la science occidentale que la séparation de l'objet et du sujet est illusoire. Des illustrations plus récentes de cette idée peuvent être trouvées dans la célèbre expérience du "chat de Schrödinger", qui montre comment la réalité peut être "multiple" jusqu'au moment de l'observation.

La mécanique quantique et l'hindouisme semblent parler des langues éloignées, mais ils partagent un point essentiel. Tous deux considèrent la réalité comme quelque chose de muable, de dynamique et d'insaisissable. La vision newtonienne, si rassurante, ne suffit plus à décrire la complexité de l'univers. La science moderne a montré que ce que nous croyions solide et immuable, comme les atomes, est en fait un espace vibrant de possibilités.

L'hindouisme, qui met l'accent sur l'unité cosmique et la connaissance intuitive, offre une vision profonde : l'univers est un réseau de connexions en constante évolution, où la connaissance signifie vivre avec le mystère. C'est peut-être dans ce mystère que nous pouvons trouver une nouvelle forme d'ordre pour le XXIe siècle.

La vision quantique.

La physique quantique nous montre un monde où l'aléatoire gouverne les fondements de la réalité. À la plus petite échelle, celle des particules élémentaires, il n'y a pas de certitudes : il n'y a que des probabilités. La célèbre expérience de la double fente, réalisée pour la première fois dans les années 1920, a révélé un phénomène déroutant. Une particule, un électron, peut se comporter soit comme une particule (un élément physique défini), soit comme une onde (quelque chose d'indéterminé et de diffus dans l'espace). Et le choix de l'une ou l'autre nature semble dépendre de l'observateur. L'univers semble donc répondre à la perception que nous en avons et à l'interaction que nous avons avec lui.

Cette perspective, qui à première vue peut sembler purement scientifique, rappelle fortement la vision de l'univers propre à l'hindouisme. Selon les textes védiques et les Upanishads, l'univers est Maya, une illusion ou une projection, en perpétuel changement. Dans l'hindouisme, il n'y a pas de frontière claire entre la réalité matérielle et la réalité spirituelle : tout est un entrelacement d'énergies. La matière elle-même est considérée comme dynamique et interconnectée avec ce que l'on peut appeler l'esprit ou la conscience.

Une comparaison intéressante peut être faite avec le concept hindou de "Brahman", le principe cosmique universel. Selon l'hindouisme, Brahman est la réalité absolue, infinie et indivisible.

Tous les êtres vivants et les phénomènes de l'univers émergent de cette réalité unique et sont en relation profonde et inséparable avec elle. Cela rappelle l'intrication quantique, un phénomène dans lequel deux particules, une fois enchevêtrées, restent dans un état de connexion mutuelle, quelle que soit la distance qui les sépare. Aujourd'hui, l'intrication a été démontrée expérimentalement et est à la base du développement des technologies quantiques, telles que les ordinateurs quantiques.

Mais que dit l'hindouisme sur le rôle de l'individu dans l'univers ? Dans la Bhagavad Gita, l'un des textes sacrés les plus lus, Krishna déclare :

> *"Je suis l'origine de tout. C'est à partir de moi que tout se développe".*

Ici, l'être humain n'est pas considéré comme un observateur séparé, mais comme une partie intégrante du processus cosmique. La conscience individuelle, ou Atman, est une partie inséparable de Brahman. De même, en physique quantique, l'observateur semble influencer le comportement des particules. La ligne de démarcation entre l'observateur et ce qui est observé se dissout.

Une anecdote qui montre le lien profond entre ces deux visions nous ramène à la rencontre entre Niels Bohr, le père de la théorie quantique, et une délégation de philosophes indiens en 1930. Au cours d'une discussion sur la nature non déterministe des particules, l'un des invités a suggéré que la réalité subatomique décrite par Bohr présentait une affinité frappante avec les descriptions cosmiques de la philosophie védique. Fasciné, Bohr s'est demandé comment de telles idées pouvaient provenir de chemins différents : l'un scientifique, l'autre spirituel, mais tous deux à la recherche de la vérité ultime.

La métaphore du rêve.

La métaphore du "rêve", récurrente dans les philosophies orientales, semble également dialoguer avec le monde quantique. L'Upanishad Brihadaranyaka déclare :

> *"Comme l'araignée émet son fil, l'Être s'étend dans l'univers, puis s'en retire."*

. La réalité est fluide, cruelle en apparence stable. Une vision similaire apparaît dans les modèles quantiques plus modernes, selon lesquels le vide quantique d'où émerge toute la matière est lui-même en mouvement et en fluctuation constants.

Ces parallèles ne prétendent pas que l'hindouisme "connaissait" la physique quantique. Mais ils suggèrent que l'humanité, par des voies différentes, a cherché à comprendre les mêmes vérités fondamentales. Au cœur des deux, il y a une idée révolutionnaire : tout est interconnecté. Le destin du plus petit électron est lié à l'ensemble. Dans l'univers hindou, chaque être, du plus petit insecte au dieu le plus puissant, est relié par un fil invisible au reste du cosmos.

Peut-être qu'en y regardant de plus près, l'univers n'est pas qu'une collection de grains ou de particules. C'est une danse, un flux continu d'énergies, de consciences et de possibilités.

Les textes sacrés de l'hindouisme décrivent le monde comme un rêve. La réalité est fluide, malléable, en constante évolution.

Si nous passons de la spiritualité à la science, nous découvrons un parallèle surprenant. La physique quantique nous a appris que l'univers, à un niveau fondamental, n'est pas une collection d'objets concrets, mais un réseau de possibilités qui émergent et disparaissent. Le "vide quantique", base de toute matière, n'est pas vide du tout. Il s'agit d'une mer pulsante de fluctuations qui donnent forme aux particules. C'est une réalité en constante évolution, à tel point que certaines théories suggèrent que l'univers lui-même pourrait émerger de ces fluctuations, comme un rêve qui se manifeste à partir de rien.

À l'instar du concept de maya, la physique quantique brouille les frontières entre ce qui semble réel et ce qui n'est que potentiel. Le physicien David Bohm, connu pour son approche philosophique de la théorie quantique, a parlé de "l'ordre implicite" de l'univers : un niveau caché, latent, semblable à un rêve, d'où tout émerge et dans lequel tout finit par se dissoudre.

Un autre concept central de l'hindouisme et de la physique quantique est le rôle de l'observateur. Dans le modèle traditionnel de l'hindouisme, l'observateur est l'Atman, le moi profond, qui observe le monde comme on observe un rêve. L'Atman n'est pas séparé du rêve, il en fait partie intégrante, mais il peut prendre conscience de l'illusion et s'éveiller, ne faisant plus qu'un avec le Brahman.

De même, en physique quantique, l'observateur est une figure fondamentale. Les expériences d'effondrement de la fonction d'onde ont montré que l'état d'une particule (par exemple sa position ou sa vitesse) n'est pas déterminé tant qu'elle n'est pas observée. En d'autres termes, c'est comme si l'univers existait dans un état de rêve jusqu'au moment où un observateur intervient et "choisit" une réalité.

L'hindouisme et la physique quantique partagent une autre vision extraordinaire : l'interconnexion de toutes les choses. Dans l'univers hindou, il n'existe pas de frontières rigides entre un être et un autre, ou entre une chose et une autre. Chaque entité est liée au reste du cosmos par un lien invisible.

Le phénomène de l'intrication quantique constitue un parallèle fascinant. Lorsque deux particules sont "intriquées" au niveau quantique, elles forment un système unique : le destin d'une particule est instantanément lié à celui de l'autre, quelle que soit la distance qui les sépare.

Grâce à la métaphore du rêve, nous pouvons imaginer l'univers non pas comme une collection d'objets statiques, mais comme une danse en constante évolution. En Inde, cette vision est incarnée par la figure de Shiva Nataraja, le Seigneur de la danse, qui représente la création et la destruction cycliques de l'univers. Shiva danse sur le lingam, symbole du principe créateur, et provoque par son mouvement la naissance et la dissolution de la réalité.

Les physiciens modernes décrivent également l'univers comme une danse. Certaines théories suggèrent que les particules ne sont rien d'autre que des vibrations de minuscules cordes, oscillant et s'entrelaçant de manière à créer de la matière et de l'énergie. La "musique des cordes" ressemble beaucoup à la philosophie hindoue, selon laquelle le monde est le résultat de la vibration primordiale du son Om, à l'origine de tout.

Il est essentiel de préciser que les parallèles entre l'hindouisme et la physique quantique ne signifient pas que les anciens sages indiens avaient prévu la physique moderne. Cependant, ces liens suggèrent que l'humanité, à différentes époques et de différentes manières, a exploré les mêmes questions fondamentales : qu'est-ce que la réalité ? Quel est notre rôle dans cette réalité ? Qu'y a-t-il au-delà de ce que nous voyons ?

Samkhya : Purusha et Prakriti, être et devenir.

L'univers est fait d'énigmes. La physique quantique nous le rappelle chaque fois que nous essayons de saisir la nature profonde de la réalité. Parmi ses mystères les plus fascinants figure la dualité onde-particule, une caractéristique intrinsèque des particules subatomiques.

Leur capacité à se comporter tantôt comme des particules, solides et définies, tantôt comme des ondes, fluides et indéfinies, défie la logique ordinaire. À y regarder de plus près, cette ambivalence n'est pas si éloignée de la pensée de l'ancienne philosophie hindoue, en particulier du système Samkhya, qui décrit le monde comme une danse cosmique entre deux principes complémentaires : Purusha (l'esprit) et Prakriti (la matière). Le passage d'un état à l'autre n'est pas simple, mais c'est précisément dans cette ambiguïté que la science et la spiritualité trouvent un point de rencontre surprenant.

Pour comprendre la dualité quantique, nous pouvons commencer par la célèbre expérience des deux fentes réalisée par Thomas Young en 1801. Cette preuve physique simple démontre un fait déroutant : une particule de lumière (un photon) ou de matière, comme un électron, peut se comporter comme une onde ou comme une particule en fonction de l'observation. Lorsqu'un faisceau d'électrons est envoyé à travers deux fentes fines sans être observé directement, il en résulte une figure d'interférence typique des ondes, avec des crêtes et des vallées qui se chevauchent. En revanche, si l'on tente de suivre la trajectoire individuelle de l'électron, la figure obtenue dessine des particules discrètes passant par une fente spécifique. En d'autres termes, l'acte même d'observation change la nature de ce qui est observé.

Ce paradoxe quantique nous oblige à réfléchir : la réalité est-elle objective et déjà définie, ou est-elle façonnée par l'interaction entre l'observateur et l'objet observé ? La science quantique semble suggérer une réponse nuancée, qui rappelle le cœur de la philosophie hindoue.

Selon la philosophie hindoue Samkhya, l'univers est le résultat de l'interaction entre deux principes cosmiques. Purusha représente l'être, l'immuable, le témoin passif et infini. C'est le pôle de l'esprit, de la conscience pure, qui n'agit pas mais observe. Prakriti, au contraire, est l'énergie matérielle et dynamique, le monde des formes, des mouvements et des transformations. C'est le devenir, l'activité incessante qui constitue tout ce que nous percevons comme la réalité phénoménale.

Cette relation entre Purusha et Prakriti ressemble au dialogue implicite entre l'onde et la particule. De même que l'univers quantique se manifeste dans des états différents selon le contexte, de même, dans le Samkhya, la réalité émerge de l'interaction entre l'esprit et la matière. La matière existe à travers la conscience qui l'observe, tout comme la conscience se définit dans la confrontation avec le monde visible. Il n'y a pas de hiérarchie : les deux principes sont nécessaires à la perpétuation de l'univers.

Maya et l'illusion de la réalité.

Le parallélisme est encore plus poussé si l'on considère le concept de Maya, présent à la fois dans la philosophie Samkhya et dans les textes védantiques. Maya, terme communément traduit par "illusion", décrit la nature trompeuse et impermanente du monde phénoménal . Selon l'hindouisme, ce que nous percevons comme stable et définitif est souvent apparent. En réalité, tout est dynamique, fluide et interconnecté. Maya voile la véritable essence de la réalité aux yeux des hommes, leur faisant croire à une distinction rigide entre l'observateur et l'observé, alors qu'en réalité, tout n'est que le reflet de l'ensemble.

Il en va de même dans le monde quantique : jusqu'à ce que nous observions un système, celui-ci existe dans un état de superposition quantique, une condition dans laquelle de multiples possibilités coexistent. Ce n'est qu'avec l'observation que l'une de ces possibilités se matérialise. Ce passage continu de la potentialité à l'actualité, de la possibilité à l'apparence concrète, reflète la dynamique de la maya hindoue.

Le scientifique Niels Bohr, père de la théorie quantique, a reconnu la valeur des traditions de pensée orientales. Sans être religieuse, l'approche conceptuelle du Vedanta et de philosophies telles que le Samkhya semblait faire écho à la manière dont la physique moderne décrivait l'univers. Même Werner Heisenberg, célèbre pour son principe d'incertitude, a souligné que le concept des "opposés complémentaires" dans la culture indienne anticipait des idées que la physique quantique ne découvrirait que des siècles plus tard.

On pourrait dire que là où la physique cherche à comprendre l'univers dans ses plus petits éléments, la philosophie hindoue va jusqu'à décrire l'univers dans sa totalité et dans sa signification "cosmique". Cependant, les deux disciplines arrivent, par des voies différentes, près du même point : la réalité est fluide, interconnectée et en constante évolution. Le dualisme onde-particule pourrait donc être interprété comme une métaphore moderne de l'équilibre séculaire entre Purusha et Prakriti.

La rencontre entre la physique quantique et l'hindouisme n'est pas un hasard. Ces deux visions nous invitent à remettre en question nos certitudes et à reconnaître que la réalité est plus complexe qu'il n'y paraît. Le physicien et l'ancien sage indien cherchent tous deux à saisir la vérité derrière le voile de l'apparence, nous rappelant que tout ce qui existe ne peut pas être expliqué en termes simples. Onde ou particule ? Être ou devenir ? Esprit ou matière ? Peut-être, comme dans l'univers quantique et ses métaphores hindoues, la réponse est-elle les deux à la fois.

Gravitation quantique en boucle.

Le temps, tel que nous le connaissons et le percevons au quotidien, n'est pas aussi linéaire et uniforme qu'il n'y paraît. C'est ce que nous dit la physique moderne, notamment à travers certaines théories comme celle de la "gravitation quantique à boucle" proposée par le physicien italien Carlo Rovelli. Selon cette conception, le temps, analysé au niveau microscopique, peut ne pas s'écouler à une vitesse constante, se fragmenter, s'arrêter ou même se répéter de manière cyclique. Pourtant, l'idée très similaire du "*temps non linéaire*" n'est pas si nouvelle. L'hindouisme, l'une des plus anciennes traditions spirituelles du monde, a toujours conçu l'univers comme régi par des cycles continus, où le passé et le futur se fondent dans un éternel présent.

Pour comprendre l'hindouisme et son rapport au temps, il faut partir du concept de *kalpa*. Un kalpa est un cycle cosmique, une immense durée de temps qui marque la création, la destruction et la régénération de l'univers. Selon les textes sacrés hindous, tels que les Puranas et les Vedas, le cosmos ne suit pas une trajectoire linéaire, mais un schéma cyclique sans début ni fin. Ils parlent d'ères (*yuga*), qui se répètent dans un entrelacement continu de naissance, de décomposition et de renaissance. L'idée est poétique et universelle : tout, de l'homme aux étoiles, est soumis à ce rythme infini.

Ce concept semble présenter une analogie frappante avec certaines idées de la physique quantique. La théorie de Rovelli, par exemple, soutient que le temps n'est pas une dimension continue, mais fragmentée. À des échelles de temps infinitésimales, les structures fondamentales peuvent se comporter de manière inattendue, loin de notre perception linéaire. Il est fascinant de constater qu'une idée dérivée de formules mathématiques et d'observations scientifiques trouve un écho dans d'anciennes spéculations métaphysiques.

La vision cyclique hindoue n'est pas seulement cosmologique, elle influence aussi la vie quotidienne et spirituelle. La réincarnation (Samsara), par exemple, est l'idée que chaque âme passe par une infinité de vies, se déplaçant le long d'un chemin cyclique régi par les lois du Karma. Ce parcours peut rappeler, de manière suggestive, la description du temps par Rovelli : des fragments successifs qui semblent interconnectés mais qui ne sont pas nécessairement soumis à une logique linéaire.

Un parallèle intéressant peut également être trouvé dans la conception de l'espace-temps qui, selon Rovelli et d'autres théories physiques, ne représente pas une quantité fixe ou universelle. Le temps peut s'accélérer ou se ralentir, en fonction des champs gravitationnels et des conditions de l'univers. Cette idée rappelle la célèbre allégorie hindoue du dieu Shiva, symbole de la destruction et de la nouvelle création : dans son éternelle Tandava, la danse cosmique, Shiva crée un rythme dans lequel l'espace et le temps naissent et s'effondrent simultanément.

Rien ne résume mieux cette proximité entre la physique moderne et l'hindouisme que la phrase de Rovelli :

"Le temps est une forme que la réalité nous raconte.

Dans la philosophie hindoue, le temps, ou plus précisément le "*Kala*", est souvent décrit comme une illusion (Maya), une construction mentale que les êtres humains utilisent pour comprendre une réalité qui transcende l'esprit. Dans la Bhagavad Gita, l'un des textes fondamentaux de la tradition hindoue, Krishna dit :

"Je suis le Temps, le destructeur des mondes."

Cette vision considère le temps non pas comme un simple tic-tac, mais comme une force primordiale, à la fois créatrice et destructrice, capable de remodeler l'univers tout entier.

La physique quantique, avec ses affirmations audacieuses et souvent contre-intuitives, semble s'engager sur une voie similaire à celle tracée il y a des millénaires par les sages indiens. Le dualisme onde-particule, le principe d'incertitude d'Heisenberg et l'idée que le temps n'est pas une entité universelle nous rappellent à quel point la réalité est complexe et insaisissable.

Carlo Rovelli, auteur d'ouvrages tels que "*Seven Short Lessons in Physics*" et "*The Order of Time*", est un physicien qui a su franchir des frontières académiques rigides pour s'ouvrir à un dialogue culturel plus large. Rovelli lui-même a déclaré qu'il était fasciné par la philosophie orientale. Aux yeux du physicien italien, le temps n'est qu'un des schémas que les êtres humains utilisent pour interpréter le monde. Cela le rapproche, peut-être inconsciemment, de ce que l'on appelle le "*darshana hindou*", une vision philosophique qui nous invite à regarder au-delà des apparences.

Un exemple pratique que Rovelli aime citer est le comportement des trous noirs. À proximité d'un trou noir, le temps ralentit presque jusqu'à s'arrêter. Normalement, ce fait est expliqué par la relativité générale d'Einstein. Mais au niveau microscopique, dans les limites de la mécanique quantique, le temps pourrait même se "perdre" et se confondre avec l'espace. Cette image laisse place à une infinité de réflexions sur le site , à l'instar de l'ancien concept hindou de "*Lila*", le jeu cosmique qui régit le destin de toutes choses.

Il est impossible de répondre avec certitude à la question de savoir ce que l'hindouisme a à dire à la science moderne. Mais ce qui émerge, c'est l'idée que l'antiquité, avec ses mythes et ses symboles, peut trouver de nouvelles significations à la lumière des découvertes contemporaines. La philosophie et la physique ne sont pas des opposés, mais deux langages pour raconter une réalité qui nous échappe.

La sagesse, c'est peut-être précisément cela : reconnaître que le temps - comme tout ce qui nous entoure - est beaucoup plus complexe qu'il n'y paraît. Et que, d'une certaine manière, chaque pas de la science semble nous rapprocher de plus en plus d'une vérité que d'anciennes intuitions avaient déjà entrevue il y a des milliers d'années.

L'horloge brisée : le temps quantique et le cycle du Samsara.

Lorsque nous regardons une horloge, le mouvement de ses aiguilles nous rappelle que le temps s'écoule de manière linéaire. Le passé, le présent et le futur se succèdent comme sur une ligne droite. La physique quantique nous apprend cependant que cette certitude s'effondre face au monde subatomique. Dans cette dimension, le temps n'est plus une ligne continue mais adopte un comportement étrange et imprévisible : il est relatif, discontinu et même réversible. Cette vision révolutionnaire rappelle étonnamment un concept ancien et profondément philosophique de l'hindouisme : le cycle du Samsara, le temps éternel et circulaire de la réincarnation.

Temps linéaire et temps circulaire.

Dans la culture occidentale, le temps a longtemps été imaginé comme une flèche avec un point de départ et une direction clairs. Du Big Bang à l'expansion des galaxies, le récit scientifique moderne semble confirmer ce point de vue. Cependant, la physique quantique a remis en question cette conception. Des théories telles que la "*gravitation quantique à boucle*" suggèrent que le temps n'est pas uniforme, qu'il ne s'écoule pas partout à la même vitesse et que, au plus petit niveau, il peut même "s'arrêter" ou "se répéter" d'une manière difficilement imaginable.

C'est ici que la philosophie hindoue offre un parallèle frappant. Dans la pensée hindoue, le temps n'est pas linéaire mais cyclique. Le concept de Samsara décrit la roue infinie des renaissances, un processus sans commencement ni fin. Chaque âme (Atman) traverse un cycle de naissances, de morts et de renaissances jusqu'à ce qu'elle atteigne Moksha, la libération. Ce cycle éternel contraste fortement avec l'idée occidentale du temps comme une ligne droite qui se poursuit sans retour.

Le samsara n'est pas une simple métaphore. C'est une façon de comprendre la réalité comme un mouvement continu dans lequel le passé, le présent et le futur sont inséparables. C'est ce que confirme la Bhagavad Gita, l'un des textes sacrés les plus importants de l'hindouisme. Au chapitre 2, verset 12, nous lisons :

> *"Il n'y a jamais eu de temps où nous n'existions pas, et il n'y aura jamais de temps où nous n'existerons pas".*

Cette réflexion élimine la conception du temps comme quelque chose qui commence et finit. Tout existe dans un éternel présent.

De même, Carlo Rovelli, dans son livre "*The Order of Time*", explique que le temps, tel que nous le percevons, n'est qu'une illusion produite par notre cerveau. Au niveau fondamental de la réalité, c'est-à-dire au niveau quantique, il n'y a pas d'ordre chronologique absolu. Le passé et le futur deviennent des concepts flous. Cela nous rappelle une phrase de la philosophie hindoue : le temps est Maya, une illusion qui trompe les sens.

Un exemple fascinant vient du concept de "superposition" en physique quantique. Dans ce cas, une particule peut se trouver dans deux états différents en même temps jusqu'à ce qu'elle soit observée. Ce phénomène, prouvé expérimentalement, suggère que la distinction entre le passé et le futur n'est pas toujours claire, en particulier dans le monde subatomique. Cette relativité du temps se reflète dans le panthéon hindou, où des divinités telles que Shiva ou Vishnu sont associées au contrôle du temps et à sa nature cyclique.

Un autre parallèle intéressant concerne les trous noirs. Stephen Hawking a démontré que le temps s'arrête à proximité d'un trou noir. Ce phénomène rappelle l'idée de Kalachakra (la roue du temps) dans la cosmologie hindoue, qui introduit l'idée qu'il existe des points dans l'univers où le temps "s'enroule" sur lui-même.

L'hindouisme considère le concept de passé et de futur d'une manière intrigante. Dans le cycle du Samsara, ce que nous considérons comme "avant" et "après" ne sont que des illusions créées par l'esprit. Chaque vie est liée à la précédente et aux suivantes dans une chaîne de causalité, mais cette chaîne n'a pas de début définitif. Ce concept rappelle l'expérience du "paradoxe des jumeaux" de la théorie de la relativité d'Einstein, dans laquelle la perception du temps change en fonction du mouvement et de la gravité. Si un astronaute voyage dans l'espace à une vitesse proche de celle de la lumière et revient sur Terre, il constatera qu'il s'est écoulé moins de temps pour lui que pour ses contemporains restés sur la planète. Là encore, le temps est relatif.

De même, le cycle du Samsara élimine toute idée de temps absolu. Ce qui semble être la "prochaine vie" fait en réalité partie d'un éternel retour. Ce point de vue défie la logique cartésienne, mais semble trouver un écho surprenant dans la physique moderne, où des concepts auparavant considérés comme absurdes sont de plus en plus acceptés.

Ces parallèles entre l'hindouisme et la physique quantique ne sont pas seulement fascinants ; ils offrent l'occasion de réfléchir à la manière dont des disciplines différentes, apparemment éloignées, peuvent converger. Alors que les scientifiques occidentaux établissent des équations pour expliquer l'univers, les mystiques indiens utilisent le symbolisme de la roue et de la danse cosmique pour exprimer la même idée. Comme le dit Niels Bohr :

> *"Les grandes vérités peuvent être exprimées aussi bien dans le langage de la poésie que dans celui des mathématiques".*

L'idée que l'univers est un cycle, sans début ni fin, peut sembler étrangère à nos esprits conditionnés à penser en termes de cause et d'effet. Pourtant, la physique quantique et la philosophie hindoue nous invitent à explorer une vision plus complexe, dans laquelle le temps n'est pas un tyran qui nous pousse vers la fin, mais fait partie d'une danse éternelle et mystérieuse. Une horloge cassée, dans laquelle le début et la fin sont flous.

L'illusion de l'observateur. Physique quantique et conscience hindoue.

Au cœur des questions les plus profondes de l'humanité (qui sommes-nous, quelle est la nature de la réalité, quel est le rôle de notre conscience), la science et la philosophie se frôlent, se chevauchent et semblent parfois se répondre. D'un côté, nous trouvons la physique quantique, avec sa vision surprenante mais rigoureuse du monde subatomique. De l'autre, l'hindouisme, une tradition philosophique qui explore depuis des millénaires la relation entre l'individu et le cosmos. Un point de convergence entre ces deux perspectives apparaît clairement : la place centrale de l'observateur. Ce que nous faisons, ce que nous choisissons d'observer, semble modifier la réalité elle-même. Mais jusqu'où va ce lien ?

La physique quantique a révolutionné notre compréhension de l'univers depuis le début du 20e siècle. L'une des expériences les plus emblématiques est le dualisme onde-particule. Au cœur de ce phénomène se trouve l'expérience dite "des doubles fentes", un classique de la physique moderne. En bref, lorsqu'un électron passe à travers deux fentes, il se comporte comme une onde et crée une figure d'interférence sur l'écran, se chevauchant comme le ferait une vague d'eau. Toutefois, si un observateur tente de déterminer par quelle fente l'électron passe, le comportement change : l'électron se comporte comme une particule, ce qui annule la figure d'interférence.

Le simple fait d'observer modifie donc le résultat. Comme si l'univers, dans ce qu'il a de plus intime, attendait la présence de l'observateur pour "décider" de ce qu'il doit être. À cet égard, le physicien théoricien John Archibald Wheeler, l'un des grands pionniers de ce domaine, a proposé l'idée d'un "*univers participatif*". Selon Wheeler, l'univers ne peut être décrit comme quelque chose de séparé des êtres humains. La réalité ne se manifeste, ou plutôt ne se matérialise, qu'à travers l'interaction avec l'observateur.

Wheeler a étendu cette idée avec la célèbre expérience du "*délai de choix*", qui montre que le choix de l'observateur peut rétroactivement affecter le comportement des objets quantiques, même après qu'ils se soient déjà déplacés dans le temps et l'espace. La réalité ne semble donc pas être une structure rigide et fixe, mais quelque chose de fluide, façonné par l'interaction avec la conscience.

Ces visions révolutionnaires de la physique moderne trouvent des correspondances surprenantes dans la philosophie hindoue, en particulier dans l'Advaita Vedanta, l'une des écoles de pensée indienne les plus fascinantes et les plus profondes. Selon cette doctrine, élaborée par le philosophe Shankara au VIIe siècle, le monde que nous percevons n'est qu'une projection de Maya, une illusion qui cache la seule réalité authentique : Brahman, le principe absolu, infini et indivisible. En même temps, l'individu (l'Atman) est en réalité identique à ce Brahman. Il n'y a pas de division entre le microcosme de la conscience individuelle et le macrocosme de la réalité absolue.

Pour Shankara, comprendre cette vérité signifie se réveiller de la grande illusion, réaliser que l'univers et tout ce qui nous entoure n'est rien d'autre qu'une manifestation de notre conscience. C'est une pensée qui se rapproche de la vision de Wheeler : l'univers existe en relation avec ceux qui l'observent.

L'hindouisme, avec ses textes millénaires tels que les Upanishads, offre un langage poétique pour décrire cette relation. Dans la Chandogya Upanishad, il est dit : "*Tat tvam asi*" (Tu es Cela). Ces trois mots résument l'ensemble de l'Advaita Vedanta : la conscience individuelle n'est pas différente du principe universel qui imprègne tout l'univers.

Pour faire le lien entre les deux mondes, il est intéressant de noter qu'en physique quantique, l'observateur n'est pas un simple spectateur, mais un participant actif. De même, l'Advaita Vedanta ne considère pas l'individu comme une entité séparée du reste de l'univers, mais comme le créateur même de sa perception de la réalité. La célèbre citation du mathématicien et logicien Alfred North Whitehead est éclairante dans ce contexte :

> *"Un univers qui peut être entièrement expliqué sans conscience est un univers qui, par définition, n'existe pas.*

L'expérience de Wheeler sur le délai de choix, dans laquelle la décision de l'observateur semble influencer "rétroactivement" le comportement quantique, porte cette idée à un niveau étrange. Des mots comme ceux de la Bhagavad Gita, l'un des principaux textes de l'hindouisme, semblent presque faire écho au même concept :

> *L'univers est en moi et je suis dans l'univers".*

La notion hindoue de Maya, qui décrit le monde matériel comme une illusion, trouve des parallèles avec la nature paradoxale du monde quantique. Tout comme Maya dissimule la véritable nature de Brahman, les phénomènes quantiques semblent cacher une réalité plus profonde qui échappe à notre compréhension directe.

Pour Shankara, Maya n'est pas quelque chose de négatif : c'est le voile qui nous permet de faire l'expérience de la réalité phénoménale et qui nous met au défi d'en reconnaître les limites. Cette perspective résonne avec la pensée de Wheeler : l'univers que nous observons est le résultat de notre participation active, une illusion qui est continuellement façonnée par notre acte d'observation et de choix.

S'il est une leçon que la science et la philosophie peuvent apprendre l'une de l'autre, c'est peut-être un sentiment d'humilité face à ce que nous ne comprenons pas entièrement. La physique quantique, avec son langage mathématique, explore ce que les sages hindous intuitionnent depuis des millénaires : la réalité n'est pas figée, mais un entrelacement de conscience et de participation.

John Wheeler, avec son "univers participatif", et Shankara, avec sa philosophie de la non-dualité, nous rappellent que l'observateur (et sa conscience) est au centre de tout ce qui existe. Nous ne sommes pas séparés de l'univers ; nous sommes l'univers qui s'éveille à lui-même à travers nos yeux. Et c'est peut-être dans cette frontière ténue entre savoir et être que réside le mystère ultime de ce que nous appelons la réalité.

Chapitre IV. La nature de l'esprit.

L'esprit dans l'hindouisme.

L'hindouisme, avec son histoire millénaire et sa richesse philosophique, offre une vision extraordinairement complexe et fascinante de l'esprit. L'esprit, dans la vision indienne, n'est pas simplement une faculté rationnelle ou un ensemble de pensées. Il est le point d'appui d'une lutte intérieure qui lie l'être humain au cycle de la naissance, de la mort et de la renaissance (Samsara), mais qui, en même temps, peut ouvrir la voie à la libération ultime (Moksha).

Selon l'hindouisme, l'esprit est étroitement lié au concept de Maya. Maya n'est pas une illusion au sens trivial du terme, mais plutôt un filtre qui dissimule la véritable nature du monde. L'esprit, au contact des sens, crée une représentation de la réalité qui semble concrète mais qui est en réalité trompeuse. Dans les textes sacrés tels que les Upanishads, il est dit que le mental permet de faire l'expérience du monde phénoménal, mais détourne l'être humain de l'expérience directe du Brahman.

Un passage emblématique est tiré de la *Kena Upanishad*, où il est dit :

> *"Ce qui ne peut être pensé par l'esprit, mais à travers lequel l'esprit lui-même pense : c'est Brahman.*

Ici, l'esprit apparaît non pas comme un moyen infaillible, mais comme une limite à la compréhension de l'absolu, un filtre qu'il faut franchir.

L'esprit joue également un rôle fondamental en conditionnant l'être humain au cycle du Samsara, le flux continu de la naissance, de la mort et de la renaissance. Les émotions, les désirs et les identifications de l'ego individuel avec le monde matériel enchaînent l'âme (Atman) à cette roue. La Bhagavad Gita explique ce conflit de manière poétique et dramatique. Arjuna, le guerrier protagoniste, symbole de l'individu trompé par les sens, reçoit les enseignements de Krishna, la divinité directrice représentant la sagesse divine. Krishna a déclaré :

> *"L'esprit indiscipliné est votre pire ennemi, tandis que l'esprit contrôlé est votre meilleur allié".*

Ce verset souligne l'importance de l'entraînement de l'esprit pour surmonter l'attachement au monde éphémère.

L'une des principales pratiques proposées par l'hindouisme pour gérer cette dynamique est la méditation (*dhyana*). Selon le Raja Yoga, décrit dans les Yoga Sutras de Patanjali, l'esprit est comme un lac. Lorsque ses eaux sont agitées, il n'est pas possible d'en voir le fond. Le véritable soi ne peut être perçu qu'en calmant les oscillations des pensées, appelées *chitta vritti*.

Le processus méditatif enseigne comment se concentrer, ralentir l'activité mentale et finalement la transcender. Les mystiques indiens, tels que Ramana Maharshi, ont souligné l'importance de la recherche personnelle pour surmonter le mental et accéder à la vérité. Maharshi demandait à ses disciples de s'interroger continuellement sur eux-mêmes : "*Qui suis-je* ? Cette question, expliquait Ramana, arrête le mental et révèle l'Atman, caché au-delà de l'ego et de la pensée.

Un autre point clé de la philosophie hindoue est le rôle de l'esprit dans l'atteinte de la Moksha, l'état de libération ultime. Dans le Moksha, selon les textes védiques, l'esprit cesse d'être un obstacle et devient un instrument pour dévoiler la réalité suprême. Des traditions telles que l'Advaita Vedanta, fondée par Shankara au VIIIe siècle, soulignent que le mental doit être "dissous" dans l'expérience directe de Brahman, l'infini. Shankara compare le mental à une éclipse : il peut obscurcir la lumière du soleil (Brahman), mais il ne peut jamais la détruire.

À Varanasi, la ville sainte par excellence, le concept de transcendance de l'esprit se manifeste également par des rituels. Ici, au coucher du soleil, des centaines de lampes sont allumées le long des rives du Gange. Ce spectacle, qui se termine par le chant du mantra "Om", nous rappelle que l'esprit, bien que soumis aux ténèbres de l'illusion, peut allumer la lumière de la vérité.

Il est intéressant de noter que la description de l'esprit comme un filtre qui crée l'apparence de la réalité présente des analogies intrigantes avec la physique quantique. Selon la théorie quantique, l'observateur influence le comportement des particules subatomiques. Même dans la physique moderne, la "réalité" semble dépendre profondément du point d'observation. Ce parallélisme, bien qu'il ne doive pas être compris comme une identification scientifique, fascine les chercheurs et les penseurs, à tel point qu'il est au centre des débats depuis des décennies. Des physiciens tels que Werner Heisenberg, qui a visité l'Inde et étudié la philosophie védique, ont noté des similitudes philosophiques entre le concept d'interconnexion universelle et la théorie quantique.

L'esprit, dans l'hindouisme, est un outil puissant, mais aussi un obstacle. Comme le verre d'une lentille qui peut être clair ou opaque, l'esprit gouverne la perception de la réalité. Dépasser ses limites, c'est aller au-delà du Samsara, découvrir le Brahman éternel et infini. À l'heure où la physique quantique remet en cause les certitudes de la science, le dialogue avec ces idées philosophiques anciennes non seulement enrichit la compréhension humaine, mais invite à la réflexion sur les merveilles cachées derrière le voile de la pensée.

L'illusion qui emprisonne l'homme dans le Samsara.

Dans la philosophie hindoue, l'esprit est une construction profondément liée au concept de maya, l'illusion cosmique qui enferme les êtres humains dans une perception déformée de la réalité. Cette illusion n'est pas seulement passive mais active : elle agit à travers les pensées, les émotions et les identifications fugaces qui lient les individus au monde phénoménal.

Les anciens sages de l'hindouisme, comme Patanjali dans les Yoga Sutras, ont écrit que l'esprit est comme une surface d'eau. Chaque pensée, désir ou peur est une ondulation, une vague qui perturbe son calme. Patanjali appelle ces perturbations "*citta-vritti*", c'est-à-dire les modifications mentales. Lorsque l'esprit est agité, ces vagues empêchent de voir clairement sa véritable nature : le Soi, ou Atman, caché sous les illusions de Maya.

L'hindouisme établit un lien direct entre la centralité de l'esprit et la perpétuation du Samsara, le cycle de la naissance, de la mort et de la renaissance. Selon cette conception, l'identification de l'individu à l'esprit renforce le sentiment de séparation d'avec l'absolu (Brahman). Chaque pensée qui surgit alimente le karma, les chaînes qui lient l'âme à un retour continuel dans le monde phénoménal. La libération (Moksha) ne s'obtient donc pas en s'échappant du monde, mais en traversant le voile de Maya et en dissolvant l'identification avec l'esprit conditionné.

Adi Shankara et Ramana Maharshi : leçons sur l'esprit.

Adi Shankara (VIIIe siècle après J.-C.), le philosophe qui a consolidé le système Vedanta Advaita, a été l'un des principaux défenseurs de ce point de vue. Shankara prêchait l'unité fondamentale de l'Atman (le Soi) et du Brahman (l'Absolu). Au moyen d'histoires et de métaphores, il explique que l'esprit est comme un serpent perçu au lieu d'une corde : une illusion. Une fois la corde reconnue, le serpent disparaît.

Ramana Maharshi (1879-1950), l'un des plus grands sages modernes de l'Inde, a élargi cette vision avec la méthode "Qui suis-je ? Maharshi invitait ses disciples à s'interroger sur l'origine de leurs pensées. Il a montré que les pensées se dissipent dès que l'on reconnaît le Soi comme le témoin immuable, au-delà de l'esprit. Maharshi vivait sur le mont Arunachala, un lieu sacré du Tamil Nadu, qu'il décrivait comme un symbole vivant du Soi.

Quel est le lien avec la physique quantique ? Le scientifique Fritjof Capra, dans son célèbre ouvrage "*Le Tao de la physique*", a montré comment certaines idées de l'hindouisme rappellent des concepts du monde quantique. Par exemple, le principe d'incertitude d'Heisenberg stipule que nous ne pouvons pas connaître simultanément avec précision certaines propriétés fondamentales d'une particule (telles que la position et la vitesse). Cette incertitude représente, en quelque sorte, une "illusion" dans notre capacité à comprendre la réalité de manière directe et définitive.

Le concept de non-localité, démontré par la célèbre expérience d'Alain Aspect dans les années 1980, entre également en résonance avec la vision hindoue selon laquelle toutes les choses sont interconnectées et dépendent d'une seule réalité sous-jacente. L'univers, au niveau quantique, se comporte comme un système unitaire dont les parties sont inséparables. De même, dans l'hindouisme, Maya crée une illusion de séparation alors qu'en vérité, tout est un.

Le dialogue entre l'hindouisme et la physique quantique n'est pas une tentative de superposer la religion et la science, mais d'explorer les domaines de convergence dans la compréhension de l'univers et de l'esprit. Selon la physique quantique, la réalité de l'univers échappe à notre compréhension totale. De même, l'hindouisme enseigne que ce que nous voyons n'est qu'un reflet partiel de la vérité, un jeu de Maya. Seul un travail en profondeur sur l'esprit - comme l'ont démontré les grands maîtres - peut nous conduire au-delà de l'illusion, vers une véritable liberté.

L'esprit et le Samsara : le grand piège.

Dans l'hindouisme, l'esprit est considéré comme un outil puissant mais ambivalent. D'une part, l'esprit permet à la personne de discerner la réalité phénoménale. D'autre part, c'est l'esprit qui crée l'illusion du monde matériel, une condition appelée Maya. C'est cette illusion qui maintient l'individu prisonnier du Samsara, l'éternelle répétition des renaissances.

Selon les textes védantiques, l'esprit humain, avec ses désirs, ses attachements et ses peurs, construit une identité égoïque (*ahankara*). Cet ego, qui se croit distinct du reste de la réalité, alimente le sentiment de séparation. Par exemple, Adi Shankara décrit l'ego et le mental comme un miroir couvert de poussière : la réalité ultime (Brahman) est toujours présente, mais le mental obscurci par l'ignorance (*avidya*) en empêche la pleine perception.

L'une des métaphores les plus célèbres utilisées pour expliquer le rôle illusoire de l'esprit provient des Vedas : l'image d'une corde confondue avec un serpent. Dans l'obscurité, une corde peut être confondue avec un serpent, ce qui génère peur et anxiété. En réalité, le serpent n'existe pas. De même, selon l'hindouisme, c'est l'esprit qui perçoit une réalité dualiste et illusoire, alors que l'essence ultime est une.

Ego, esprit et éternité : le voyage de l'ahankara au Soi (Atman).

La physique quantique et les philosophies orientales, bien qu'appartenant à des mondes apparemment éloignés, partagent une similitude frappante : toutes deux remettent en question le sens habituel de la réalité. Alors que les physiciens se débattent avec le paradoxe de la superposition et l'interdépendance des observateurs, la philosophie hindoue étudie l'esprit comme un voile obscurcissant la véritable nature de l'être. Le rôle de l'ego constitue un point d'intersection fascinant.

Selon l'hindouisme, l'esprit est asservi par une illusion profonde, incarnée par l'ahankara. Ce terme, qui signifie en sanskrit "*je fais*", désigne la partie de l'esprit qui s'identifie à l'ego. Pour le scientifique moderne, cela pourrait être assimilé au concept réductionniste de "*conscience individuelle*". L'ahankara n'est cependant pas la source authentique de l'identité. Pour les anciens sages hindous, il s'agit d'une construction mentale, transitoire et conditionnelle, qui sépare l'être humain de son Atman : le Soi éternel, immuable et universel.

La physique quantique, avec son langage énigmatique et contre-intuitif, a montré un monde subtil dans lequel ce qui est observé ne peut exister sans observateur. Erwin Schrödinger, l'un des pères de la théorie quantique, a déclaré avec une grande admiration pour la sagesse orientale que

"La sagesse hindoue n'a jamais séparé l'esprit et la matière comme le fait la pensée occidentale.

Cette référence n'est pas fortuite : dans la Bhagavad Gita, un texte essentiel de la philosophie hindoue, Krishna enseigne à Arjuna que l'esprit est à la fois l'ennemi et l'allié de l'être humain, selon la manière dont il est formé et éclairé.

L'esprit, dans la physique moderne, pourrait ainsi être considéré comme un pont. D'une part, il relie les événements matériels observables ; d'autre part, il vient interroger l'observateur lui-même, nous rapprochant du mystère de la conscience. C'est ici que se noue un dialogue subtil avec l'hindouisme, dans lequel l'ensemble du monde expérimental est filtré par l'activité mentale, mais où l'illumination est atteinte en dépassant l'esprit lui-même.

Le cœur de l'enseignement hindou sur ce sujet réside dans le dépassement de l'ego, ou ahankara. La Bhagavad Gita décrit l'ego comme le principal artisan de la souffrance humaine. Plus l'individu s'attache au moi égoïste, plus il s'éloigne du Soi éternel et de la paix intérieure. Adi Shankara, dans son célèbre commentaire sur l'Advaita Vedanta, décrit l'ahankara comme "*l'ombre dans l'obscurité*", qui n'a pas de réalité propre et ne disparaît qu'à la lumière de la connaissance directe du Soi.

Le maître indien Ramana Maharshi, figure emblématique du 20e siècle, avait une approche profonde de ce voyage vers le Soi. Il a enseigné la méthode de l'"*atma-vichara*", ou "enquête sur soi". Ramana invitait ses disciples à se poser une question apparemment simple mais en réalité révolutionnaire : "Qui suis-je ?

Cette exploration méditative dissout progressivement l'identification à l'ego et ramène au Soi, souvent décrit par les maîtres comme le "*silence infini*". Une anecdote liée à Ramana raconte que, lorsqu'un élève lui demanda comment atteindre l'illumination, il répondit :

"Reconnaissez celui qui pose la question. Ce "je" qui cherche à savoir n'est rien d'autre que le voile".

Une autre référence fondamentale est le maître Nisargadatta Maharaj, qui a insisté dans ses enseignements sur la conscience du point de départ : le sentiment universel d'être, ou "*je suis*". Selon Nisargadatta, en demeurant dans cet état de conscience sans identification, on en vient à percevoir la nature illimitée du Soi, dissolvant progressivement l'illusion de l'ahankara.

L'hindouisme se distingue de nombreuses traditions occidentales par sa perception du temps et de l'esprit. Dans cette philosophie, l'esprit n'est pas une propriété du cerveau, mais un phénomène transitoire lié au cycle du Samsara, la succession continue de la naissance et de la mort. Dans le même temps , l'Atman est éternel et inépuisable. Ce principe est célébré dans les écrits des Upanishads, qui affirment :

L'Atman ne naît ni ne meurt, et ne peut être réduit à des fragments.

Pour mieux comprendre la signification de ce voyage intérieur, il convient de rappeler une déclaration cruciale du poète mystique Kabir :

"Je suis le Soi en vous. Où chercherez-vous ailleurs ?

L'expérience hindoue n'invite pas seulement à la spéculation philosophique, mais à un voyage méditatif et pratique dans lequel l'esprit n'est pas réprimé, mais utilisé comme un instrument vers l'infini.

Le débat moderne sur la conscience.

Les parallèles entre les théories modernes de la conscience et celles proposées par la philosophie hindoue semblent de plus en plus pertinents. La recherche neuroscientifique contemporaine parle souvent de la conscience comme d'un phénomène émergent, un concept qui s'apparente à la "Maya" ou illusion cosmique décrite dans l'hindouisme. Parallèlement, des physiciens et des philosophes, tels que David Bohm et Amit Goswami, ont proposé des modèles cosmiques qui font écho à l'ancienne sagesse védique, associant l'univers quantique à une sorte de "connectivité unifiée".

Si la physique quantique nous enseigne que la réalité dépend de l'observateur, l'hindouisme ajoute que l'observateur lui-même doit se dissoudre pour contempler l'éternel. L'esprit, avec ses limites et ses potentialités, devient le champ fondamental de cette investigation. L'ahankara n'est pas un ennemi à anéantir, mais une porte à franchir.

Au-delà, il reste le Soi, immobile et libre, témoin éternel de toutes les transformations.

Cette voie n'appartient pas exclusivement à une foi ou à une science, mais représente une possibilité universelle, un défi pour tous ceux qui veulent aller au-delà du visible et découvrir le cœur caché de la réalité, là où la matière et l'esprit, le mental et l'univers se fondent en une seule et même essence.

L'esprit comme miroir trouble.

La comparaison entre les philosophies orientales et la physique quantique trouve un terrain fertile lorsqu'il s'agit de l'esprit et de sa nature. Pendant des siècles, l'hindouisme a proposé des modèles philosophiques sophistiqués sur le fonctionnement de l'esprit. Parmi ceux-ci, les Yoga Sutras de Patanjali occupent une place de choix. Le célèbre verset "*Citta-vritti-nirodha*" ("*La cessation des fluctuations de l'esprit*") résume toute une philosophie de l'esprit comme un miroir troublé par des vagues incessantes.

Selon Patanjali, le problème fondamental est la "*vritti*", l'agitation mentale. Ces fluctuations, comparables à des ondulations sur un étang, sont causées par les désirs, les attachements et l'ignorance (*avidya*). Il affirme que pour faire l'expérience de la vérité ultime, le miroir de l'esprit doit être rendu immobile. Ce n'est qu'à cette condition que la réalité absolue peut s'y refléter, sans distorsion.

Cette idée, vieille de plus de deux mille ans, trouve un écho surprenant dans le langage de la physique quantique. Au niveau subatomique, la réalité ne suit pas les lois déterministes de la physique classique. Le modèle quantique décrit un univers fluctuant, où la matière est à la fois onde et particule. Dans ce scénario, le rôle de l'observateur - ce qu'en philosophie on appelle l'esprit - est crucial. Le simple fait d'observer modifie le comportement des particules, comme le démontrent des expériences emblématiques telles que la double fente.

Il n'est pas difficile d'établir un parallèle. Si pour les physiciens quantiques, c'est l'esprit observateur qui conditionne la réalité, pour la tradition indienne, c'est à nouveau l'esprit qui doit être apaisé pour dévoiler la réalité profonde : le lien entre Atman, le moi individuel, et Brahman, l'absolu cosmique.

L'esprit comme miroir et la pratique de l'immobilité.

La voie qui mène à l'apaisement du miroir de l'esprit est connue sous le nom de *dhyana*, ou méditation. Cette pratique trouve ses racines dans les Védas et s'est développée au fil des traditions yogiques et védantiques.

Ramana Maharshi, l'un des plus grands sages du XXe siècle, est né en 1879 à Tiruchuli, dans le sud de l'Inde. Ramana a passé la majeure partie de sa vie au pied de la montagne sacrée d'Arunachala, qu'il considérait comme une manifestation de Shiva.

Ramana a proposé aux chercheurs spirituels une pratique simple mais radicale : la recherche de soi (*atma-vichara*). Il leur a demandé de placer une question fondamentale au centre de leur méditation : "*Qui suis-je* ? Cette question attire l'attention sur celui qui regarde, sur cette conscience sous-jacente qui est le vrai moi, ou Atman. Ramana a enseigné que l'esprit cesse de s'agiter lorsqu'il cesse de s'identifier à l'ego (*ahankara*). Ce n'est qu'à ce moment-là que l'individu reconnaît qu'Atman et Brahman ne font qu'un.

La montagne d'Arunachala est devenue un puissant symbole de la quête intérieure. Aujourd'hui encore, des milliers de pèlerins s'y rendent chaque année pour entreprendre *la pradakshina*, la marche rituelle autour de la montagne, dans l'espoir d'obtenir une lueur de la paix incarnée par Ramana.

Résonances avec la physique quantique.

La physique quantique, tout en ayant une approche scientifique et non spirituelle, suggère que la réalité n'est pas composée d'objets solides, mais plutôt d'un champ de probabilité dans lequel la conscience joue un rôle déterminant. Werner Heisenberg lui-même, l'un des pères du principe d'incertitude, était fasciné par les similitudes entre la pensée orientale et ses découvertes scientifiques. Heisenberg a noté que les anciennes philosophies indiennes suggéraient une réalité fluide dans laquelle l'unité sous-tend la diversité apparente.

Dans la perspective indienne, nous pouvons imaginer l'esprit comme une sorte de "*champ quantique personnel*". Lorsque ce champ est agité par les impulsions de l'ego, la vision du monde devient fragmentée. Mais, grâce à la méditation, ce champ revient à son état d'origine, une unité indistincte.

Une anecdote intéressante liée à ces thèmes concerne Nisargadatta Maharaj, un maître spirituel contemporain de Ramana Maharshi. Un disciple lui demanda un jour comment atteindre la paix absolue. Nisargadatta répondit par ces mots surprenants :

> *"Essayez de comprendre que tout ce que vous voyez et expérimentez est dans l'esprit, pas dans la réalité. Lorsque l'esprit est silencieux, la vérité se révèle".*

Cette sagesse est plus que jamais d'actualité. À l'heure où la science elle-même abandonne les certitudes de l'objectivité pour explorer les paradoxes de la réalité quantique, les philosophies orientales offrent un contexte de réflexion non seulement sur la nature de l'univers, mais aussi sur la perception que nous en avons. Ce que la physique quantique et l'hindouisme essaient peut-être de nous dire, c'est que l'univers, comme l'esprit, reflète ce que nous sommes. Après tout, pour connaître l'unité, nous devons d'abord nous connaître nous-mêmes.

Le non-dualisme et la libération de l'esprit.

La philosophie de l'Advaita Vedanta, l'un des piliers de l'hindouisme, repose sur l'idée révolutionnaire du non-dualisme. Selon cette doctrine, il n'y a pas de séparation entre notre moi intérieur (Atman) et la réalité universelle (Brahman). Tout est Un, indivis et interconnecté.

Si la physique quantique étudie les relations entre toutes les particules de l'univers, l'Advaita Vedanta va encore plus loin : non seulement tout est lié, mais ce lien n'est jamais rompu. Selon ce point de vue, la division entre l'observateur et l'observé, le sujet et l'objet, n'est qu'illusoire. Et c'est là que l'esprit entre en jeu.

Dans l'Advaita Vedanta, l'esprit est considéré comme un instrument à deux facettes : d'une part, il est le principal obstacle à l'appréhension de l'unité universelle. D'autre part, il est le moyen de transcender l'illusion. Cet obstacle est représenté par *Ahankara*, l'ego, qui fragmente la perception et crée un sentiment de séparation entre le soi et le monde.

L'ego, alimenté par les pensées, les désirs et les identifications, est ce qui lie l'être humain au cycle du Samsara, l'errance constante entre la souffrance et l'illusion. Cependant, grâce à la pratique spirituelle et à la méditation, l'esprit peut être utilisé pour se libérer de ses propres chaînes. La clé est d'arriver à le voir pour ce qu'il est : une ombre composée de son propre contenu, et non le vrai moi.

Swami Vivekananda, l'une des voix les plus influentes de l'hindouisme moderne, a utilisé une image simple et puissante pour expliquer ce concept. Il a dit :

"Lorsque l'esprit devient calme comme un lac limpide, le mont de la vérité se reflète clairement à sa surface.

Ce mont représente Brahman, l'absolu. L'esprit agité, quant à lui, est comme un miroir agité par le vent, qui déforme ce qu'il reflète, créant l'illusion que nous sommes séparés du tout.

Pour atteindre ce calme intérieur, les enseignements proposent des pratiques telles que la méditation, l'étude des écritures (*shastra*) et l'observation de soi. L'un des outils les plus profonds est l'*Atma-vichara*, ou enquête sur soi, prônée par le mystique Ramana Maharshi.

Ramana Maharshi (1879-1950) a laissé un héritage spirituel unique. Maître silencieux, Ramana a indiqué une méthode directe pour vaincre la tyrannie de l'esprit. Cette approche, appelée atma-vichara, est basée sur la recherche du soi à travers une question simple en apparence : "*Qui suis-je* ?

Selon Ramana, toute pensée ou émotion part de l'idée d'un "moi" personnel. En recherchant l'origine de ce "moi", on découvre qu'il n'est rien d'autre qu'une illusion créée par le mental. Le vrai moi, le pur Atman, reste inchangé au-delà des fluctuations de la psyché.

Si l'Advaita brille par ses aspects spirituels, les chercheurs modernes y trouvent des parallèles intéressants avec la physique quantique. Selon les écritures de l'Advaita, l'esprit crée un voile qui cache la réalité unique et indivisible, tout comme l'observateur modifie l'observé selon le principe d'incertitude d'Heisenberg. Les découvertes de la physique contemporaine, qui remettent en question la distinction stricte entre matière et énergie, semblent faire écho aux principes philosophiques exprimés par les sages indiens il y a plusieurs siècles.

Le physicien Erwin Schrödinger, profondément influencé par les philosophies orientales, a clairement exprimé un concept fascinant : la conscience n'est pas individuelle, mais universelle. La pensée rationnelle occidentale a tenté de comprendre la conscience comme un produit de l'esprit ; l'Advaita répond cependant que l'esprit lui-même est un produit de la conscience.

De la connaissance de soi à l'expérience de l'infini.

Depuis des millénaires, l'hindouisme s'interroge sur la véritable nature de l'esprit et du Soi, abordant des questions que même la science occidentale, en particulier la physique quantique, commence aujourd'hui à explorer. Au cœur de cette quête spirituelle se trouve la pratique de l'atma-vichara, ou investigation du Soi, qui promet de conduire de la fragmentation mentale à l'expérience de l'infini. Cette perspective, qui couvre les textes anciens et les expériences mystiques de l'Inde, révèle des liens surprenants avec la pensée contemporaine sur la conscience et la nature de la réalité.

L'un des exemples les plus célèbres d'atma-vichara est la vie de Ramana Maharshi, l'un des plus grands maîtres spirituels du XXe siècle. Né en 1879 à Tiruchuli, un petit village du sud de l'Inde, Ramana a eu un réveil soudain à l'âge de seize ans. Alors qu'il était allongé, croyant qu'il allait mourir, il a tourné son attention vers la question fondamentale : "*Qui suis-je ?* Il médite sur le fait qu'il ne s'agit ni du corps ni de l'esprit, mais de quelque chose de plus profond et de plus immuable : le Soi suprême, appelé Atman dans les textes védiques.

Fort de cette intuition, Ramana a abandonné sa vie ordinaire et s'est installé au mont Arunachala, lieu sacré de l'hindouisme. Là, il fit l'expérience d'un silence mental total, qui n'était cependant pas un vide stérile, mais une ouverture infinie, une connexion directe avec ce que beaucoup appelleraient le Divin. Pour le maître, l'esprit, une fois dépouillé de ses projections égoïstes, devient un canal de pure conscience.

Selon la tradition hindoue, l'esprit humain est essentiellement un instrument neutre. Cependant, en s'identifiant à l'ego (ahankara), il génère une séparation illusoire entre le moi et le monde. Nisargadatta Maharaj, un autre grand maître du 20e siècle, explique :

> *"L'esprit crée le prisonnier en imaginant la prison. Abandonnez l'identification et vous découvrirez que vous avez toujours été libre."*

Cette affirmation est reprise dans "*atma-vichara*", où la question "*Qui suis-je* ?" devient une épée pour couper le flux incessant des identifications mentales. Il ne s'agit pas de nier le mental, mais de le transcender, de reconnaître qu'au plus profond de lui-même, il est le miroir du Soi, et non le Soi lui-même.

Il est intéressant de noter que certaines de ces idées trouvent des parallèles dans la physique quantique moderne, qui remet en question les idées conventionnelles sur la réalité et l'esprit. Des physiciens comme Eugene Wigner et Wolfgang Pauli se sont interrogés sur le rôle de l'observateur dans la création du monde quantique. L'idée que la pensée ou la conscience influence la réalité matérielle rappelle le principe hindou selon lequel l'esprit, une fois purifié, peut percevoir l'infini qui est toujours présent.

Le concept même de la réalité en tant que réseau interconnecté et non local, exploré dans la théorie quantique, semble s'aligner sur les traditions non dualistes de l'hindouisme. L'Advaita Vedanta, peut-être l'école de philosophie hindoue la plus importante, soutient qu'il n'y a pas de véritable séparation entre le sujet et l'objet, entre l'esprit et l'univers. Selon les mots du maître Adi Shankaracharya :

"Brahman est tout ce qui est. Saisissez-le et vous découvrirez que le moi individuel n'existe pas en tant qu'entité séparée."

Sur le plan expérimental, la pratique d'*atma-vichara* a un pouvoir de transformation. Elle conduit au calme intérieur, réduit l'anxiété et les divisions intérieures et nous permet d'explorer notre potentiel spirituel supérieur. Selon Ramana Maharshi, en méditant sur ce que nous sommes vraiment, nous cessons d'être esclaves des fluctuations mentales. De cette manière, le mental n'est pas éliminé, mais réintégré dans le Soi en tant qu'outil permettant d'expérimenter la totalité de l'existence.

Un praticien moderne pourrait décrire ce processus comme une "réinitialisation" de l'esprit, en supprimant les programmes inutiles qui nous séparent du présent vivant. C'est un chemin qui demande du courage et de la patience, mais qui promet le plus beau des cadeaux : la liberté.

À l'heure où neuroscientifiques et philosophes débattent de l'origine de la conscience, atma-vichara apporte une contribution essentielle. Plutôt que de chercher la conscience dans les circuits neuronaux ou le cerveau, l'hindouisme la considère comme le substrat même de la réalité. Cette vision remet en question les fondements réductionnistes de la science occidentale, mais attire également de plus en plus l'attention des chercheurs.

Des penseurs comme David Chalmers, qui a qualifié la conscience de "*problème difficile*", reconnaissent que la science ne dispose pas encore des outils nécessaires pour expliquer comment l'expérience subjective émerge de l'activité neuronale. Peut-être, comme le suggèrent les sages hindous, la réponse se trouve-t-elle dans la conscience elle-même, qui n'est pas un produit de l'esprit, mais son origine.

La pratique de l'atma-vichara est à la fois ancienne et révolutionnaire. Elle remet en question ce que nous pensons savoir sur nous-mêmes, ouvrant la porte à une dimension de l'existence libérée des limitations mentales et égoïstes. À travers des figures comme Ramana Maharshi et Nisargadatta Maharaj, nous voyons que la transcendance de l'esprit n'est pas une fuite de la réalité, mais le moyen de redécouvrir sa véritable essence.

Dans un univers que la science moderne décrit comme interconnecté et pulsant de possibilités, il n'y a peut-être pas de différence substantielle entre le silence du Soi réalisé et le champ quantique. Tous deux nous invitent à reconnaître que, derrière l'apparence du multiple, se cache une réalité unique et infinie.

Expérimentation intérieure et contrôle de l'esprit.

L'hindouisme offre des outils pratiques pour comprendre et transformer l'esprit. La méditation (*dhyana*), par exemple, est considérée comme l'un des principaux moyens d'amener l'esprit à un état de calme, réduisant l'agitation créée par les désirs et les pensées distrayantes. Les textes de la Bhagavad Gita, l'une des œuvres les plus étudiées de l'hindouisme, offrent un enseignement clé à cet égard. Au chapitre VI, Krishna explique le contrôle de l'esprit à Arjuna dans des termes extrêmement clairs :

> *"L'esprit peut être votre meilleur ami ou votre pire ennemi. Dominez l'esprit et vous serez libéré de l'esclavage du Samsara".*

Un autre exemple est le système de Patanjali qui, dans ses Yoga Sutras, décrit l'esprit comme un instrument qui, s'il n'est pas purifié, crée le chaos. Le but du yoga, selon Patanjali, est d'amener l'esprit à un état de citta-vritti-nirodha : le silence des fluctuations mentales.

L'esprit humain est l'un des mystères les plus profonds de l'univers, une énigme qui fascine à la fois la science moderne et les anciennes traditions spirituelles. L'hindouisme, l'une des plus anciennes philosophies de l'humanité, propose des outils d'exploration de l'esprit qui s'avèrent remarquablement proches des découvertes de la physique quantique. Bien que ces deux approches proviennent d'horizons différents, elles partagent une idée commune : la réalité émerge de la manière dont l'esprit perçoit et organise l'expérience.

L'hindouisme considère l'esprit comme un outil puissant, mais aussi comme un obstacle potentiel. La méditation permet de discipliner l'esprit. Il ne s'agit pas de le supprimer, mais de l'observer sans s'identifier aux pensées. Lorsque le processus est mené à maturité, on entre dans un état de calme profond, que l'on pourrait comparer, en physique quantique, au champ unifié : une réalité immobile d'où émergent les fluctuations d'énergie qui forment le monde matériel.

Un autre pilier de l'hindouisme est le "*Yoga Sutras*" de Patanjali, un recueil d'aphorismes datant du IIe siècle avant J.-C. Dans ce texte, Patanjali expose les étapes à suivre pour amener l'esprit à l'état d'équilibre. Dans ce texte, Patanjali expose les étapes à suivre pour amener l'esprit à un état d'équilibre. Son objectif est d'atteindre le "*citta-vritti-nirodha*", ou le "*silence des fluctuations mentales*". Patanjali observe que l'esprit, s'il n'est pas contrôlé, fonctionne comme un miroir brisé : il réfracte les pensées et les émotions de manière chaotique, donnant l'illusion d'une réalité fragmentée.

D'un point de vue pratique, Patanjali propose huit étapes de yoga (ashtanga yoga), qui comprennent des postures physiques (asana), le contrôle de la respiration (pranayama) et la concentration mentale (dharana). Silence est progressivement atteint en entraînant l'esprit à se purifier, à l'image d'une rivière qui devient lentement limpide lorsque l'agitation de ses eaux cesse.

La physique quantique a découvert qu'au niveau subatomique, la réalité est influencée par l'observateur. Des expériences telles que le "dualisme onde-particule" montrent qu'une particule peut se comporter comme de la matière ou comme une onde, selon la manière dont elle est observée. De même, l'hindouisme enseigne que l'univers est façonné par l'esprit humain.

Niels Bohr, l'un des pères de la mécanique quantique, est une figure centrale de l'histoire récente qui a exploré la relation entre l'esprit et la réalité. Bohr était fasciné par la spiritualité orientale et consultait souvent des textes sacrés indiens. Le symbole du *yin-yang*, qu'il a conservé dans ses armoiries personnelles, représente la complémentarité, un concept central dans les phénomènes quantiques. Cette même complémentarité se retrouve dans l'hindouisme, où le jeu des opposés (prakriti et purusha) représente l'équilibre entre la matière et l'esprit.

Ce qui rend l'hindouisme unique, c'est son invitation à l'expérimentation intérieure. Les idées ne sont pas acceptées comme des dogmes, mais sont considérées comme des résultats atteignables par la pratique et la recherche personnelle. L'exemple des sages de l'Inde ancienne est éclairant : ils vivaient dans des ermitages entourés par la nature et consacraient leur vie à l'observation de l'esprit. Aujourd'hui encore, des lieux tels que les *ashrams* le long du Gange sont des centres de recherche intérieure, où des praticiens du monde entier font l'expérience d'enseignements millénaires.

Un exemple intéressant est celui d'Erwin Schrödinger, scientifique et créateur de l'équation des ondes quantiques. Schrödinger a été profondément inspiré par les Upanishads, des textes philosophiques indiens qui étudient la nature de l'être. Il a trouvé fascinant le concept de Brahman, la réalité ultime et indivisible, qui résonne étonnamment bien avec l'idée d'un champ quantique unissant tout ce qui existe.

L'hindouisme et la physique quantique semblent converger sur un point crucial : l'esprit n'est pas seulement un élément de la réalité, mais aussi son créateur. Alors que la physique moderne utilise des outils technologiques pour observer le monde subatomique, l'hindouisme nous invite à tourner ces mêmes outils vers l'intérieur, en explorant le "micro-univers" de la conscience.

Les deux disciplines ne sont pas ennemies, mais alliées. En fin de compte, elles offrent une réponse à la question que l'humanité s'est toujours posée : qui sommes-nous et quel rôle l'esprit joue-t-il dans la création de l'univers ? Peut-être, comme le suggère l'hindouisme, comprendre l'esprit, c'est comprendre le tout.

L'esprit comme miroir de l'unité.

L'idée que l'esprit est un miroir, capable de refléter l'unité sous-jacente de ce que nous percevons comme la réalité, est au cœur de la philosophie de l'Advaita Vedanta. Ce courant de l'hindouisme, enraciné dans les textes sacrés des Upanishads, nous invite à regarder au-delà des apparences. L'esprit humain, apparemment complexe et créatif, n'est qu'une illusion qui cache la vérité fondamentale. Le véritable Soi, ou Atman, est identique au principe universel Brahman.

D'une certaine manière, l'Advaita Vedanta se rapproche des théories modernes de la physique quantique, qui remettent en question les perceptions ordinaires du monde. Selon les physiciens quantiques, ce que nous appelons la "réalité objective" est une expression fluide, mue par l'interaction de l'énergie, de l'observation et de la conscience. Comme dans la pensée orientale, la physique quantique indique qu'il existe une unité cachée derrière la multiplicité du monde.

Nisargadatta Maharaj, l'un des plus grands maîtres spirituels indiens du XXe siècle, a résumé la nature de l'esprit en une image simple mais puissante :

> *"L'esprit crée le monde et lui donne un nom. Mais vous êtes au-delà de l'esprit. Nous sommes le ciel clair, et l'esprit n'est qu'un nuage qui passe."*

Pour Nisargadatta, le mental n'est rien d'autre qu'un outil avec lequel l'être humain interprète et construit sa perception de la réalité. Cependant, cet outil est limité car il occulte la conscience illimitée qui est la véritable nature de l'individu.

Cette image rappelle le concept quantique de "champ sous-jacent". Dans le langage de la physique, on parle souvent d'un champ unifié, d'une réalité invisible qui relie chaque particule et chaque événement. C'est une unité qui, dans son essence, n'est pas altérée par des fluctuations visibles ou des phénomènes observables. Cependant, comme les nuages dans le ciel, la surface des choses distrait l'observateur de la dimension profonde de la réalité.

L'une des différences les plus marquées entre la vision occidentale de l'esprit et celle de l'hindouisme réside dans l'orientation des travaux qui lui sont consacrés. En Occident, l'esprit est souvent considéré comme une entité à développer, à nourrir de connaissances et de compétences toujours nouvelles. La psychologie, les neurosciences et la pédagogie se concentrent depuis des siècles sur l'évolution et l'amélioration de la pensée rationnelle.

L'Advaita Vedanta appelle à un renversement radical : il ne s'agit pas d'améliorer quoi que ce soit, mais de le dépasser. Pour la pensée védantique, il ne s'agit pas d'accumuler des connaissances ou de lutter contre les pensées négatives. Au contraire, l'observation spirituelle consiste à reconnaître que l'esprit, dans son activité constante, détourne de la réalité fondamentale. La méditation, ou dhyana, est un outil clé dans ce processus. Il ne s'agit pas de changer l'esprit, mais de comprendre son illusion.

Les Upanishads, textes philosophiques au cœur de l'hindouisme, renforcent ce point de vue. La Mandukya Upanishad, en particulier, propose une métaphore célèbre : le monde phénoménal est comme une corde prise pour un serpent. Dans l'obscurité, l'ignorance (ou avidya) crée une illusion. Seule la lumière - la conscience - permet de voir qu'il n'y a pas de serpent.

Un autre exemple significatif nous vient d'Adi Shankaracharya, le grand philosophe de l'Advaita Vedanta, qui a vécu aux alentours du 8e siècle. Shankara soutenait que le monde est comme un rêve. Tout ce qui semble réel cesse d'exister lorsque l'on reconnaît la nature illusoire du rêve lui-même. Ce concept n'est pas très éloigné des réflexions actuelles de la physique quantique sur le rôle de l'observateur.

L'intersection de l'Advaita Vedanta et de la physique quantique a fasciné de nombreux penseurs contemporains. Fritjof Capra, auteur de *The Tao of Physics*, a été l'un des premiers à montrer les points de contact entre les traditions mystiques orientales et les connaissances de la science moderne. Capra a reconnu que les sages indiens et les physiciens contemporains arrivent à la même conclusion : le monde que nous percevons est un reflet et non la réalité ultime.

Le scientifique David Bohm, célèbre pour sa théorie de l'ordre implicite, s'est également fait l'écho d'idées similaires. Bohm a décrit l'univers comme un tout indivisible, où ce qui semble séparé n'est qu'une fragmentation imposée par l'esprit. Pour Bohm, le "tout" se cache derrière chaque manifestation de la réalité. Cette description est étonnamment proche de la conception de l'Advaita Vedanta, où tout est Brahman, unique et indivisible.

L'hindouisme propose des pratiques pour découvrir cette unité au-delà du flux mental. La méditation est centrale, mais l'étude des textes sacrés et le dialogue avec un maître spirituel (guru) peuvent également aider. Le célèbre poète mystique du XVe siècle, Sant Kabir, a décrit l'esprit comme un singe sautant de branche en branche : instable, désordonné. Mais Kabir, dans ses œuvres poétiques, a montré que l'amour du divin et la concentration sur le Soi conduisent au calme et à la reconnaissance de la vérité.

L'esprit, selon l'hindouisme, est un miroir capable de refléter la réalité. Pour ce faire, ses distorsions doivent être éliminées. Le défi, cependant, n'est pas de transcender l'esprit par la lutte ou l'amélioration. Il s'agit simplement de reconnaître que derrière les nuages se cache un ciel clair et immuable. Cet enseignement, qui couvre des millénaires de sagesse orientale, est aujourd'hui redécouvert par la science contemporaine. La philosophie et la physique font ressortir une grande vérité : l'unité a toujours existé. Il ne tient qu'à nous de nous arrêter pour l'observer.

Au-delà de l'esprit : une perspective intemporelle.

Dans le vaste paysage philosophique de l'hindouisme, l'esprit est considéré comme un pont, mais aussi comme un voile. C'est un pont parce qu'il nous permet d'explorer l'univers des perceptions et des expériences. Mais c'est un voile parce que, à ses bords, se trouve une dimension plus profonde, au-delà des illusions de la pensée ordinaire. C'est une perspective qui s'avère aujourd'hui extraordinairement proche des intuitions de la physique quantique.

La physique quantique, celle-là même qui a révolutionné notre compréhension de l'univers avec des personnages comme Niels Bohr et Werner Heisenberg, nous enseigne que l'on ne peut observer la réalité sans la modifier. L'observateur n'est pas un appendice neutre, il influence l'expérience elle-même. Ce principe trouve un écho spirituel dans l'hindouisme. La question ici n'est pas simplement scientifique. Elle est existentielle : qui est l'observateur ? Qui regarde derrière l'esprit ?

Pour les anciens penseurs indiens, l'observateur est une énigme et, en même temps, le cœur de l'existence. Des textes vieux de plusieurs siècles, tels que les Upanishads, décrivent l'esprit comme un outil, mais pas comme l'essence de l'être humain. L'une des métaphores les plus célèbres de la Katha Upanishad compare l'être humain à un char : les sens sont les chevaux, l'esprit remplace les rênes, l'intellect est le conducteur , tandis que l'"observateur", l'Atman, est le passager silencieux. Le point crucial, selon les sages hindous, est de cesser de s'identifier au conducteur ou à l'esprit, et de découvrir le passager.

Ce voyage est un immense défi, car l'esprit n'est pas seulement un pont vers la connaissance, c'est aussi un trompeur. L'hindouisme définit cette tromperie par le terme Māyā, qui signifie "illusion". Māyā n'est pas une condamnation : c'est la condition même du monde phénoménal, le "jeu cosmique" (līlā). L'être humain, prisonnier de cette illusion, tend à se confondre, à croire que l'esprit et ses pensées sont la réalité ultime. Mais il s'agit là, disent les maîtres, d'une superposition qui nous éloigne de la vérité profonde.

L'œuvre de Ramana Maharshi, un saint et philosophe de l'Inde du Sud qui a vécu entre 1879 et 1950, est un parfait exemple de cet effort de transcendance de l'esprit. Maharshi, qui a passé la majeure partie de sa vie dans le silence méditatif d'Arunachala, une montagne sacrée, a invité ses disciples à se poser une question radicale : "Qui suis-je ? Il ne s'agit pas d'une question rhétorique, mais d'une pratique directe pour démasquer l'esprit et ses illusions. Selon Maharshi, le moi authentique, ou Atman, n'a besoin d'aucune pensée pour exister : il est éternel, immuable et n'est lié ni au temps ni à l'espace.

La physique quantique, parallèle moderne de cette intuition, nous conduit à explorer un univers dans lequel le temps et l'espace semblent être dominés par des probabilités et des événements non déterministes. Une expérience comme celle de la double fente montre qu'une particule peut se comporter soit comme une onde, soit comme un corpuscule, en fonction de son interaction avec l'observateur. Cette interaction contradictoire de réalités et de possibilités multiples peut trouver une résonance fascinante avec l'idée hindoue d'une vérité au-delà de nos outils cognitifs.

La Bhagavad Gītā, l'un des textes sacrés les plus lus en Inde, explore cette dynamique avec une clarté extraordinaire. Dans son dialogue avec le prince Arjuna, Krishna parle de l'esprit comme d'un instrument qu'il faut maîtriser et non nier. Krishna propose une vision radicale : pour vaincre la souffrance, il faut se libérer de l'attachement et de l'identification à la pensée. L'esprit discipliné n'est pas un ennemi, mais devient un allié sur le chemin de la liberté spirituelle.

> *"Celui qui a conquis le mental est calme face au chaud et au froid, au plaisir et à la douleur, à la victoire et à la défaite" (Bhagavad Gītā, 6:7).*

En observant l'hindouisme, nous nous rendons compte que cette vision n'est pas seulement philosophique, mais aussi pratique. Les techniques traditionnelles telles que le yoga et la méditation ont un objectif spécifique : faire taire le bruit de l'esprit afin d'entrevoir ce qui est plus profond. Le silence de la méditation apparaît alors comme l'équivalent intérieur d'une "singularité quantique", un point où les catégories de temps et d'espace se dissolvent.

L'hindouisme propose une réalité intemporelle qui ne se limite pas aux structures conceptuelles de la pensée. L'univers observé n'est qu'une projection de l'esprit, mais derrière l'esprit se trouve l'éternel. Le mental est un outil fondamental pour notre vie quotidienne, mais il n'est pas ce que nous sommes. Le surmonter, en termes hindous, c'est atteindre Moksha : la libération de toutes les contraintes.

Au-delà de l'esprit, il n'y a ni passé ni futur. Il y a l'éternel présent, une réalité qui ne peut être décrite mais seulement vécue. Et cela, avec une intonation qui nous renvoie aux profondeurs de la physique quantique, est peut-être la seule vérité.

Conscience et physique quantique.

La physique quantique, décrite par beaucoup comme la frontière la plus mystérieuse de la science moderne, a remis en question les conceptions établies de la réalité. Ses théories redéfinissent des concepts tels que la matière, l'énergie et même la conscience. Parallèlement, l'hindouisme, l'une des plus anciennes traditions philosophiques du monde, aborde des questions similaires depuis des millénaires, notamment en ce qui concerne la nature de l'esprit et le rôle de la conscience dans l'univers. Ces deux mondes apparemment éloignés trouvent étonnamment des points de contact.

La nature de l'esprit dans les Upanishads.

L'hindouisme considère l'esprit comme un outil puissant, mais aussi comme un obstacle à la compréhension de la réalité ultime, le Brahman. Cette réalité, selon les Upanishads, est le principe universel et immuable qui sous-tend tout ce qui existe. Cependant, l'esprit cache souvent cette vérité par ses perceptions limitées et ses travaux incessants, que les hindous appellent "*manas*". Pour découvrir la véritable nature de l'existence, l'hindouisme préconise de faire taire le bruit mental par des techniques telles que la méditation et le dhyana (contemplation).

Un passage célèbre de la Mundaka Upanishad utilise une métaphore significative :

> *"L'esprit est comme une flèche qui doit être tirée avec précision vers la cible, qui est Brahman".*

Cette idée rappelle quelque peu le concept quantique de l'observateur, selon lequel les perceptions d'un observateur peuvent influencer la réalité observée.

Un parallèle intéressant entre l'hindouisme et la physique quantique apparaît dans la notion de Maya, le "voile de l'illusion". Selon la tradition, Maya est ce qui déforme la perception humaine, donnant l'impression que ce qui est en réalité unitaire est séparé. La physique quantique, à travers l'expérience de la double fente, montre comment une particule peut se comporter soit comme une particule, soit comme une onde, selon l'observation. Ici, la réalité semble prendre différentes formes, comme si elle était "façonnée" par la perspective de l'observateur.

Au XXe siècle, des physiciens comme Erwin Schrödinger ont trouvé des analogies fascinantes entre Maya et le comportement des particules subatomiques. Schrödinger, qui a été profondément influencé par la lecture des Upanishads, a écrit que "*la séparation du sujet et de l'objet n'est qu'une illusion*". Ce point de vue reflète le cœur de la pensée non-dualiste hindoue, connue sous le nom d'Advaita Vedanta, selon laquelle toute la réalité est interconnectée.

Un autre aspect central est l'importance de la conscience. L'hindouisme, avec le concept d'Atman (l'âme ou le moi), considère la conscience comme la manifestation de l'union entre le microcosme humain et le macrocosme universel. En physique quantique, la conscience est un sujet controversé mais incontournable. Certains scientifiques, comme Eugène Wigner dans les années 1960, ont émis l'hypothèse que l'observation consciente était nécessaire pour rendre "réel" l'effondrement de la fonction d'onde, c'est-à-dire pour déterminer l'état réel d'une particule.

Dans cette perspective, le rôle de la conscience humaine ressemble à celui que l'hindouisme attribue à l'esprit éveillé. Selon la philosophie indienne, lorsque l'esprit reconnaît la nature illusoire de l'ego, il s'ouvre à la compréhension d'une réalité unifiée. La physique quantique, sans embrasser une explication métaphysique, suggère que la conscience peut jouer un rôle non marginal dans la structure fondamentale de l'univers.

Des personnalités telles que Fritjof Capra ont joué un rôle clé dans la construction de ponts entre ces deux mondes. Dans son livre de 1975, Capra souligne les similitudes entre les anciennes traditions orientales et les récentes découvertes de la physique quantique. Capra a visité l'Inde à plusieurs reprises et a trouvé dans les enseignements du Vedanta une riche source d'inspiration pour comprendre le mystère de la matière et de l'esprit.

Ces réflexions sont également liées à des lieux symboliques. Le centre de recherche fondé par J. Robert Oppenheimer à Los Alamos, où la bombe atomique a été mise au point, est devenu un symbole de la manière dont les connaissances scientifiques peuvent également recouper des dilemmes éthiques et philosophiques. L'hindouisme et la physique quantique abordent l'esprit et la conscience avec des approches différentes mais complémentaires. L'un propose des outils pour transcender l'illusion et découvrir l'unité universelle. L'autre arrive à des conclusions similaires, mais à travers des lentilles mathématiques et physiques. Pour ceux qui cherchent des réponses à l'énigme de la réalité, ce dialogue entre les philosophies anciennes et la science moderne reste l'une des enquêtes les plus fascinantes de notre époque.

La conscience crée-t-elle le cosmos ? De la fonction d'onde à l'Advaita Vedanta.

La nature de la relation entre la conscience et l'univers est l'une des questions les plus fascinantes de la pensée humaine. Ce dialogue se déroule dans des contextes apparemment éloignés : la physique quantique moderne et les idées anciennes de l'Advaita Vedanta, un courant de pensée non dualiste de l'hindouisme. Les deux domaines, de manière différente, remettent en question le rôle de l'observateur dans la création de la réalité.

En physique quantique, la fonction d'onde décrit un état probabiliste, un domaine de pures possibilités. C'est par l'observation qu'un des états potentiels se manifeste, devenant une réalité concrète. Ce concept, central dans l'interprétation de Copenhague, a pris des formes plus audacieuses avec l'interprétation d'Eugène Wigner et, plus tard, dans l'"*univers participatif*" du physicien John Wheeler.

Wigner, physicien et philosophe des sciences, a émis l'hypothèse que la conscience humaine était un agent actif dans l'effondrement de la fonction d'onde. Selon lui, sans la conscience, l'univers resterait dans un état indéterminé. Cette suggestion introduisait une idée radicale : l'univers pourrait dépendre de l'intervention de la conscience pour exister sous une forme définie. John Wheeler a élargi cette perspective en proposant que l'univers ne soit pas simplement observé, mais cocréé par les observateurs dans un cycle continu d'interactions. Son idée d'un "univers participatif" implique que l'acte de mesurer ou d'observer n'enregistre pas passivement la réalité, mais la constitue.

Ces connaissances quantiques, bien que nées dans des contextes physico-mathématiques, trouvent un écho surprenant dans l'Advaita Vedanta.

L'Advaita Vedanta, l'école non-dualiste fondée par le philosophe indien Adi Shankara au 8ème siècle, enseigne que la réalité phénoménale est Maya, une illusion. Maya ne signifie pas que le monde n'existe pas, mais que ce que nous percevons comme une réalité indépendante est en fin de compte dépourvu d'essence véritable. La seule vérité absolue, selon l'Advaita, est Brahman, la réalité suprême, indivisible et sans caractéristiques. Le moi individuel (Atman) est également Brahman, mais trompé par Maya, il expérimente l'existence comme séparée de la totalité.

Ce point de vue trouve un curieux parallèle dans la physique quantique. Si la réalité n'existe pas en soi mais ne se manifeste que par l'intervention de l'observateur, elle peut être considérée comme une illusion jusqu'au moment de sa "création" par la mesure. Dans le contexte de l'Advaita, celui qui observe (l'observateur) et ce qui est observé ne sont pas vraiment séparés. Tous deux partagent la même essence.

Cette rencontre entre la physique quantique et l'Advaita est plus qu'une confrontation académique. Elle peut être considérée comme une tentative de compréhension de l'esprit, du cosmos et de leur relation dans son ensemble. Wheeler a suggéré que l'univers lui-même était une grande boucle de rétroaction, dans laquelle chaque observateur contribue à la construction de la réalité. Adi Shankara, des siècles plus tôt, a indiqué un principe similaire en disant :

> *"Le monde est comme un rêve, réel pour ceux qui sont dans le rêve, irréel pour ceux qui sont éveillés".*

Une anecdote célèbre de la culture indienne illustre bien cette idée. On raconte que l'ancien sage Janaka, après un rêve intense dans lequel il vivait comme un pauvre homme, demanda à son maître spirituel :

> *"Suis-je le roi qui rêve d'être pauvre ou suis-je un pauvre qui rêve d'être roi ?*

Le maître a répondu :

> *"Ni l'un ni l'autre. Vous êtes la conscience qui observe les deux.*

Cette histoire reflète le cœur de l'Advaita : l'observateur est la réalité fondamentale, et non ce qui est observé.

Le concept selon lequel la conscience est au cœur de la réalité trouve des échos modernes non seulement dans la physique, mais aussi dans la philosophie des sciences et des arts. Le physicien Roger Penrose, lauréat du prix Nobel, a souligné que certains aspects de la conscience pouvaient être liés à la structure quantique du cerveau, bien que sa théorie Orch-OR soit encore débattue. Parallèlement, des écrivains tels que Fritjof Capra ont popularisé le lien entre la science moderne et la sagesse orientale, ravivant l'intérêt pour la dimension spirituelle de la pensée scientifique.

Dans la sphère culturelle, ce dialogue a influencé le cinéma et la littérature. Des films comme Matrix (1999) reproduisent l'idée que le monde perçu est une illusion (Maya) et qu'une "réalité supérieure" est accessible en accédant à un niveau de conscience plus profond.

L'idée que la conscience crée le cosmos reste au cœur du débat. La physique quantique suggère que la réalité émergente n'est pas quelque chose "là-dehors", mais une construction qui dépend de l'observateur. L'Advaita Vedanta arrive à la conclusion que l'observateur et l'univers ne font qu'un. Tous deux semblent suggérer que la séparation entre l'observateur et l'observé est une illusion et que la conscience est le point d'origine de toute réalité.

Comme l'a écrit Wheeler,

L'univers est un acte de participation".

Dans le même ordre d'idées, Adi Shankara a proclamé :

Tout est un. Le moi est le tout".

Deux perspectives apparemment éloignées, mais qui convergent vers une question fondamentale : et si l'essence de l'univers n'était pas séparable de l'essence de ceux qui le contemplent ?

L'univers est-il conscient ?

Une idée fascinante commence à prendre forme dans les laboratoires de physique et les amphithéâtres des universités : l'univers pourrait être conscient. D'une part, la mécanique quantique soulève des questions profondes sur les liens entre la matière et l'esprit ; d'autre part, les textes de l'hindouisme, tels que les Vedas et les Upanishads, offrent une vision de l'unité totale appelée Brahman, décrite comme la réalité ultime et universelle. Peut-il y avoir un dialogue entre ces deux perspectives ?

En 1935, Erwin Schrödinger a proposé une idée paradoxale pour illustrer les bizarreries de la mécanique quantique. Imaginez un chat enfermé dans une boîte, dont le sort est lié à l'issue d'un événement quantique : une particule peut se désintégrer ou non, et la vie ou la mort du chat en dépend. En termes quantiques, jusqu'à ce que quelqu'un ouvre la boîte, le chat est "vivant et mort" en même temps, c'est-à-dire qu'il se trouve dans une "*superposition d'états*".

Ce paradoxe souligne un point crucial de la théorie quantique : l'observateur joue un rôle fondamental. Ce n'est qu'au moment de l'observation que l'état quantique "s'effondre" dans l'une des possibilités définies. Mais qui ou quoi est l'observateur ? S'agit-il simplement d'une expérience mécanique ou faut-il un esprit conscient pour mener à bien le processus ?

Cette question est étroitement liée à d'anciennes réflexions hindoues. Dans la philosophie védantique, Brahman est considéré comme le "témoin suprême" (*Sakshi*). Il est la présence consciente qui observe et soutient chaque manifestation du cosmos. Tout comme l'observation en physique quantique transforme les possibilités en réalité, Brahman représente cette conscience qui permet à l'univers lui-même d'exister.

Certains scientifiques se sont demandé si la conscience était un phénomène émergent du cerveau humain ou quelque chose de plus fondamental. Le physicien John Wheeler, l'un des pères de la théorie quantique, a avancé l'idée que l'univers a besoin d'observateurs conscients pour exister réellement. Il a qualifié ce point de vue d'"univers participatif". En d'autres termes, l'univers lui-même pourrait être construit par l'interaction de la matière, de l'énergie et de la conscience.

On retrouve une idée similaire dans les textes sacrés indiens tels que les Upanishads, dans lesquels Brahman n'est pas séparé de l'univers mais en constitue la trame même. Un passage célèbre de la Chandogya Upanishad déclare : "*Tat Tvam Asi*" ("*Tu es cela*"), exprimant l'unité entre l'individu et le cosmos. Là encore, la conscience n'est pas confinée à l'être humain, mais constitue la substance même de l'univers.

Une expérience célèbre, connue sous le nom d'*expérience de la double fente*, démontre une fois de plus les liens fascinants entre la physique quantique et la conscience. Lorsqu'une particule, telle qu'un photon, traverse une barrière à deux fentes, son comportement dépend de l'observation : si elle est observée, elle se comporte comme une particule ; si elle n'est pas observée, elle présente les caractéristiques d'une onde.

Ce phénomène pose une question fondamentale : l'acte d'observation modifie-t-il la réalité ? Selon certaines interprétations, il semblerait que oui. L'esprit du chercheur pourrait réduire le système à un état défini. Dans ce cas, la conscience ne serait pas seulement une propriété de la réalité, mais une force active qui la transforme.

Dans la philosophie hindoue, tout cela trouve des parallèles frappants. Brahman est décrit à la fois comme infini et statique, et comme dynamique dans sa manifestation dans le monde. Même Maya, le voile de l'illusion, ne se dissout qu'au moment de l'interaction avec la conscience de soi, un processus qui rappelle l'idée de l'observateur qui rend la réalité quantique tangible.

La physique et les textes anciens convergent sur un point crucial : la séparation de l'esprit et du monde est une illusion. Cette idée était déjà évidente il y a plusieurs siècles lorsque Schrödinger lui-même, un érudit de la philosophie indienne, écrivait : "La séparation entre l'esprit et le monde est une illusion :

"Cette vie que vous vivez n'est pas seulement une partie de l'univers tout entier, mais d'une certaine manière, elle est l'univers tout entier.

Dans des moments culturels exceptionnels, la physique moderne semble faire écho aux idées anciennes. La conférence de Genève en 1975, par exemple, a débattu de ces idées de manière formelle pour la première fois, grâce à des physiciens comme Fritjof Capra qui ont cherché des convergences entre la science et la spiritualité. Pendant ce temps, en Inde, des écoles védiques millénaires continuaient d'enseigner que l'univers et la conscience sont des expressions du même principe éternel, Brahman.

Les questions relatives à la conscience et à la nature ultime de la réalité restent sans réponse, mais les perspectives offertes par la physique quantique semblent remettre au goût du jour des idées millénaires tirées des textes hindous. Nous faisons tous partie d'un univers qui est peut-être non seulement vivant, mais aussi conscient.

Si le chat de Schrödinger nous enseigne que la réalité dépend de l'observation et que les Védas nous montrent que tout est Brahman, nous pourrions en effet être les participants actifs d'un cosmos dont la trame est la conscience elle-même. Reste à savoir dans quelle mesure cette conscience est individuelle ou universelle. La science et la spiritualité, une fois de plus, semblent danser ensemble dans le grand mystère de la réalité.

Qu'est-ce que la réalité ? La question quantique.

La physique quantique a révolutionné notre façon d'appréhender la réalité. Née au début du 20e siècle, cette discipline a démoli les certitudes de la physique classique, révélant un monde subatomique qui défie la logique quotidienne. Des phénomènes tels que la superposition d'états et l'intrication quantique nous obligent à repenser le concept même de réalité. Mais que signifie réellement "exister" ? Et quel est le rôle de l'observateur dans la définition de ce que nous percevons comme réel ?

L'une des questions centrales de la physique quantique tourne autour du comportement des particules au niveau microscopique. Les expériences montrent qu'une particule, avant d'être observée, n'a pas de position ou d'état bien défini. Elle se trouve dans un état de "superposition", où elle semble se trouver dans plusieurs endroits ou états à la fois. Mais lorsqu'un observateur entre en jeu, cette ambiguïté disparaît. La particule semble choisir un seul de ses états possibles.

Ce phénomène est décrit comme l'"effondrement de la fonction d'onde". Mais qui ou quoi provoque cet effondrement ? Pour de nombreux physiciens, l'observateur lui-même est la clé. Eugène Wigner, l'une des figures de proue de la physique quantique et lauréat du prix Nobel en 1963, a poussé cette idée jusqu'à une conclusion radicale : selon lui, la conscience humaine pourrait être le facteur déterminant. C'est l'acte d'observation - par un sujet conscient - qui transforme le potentiel de la particule en réalité concrète.

Wigner, avec un mélange d'audace et d'intuition, a placé l'esprit humain au centre de l'interaction entre le monde subatomique et la réalité perçue. Pour beaucoup, cette vision est fascinante, mais aussi inquiétante : elle implique qu'en l'absence d'observateurs conscients, l'univers ne pourrait exister que comme une mer de possibilités indéterminées.

Pour illustrer cette ambivalence entre réalité et observation, on peut rappeler le célèbre paradoxe du chat de Schrödinger, formulé en 1935 par le physicien autrichien Erwin Schrödinger. Imaginons un chat enfermé dans une boîte avec une fiole de poison susceptible d'être libéré par la désintégration d'une particule radioactive. Jusqu'à ce que l'on ouvre la boîte et que l'on observe, le chat n'est ni mort ni vivant, mais dans un état superposé. Seule l'observation humaine permet de définir avec certitude le sort de l'animal.

Cette expérience de pensée n'approfondit pas seulement le mystère de la superposition quantique, mais ouvre également de profondes portes philosophiques : existe-t-il une réalité indépendante de notre observation ? Ou bien la façonnons-nous avec notre conscience ?

Les questions soulevées par ces expériences trouvent un écho surprenant dans certains courants de l'hindouisme, notamment dans l'Advaita Vedanta, une école philosophique qui prône une vision non duelle de la réalité. Selon l'Advaita, la réalité ultime - appelée

Brahman - n'est pas séparée de la conscience. Au contraire, la conscience et la réalité ne font qu'un. Cette pensée rappelle le concept quantique du rôle de l'observateur : comme en physique, la réalité, dans ces doctrines spirituelles, dépend également du point de vue de l'esprit.

Le physicien John Wheeler, successeur de Wigner, a proposé une idée tout aussi provocante : le principe d'un univers participatif. Selon Wheeler, l'univers n'est pas une entité immuable qui existe simplement. Il s'agit plutôt d'une entité "en construction", continuellement définie par des observations et des interactions. La question clé pour Wheeler est donc la suivante : peut-il y avoir un univers sans observateurs ?

C'est ici que la physique et la philosophie se rencontrent. Dans de nombreux textes hindous, l'univers est décrit comme un "jeu cosmique" (Lila) joué par la conscience primordiale. L'observateur n'est pas un simple spectateur, mais un participant essentiel à la création de la réalité. Si cette idée est vraie, l'univers lui-même peut être considéré comme une manifestation de la conscience.

Les implications de la physique quantique ne sont pas seulement scientifiques. Nous touchons également au plan existentiel. Si la conscience joue effectivement un rôle fondamental, cela pourrait changer notre façon de voir la vie. La réalité n'est plus quelque chose de fixe et d'indépendant, mais un champ changeant, défini par l'interaction entre l'esprit et la matière.

Les cultures orientales, en particulier l'hindouisme, ont toujours considéré l'esprit comme un élément central pour comprendre la nature de l'univers. Aujourd'hui, grâce à la physique quantique, ces idées pourraient trouver un dialogue avec la science moderne. Il s'agit d'une invitation à réfléchir à des questions anciennes : qui sommes-nous vraiment ? Et dans quelle mesure ce que nous appelons "réalité" dépend-il de notre point de vue ?

Conscience et réalité dans l'hindouisme.

Les interrogations sur la nature de la réalité et de la conscience ne sont pas étrangères aux grandes traditions spirituelles. Dans l'hindouisme, ces questions apparaissent comme des thèmes centraux, notamment dans la pensée védantique et, surtout, dans l'Advaita Vedanta. Cette philosophie affirme que tout ce qui existe est une expression de la conscience universelle, appelée Chit ou Purusha.

Selon cette école, la conscience n'est pas un sous-produit du cerveau. Il s'agit plutôt du principe fondamental et immuable qui imprègne l'univers et se manifeste sous la forme de tout ce que nous percevons comme la réalité physique.

Les textes védiques et les Upanishads insistent sur la distinction entre ce qui est réel et ce qui est illusoire. La réalité matérielle, connue sous le nom de Prakriti, est souvent décrite comme maya, une illusion ou un jeu cosmique projeté par la conscience. En d'autres termes, l'univers observable n'a pas d'existence indépendante. Il est totalement imbriqué dans la conscience universelle. Ce concept est exposé dans le célèbre verset des Upanishads :

Brahman est le réel, le monde est irréel, l'individu n'est pas différent de Brahman.

Ces idées trouvent une résonance surprenante avec certaines questions fondamentales de la physique quantique. En particulier, l'effet de l'observateur soulève le problème de la relation entre l'esprit et la matière. En physique moderne, le simple fait d'observer peut influencer le comportement de la réalité au niveau subatomique. La célèbre expérience de la double fente en est un exemple emblématique. Les scientifiques ont découvert qu'un photon ou un électron se comporte comme une onde ou une particule selon qu'il est observé ou non. L'observateur semble donc jouer un rôle actif dans la détermination de la réalité phénoménale.

Le physicien Eugene Wigner, lauréat du prix Nobel en 1963, a été fasciné par ce paradoxe. Wigner, également connu pour son intérêt pour les traditions indiennes, s'est interrogé sur le rôle de la conscience. Il a proposé que l'esprit humain ne soit pas un simple spectateur passif de l'univers physique, mais un élément fondamental de sa définition. Wigner a déclaré :

"Je ne peux pas formuler les lois de la physique sans faire référence à la conscience".

Wigner lui-même a admis qu'il trouvait son inspiration dans les systèmes philosophiques orientaux, notamment ceux de l'Inde ancienne. Il a reconnu que l'hindouisme, qui met l'accent sur l'unité entre l'observateur et la réalité observée, avait avancé des idées proches de celles que la physique moderne commençait à explorer.

Selon l'Advaita Vedanta, il n'existe pas deux réalités distinctes : celle du sujet observant (la conscience) et celle de l'objet observé (le monde physique). Il n'existe qu'une seule réalité indivisible, appelée Brahman. La séparation du sujet et de l'objet, selon la vision védantique, est un produit de l'ignorance (Avidya). La méditation et l'étude spirituelle visent à dissoudre cette illusion, permettant à l'individu de réaliser que sa conscience est identique à Brahman.

Même en physique quantique, l'idée que le sujet ne peut être extrait de l'équation de la réalité fait de plus en plus son chemin. Le concept d'"intrication quantique" suggère que les particules peuvent rester connectées au-delà de l'espace et du temps. Cette interconnexion universelle, qui défie les lois du sens commun, semble rappeler les déclarations des Upanishads sur l'unité sous-jacente de l'existence.

Le physicien David Bohm, autre penseur important du 20e siècle, a proposé le concept d'"ordre implicite" comme modèle de l'univers. Il a suggéré qu'il existe une réalité cachée, plus fondamentale, à partir de laquelle le monde phénoménal émerge. Ce point de vue ( ) rappelle la distinction védantique entre Brahman (réalité ultime) et Maya (réalité apparente).

L'intérêt pour les idées philosophiques de l'Inde ancienne ne se limite pas aux physiciens théoriciens. Carl Jung, le psychanalyste suisse, a exploré le symbolisme des traditions indiennes en relation avec l'esprit. Fritjof Capra, auteur de "The Tao of Physics", a consacré des chapitres entiers au parallèle entre les traditions orientales et la physique moderne. Son travail a montré comment la perception holistique de la réalité, de la conscience et de l'univers est commune aux deux domaines.

Cette convergence de la philosophie ancienne et de la science moderne invite à une profonde réflexion. Non seulement sur les lois de la physique, mais aussi sur le sens de la vie elle-même. Comme l'a noté Wigner lui-même, la compréhension de la conscience n'est pas seulement l'affaire de la science. C'est un défi qui nécessite la collaboration de la philosophie, de la religion et même de l'art.

En fin de compte, l'hindouisme nous rappelle que la réalité que nous observons n'est peut-être que le reflet de quelque chose de plus grand. Une image projetée par le miroir infini de la conscience universelle.

L'approche de David Bohm : entre physique et mystique.

Une autre figure clé de ce dialogue est le physicien David Bohm, connu pour ses travaux sur l'ordre implicite et son intérêt pour les dimensions holistiques de la réalité. Bohm a soutenu que l'univers n'était pas une série d'objets séparés, mais plutôt une énorme totalité connectée, une sorte d'"ordre implicite" d'où émerge le monde perceptible, ou "ordre explicite".

Bohm a été profondément influencé par l'hindouisme et la pensée orientale en général. Son idée d'une "totalité indivisible" rappelle la vision védantique de l'Advaita, qui signifie littéralement "non-dualité". Pour les maîtres védantiques, le monde physique et la conscience sont deux aspects du même principe fondamental, appelé Brahman. Bohm a beaucoup dialogué sur ces questions avec des personnalités telles que Jiddu Krishnamurti, un philosophe indien qui a remis en question la séparation entre l'observateur et l'observé. Ces dialogues ont offert au physicien de nouvelles perspectives pour son modèle de physique.

David Bohm, l'un des physiciens théoriciens les plus révolutionnaires du XXe siècle, a uni la science et la philosophie comme peu d'autres l'ont fait. Né en 1917 en Pennsylvanie ( ) et actif à une époque de développements extraordinaires en physique quantique, Bohm ne s'est pas arrêté aux équations. Il est allé plus loin, explorant le sens profond de la réalité. Son idée maîtresse était celle d'un univers connecté, d'une unité indivisible dans laquelle ce que nous voyons n'est qu'une petite partie du tout.

Selon Bohm, la réalité se divise en deux niveaux : l'"ordre implicite" et l'"ordre explicite". Le premier représente une dimension cachée, profondément connectée, dans laquelle tout est uni dans une totalité sans séparations. C'est en quelque sorte l'architecture invisible de l'univers, un plan plus profond où les distinctions entre matière et conscience, entre observateur et observé, perdent leur sens. L'"ordre explicite", quant à lui, est le monde perçu par les sens : la réalité manifeste, composée d'objets apparemment séparés, émergeant de l'ordre implicite comme une figure émerge d'un fond.

Un exemple éclairant offert par Bohm est la métaphore de l'hologramme. Un hologramme est une image tridimensionnelle, mais chacune de ses parties contient l'information de l'image entière. De même, selon Bohm, chaque fragment de l'univers contient l'essence de la totalité, un concept qui trouve des parallèles remarquables avec l'hindouisme et, en particulier, avec la philosophie de l'Advaita Vedanta.

Le Vedanta Advaita, l'un des courants les plus influents de l'hindouisme, repose sur l'idée d'une réalité non duelle (Advaita signifie littéralement "pas deux"). Selon cette conception, le monde phénoménal - celui perçu par les sens - est illusoire (Maya), tandis que le principe fondamental, appelé Brahman, est la seule réalité. Brahman représente à la fois la matière et la conscience, réunies en une seule essence indivisible.

Cette philosophie a fourni à Bohm un vocabulaire profond pour réfléchir à la nature de la réalité. L'idée d'une unité cachée dans l'univers, similaire au concept Advaita du "tout est un", a trouvé un terrain fertile dans ses dialogues avec Jiddu Krishnamurti. Le philosophe indien, connu pour son approche iconoclaste de la méditation et de la conscience, rejetait la séparation entre l'observateur et l'observé, insistant sur le fait que ce n'est qu'en comprenant cette unité que l'être humain peut entrer en contact avec la vérité.

Bohm et Krishnamurti ont longuement dialogué entre les années 1960 et 1980, explorant ces questions lors de réunions publiques et privées. Krishnamurti, en particulier, a souligné le rôle de l'esprit conditionné, un thème qui résonne profondément avec les implications de la physique bohmienne concernant la réalité perçue. Dans leurs dialogues, souvent enregistrés dans des lieux tels que Brockwood Park en Angleterre, Bohm a fait preuve non seulement d'une curiosité intellectuelle, mais aussi d'un penchant spirituel, rare chez les scientifiques de son époque.

Les idées de Bohm montrent comment la science moderne peut se rapprocher du mysticisme oriental. Il considérait la physique quantique comme un outil permettant non seulement de décrire les phénomènes naturels, mais aussi d'étudier les limites de la pensée humaine. Il soutenait que la séparation - si profondément ancrée dans la culture occidentale - était une illusion. Pour Bohm, comme pour les maîtres védantiques, toute dualité, que ce soit matière/esprit ou temps/éternité, est une forme d'incompréhension de la réalité.

Un exemple concret de l'approche holistique de Bohm se trouve dans le phénomène de l'enchevêtrement quantique. Ce phénomène, dans lequel deux particules restent connectées même à des distances extrêmes, suggère que l'univers entier peut être considéré comme un système intégré. Bohm a interprété ce phénomène non pas comme une curiosité mécanique, mais comme un indice fondamental d'un ordre caché.

David Bohm nous invite, par sa science et son dialogue avec les philosophies orientales, à repenser l'idée de réalité. À la fin de sa vie, il disait :

La science n'existe pas séparément de l'humanité : elle est l'expression de notre existence.

Cette phrase condense son message, un appel à considérer la physique, l'esprit et la spiritualité comme des éléments d'une seule et même aventure humaine. En cela, Bohm apparaît presque comme un *rishi* moderne, un sage franchissant la frontière entre le visible et l'invisible, entre ce que nous savons et ce que nous pressentons. Comme le Brahman de l'Advaita, l'ordre implicite de Bohm représente une réalité indivisible, le cœur caché de l'univers.

L'esprit, illusion ou outil ?

Au cœur de la philosophie indienne, les Upanishads tracent une vision fascinante de la réalité. Ces textes, composés entre 800 et 300 avant J.-C., décrivent l'esprit comme une force duale. D'une part, l'esprit est une illusion, piégé dans le jeu de Maya, le "voile" qui obscurcit la vraie nature de l'univers. D'autre part, c'est aussi un outil précieux : un pont qui, s'il est exploité avec sagesse, peut mener au-delà de l'illusion à la libération, la Moksha.

De même, la physique quantique nous pose des questions tout aussi profondes. Dans ce domaine, la réalité n'est jamais absolue. Les particules subatomiques existent dans un état de superposition : elles sont simultanément en plusieurs endroits ou états, mais cessent de l'être lorsqu'un observateur les mesure. Ce phénomène, connu sous le nom d'effondrement de la fonction d'onde, a conduit certains physiciens à s'interroger sur le rôle de l'esprit humain dans le processus d'observation.

Le concept de maya, central dans l'hindouisme, rappelle la nature insaisissable de la réalité telle qu'elle est décrite par la physique quantique. Dans l'œuvre philosophique la plus connue des Upanishads, *la Brihadaranyaka Upanishad*, nous lisons que l'univers visible est comme une toile, une construction qui dissimule la vérité ultime, le Brahman. Au niveau subatomique, le monde se comporte de la même manière. La matière, à son niveau le plus fondamental, apparaît davantage comme une énergie ou une probabilité que comme quelque chose de solide et de défini.

Dans les deux contextes, l'observateur est donc crucial : sa présence n'est pas neutre, mais influence la réalité. Ce point de contact entre la physique et l'hindouisme a fasciné de nombreux penseurs modernes.

Le physicien quantique Amit Goswami est l'un des chercheurs contemporains qui a réuni ces perspectives. Né en Inde en 1936 et formé en Occident, Goswami a développé le concept d'idéalisme moniste. Selon cette théorie, c'est la conscience, et non la matière, qui est à la base de l'univers. Goswami estime que les observations de la physique quantique confirment cette position philosophique : l'observateur, en tant que conscience, joue un rôle direct dans la création de la réalité telle que nous la percevons.

Dans une interview, Goswami a raconté comment la lecture des Upanishads l'avait incité à explorer le lien entre ces connaissances anciennes et les nouvelles découvertes scientifiques. Pour lui, l'esprit est à la fois un outil qui peut nous libérer de l'illusion de la matière et une force qui peut nous embrouiller si elle n'est pas bien dirigée. Il a déclaré : "L'esprit est un outil qui peut nous libérer de l'illusion de la matière :

"La conscience, et non la matière, est le fondement ultime de l'univers, et c'est par l'esprit que nous pouvons la percevoir".

Le thème de la maya et de l'esprit en tant qu'instrument résonne également dans la culture indienne à travers des symboles et des lieux. Dans le temple de Kanchipuram, dans le sud de l'Inde, une célèbre légende raconte l'histoire d'un roi qui, après avoir médité pendant longtemps, découvrit que tout l'univers visible était contenu dans son esprit.

Selon la tradition, le roi en question aurait été Rajasimha Pallava, souverain de la dynastie Pallava, qui a régné sur le Tamil Nadu entre le VIIe et le VIIIe siècle. Rajasimha était connu non seulement pour ses exploits militaires, mais aussi pour sa profonde dévotion spirituelle. La légende raconte qu'alors qu'il se retirait à l'intérieur du temple pour une longue méditation, il fit l'expérience d'un état de conscience surhumain. À cet instant, le roi réalisa que la réalité extérieure - constituée d'étoiles, de montagnes, de planètes et même du temple lui-même - n'était rien d'autre que le reflet de son esprit.

Cette intuition n'a pas seulement marqué la vie du roi. Elle a été célébrée par les sages de l'époque comme une expérience directe de ce que les textes hindous appellent la nature du *Brahman* : la réalité ultime qui imprègne le cosmos tout entier.

Ce concept se rapproche de ce que les physiciens appellent l'"univers holographique" : l'idée que l'ensemble de la réalité peut être une projection tridimensionnelle d'un état plus fondamental, à l'instar d'un hologramme.

Connaître le soi dans le multivers quantique. L'hindouisme et Eugène Wigner.

La science moderne et les anciennes traditions spirituelles semblent être des voies éloignées, séparées par des siècles d'histoire et de méthodologies. Cependant, un dialogue extraordinaire a commencé à émerger entre la philosophie de l'Advaita Vedanta, un pilier de l'hindouisme, et la physique quantique. Le concept de "l'*unité du Soi*" (Atman= Brahman) et l'interprétation d'Eugène Wigner du rôle de la conscience dans l'effondrement de la fonction d'onde se distinguent.

L'Advaita Vedanta, l'une des écoles les plus prestigieuses de l'hindouisme, affirme l'identité fondamentale entre Atman (le moi individuel) et Brahman (l'absolu universel). Selon les maîtres védantiques tels qu'Adi Shankaracharya, qui vécut au VIIIe siècle, l'idée de séparation entre les objets, les êtres et les esprits est une illusion, c'est Maya. Seule la conscience pure existe, éternelle et infinie.

Cette conception philosophique, développée dans un contexte spirituel, se concentre sur la réalisation personnelle, invitant les individus à "*connaître le Soi*" afin de surmonter les illusions du monde. La méditation devient le pont qui permet de reconnaître cette unité, en supprimant les barrières de l'ego.

Des siècles plus tard, au cœur du XXe siècle, le physicien et lauréat du prix Nobel Eugene Wigner a proposé une idée révolutionnaire. Dans le contexte de la mécanique quantique, il a suggéré que la conscience humaine était essentielle pour "l'*effondrement de fonction d'onde*". Pour simplifier, il s'agit du point critique à partir duquel une particule subatomique ne se manifeste en tant que réalité définie que lorsqu'elle est observée. Par exemple, un électron se manifestant dans une position spécifique

Dans la célèbre interprétation de Copenhague de la physique quantique, le rôle de l'observateur était fondamental, mais Wigner a poussé le concept plus loin. Il a suggéré qu'un simple instrument de mesure ne suffisait pas. Il faut un observateur conscient, capable de percevoir et de traiter l'information.

L'intuition de Wigner a trouvé un écho surprenant dans le concept védantique de conscience universelle. L'Advaita enseigne que la conscience est la seule réalité fondamentale ; de même, Wigner a attribué à la conscience le pouvoir d'influencer la matière elle-même. Bien qu'opérant dans des contextes très différents, ces deux concepts cherchent à répondre à la même question : quelle est la nature de l'observateur ?

Pour mieux comprendre ce lien, on peut imaginer le multivers quantique comme la Maya védantique : une infinité de possibilités potentielles, qui ne se manifestent que par la conscience en une réalité perceptible.

Eugene Wigner n'était pas seulement un brillant physicien théoricien, mais aussi un penseur profondément influencé par la philosophie. Né à Budapest en 1902, il a développé un vif intérêt pour la métaphysique, inspiré par l'intérêt croissant de l'Europe pour les traditions orientales. Dans les années 1920 et 1930, le dialogue entre physiciens et philosophes est animé par des débats sur l'essence de la réalité. Niels Bohr, pionnier de la physique quantique et contemporain de Wigner, s'est rendu en Inde en 1930 pour discuter avec Rabindranath Tagore de la relation entre la science et le spirituel.

Tagore, poète et philosophe, avait des liens étroits avec la pensée védantique, et sa vision poétique de la réalité semblait trouver un accord profond avec la physique quantique naissante. Cet échange culturel a influencé non seulement Wigner, mais aussi d'autres géants de la science tels qu'Erwin Schrödinger et Werner Heisenberg. Schrödinger, en particulier, a cité le concept d'Atman dans certaines de ses réflexions.

Connaître le Soi dans le multivers des possibilités.

Cette convergence de l'Advaita Vedanta et de la physique quantique offre une vision fascinante et provocante. Pour la tradition védantique, connaître le Soi, c'est transcender les illusions du mental et reconnaître sa propre nature en tant que conscience infinie, identique à la réalité universelle. Dans le langage de la physique quantique, on pourrait dire qu'il s'agit de s'observer soi-même dans le contexte d'un multivers de possibilités, où la conscience est l'acte créateur qui façonne la réalité.

Wigner lui-même a réfléchi au fait que la physique, sans prendre en compte la conscience, risque de rester incomplète. Il a déclaré :

> *"Il n'est pas possible de formuler les lois de la mécanique quantique de manière totalement cohérente sans faire référence à la conscience*

Cette affirmation, bien que controversée, souligne l'importance du sujet observant en tant que variable fondamentale, non seulement dans les équations quantiques, mais aussi dans les grandes questions sur la nature de l'existence.

Le voyage entre l'hindouisme et la physique quantique ne cherche pas à fusionner deux visions du monde, mais à reconnaître où elles se reflètent l'une l'autre. L'Advaita Vedanta offre une voie spirituelle pour découvrir l'unité du Soi, tandis que les idées de Wigner ouvrent la porte à une compréhension de la conscience en tant que moteur de la réalité quantique.

Dans un monde où la science et la foi semblent souvent s'opposer, ce dialogue nous rappelle que les deux peuvent être des outils précieux pour explorer le mystère de l'être, nous invitant à apprendre à connaître non seulement l'univers, mais aussi le Soi qui l'observe.

L'approche de la réalité par David Bohm et ses liens avec la philosophie indienne.

David Bohm, l'un des physiciens théoriciens les plus brillants du XXe siècle, est connu non seulement pour sa contribution à la physique quantique, mais aussi pour sa réflexion révolutionnaire sur la nature de la réalité. Bohm, né en 1917 en Pennsylvanie, était un penseur contre-culturel, allant au-delà des formules scientifiques et cherchant un langage capable de décrire l'univers comme une entité profondément interconnectée. Ses théories, connues sous le nom d'ordre implicite et d'ordre explicite, , font appel non seulement à la physique, mais aussi aux anciennes traditions philosophiques de l'Inde, en particulier aux principes holistiques exprimés dans les Upanishads.

Au cœur de la philosophie scientifique de Bohm se trouve l'idée que la réalité n'est pas fragmentée, mais qu'elle constitue un flux continu. Bohm décrit l'univers à travers deux niveaux principaux : l'ordre explicite (le monde de surface que nous percevons) et l'ordre implicite (une réalité cachée, sous-jacente, qui soutient ce qui apparaît à la surface). L'ordre explicite représente ce que nous voyons, touchons et mesurons : le monde matériel, défini par des lois scientifiques. L'ordre implicite, quant à lui, est le domaine du potentiel, une dimension plus profonde et omniprésente d'où tout émerge.

Cette distinction rappelle de manière frappante la vision hindoue de l'univers décrite dans les Upanishads. Dans les textes sacrés indiens, la réalité phénoménale (Maya) est considérée comme une représentation illusoire, soutenue par un substrat caché et unifié, Brahman. Tout comme l'ordre implicite de Bohm, Brahman est la réalité ultime et indivisible où toutes les choses sont unies dans une matrice commune.

L'esprit en tant qu'observateur.

Pour Bohm, le rôle de l'esprit et de l'observateur est essentiel pour comprendre la réalité. Même en physique quantique, l'acte d'observer semble influencer le comportement des particules subatomiques. Cette énigme, liée à l'expérience de la double fente, est l'un des mystères les plus profonds du monde quantique. Bohm propose que l'esprit et le monde physique ne soient pas séparés, mais fassent partie du même flux d'énergie et d'information.

Cette notion d'esprit comme partie intégrante de la réalité semble trouver un écho dans la philosophie indienne. Dans les traditions de l'Advaita Vedanta, la conscience humaine (Atman) est considérée comme un reflet direct de Brahman. La séparation entre l'observateur et l'observé est donc une illusion. Cette perspective, tant dans la physique de Bohm que dans l'hindouisme, suggère que l'univers est un tout interconnecté, dans lequel l'esprit joue un rôle crucial en rendant manifeste ce qui existe.

Dans les années 1970 et 1980, Bohm a entamé une série de dialogues avec le philosophe et maître spirituel indien Jiddu Krishnamurti. Ces rencontres profondes et éclairantes ont eu lieu en grande partie au centre éducatif de Krishnamurti à Brockwood Park, en Angleterre. Bohm et Krishnamurti ont abordé des sujets fondamentaux tels que la nature de la pensée, l'ego et la possibilité d'un esprit libre de toute fragmentation.

Krishnamurti, connu pour ses idées non dogmatiques, a soutenu que la division entre le sujet et l'objet était le résultat d'une activité mentale conditionnée. Bohm, en tant que scientifique, a comblé le fossé entre les idées du philosophe et l'étude de la réalité quantique. Dans leurs dialogues, l'idée émerge que la fragmentation mentale, si typique de l'être humain moderne, provient de l'incapacité à voir la réalité dans son unité fondamentale.

Un petit épisode significatif s'est produit en 1980, lors d'une réunion à Ojai, en Californie. Krishnamurti utilise la métaphore de la rivière pour décrire l'esprit dans un état de silence : la rivière coule sans interruption, reflétant l'intégralité de la réalité. Bohm a vu dans cette image un parallèle avec son idée de "flux holistique", où l'univers n'est pas constitué de fragments séparés, mais d'un mouvement continu d'énergie et de sens. Bohm a appelé cela "*holomouvement*".

Les travaux de Bohm et ses échanges avec Krishnamurti ont jeté un pont entre la science occidentale et la sagesse orientale. Bohm lui-même a visité l'Inde dans les années 1960 et a été fasciné par la profondeur des traditions spirituelles locales. L'une de ses principales conclusions est que l'Occident, avec son approche analytique et fragmentée, pourrait tirer un immense profit de la pensée holistique de l'Orient.

Malheureusement, Bohm n'a pas bénéficié de la reconnaissance académique qu'il aurait méritée. Ses idées étaient trop novatrices pour nombre de ses contemporains. Néanmoins, sa pensée continue d'inspirer les nouvelles générations de chercheurs qui cherchent à unir la science, la philosophie et la spiritualité.

De Schrödinger à Krishna : l'hindouisme et l'introspection en physique quantique.

Erwin Schrödinger, physicien autrichien et pionnier de la mécanique quantique, est connu pour le célèbre "paradoxe du chat". Ce que l'on sait moins, en revanche, c'est le lien profond qui l'unit à la philosophie indienne. Les idées contenues dans les Upanishads et la Bhagavad Gita ont profondément influencé sa pensée, l'incitant à réfléchir sur la conscience, l'unité de la réalité et le rôle de l'observateur dans l'univers.

Schrödinger est né à Vienne en 1887. Dès son plus jeune âge, il montre des aptitudes précoces pour les mathématiques et la physique. Au cours de ses années de formation, cependant, son intérêt s'est élargi au-delà de la rigueur scientifique. Amoureux des arts et de la philosophie, il trouve fascinante toute tentative d'explication de la nature de la réalité. Le tournant s'est produit dans les années 1920, lorsque Schrödinger, à la recherche de réponses que la science ne pouvait lui apporter, est tombé sur des traductions d'anciennes écritures indiennes.

L'un de ses textes préférés est le Vedanta, un recueil philosophique basé sur les Upanishads. Schrödinger est frappé par l'idée que la réalité ultime est une entité unique et indivisible : Brahman. Cette vision le rapproche de l'idée que les séparations apparentes (entre le sujet et l'objet, l'observateur et l'observé) sont illusoires. Comme il l'a écrit dans ses mémoires :

"La conscience n'est pas une propriété individuelle. C'est un phénomène universel qui ne peut être fragmenté".

Schrödinger aimait citer la Bhagavad Gita, l'un des textes sacrés fondamentaux de l'hindouisme. Dans la Gita, Krishna explique les mystères de la vie et de la mort au prince Arjuna, lui révélant que chaque être fait partie d'une seule et même réalité éternelle. Ce concept entre en résonance avec la vision quantique que Schrödinger était en train de développer. La physique quantique a montré que les particules subatomiques n'existent pas dans des états séparés jusqu'à ce qu'elles soient observées, ce qui suggère que la réalité est intrinsèquement interconnectée. Dans une lettre datant de 1925, Schrödinger écrit :

"Je suis fasciné par la façon dont la physique moderne semble se rapprocher de plus en plus de la vision du monde proposée par les anciens sages indiens.

Cette déclaration n'est pas fortuite. Il voyait un parallèle entre l'indétermination des particules quantiques et la conception hindoue de Maya, le voile de l'illusion qui cache la vraie nature de la réalité.

La conscience comme fondement de la réalité.

L'un des aspects les plus révolutionnaires de la pensée de Schrödinger est son intérêt pour la conscience. Contrairement à nombre de ses contemporains, qui considéraient la conscience comme un sous-produit de l'activité cérébrale, Schrödinger pensait que la conscience était fondamentale pour comprendre l'univers. Cette idée a trouvé des racines profondes dans la pensée indienne.

Dans le Vedanta, la conscience, ou Atman, est décrite comme l'essence de tous les êtres vivants. Schrödinger a interprété ce point de vue de manière scientifique, développant une conception unifiée de l'esprit et de l'univers. Il a souvent écrit que la frontière entre le sujet percevant et la réalité perçue est arbitraire. Pour lui, le monde extérieur n'existe que dans la mesure où il est vécu par la conscience.

Dans ses conférences et essais ultérieurs, Schrödinger a souvent fait écho à ses études sur l'hindouisme, affirmant que la science ne pouvait ignorer le rôle de l'esprit dans la formulation des lois naturelles. Il a déclaré, sur un ton presque poétique, que l'univers est un "*jeu cosmique*", un flux d'énergie dans lequel toutes les distinctions sont temporaires.

Pendant son séjour à Arosa, un village suisse, Schrödinger se consacre à la rédaction de ses œuvres les plus philosophiques. Dans un petit chalet entouré de la nature alpine, il lit des traductions anglaises des Upanishads et approfondit sa connaissance de la philosophie orientale. C'est dans ce cadre de calme et d'introspection que sont nées certaines de ses idées les plus révolutionnaires.

Un autre moment clé dans la vie de Schrödinger a été son contact avec d'autres intellectuels influencés par l'hindouisme. En Suisse, il rencontre Rabindranath Tagore, poète et philosophe indien lauréat du prix Nobel, avec qui il discute des similitudes entre les conceptions orientales de la vie et les nouvelles découvertes scientifiques. Tagore l'incite à rapprocher la science du cœur humain, un conseil que Schrödinger gardera à cœur jusqu'à la fin de sa vie.

Schrödinger n'a pas été le seul scientifique de son époque à être inspiré par l'Orient, mais il est probablement celui qui en a tiré les conclusions les plus audacieuses. Pour lui, la physique quantique n'était pas seulement une description numérique de la nature, mais une lentille permettant d'explorer la condition humaine. Ses réflexions, telles que la célèbre expérience de l'esprit du chat, ont soulevé de profondes questions sur le sens de la réalité et le rôle de l'observation.

L'influence des Upanishads est évidente dans nombre de ses écrits. De l'idée que le temps et l'espace sont de simples constructions de l'esprit à la croyance en une réalité ultime et indivisible, Schrödinger a été l'un des premiers scientifiques à jeter un pont entre les idées spirituelles orientales et la logique rigide de la science occidentale.

Erwin Schrödinger est un exemple extraordinaire de la manière dont la science peut dialoguer avec la spiritualité. Ses idées, nourries par les anciennes philosophies de l'Inde, l'ont aidé à formuler certaines des théories les plus importantes de la physique moderne. Dans son célèbre ouvrage intitulé "*Qu'est-ce que la vie ?*

> *"Le grand mystère n'est pas que l'univers est fait de matière, mais qu'il est conscient de lui-même à travers nous.*

Aujourd'hui, sa pensée continue d'inspirer les scientifiques et les philosophes, nous rappelant que pour vraiment comprendre le cosmos, il faut d'abord regarder à l'intérieur de soi.

Conscience, physique quantique et réincarnation.

L'esprit humain, mystère profond et éternel, continue d'être au centre des réflexions de la science et des anciennes traditions orientales. D'une part, la physique quantique révèle un univers imprévisible où l'observateur joue un rôle crucial. D'autre part, l'hindouisme, à travers le concept de réincarnation, explore la continuité de la conscience au-delà de la vie physique. Ces deux visions apparemment éloignées peuvent-elles trouver un point de contact ? Certains chercheurs, dont le physicien quantique Amit Goswami, le pensent.

Au cours des dernières décennies, la physique quantique a montré que la réalité, au niveau subatomique, n'est pas aussi objective qu'on le croyait. Les expériences sur les photons et les électrons, comme la célèbre expérience de la double fente, ont révélé que le comportement de la matière change en fonction de l'observation. En d'autres termes, la présence de l'observateur détermine la manifestation de la réalité. Amit Goswami, figure de proue de la physique quantique et auteur d'ouvrages tels que "*The Self-Aware Universe*", a suggéré que la conscience n'est pas un produit du cerveau, mais une réalité fondamentale, le "*tissu*" sur lequel s'étend l'univers. Goswami déclare :

> *"Le monde n'existe pas indépendamment de l'observation. La conscience est le fondement de tout être".*

Cette approche va à l'encontre de la vision matérialiste classique, mais présente des similitudes frappantes avec la pensée indienne. Dans l'hindouisme, en effet, la conscience est considérée comme primordiale par rapport à la matière. Le moi individuel, ou Atman, est intrinsèquement lié à Brahman, la conscience universelle, éternelle et omniprésente.

Dans la philosophie hindoue, la réincarnation est un élément central. Selon la doctrine du karma, chaque action accomplie par un individu laisse une empreinte mentale qui détermine les expériences futures. Ce n'est pas le corps qui renaît, mais une continuité subtile liée à la conscience, qui passe d'une vie à l'autre. Ce cycle de naissance, de mort et de renaissance est connu sous le nom de *Samsara*.

C'est ici qu'intervient un parallèle possible avec la physique quantique. Les expériences modernes suggèrent que la réalité n'est pas statique, mais qu'elle est un processus continu d'effondrement des possibilités, influencé par l'observation. De la même manière, on pourrait considérer le karma comme l'effondrement continu des potentialités causé par les actes et les pensées de l'individu. La conscience serait alors le fil conducteur, capable de façonner non seulement le présent mais aussi l'avenir.

L'une des expériences les plus fascinantes illustrant le rôle fondamental de la conscience est le "paradoxe du chat" de Schrödinger. Dans cette célèbre expérience de pensée, le chat est à la fois vivant et mort jusqu'à ce qu'un observateur détermine le résultat. Ce "dualisme potentiel" ressemble au concept hindou de Maya : la réalité sensorielle n'est qu'une illusion, influencée par l'intervention de la conscience.

Parallèlement, des textes anciens comme la Bhagavad Gita expliquent que l'âme (*jiva*) ne meurt jamais ; au contraire, elle passe d'un corps à l'autre comme un homme qui change de vêtements. Ce processus, régi par le karma, crée une réalité cyclique où le passé, le présent et le futur s'entremêlent. Dans le contexte quantique, même le temps n'est pas linéaire mais relatif, ce qui rend l'idée cyclique de la réincarnation plus conforme aux découvertes scientifiques contemporaines que la vision déterministe occidentale.

Un autre parallèle entre la réincarnation et la science moderne émerge des études de Ian Stevenson, un psychiatre qui a documenté des milliers de cas d'enfants affirmant se souvenir de vies antérieures. Grâce à des témoignages détaillés et à des preuves vérifiables, Stevenson a soulevé des questions sur la nature de la mémoire et de la conscience. Ces souvenirs pourraient-ils être des enregistrements quantiques à un niveau plus profond, au-delà du cerveau physique ? Goswami lui-même suppose que la conscience est à la base d'un champ unifié où l'information peut être préservée, à l'instar du concept indien des "*archives akashiques*".

Les traditions spirituelles et la science moderne semblent converger sur un point crucial : la réalité est intrinsèquement influencée par la conscience . Qu'il s'agisse du cycle hindou du Samsara ou de l'effondrement de la fonction d'onde quantique, les deux perspectives reconnaissent un rôle central à l'esprit, non pas en tant que spectateur passif mais en tant que co-créateur de l'expérience. Comme l'a dit Aurobindo, philosophe et mystique indien :

"L'esprit est le pont entre l'esprit et la matière.

Avec les découvertes de la science moderne, nous sommes peut-être en train de découvrir que ce pont n'est pas aussi étroit que nous le pensions, mais qu'il s'agit d'un large passage reliant le passé et le présent, l'Orient et l'Occident, les sujets scientifiques et les réalités spirituelles.

La question reste ouverte : la conscience crée-t-elle la réalité ou l'observe-t-elle ? Peut-être que, comme dans l'hindouisme et la physique quantique, il n'y a pas de réponse unique, mais un cycle éternel où chaque observateur est aussi un créateur.

La toile de la réalité : philosophie hindoue, physique du vide et dialogues culturels.

La réalité est une trame, un tissu qui relie tout. Cette vision, élaborée depuis des siècles par la philosophie hindoue, trouve aujourd'hui des parallèles surprenants dans la physique quantique. D'une part, l'Akasha, le concept védique de l'espace cosmique, représente la matrice universelle qui unit tout. D'autre part, le vide quantique de la science moderne n'est pas vide du tout, mais une structure vibrante qui génère et relie les particules subatomiques, se révélant être "un vide complet". À première vue, il s'agit de deux mondes différents. Pourtant, il existe peut-être un pont entre ces traditions millénaires et la physique contemporaine.

Dans la philosophie hindoue, l'akasha est le cinquième élément primordial, à côté de la terre, de l'air, du feu et de l'eau. Il ne s'agit pas d'un espace vide, mais d'une réalité subtile et dynamique qui imprègne et relie tout ce qui existe. Les textes anciens, tels que les Vedas, décrivent l'akasha comme la base de la manifestation cosmique, le point de rencontre entre le monde visible et l'invisible. Swami Vivekananda, le mystique indien qui a introduit l'hindouisme en Occident à la fin du 19e siècle, a comparé l'akasha à un arrière-plan éternel, à l'intérieur duquel le monde phénoménal est formé. Pour Vivekananda, l'univers n'existerait pas sans un champ unificateur invisible, une toile sous-jacente.

La physique quantique, entre le 20e et le 21e siècle, a révolutionné notre compréhension du vide. Dans le modèle quantique, ce que nous appelons le "vide" est en fait un champ rempli de fluctuations d'énergie. Ces fluctuations génèrent des particules virtuelles et des forces fondamentales. Selon le physicien théoricien David Bohm, ce substrat s'apparente à un "ordre implicite", un niveau caché de la réalité qui donne naissance à tout ce que nous voyons. Ce n'est pas un hasard si Deepak Chopra a souvent utilisé le concept de vide quantique pour expliquer l'interconnexion de la conscience humaine avec le cosmos. Chopra, physicien et penseur contemporain d'origine indienne, interprète le vide comme un point de contact entre la physique moderne et les intuitions spirituelles anciennes, liées à l'idée d'un univers indivisible.

Au XXe siècle, des penseurs comme Vivekananda et des physiciens comme Nikola Tesla ont ouvertement proposé un dialogue transversal entre la science et la spiritualité. Vivekananda a rencontré Tesla en 1893, lors de l'exposition universelle de Chicago. Tous deux partagent un intérêt pour l'énergie subtile en tant que fondement de toute chose. Tesla recherchait une "*énergie cosmique illimitée*", tandis que Vivekananda parlait de l'énergie universelle comme d'une expression de l'akasha. Tous deux, de manière différente, ont réalisé que la réalité n'est pas réductible à des entités séparées. Il s'agit plutôt d'un réseau interconnecté.

Aujourd'hui, la science moderne confirme certaines idées millénaires. Les études sur l'intrication quantique, par exemple, montrent que des particules distantes de plusieurs années-lumière peuvent être connectées simultanément, comme si elles agissaient au sein d'une même matrice. Cette découverte, qui pour Einstein était "*effrayante*" et difficilement acceptable, entre en résonance avec l'idée indienne de l'unité cosmique. L'expérience d'Alain Aspect en 1982, qui a confirmé le phénomène d'intrication, a suscité de nouvelles discussions sur la complexité cachée du vide.

Deepak Chopra continue de souligner le lien entre la vision non-dualiste hindoue et les principes quantiques contemporains. Dans ses livres et ses conférences, Chopra propose que l'univers soit un champ unifié de potentiel. Cette interprétation rappelle l'Advaita Vedanta, l'une des écoles philosophiques les plus influentes de l'hindouisme. Selon l'Advaita, il n'existe qu'une seule réalité indivisible : le "Brahman", la conscience suprême. Tout ce qui semble séparé est en réalité une illusion.

Un exemple fascinant de cette idée émerge de la pratique de la méditation, qui a également été étudiée par des chercheurs occidentaux. Pendant la méditation profonde, l'esprit semble se synchroniser avec un état d'activité minimale, semblable aux fluctuations d'un vide quantique. Certaines neurosciences commencent à suggérer que l'attention consciente se comporte comme l'effondrement d'une fonction d'onde, un mécanisme qui sous-tend la physique quantique. En d'autres termes, l'esprit ne serait pas étranger à la toile du cosmos, mais en ferait partie intégrante.

La convergence de la physique et de la philosophie n'est pas seulement académique. Elle nous pousse à repenser la façon dont nous percevons le monde et nous-mêmes. L'idée que l'univers entier est connecté à un niveau profond n'est pas seulement spirituelle. Elle devient une réalité scientifique et culturelle. Des lieux comme le *Centre Chopra* en Californie ou l'*Institut indien des sciences à Bangalore* poursuivent ce dialogue pluridisciplinaire, explorant la manière dont ces idées peuvent influencer notre relation avec la nature, la technologie et la santé mentale.

Tout comme les canaux de l'Indus ont irrigué les cultures pendant des siècles, le flux de connaissances entre l'Orient et l'Occident trace la voie d'un nouveau dialogue mondial. Grâce à la perspicacité d'esprits comme Swami Vivekananda et aux découvertes de la physique moderne sur le vide quantique, un message simple mais puissant émerge : tout est interconnecté.

Points de rencontre ?

L'hindouisme et la physique quantique peuvent sembler deux mondes à part, séparés par la frontière invisible entre rationalité et spiritualité. Pourtant, en y regardant de plus près, des points de convergence surprenants apparaissent. Tous deux placent au centre de leur discours deux des questions les plus profondes de l'humanité : qu'est-ce que la réalité ? et quelle est la nature de la conscience ?

L'hindouisme, notamment à travers l'école Advaita Vedanta, affirme que l'univers est une unité indivisible. Tout est Brahman, l'absolu, le substrat éternel d'où tout émerge. La perception d'une séparation entre l'individu et l'univers est considérée comme une illusion, appelée Maya. De manière étonnamment similaire, certains concepts de la physique quantique suggèrent un univers profondément connecté, une totalité cachée sous-jacente à la réalité visible.

Un point de contact fondamental se trouve dans le rôle de l'observateur. En physique classique, l'univers existe indépendamment de l'observateur. Mais la mécanique quantique, grâce à des expériences telles que la fameuse double fente, a montré que l'acte d'observer modifie le comportement des particules . Un électron, par exemple, se comporte comme une particule ou comme une onde en fonction de la présence de l'observateur. Un électron, par exemple, se comporte comme une particule ou comme une onde selon la présence de l'observateur.

Dans les années 1960, le physicien hongrois Eugene Wigner a exploré l'idée que la conscience humaine pourrait faire partie intégrante de l'effondrement de la fonction d'onde, ce processus mystérieux qui transforme une superposition d'états quantiques en une réalité définie. Ce point de vue semble résonner avec les concepts de l'Advaita Vedanta, selon lesquels l'esprit lui-même participe à la création de l'expérience de la réalité.

Comme l'a déclaré le sage indien Adi Shankaracharya au 8e siècle de notre ère,

"Ce que nous voyons comme étant séparé n'est qu'une projection de notre esprit.

La physique quantique, près de mille ans plus tard, semble s'approcher de la même idée.

Un autre point de convergence concerne l'idée d'un univers intrinsèquement connecté. Le physicien David Bohm a développé la théorie de l'ordre implicite dans les années 1980. Selon Bohm, l'univers visible n'est qu'une manifestation d'une réalité plus profonde, cachée et indivisible. C'est comme regarder la surface d'un océan sans se rendre compte des courants profonds qui l'animent.

Cette théorie rappelle la conception du Brahman dans l'hindouisme, l'essence immuable et omniprésente qui unifie tous les éléments de l'existence. L'exemple du "*sutratma*", le "fil de l'âme", est emblématique. Selon des textes comme les Upanishads, ce fil invisible traverse chaque être et le relie à la source divine. Bohm n'a pas utilisé le langage de la spiritualité, mais a parlé de l'interconnexion elle-même, d'un univers qui est plus grand que la somme de ses parties.

La conscience comme clé du cosmos.

La conscience est un thème commun à la physique quantique et à l'hindouisme. Pour la science, l'esprit reste un mystère. Les physiciens tentent de comprendre si la conscience émerge simplement du cerveau ou si elle a une nature plus fondamentale dans l'univers. Certains chercheurs, comme Roger Penrose et Stuart Hameroff, ont émis l'hypothèse que la conscience pourrait être liée à des processus quantiques au sein des microtubules des cellules cérébrales. Cette théorie, connue sous le nom de "*réduction objective orchestrée*", suggère que la conscience pourrait être intégrée dans la structure même de la réalité.

De leur côté, les sages indiens décrivent la conscience comme le noyau immuable du moi. C'est l'Atman, l'âme universelle, qui n'est pas séparée de Brahman. Grâce à des pratiques telles que la méditation, on peut faire l'expérience de cette unité absolue. Certains mystiques indiens, comme Ramana Maharshi, ont parlé d'états de conscience dans lesquels toute séparation entre le sujet et l'objet disparaît, laissant place à une expérience pure de l'être.

La science ne dispose pas encore d'outils pour prouver ces expériences, mais les implications de la physique quantique, qui met l'accent sur le rôle de la conscience, suggèrent que la frontière entre l'esprit et la matière pourrait être moins rigide que ce que l'on croyait jusqu'à présent.

Ce dialogue entre l'hindouisme et la physique quantique reste ouvert et fertile en possibilités. Aucune des deux perspectives n'a toutes les réponses, mais ensemble, elles créent un espace de réflexion unique.

L'hindouisme nous invite à aller au-delà des apparences et à reconnaître l'unité cachée derrière la diversité. La physique quantique, bien que dans d'autres termes, nous pousse dans la même direction. Peut-être, comme l'a suggéré Heisenberg, en explorant les profondeurs de la nature :

> *"...nous ne trouvons pas de matière, seulement des ondes de probabilité".*

Et en fin de compte, comme le disaient les anciens sages indiens, ceux qui regardent l'univers sans a priori découvrent que l'observateur, l'observé et l'acte d'observation lui-même sont une seule et même chose. Une leçon qui, aujourd'hui plus que jamais, unit l'Orient et l'Occident dans une recherche commune du sens ultime de la réalité.

Chapitre V. Le temps et l'impermanence.

Le temps dans les textes hindous.

Le temps, dans la vision hindoue, n'est pas un voyage avec un début et une fin définis. Ce n'est pas une ligne droite qui avance vers une destination unique, comme c'est souvent le cas dans la tradition occidentale, profondément influencée par la philosophie judéo-chrétienne. Dans l'hindouisme, le temps est un cercle infini, un flux perpétuel qui se répète à travers des phases cycliques. Ce concept, connu sous le nom de "*Kalachakra*" (traduit par "*la roue du temps*"), représente l'essence même de l'impermanence et du changement continu.

Les écritures védiques et les Puranas, qui comptent parmi les plus anciens documents de la culture indienne, décrivent le temps comme divisé en cycles cosmiques appelés *yugas*. Chaque yuga est une phase d'un cycle cosmique plus grand appelé kalpa. Un kalpa, à son tour, fait partie d'une journée de Brahma, le créateur selon la mythologie hindoue. Pour comprendre ces proportions cosmiques, il faut savoir qu'un jour de Brahma dure 4,32 milliards d'années humaines. La nuit de Brahma, d'une durée équivalente, représente la destruction de l'univers avant que le cycle ne recommence.

Cette vision est non seulement philosophique, mais aussi profondément symbolique. Selon l'hindouisme, l'univers connaît une alternance constante de création, de préservation et de destruction, représentée par les trois principales divinités de la Trimurti : Brahma (le créateur), Vishnu (le conservateur) et Shiva (le destructeur). Le temps lui-même est également considéré comme une manifestation divine, souvent identifié à Kala, une forme du dieu Shiva. Kala n'est pas seulement le temps, mais aussi son pouvoir destructeur : une force qui réduit tout à l'impermanence.

Dans le concept du Kalachakra, tout se répète, mais pas de manière statique. Chaque cycle apporte avec lui des transformations, comme les saisons qui reviennent toujours, mais qui ne sont jamais identiques. Le passé n'est pas perdu, mais entrelacé avec le présent et le futur, dans un mouvement qui échappe à la linéarité. Dans les principaux textes védiques, comme le Rigveda, on trouve des indices de cette conception. Par exemple, un passage du chant dit :

La roue du temps tourne, formant les jours, traversant la nuit et ramenant l'aube.

Le poème épique Mahabharata développe la nature cyclique du temps en racontant le Dharma-yuga et le kali-yuga, des époques au cours desquelles la vertu et la droiture déclinent progressivement, pour ensuite repartir de plus belle. Selon la cosmologie hindoue, nous vivons actuellement dans le Kali Yuga, le plus sombre des cycles, caractérisé par les conflits, l'ignorance et la perte des traditions. À la fin de ce cycle, l'univers sera détruit pour être recréé à nouveau.

L'impermanence comme principe universel.

L'idée d'impermanence dans le temps hindou est étroitement liée au concept de Maya, l'illusion. La réalité perçue par les êtres vivants est transitoire, illusoire et destinée à changer. Le passage à travers les cycles temporels sert en fait de métaphore à l'évolution spirituelle, à la mort et à la renaissance, et au chemin vers la libération du cycle des réincarnations (Samsara).

Ce concept se retrouve également dans la Bhagavad Gita, où Krishna, une manifestation de Vishnu, donne des instructions au guerrier Arjuna. Krishna déclare :

"De même que l'âme passe d'un corps de nourrisson à un corps d'adulte, puis à un corps de vieillard, de même elle prend un nouveau corps après la mort. Le sage n'est pas troublé par ces changements".

La similitude avec le temps cyclique est évidente : la mort n'est pas une fin, mais seulement une phase transitoire vers le renouveau.

Différences avec l'heure occidentale.

La conception occidentale du temps, influencée par les traditions gréco-romaines et judéo-chrétiennes, est basée sur une ligne temporelle finie. L'histoire de l'humanité a un début précis, comme le raconte la Genèse, et une fin, le Jugement dernier. Ce modèle linéaire offre une structure narrative de salut et de progrès. En revanche, la vision hindoue n'envisage pas de conclusion définitive. Le cycle de l'univers se poursuivra sans fin ultime, dans un mouvement éternel et incessant.

En termes philosophiques, la différence réside dans la perception de la réalité. Dans la vision occidentale, l'histoire a une finalité progressive et un sens tourné vers l'avenir. Dans l'hindouisme, en revanche, l'accent est mis sur l'harmonie avec le cycle lui-même, plutôt que sur le contrôle du temps. Dans la culture orientale, l'observation du temps qui passe s'accompagne souvent de l'acceptation de son impermanence.

Aujourd'hui, la physique quantique est étonnamment liée à ces concepts anciens. Les modèles cycliques proposés en cosmologie, comme la théorie de l'univers oscillatoire, rappellent l'idée du Kalachakra. La notion de temps non linéaire, qui émerge des études spatio-temporelles et des paradoxes quantiques, offre également un pont conceptuel entre la philosophie hindoue et la science contemporaine.

Cette interconnexion entre la philosophie et la science montre que l'idée du temps cyclique n'est pas seulement une construction religieuse, mais une perspective qui invite l'homme à réfléchir à sa propre position dans l'univers. Dans l'hindouisme, comme dans la science moderne, le temps est impermanent, mais en même temps éternel. Un flux incessant qui demande non seulement à être compris, mais aussi à être accepté.

Le temps sans fin : le concept d'éternité dans les textes védiques.

Le concept de temps éternel, connu sous le nom d'"*ananta*", occupe une place fondamentale dans la philosophie védique. Dans les Védas et les Upanishads, le temps est décrit non seulement comme une mesure linéaire, mais aussi comme une réalité cyclique et illusoire, faisant partie du réseau plus vaste de Maya, l'apparence qui dissimule la véritable nature de l'existence. La compréhension du temps est considérée comme une étape cruciale sur le chemin spirituel qui mène au-delà de la relativité vers Brahman, l'absolu.

Selon la vision védique, le temps ne se déroule pas de manière rectiligne, mais se manifeste par des cycles cosmiques. Ces cycles sont divisés en yugas (époques cosmiques), qui se répètent dans un ordre éternel. Ce processus cyclique est étroitement lié à l'idée de création, de maintien et de dissolution de l'univers, souvent représentée par les triades cosmiques de Brahma (créateur), Vishnu (conservateur) et Shiva (destructeur).

Le concept d'ananta indique que l'univers, bien qu'éternel dans sa régénération continue, reste lié au domaine du temps relatif. Par exemple, dans les cycles du temps (kalpa) décrits dans les Puranas, on observe une idée d'univers infinis qui naissent et disparaissent, confirmant la nature transitoire de la réalité phénoménale.

Selon les textes védiques et en particulier les Upanishads, le temps fait partie intégrante de Maya, la réalité relative illusoire. Dans ce contexte, Maya inclut l'espace, le changement et la dualité, éléments qui lient l'individu à la perception du mouvement et de la transformation. La Mundaka Upanishad déclare

> *"Deux oiseaux, compagnons inséparables, sont assis dans le même arbre ; l'un mange le fruit sucré, tandis que l'autre le regarde impassiblement".*

Ici, le temps pourrait être interprété comme le fruit de l'arbre cosmique, que l'être individuel goûte, tandis que le Soi supérieur (Brahman) reste au-delà de l'expérience temporelle et de l'illusion dualiste.

La philosophie védique affirme avec force que le temps, bien qu'éternel et cyclique, appartient à la dimension relative. Grâce à la pratique spirituelle - comme la méditation, le yoga et la connaissance du Soi (Atman) - l'individu transcende les limites du temps et atteint Brahman, la réalité absolue et éternelle. À ce niveau, la cyclicité se dissout dans une unité parfaite, sans commencement ni fin.

La Mundaka Upanishad décrit cet état en affirmant que Brahman est le lieu où tous les courants de la création se rejoignent :

> *"Celui qui connaît l'inconcevable, l'éternel, l'incommensurable, l'incolore, l'invisible et l'indescriptible atteint la paix suprême".*

Le concept de temps éternel dans les textes védiques ne se limite pas à une vision cosmologique. C'est aussi un guide pour le praticien spirituel, qui cherche à comprendre le lien entre le temps matériel et l'éternité spirituelle. L'accès au Brahman nécessite de reconnaître que le temps, dans sa cyclicité et sa relativité, est un obstacle qu'il faut surmonter pour comprendre la vraie nature de la réalité.

En résumé, la pensée védique nous invite à réfléchir sur l'éternité non pas comme une simple extension temporelle, mais comme l'état de transcendance totale, où toute dualité, y compris celle du temps et de l'éternité, disparaît dans l'expérience de l'absolu.

L'horloge de Brahma : création, destruction et renaissance cosmique.

Imaginez une horloge qui ne marque pas des heures ou des minutes, mais des rythmes cosmiques, marqués sur des échelles de temps qui défient notre compréhension. C'est ainsi que l'hindouisme décrit les cycles de l'univers : à travers l'image du "jour et de la nuit de Brahma". Selon les textes védiques et puraniques, le cosmos tout entier vit, meurt et renaît dans une danse éternelle, à des intervalles de plusieurs milliards d'années. Un récit mythique, certes, mais curieusement proche de les hypothèses scientifiques contemporaines sur l'expansion et la contraction de l'univers.

Selon les écritures hindoues, la divinité Brahma - le Créateur - n'est pas éternelle, mais soumise à des cycles de vie. Pour cette figure divine, chaque "jour" correspond à 4,32 milliards d'années, et il en va de même pour chaque "nuit". Pendant le jour de Brahma, l'univers est actif : la vie, la matière, l'énergie se manifestent. Mais avec l'arrivée de la nuit, tout se dissout dans un repos cosmique appelé "*pralaya*".

Ce rythme immense est divisé en unités de temps supplémentaires telles que les kalpas et les yugas, termes qui reflètent une articulation précise du cosmos. Chaque yuga, par exemple, s'étend sur des centaines de milliers d'années et représente un déclin spirituel et moral progressif du monde jusqu'à une réinitialisation complète.

Les chiffres sont effrayants par leur immensité. Un jour Brahma entier (24 heures, réparties entre le jour et la nuit) dure 8,64 milliards d'années terrestres. Après 100 "années Brahma", l'univers entier cesse d'exister et Brahma lui-même se dissout pour laisser place à un nouveau cycle. Cette idée de création et de dissolution infinies est une clé fondamentale des textes védiques et reflète le principe d'impermanence qui sous-tend toute la philosophie hindoue.

Les cycles cosmiques décrits dans les Puranas et les Vedas ont souvent été considérés comme du pur symbolisme. Pourtant, avec le développement de la physique moderne, certains scientifiques ont commencé à établir des parallèles surprenants. La théorie du Big Bang, par exemple, raconte l'expansion de l'univers à partir d'un point initial. Mais de nombreuses hypothèses post-Big Bang postulent un futur "*Big Crunch*", au cours duquel l'univers pourrait revenir à son point de départ puis, peut-être, s'étendre à nouveau.

L'hindouisme semble anticiper cette idée. L'univers n'a ni commencement linéaire ni fin définitive. Il s'agit d'un roulement continu, semblable au cycle d'une gigantesque respiration. Dans certains textes comme le Śrīmad Bhāgavatam, l'expansion et la contraction de l'univers sont décrites comme des parties de l'inspiration et de l'expiration de Mahavishnu, un principe divin encore plus grand que Brahma.

Des personnalités telles que Carl Sagan, célèbre astrophysicien et vulgarisateur scientifique, ont exprimé leur étonnement face à ces théories anciennes. Dans son livre "*Dragons of Eden*", Sagan a expliqué que les traditions orientales avaient une vision temporelle immensément plus proche de l'immensité du cosmos que les traditions occidentales.

"Un jour de Brahma est presque aussi long que l'âge estimé de la Terre. "Comment ont-ils pu concevoir quelque chose d'aussi énorme ?"

C'est ce que s'est demandé Sagan.

L'hindouisme, à travers le mythe du jour et de la nuit de Brahma, délivre un message sous-jacent qui accompagne toute sa philosophie : le changement est inévitable. Rien n'est immuable dans le temps, pas même les étoiles ou les galaxies. Cette impermanence n'est pas un motif d'angoisse, mais d'acceptation. La destruction est toujours le prélude à une nouvelle création.

Une anecdote évocatrice raconte que Brahma lui-même s'interrogea un jour sur l'insignifiance de son rôle dans le cosmos. La légende veut que Vishnu lui ait montré une immensité sans limites, remplie de Brahma de toutes sortes : certains viennent de naître, d'autres sont en pleine activité, beaucoup sont déjà morts. Il n'y a pas un seul Créateur dans l'univers, mais d'innombrables. Chaque cycle ne concerne pas un, mais une infinité d'univers qui naissent et se dissolvent.

Quel sens cela a-t-il pour nous, êtres humains, qui mesurons notre vie en décennies ? L'hindouisme nous invite à considérer la vie comme un fragment d'un cycle beaucoup plus vaste. Nos angoisses quotidiennes, nos peurs de la fin, font partie d'un dessein universel qui dépasse l'individu.

Cette idée a également trouvé un écho dans la littérature contemporaine. Arthur C. Clarke, dans la nouvelle "*The Star*", décrit un astronaute qui observe une nébuleuse résultant d'une méga-explosion stellaire. Ici, comme dans les cycles de Brahma, la destruction engendre une nouvelle beauté, un nouvel avenir.

L'horloge de Brahma ne mesure pas seulement le temps. Elle influence notre perception de l'univers comme quelque chose de fluide, jamais figé. C'est une perspective à des années-lumière de la vision linéaire et finaliste typique de la culture occidentale. Nous, si petits dans le grand schéma du cosmos, pouvons apprendre à regarder le temps non pas comme une prison, mais comme une danse, dans laquelle chaque moment est nécessaire, éphémère et - comme tout dans l'univers - non répétable.

Les quatre Yugas : les cycles de l'humanité.

Les grands cycles cosmiques ne sont pas uniformes. Chaque kalpa comporte des phases plus courtes qui marquent l'histoire et le destin de l'humanité. Il s'agit des quatre ères connues sous le nom de Yugas, chacune ayant des caractéristiques clairement définies.

Voici un diagramme de la durée des quatre yugas en années humaines :

Satya Yuga : 1 728 000 ans.
Treta Yuga : 1 296 000 ans.
Dvapara Yuga : 864 000 ans.
Kali Yuga : 432 000 ans,

Si l'on additionne ces éléments, un Maha Yuga couvre 4 320 000 années.

À chaque époque, le monde connaît un déclin moral et spirituel progressif qui se reflète dans la durée même des époques : chacune est plus courte que la précédente, comme un sablier qui perd peu à peu du sable.

L'ère connue sous le nom de "Satya Yuga".

Le premier yuga, Satya Yuga, est considéré comme l'âge d'or et dure 1 728 000 ans. C'est l'époque de la vérité absolue (satya signifie "vérité" en sanskrit) et de la droiture. Selon les textes, l'humanité vivait alors en parfaite harmonie avec les lois cosmiques, le Dharma. Il n'y avait pas besoin de religions ou de lois organisées, car tout le monde vivait spontanément en accord avec la droiture.

Dans le Satya Yuga, les hommes étaient réputés pour leur longévité, leur honnêteté et leur pleine réalisation spirituelle. Les écritures décrivent le Satya Yuga comme une époque où les dieux étaient visibles et bien disposés à l'égard des êtres humains. L'un des mythes associés à cette époque est la création du monde lui-même, lorsque Vishnu, le Préservateur, établit les lois universelles et que Brahma, le Créateur, façonne le cosmos.

L'un des aspects les plus fascinants du Satya Yuga est la connexion parfaite entre le temps humain et le temps cosmique. Chaque action reflète directement le cours de l'univers. Le récit des origines dans le

Rigveda, le plus ancien texte de l'hindouisme, célèbre précisément cette unité. Mais le Satya Yuga n'est pas éternel. L'impermanence, principe cardinal de la philosophie hindoue, commence à se manifester avec l'arrivée de la deuxième ère.

Lère connue sous le nom de "Treta Yuga".

L'"âge d'argent" marque le début de la décadence. D'une durée de 1 296 000 ans, cette ère introduit les premières divisions et les premiers conflits. L'épopée mythique du Ramayana, dont le protagoniste est le dieu-roi Rama, se situe dans cette phase.

Treta Yuga est l'âge où commence la décadence morale. Ici, le Dharma, qui dans le Satya Yuga soutenait le monde avec quatre piliers, est soutenu par trois piliers. La vertu est toujours présente, mais elle a perdu de sa force.

Dans le Treta Yuga, le temps prend une nouvelle dimension : une distance se creuse entre l'homme et le divin. Les êtres humains doivent s'efforcer de maintenir l'ordre moral et faire face aux premières manifestations réelles de l'avidité, de l'égoïsme et des conflits. La légende de Rama, avec son dévouement au Dharma malgré des sacrifices personnels - comme l'exil forcé dans la forêt - montre la détérioration progressive de l'harmonie universelle.

Lère connue sous le nom de "Dvapara Yuga".

L'"âge du bronze" marque une descente plus abrupte. Il dure 864 000 ans. Les êtres humains deviennent moins vertueux et plus égoïstes. La mythologie hindoue situe à cette époque le célèbre poème épique Mahabharata, avec la grande guerre de Kurukshetra. C'est là que Krishna, l'incarnation de Vishnu, révèle la Bhagavad Gita, le texte philosophique qui est encore aujourd'hui un pilier de la spiritualité hindoue.

Le Dvapara Yuga représente le crépuscule de la vertu. Avec le Dvapara Yuga, l'humanité perd davantage son équilibre et sa pureté. Le Dharma ne repose plus que sur deux piliers, symbolisant la fragilité morale de cette époque.

L'un des passages les plus significatifs du Dvapara Yuga est le dialogue entre Yudhishthira, le frère aîné des Pandavas, et le Yaksha, une créature divine qui le met à l'épreuve. Lorsque Yudhishthira répond aux questions du Yaksha, le sens moral que l'humanité est déjà en train de perdre apparaît clairement. L'une des questions centrales est la suivante :

"Quelle est la chose la plus merveilleuse au monde ?"

Yudhishthira répond :

"Chaque jour, des hommes voient la mort se produire autour d'eux, mais continuent à se comporter comme s'ils n'étaient pas mortels.

Cette réflexion exprime la fragilité de la condition humaine. Dans le Dvapara Yuga, le temps devient une force douloureuse et inéluctable, rappelant sans cesse à l'homme sa propre impermanence et le caractère éphémère de ses entreprises.

L'ère connue sous le nom de "Kali Yuga".

L'"*âge de fer*" est notre époque de 432 000 ans, dominée par le chaos, la corruption et la perte des valeurs. Selon les textes, le Dharma repose sur une seule jambe, instable et précaire. C'est l'époque où l'illusion (Maya) domine, poussant l'humanité vers la matérialité et l'égoïsme. Pour certains spécialistes de la tradition indienne, nous sommes à environ 5 000 ans du début du Kali Yuga (période qui a commencé vers 3102 av. J.-C.). Cette année-là, selon la légende, Krishna a quitté la Terre.

Le Kali Yuga est évidemment l'époque dans laquelle nous nous trouvons aujourd'hui. C'est l'ère de la décadence morale et spirituelle totale, dans laquelle le Dharma repose sur un seul pilier. Le nom Kali n'a rien à voir avec la déesse noire Kali, mais dérive d'un terme signifiant discorde et conflit.

Le Kali Yuga est évidemment l'époque dans laquelle nous nous trouvons aujourd'hui. C'est l'ère de la décadence morale et spirituelle totale, dans laquelle le Dharma repose sur un seul pilier. Le nom Kali n'a rien à voir avec la déesse noire Kali, mais dérive d'un terme signifiant discorde et conflit.

Les textes hindous, en particulier le Vishnu Purana, décrivent le Kali Yuga comme une période de grande souffrance. Les êtres humains vivent des vies courtes, dominées par la cupidité, le mensonge et l'égoïsme. Le Bhagavata Purana prédit que, vers la fin de cette ère, les valeurs morales s'effondreront complètement et que le monde sera recouvert d'"*aDharma*" (le contraire du Dharma).

De nombreux signes du Kali Yuga sont reconnaissables dans le monde contemporain : perte du lien spirituel, corruption politique, avidité économique et mépris de l'environnement. Il n'est pas surprenant que cette conception du temps dans la philosophie hindoue soit parfois comparée à l'idée judéo-chrétienne de l'apocalypse. Cependant, alors que la tradition chrétienne considère l'apocalypse comme une fin linéaire et définitive, l'hindouisme l'interprète comme faisant partie d'un cycle. Le Kali Yuga n'est pas la fin, mais le prélude à une nouvelle renaissance, qui aura lieu avec l'arrivée de Kalki, le dixième avatar de Vishnu.

La cyclicité hindoue et la physique moderne.

La conception cyclique du temps dans l'hindouisme a également fasciné les scientifiques et les philosophes modernes, notamment en relation avec la physique quantique ( ). Selon certaines interprétations cosmologiques de la physique contemporaine, l'univers lui-même pourrait suivre un cycle continu d'expansion et de contraction, une idée qui trouve un écho dans la cosmologie hindoue. Le modèle de l'"univers oscillant" d'Albert Einstein, repris plus tard par d'autres cosmologistes, semble rappeler la doctrine du kalpa.

Le thème de l'impermanence, au cœur de l'hindouisme et de la physique quantique, crée également un pont culturel et conceptuel entre l'Orient et l'Occident. Dans le monde subatomique décrit par la physique moderne, les particules émergent et disparaissent dans un cycle continu de création et de destruction, semblable au processus de naissance, de mort et de renaissance qui régit les cycles cosmiques de l'hindouisme.

L'idée du temps cyclique n'est pas seulement métaphysique ou cosmologique : elle a un message éthique et spirituel. Elle invite les êtres humains à réfléchir à leur propre impermanence, au rythme éternel de l'existence dont nous faisons partie. Dans le monde d'aujourd'hui, dominé par la poursuite incessante d'un progrès linéaire, cette vision offre une perspective alternative : tout est lié, tout revient. La dissolution n'est jamais une fin, mais une opportunité de renaissance.

L'hindouisme, avec sa conception élaborée du temps, s'adresse à notre époque d'incertitude avec une sagesse ancienne, mais incroyablement actuelle. Sous le ciel étoilé, dans un univers plus vaste que nous ne pouvons l'imaginer, chaque fin est un nouveau commencement.

Symbolique culturelle : lieux et textes.

Dans la philosophie hindoue, le temps n'est pas seulement un phénomène abstrait ou une mesure linéaire. Il est la vie elle-même, un flux perpétuel qui se répète et se transforme. Cette conception du temps comme réalité cyclique et infinie imprègne les textes sacrés, l'architecture et les symboles culturels, constituant l'un des piliers les plus fascinants de la pensée indienne.

L'un des exemples les plus emblématiques de cette vision est le Chariot du Soleil de Surya, sculpté au XIIIe siècle dans le temple de Konarak, en Odisha. Ce chef-d'œuvre architectural représente le dieu Soleil traversant la voûte céleste à bord d'un char tiré par sept chevaux. Chaque roue du char sert de cadran solaire. Les 24 roues ne marquent pas seulement le rythme de la journée, mais incarnent aussi profondément la nature cyclique du temps cosmique. Ce temple n'est pas seulement une œuvre d'art : c'est une célébration de la cosmologie védique et du concept selon lequel le temps ne s'écoule pas de manière linéaire.

Dans la tradition védique, le temps est personnifié par Kala, le Seigneur du temps. Kala n'est pas une entité bienveillante ou malveillante. Il est neutre, impitoyable et inévitable. Dans les Védas, les textes les plus anciens de la tradition hindoue, Kala prend la forme d'une force universelle qui détermine le mouvement des événements. Elle n'est pas statique et ne "passe" pas, comme dans la perspective occidentale, mais se régénère. Il est circulaire, cyclique et perpétuel.

La manifestation la plus puissante de Kala apparaît peut-être dans la Bhagavad Gita, l'un des textes centraux de la spiritualité hindoue et une source inépuisable de réflexions philosophiques. Dans le célèbre dialogue entre Krishna et Arjuna, Krishna révèle sa forme cosmique en déclarant :

Je suis le temps, le destructeur des mondes".

Par ces mots, Krishna ne se contente pas de décrire le pouvoir destructeur du temps, il approfondit le concept de son impermanence. Tout ce qui existe est inévitablement destiné à se transformer et à se dissoudre.

Cet enseignement va au-delà d'un simple rappel de la mortalité. Il nous invite à dépasser les illusions du monde matériel, à reconnaître que le temps tel que nous le connaissons est une émanation de la réalité illusoire (Maya). Dans le grand cycle cosmique, la destruction n'est qu'un prélude à la renaissance.

Dans la conception hindoue du temps, le cycle prend une dimension monumentale à travers les Yugas, les quatre grands âges qui composent le Maha Yuga, un cycle cosmique de 4,32 millions d'années. Chaque Yuga représente une phase de décadence progressive, de la splendeur dorée du Satya Yuga à la débauche et au chaos du Kali Yuga, l'ère actuelle. Lorsque le Kali Yuga s'achève, le cycle recommence. Cette perspective rejette l'idée d'un début et d'une fin définitifs. L'univers est éternel et vit selon un rythme sans pause.

La nature cyclique du temps se reflète également dans les rituels quotidiens et les fêtes hindoues. Les célébrations ne sont pas de simples commémorations, mais de véritables participations à la répétition du rythme cosmique. Le festival de Makara Sankranti, par exemple, commémore le passage du soleil dans son voyage cyclique à travers le zodiaque, tandis que les rituels quotidiens tels que le sandhyavandanam célèbrent les cycles éternels du jour et de la nuit.

L'hindouisme ne limite pas le temps à une dimension symbolique ou spéculative. La conception cyclique et profonde du temps se reflète dans de nombreux textes, images et anecdotes. L'un des mythes les plus célèbres est celui du Samudra Manthana, le barattage de l'océan cosmique. Dans cette épopée mythologique, le temps est représenté par un serpent, Vasuki, qui s'enroule autour de la montagne sacrée, transformée en baratte. Dieux et démons tirent le serpent d'avant en arrière, soulignant l'alternance perpétuelle entre création et destruction. Ce mythe, immortalisé par des fresques et des bas-reliefs sur des sites tels qu'Angkor Wat, souligne que le temps est autant une force génératrice que transformatrice.

Dans les temples indiens, la structure elle-même indique souvent l'heure. La disposition des sanctuaires suit les mouvements du soleil, les portes étant orientées vers le lever ou le coucher du soleil. Les tambours et les cloches joués lors des rituels quotidiens rappellent le rythme incessant du Kala, tandis que les statues des dieux aux bras ou aux visages multiples symbolisent leur capacité à dominer simultanément le passé, le présent et l'avenir.

Enfin, comment interpréter cette vision du temps aujourd'hui ? Pour la culture hindoue, le temps est à la fois une réalité pratique et un défi spirituel. Si le cycle cosmique est inévitable, la véritable tâche de l'homme est de le dépasser. Tel est le message philosophique qui ressort de la méditation sur le temps dans les textes védiques et les symboles culturels : comprendre l'impermanence pour transcender le cycle lui-même et s'approcher de l'éternité de l'être.

Pour la tradition hindoue, le temps n'est pas seulement une mesure du passé et de l'avenir. C'est un miroir qui invite à réfléchir sur sa propre nature et sur la réalité ultime, comme les textes védiques et les temples anciens continuent de le faire après des millénaires.

Un épisode célèbre du Mahabharata renforce l'idée de l'impermanence : le dialogue entre Yudhishthira et le mystérieux Yaksha. Lorsque Yaksha demande quelle est la vérité la plus surprenante de l'existence, Yudhishthira répond :

> *"Chaque jour, les hommes voient la mort autour d'eux, et pourtant ils vivent comme s'ils étaient immortels".*

Cela souligne la nature illusoire du temps linéaire et nous rappelle l'importance d'accepter l'impermanence comme faisant partie du cycle éternel.

Réflexions modernes

La conception cyclique du temps, qui imprègne les textes sacrés de l'hindouisme, interpelle et fascine l'esprit humain depuis des millénaires. Les anciens rishis (sages) des Vedas décrivaient un temps empreint d'éternité et de répétition, marqué par des ères cosmiques (les kalpas) qui régissent non seulement l'univers, mais aussi l'âme et sa danse incessante entre naissance, mort et renaissance. Cette approche, qui libère notre perception du temps des principes linéaires dominants en Occident, s'accorde étonnamment bien avec certaines réflexions modernes de la physique quantique et les expériences spirituelles de la culture mondiale d'aujourd'hui.

En Inde, la vision cyclique n'est pas seulement théologique mais aussi profondément culturelle. Un exemple emblématique est le Kumbh Mela, le festival qui se répète tous les douze ans dans des lieux sacrés tels que Haridwar, Prayagraj, Nashik et Ujjain. Le choix de ces dates n'est pas aléatoire : il repose sur des calculs astronomiques complexes qui réinterprètent le caractère cyclique du cosmos transmis par les textes védiques. Pendant la Kumbh Mela, des millions de fidèles s'immergent dans les eaux sacrées, célébrant un temps renouvelé et relié à l'éternel. Ce rituel particulier montre comment l'hindouisme a imbriqué le temps cosmique dans le quotidien, transcendant la division entre le sacré et le profane.

La vision hindoue n'est pas restée confinée au sous-continent. Des penseurs occidentaux tels que Carl Jung ont exploré les similitudes entre la conception cyclique du temps que l'on trouve dans les textes védiques et les archétypes de l'inconscient collectif. Jung, en particulier, a trouvé dans les anciens symboles indiens, tels que le mandala, un modèle d'ordre cyclique qui se reflète dans la psyché humaine. Le mandala n'est pas seulement un motif spirituel, mais aussi une représentation visuelle de la manière dont le temps peut être compris comme récursif et infini.

Hermann Hesse et l'éternité du temps.

La littérature européenne a également su saisir l'essence de cette vision cyclique. Hermann Hesse, dans son célèbre roman "*Siddhartha*" (1922), raconte le voyage spirituel d'un homme à la recherche de la vérité et de l'illumination. Dans une scène clé du livre, Siddhartha contemple une rivière et réalise que le temps n'est pas linéaire mais simultané : le passé, le présent et le futur coexistent dans un "maintenant" éternel. Cette prise de conscience fait clairement référence à la philosophie hindoue du temps, qui met l'accent sur l'impermanence et l'interconnexion de toutes les choses. Ce n'est pas un hasard si la rivière, symbole fondamental de la spiritualité indienne (comme le Gange), représente le flux continu et infini de la vie.

Hesse, inspiré par des textes orientaux, interprète la nature cyclique du temps non seulement comme un fait cosmique mais aussi comme une réalité psychologique. Plusieurs chercheurs voient dans des œuvres telles que *Siddhartha* une tentative d'intégrer la sagesse orientale à la pensée occidentale ( ), créant ainsi un pont entre deux mondes apparemment éloignés.

La science moderne et le temps non linéaire.

Il est surprenant de constater que les idées des anciens textes hindous trouvent un écho dans la science moderne, en particulier dans la physique quantique. Les concepts de temps décrits par les rishis peuvent être considérés comme une métaphore de certaines des découvertes des physiciens contemporains. Par exemple, la théorie de la relativité d'Einstein a déstabilisé l'idée d'un temps absolu et linéaire, suggérant au contraire que le temps lui-même est relationnel et dépend des conditions d'observation. De même, dans le monde subatomique, les particules ne se comportent pas de manière prévisible mais existent dans des états superposés, semblables à l'impermanence perpétuelle décrite par les textes indiens anciens.

La comparaison entre le temps cyclique hindou et le concept d'"*éternel présent*", suggéré par la physique quantique, a incité des chercheurs de renom, tels que le physicien Fritjof Capra, à étudier les analogies philosophiques entre la mécanique quantique et les traditions spirituelles orientales.

De Konarak à Stonehenge : le temps sacré dans les cultures anciennes.

Le temps, en tant que concept, est au cœur des grandes traditions philosophiques et religieuses. Dans l'hindouisme, le temps est cyclique et éternel, un rythme cosmique qui régit la vie, la mort et la renaissance. Cette vision contraste avec l'approche linéaire du temps des traditions occidentales, qui identifient le passé, le présent et le futur comme une séquence irréversible. En explorant le temple du soleil de Konarak, les cycles mayas et les mégalithes de Stonehenge, une surprenante convergence de cultures éloignées dans le temps et l'espace se dessine.

Dans les textes védiques et les Puranas, le temps (Kala) est décrit comme un cercle infini. Les anciens sages concevaient le cosmos divisé en yugas, grandes ères cycliques. Ce cycle se régénère sans cesse, de façon analogue à l'alternance du jour et de la nuit ou au rythme des saisons.

Le temple du soleil de Konarak, construit au XIIIe siècle en Odisha, incarne cette vision. L'ensemble du complexe, en forme de char, symbolise le disque solaire tiré par sept chevaux. Ses roues, sculptées en détail, représentent des cadrans solaires parfaits qui marquent le passage des heures. La structure célèbre le pouvoir du soleil en tant que symbole de régénération cyclique. En visitant Konarak au moment du solstice, les rayons du soleil illuminent les détails architecturaux précis, démontrant une compréhension astronomique sophistiquée. Ce temple est un poème de pierre sur le temps cyclique qui mêle architecture et cosmologie.

De l'autre côté du monde, les anciens Mayas ont développé un concept similaire. Leur célèbre calendrier long mesurait le temps à travers des cycles de 5 125 ans, culminant dans une régénération cosmique. Pour les Mayas, la fin d'un cycle ne représentait pas une catastrophe, mais une occasion de renouveau. Chichen Itza, avec la pyramide de Kukulkan, en est le symbole architectural. Lors de l'équinoxe, les jeux d'ombre et de lumière recréent l'image d'un serpent descendant les marches, reliant le ciel, la terre et le temps humain dans une chorégraphie cosmique.

En Europe, le temps sacré trouve sa voix dans les mégalithes de Stonehenge. Construit il y a environ 4 500 ans, ce cercle de pierres est aligné sur les solstices d'été et d'hiver. Au néolithique, Stonehenge servait d'observatoire astronomique et de lieu de culte. Au solstice d'été, le soleil se lève au-dessus de la pierre du talon, marquant ainsi le changement de saison. Les anciens Européens voyaient le temps à travers les cycles naturels, une approche qui partage des éléments communs avec l'hindouisme et les Mayas.

Ces cultures indiquent que l'homme ancien comprenait le temps non seulement comme une mesure, mais aussi comme une expérience spirituelle. Le Stonehenge d'été rappelle le symbolisme du char solaire de Konarak et du serpent de Kukulkan. Chaque site établit un lien profond entre l'homme, le cosmos et le caractère sacré du temps.

Le contraste avec l'Occident moderne.

L'avènement de la pensée rationnelle grecque, avec des philosophes tels qu'Aristote et Platon, a construit une image différente du temps comme une ligne progressive. Cette vision a été renforcée par les Lumières européennes, qui ont placé l'homme au centre d'un processus de progrès continu vers l'avenir. La science moderne, dominée par les équations temporelles de Newton, s'est détachée de l'expérience sacrée du temps. Contrairement à cela, l'hindouisme et d'autres cultures anciennes ont façonné le temps comme un éternel retour, évitant la segmentation artificielle entre le passé, le présent et le futur.

Aujourd'hui, la physique quantique se rapproche étonnamment de la vision cyclique du temps. Dans le monde subatomique, le concept traditionnel d'"avant" et d'"après" se dissout. Le physicien David Bohm a décrit le temps comme une onde, un cycle de moments interconnectés. Cette perspective rappelle la doctrine hindoue du Kala, suggérant que les "visions anciennes" sont plus modernes que nous ne le pensons.

Qu'il s'agisse des roues sculptées de Konarak, des cycles prophétiques mayas ou de l'alignement de Stonehenge, l'homme a célébré le temps comme un élément sacré. Ces traditions offrent une leçon précieuse : le temps n'est pas seulement un instrument de mesure, mais une mystique qui nous relie au cosmos. Aujourd'hui, sa redécouverte pourrait nous aider à combler le fossé qui sépare la science, la spiritualité et la nature.

Que peut nous apprendre l'hindouisme sur la modernité et l'impermanence ?

Nous vivons à une époque où le temps est un tyran. Les agendas sont serrés, les objectifs incessants et l'anxiété face à l'avenir semble être un compagnon constant. Cependant, l'hindouisme offre une vision totalement différente du temps. Loin de la linéarité occidentale, la philosophie hindoue nous invite à réfléchir à la nature cyclique de l'existence et à l'impermanence.

Dans ce modèle, le temps n'est pas une flèche qui s'écoule inexorablement vers un futur inconnu. Au contraire, il est cyclique, comme le tour des saisons ou le mouvement des étoiles. Cette vision est profondément ancrée dans les textes anciens tels que les Védas et trouve une expression extraordinaire dans la Bhagavad Gita. Krishna, incarnation de la divinité suprême, y guide le prince guerrier Arjuna vers une compréhension du Dharma, liant l'action consciente à la conscience du temps.

Selon les textes hindous, le temps se déroule en grands cycles cosmiques appelés kalpas. Un kalpa, équivalent à 4,32 milliards d'années terrestres, représente un jour dans la vie de Brahma, le créateur de l'univers. À la fin de chaque kalpa, l'univers se dissout et renaît. Ce concept, connu sous le nom de *pralaya*, souligne l'impermanence des choses et la transformation continue de la réalité. Il n'y a pas de fin absolue, seulement un devenir constant.

La modernité considère le temps comme une ressource à gérer, alors que l'hindouisme nous apprend à l'observer comme faisant partie d'un flux naturel. Si tout est éphémère, même les difficultés de la vie doivent être considérées comme des moments qui passent. C'est ce que Krishna explique à Arjuna en pleine bataille de Kurukshetra :

> *"Le non-manifeste a un début et une fin ; le manifeste n'est qu'un intervalle temporaire".*

Le message est clair. Rien n'est éternel, ni la souffrance ni le plaisir, et c'est précisément ce caractère éphémère qui donne un sens à l'existence.

Le concept d'impermanence (*anitya*) occupe une place centrale dans l'hindouisme. Le reconnaître, ce n'est pas tomber dans le nihilisme, mais apprendre à apprécier le présent. La vie moderne, avec son culte de la productivité et du progrès, ignore souvent ce principe. On court après des lendemains meilleurs, en accumulant du stress dans le présent. La perspective hindoue, en revanche, nous invite à ralentir et à trouver l'équilibre. Il ne s'agit pas d'abandonner les ambitions, mais de les gérer sans en être esclave.

D'un point de vue pratique, l'impermanence peut nous aider à réévaluer nos priorités. Les grands maîtres de l'Inde, tels que Swami Vivekananda, ont souligné l'importance d'agir dans le présent avec conscience. L'action, ou karma, doit être désintéressée, sans obsession pour les résultats futurs. Ce concept, connu sous le nom de *nishkama Karma*, permet de sortir de l'anxiété chronique. Comme l'a dit Vivekananda :

> *"Concentrez-vous sur une idée, vivez-la, rêvez-la, agissez pour la réaliser. Mais ne vous attachez pas aux résultats".*

La Bhagavad Gita représente l'un des textes les plus universels sur la gestion du temps et de l'impermanence. Au chapitre II, Krishna exhorte Arjuna à accomplir son dharma de guerrier sans craindre le résultat.

> *"Vous n'avez pas à vous soucier du succès ou de l'échec. Il suffit d'agir".*

Ce conseil est toujours d'actualité. Krishna n'incite pas à l'immobilisme, mais à comprendre que l'issue des actions est indépendante de notre volonté. Cette acceptation réduit l'anxiété et nous permet de vivre avec une plus grande tranquillité d'esprit.

Un autre passage significatif concerne la nature cyclique du temps. Krishna décrit l'alternance entre la création et la dissolution comme une danse éternelle, le *Lila* divin. Ce concept démonte l'idée moderne du temps comme ennemi et le transforme en allié. Si tout se renouvelle constamment, il n'y a aucune raison de craindre le changement.

Les philosophies hindoues trouvent un écho profond dans le contexte actuel. La prise de conscience que tout événement - positif ou négatif - est temporaire peut être un antidote à la peur qui paralyse de nombreuses personnes. Cet appel à l'équilibre trouve également des parallèles sur le site dans des disciplines telles que la pleine conscience, qui trouve ses origines dans la pensée orientale. Les pratiques de méditation et de yoga, fondées sur les principes védiques, aident à s'ancrer dans le présent et à réduire l'anxiété.

En outre, l'idée de la nature cyclique du temps nous fait penser aux problèmes mondiaux tels que le changement climatique. Si le monde connaît des cycles de destruction et de renaissance, l'importance de nos actions devient encore plus évidente. Chaque geste, aussi petit soit-il, s'inscrit dans ce flux, faisant de l'individu un gardien de cette grande harmonie.

L'hindouisme, avec sa vision du temps et de l'impermanence, nous offre des outils précieux pour faire face à la modernité. À une époque qui mesure la valeur personnelle en fonction de la productivité et de la rapidité, s'arrêter pour réfléchir à la nature cyclique de l'existence peut être libérateur. Comme le suggère Krishna, agir avec détachement et vivre pleinement le présent nous permet de nous accorder au rythme naturel de l'univers. Peut-être que comprendre que rien ne dure éternellement n'est pas une cause d'angoisse, mais de libération. En cela, l'hindouisme a encore beaucoup à nous apprendre.

Du Kali Yuga à la Singularité : le temps cyclique rencontre l'avenir technologique.

Au cœur de la philosophie hindoue, le temps n'est pas linéaire. Il n'est pas une ligne droite projetée vers l'infini, comme le voudrait l'idée occidentale dominante, mais un cercle, un éternel retour. Dans les textes védiques et les poèmes épiques tels que le Mahabharata, le temps s'écoule à travers de vastes cycles cosmiques appelés yugas. Ces cycles définissent les ères du monde, dans une alternance continue de création, de décomposition et de renouvellement. Parmi ces ères, le Kali Yuga, dans lequel nous sommes censés vivre, représente l'apogée de la décadence. C'est l'âge sombre, marqué par les conflits, le désarroi spirituel et la perte d'équilibre entre l'humanité et la nature.

Mais que peut nous dire le Kali Yuga, conçu il y a des milliers d'années, sur les défis d'aujourd'hui ? Cette vision ancienne du temps cyclique peut-elle nous aider à interpréter le moment historique que nous vivons, marqué par une accélération technologique sans précédent ? Et surtout, quel pourrait être le lien entre l'idée indienne d'un retour cyclique et la perspective moderne de la Singularité technologique, le moment où l'on suppose que l'intelligence artificielle dépassera l'intelligence humaine ?

Pour les textes hindous, le Kali Yuga reste une ère unique, caractérisée par la perte progressive de la vertu et de l'harmonie cosmique. Sa durée s'étend sur 432 000 ans, selon le système du Shrimad Bhagavatam, et culmine dans une dissolution qui prépare le retour à l'âge d'or, le Satya Yuga, dans lequel la pureté sera à nouveau restaurée. Pendant le Kali Yuga, le temps n'est pas perçu comme un progrès, mais comme une dégénérescence. Des écrits tels que le Vishnu Purana décrivent le déclin des institutions humaines, l'augmentation de la corruption et la fragmentation de la spiritualité.

Pourtant, il y a une résonance troublante avec la réalité contemporaine. Nous vivons à une époque où l'accélération semble dominer tous les aspects de l'existence : technologie, production, communication. Les rythmes se compriment, les distances semblent se dissoudre dans l'immédiateté de l'internet et du numérique. Mais, comme dans le Kali Yuga, nous sommes confrontés à un sentiment croissant d'aliénation, un sentiment de perte des valeurs fondamentales qui transcende les cultures et les époques.

Une image forte du Kali Yuga parle de "*Shravana sans Dharma*", ou d'écoute sans sagesse : une civilisation inondée d'informations, mais incapable de les transformer en connaissances. N'est-ce pas là un reflet de ce que nous voyons aujourd'hui dans notre société hyperconnectée, immergée dans un bruit constant et de plus en plus éloignée de l'essentiel ?

La singularité technologique, concept rendu célèbre par le visionnaire Ray Kurzweil, représente un point de non-retour. Lorsque l'intelligence artificielle dépassera les capacités cognitives de l'homme, l'évolution prendra un tournant imprévisible. On ne sait pas si ce moment conduira à la désintégration de la société, à une transformation des formes d'existence humaines ou à une nouvelle ère paradisiaque de progrès.

Mais que se passe-t-il si nous examinons cette possibilité à travers le prisme de la pensée hindoue ? L'idée du temps cyclique suggère que chaque pic de décadence - sociale ou technologique - n'est qu'un prélude à la régénération. Si le Kali Yuga représente l'éloignement ultime de la spiritualité, alors toute entreprise humaine, même technologique, peut être considérée comme faisant partie d'un processus évolutif qui n'échappe pas au retour, à l'accomplissement d'une danse cosmique.

Ceux qui croient au retour de l'âge d'or pourraient interpréter la *singularité* non seulement comme une menace, mais aussi comme une transition. La technologie, avec son rythme vertigineux, peut-elle être le vecteur d'une renaissance ? Ou bien sera-t-elle elle-même, comme le pouvoir destructeur de Shiva ( ), le grand transformateur de la triade hindoue, le catalyseur d'une démolition nécessaire ?

L'impermanence est un élément central de la conception hindoue du temps. Rien n'est fixe, rien ne dure. Même le Kali Yuga, aussi long soit-il, n'est pas éternel. Le dieu Kalki, ultime avatar de Vishnu, mettra fin à ces ténèbres et rétablira l'ordre cosmique. La technologie elle-même, vue sous cet angle, n'est pas définitive. Dans le monde hindou, le numérique, avec son caractère éphémère, est une autre forme de Maya, l'illusion. Il ne peut exister en tant que réalité autonome en dehors du cycle du temps.

Cette approche s'inscrit parfaitement dans les théories modernes de la physique quantique. L'impermanence en tant que principe fondamental de l'univers trouve un ancrage dans les découvertes scientifiques : les particules subatomiques apparaissent et disparaissent, comme si elles émergeaient d'un vide quantique qui semble rappeler la matrice de la réalité décrite dans les Védas.

C'est précisément la physique, par son interrogation sur la nature profonde du temps, qui offre un point de contact surprenant avec la pensée antique. Si le temps est relatif, comme l'a démontré Einstein, et s'il n'y a pas de distinction objective entre le passé et le futur, le modèle cyclique des Hindous prend une profondeur inattendue. Il ne s'agit pas d'un anachronisme, mais d'une métaphore sophistiquée capable d'approcher les connaissances de la science moderne.

Dans un monde qui considère la *singularité* comme une promesse ou, pour beaucoup, comme une menace, les textes hindous nous invitent à une réflexion plus profonde. La vitesse et le changement ne sont pas un problème en soi. C'est le fait d'ignorer le cycle, de perdre le contact avec le principe spirituel qui l'anime, qui l'est.

À travers le Kali Yuga et l'impermanence, on peut lire un message universel : même dans les périodes les plus sombres, il y a un appel au renouveau. La civilisation peut retrouver un sens, non pas en niant le changement, mais en l'intégrant avec sagesse. Les textes hindous nous invitent à comprendre que le temps n'est ni un ennemi ni un maître. Il est simplement la scène sur laquelle toute forme d'existence, des civilisations aux intelligences artificielles, danse sa chorégraphie éphémère mais éternelle.

Du Kali Yuga à la Singularité, le fil conducteur reste donc le même : se rappeler que tout - même la technologie - fait partie du grand souffle de l'univers.

Le temps en physique quantique.

Le temps, aussi familier que mystérieux. Dans sa linéarité apparente, il ponctue nos vies. Cependant, la physique quantique l'a amené sur un territoire entièrement nouveau. Il n'y est plus un fleuve qui coule en continu, mais un concept qui peut se fragmenter et se dissoudre dans une danse insaisissable. Cette révélation scientifique nous place dans une position fascinante : nous sommes proches d'idées qui font incroyablement écho aux idées anciennes de la philosophie hindoue.

Dans le monde quantique, le temps se comporte étonnamment différemment de la physique classique. Dans les modèles introduits par la théorie de la relativité d'Albert Einstein, le temps et l'espace sont liés en une seule entité : l'espace-temps. Cette structure complique la perception traditionnelle d'un passé, d'un présent et d'un futur distincts. La physique quantique, allant plus loin, suggère que le temps n'est même pas une constante fondamentale.

Par exemple, les expériences sur l'intrication remettent en question l'unicité du temps et de l'espace. Lorsque deux particules "intriquées" interagissent, elles semblent se synchroniser instantanément, ignorant les notions traditionnelles de temps. Pour décrire cette connexion, Albert Einstein l'a appelée de manière provocante "*action fantôme à distance*".

L'expérience du "choix différé", proposée à l'origine en 1978 par le physicien américain John Wheeler, est encore plus intrigante. Cette expérience montre comment des événements présents peuvent théoriquement influencer le passé, même si cela rompt avec notre compréhension habituelle de la causalité. Le concept de linéarité temporelle est ainsi complètement bouleversé.

Ce renversement de notre perception du temps trouve des affinités surprenantes avec l'hindouisme. Dans la philosophie hindoue, le temps n'est pas linéaire mais cyclique : une répétition constante de la création, de la destruction et de la renaissance. La conception des quatre Yugas - les grands cycles cosmiques de Satya, Treta, Dvapara et Kali Yuga - reflète une idée du temps qui n'a ni commencement définitif ni fin absolue. On parle de milliards d'années dans un flux continu et ininterrompu.

Selon les textes des Upanishads, ce que nous considérons comme "passé" et "futur" ne sont que des manifestations relatives. Dans le "Bṛhadāraṇyaka Upaniṣhad", nous lisons :

> *L'éternel est au-delà du temps, il est le témoin silencieux de toutes choses.*

La physique quantique, avec son dépassement des catégories temporelles traditionnelles, semble revenir précisément à cela : le temps n'est plus la règle absolue, mais une convention liée à une perspective particulière du monde.

Les similitudes entre la physique quantique et l'hindouisme ne sont pas le fruit du hasard. La physique moderne et les philosophies orientales partagent un point essentiel : toutes deux tentent de répondre à des questions fondamentales sur l'univers et notre existence. Parmi les partisans de ce pont culturel figure Fritjof Capra, auteur du célèbre livre "*Le Tao de la physique*". Dans cet ouvrage, Capra souligne à quel point les découvertes de la physique quantique ont de profondes résonances philosophiques avec les textes sacrés de l'Inde ancienne.

Capra suggère que la perception cyclique du temps, décrite depuis des millénaires en Orient, est remarquablement proche de la conception du temps dans la physique subatomique. L'idée même de "Maya", l'impermanence et la nature illusoire du monde matériel, rappelle le comportement incertain et probabiliste des particules quantiques. Rien n'est vraiment immobile, tout est en perpétuel changement.

Un parallèle intéressant entre la physique quantique et l'hindouisme peut être observé dans le Gange, vénéré en Inde comme la "*Mère divine*" et le symbole de la vie elle-même. Ses eaux ne sont jamais les mêmes : elles se déplacent, s'évaporent et reviennent sous forme de pluie. Le fleuve apparaît comme une entité qui traverse le temps, mais qui reste toujours impermanente. Dans la physique quantique et la philosophie hindoue, cette métaphore est magnifiquement incarnée : le Gange n'est jamais le même, tout comme notre univers en perpétuel changement.

Les découvertes de la physique quantique et les réflexions sur l'impermanence dans la pensée hindoue nous apportent un message commun : la réalité n'est pas ce qu'elle semble être. Le temps n'est ni rigide, ni absolu. Nous vivons dans un flux où le présent, le passé et le futur s'entremêlent constamment, comme les vagues d'un océan.

Cette compréhension n'est pas seulement académique ou théorique. Elle invite à regarder la vie avec un sentiment d'émerveillement devant un univers dont le mystère ne s'éteint jamais. D'un ancien temple en Inde au laboratoire futuriste d'un physicien, la question reste la même : qu'est-ce que le temps ? Et peut-être, comme le suggéraient les anciens sages hindous, le temps n'est-il qu'une illusion.

Le temps en physique quantique : un dialogue avec l'hindouisme.

Le temps est un mystère qui a toujours fasciné l'esprit humain. Philosophes, scientifiques et mystiques ont tenté de le comprendre, de l'élucider ou, du moins, d'en pressentir le fonctionnement. Lorsque nous examinons le dialogue entre la physique quantique et la philosophie hindoue, nous nous rendons compte que les deux approches, bien qu'apparemment éloignées l'une de l'autre, semblent se rencontrer sur un terrain commun. Toutes deux offrent une vision du temps qui remet en question notre perception ordinaire et linéaire, nous ouvrant à des dimensions plus profondes et, peut-être, plus vraies.

Dans la vision occidentale traditionnelle, le temps fait partie de l'histoire : une ligne droite qui commence dans le passé, passe par le présent et se perd dans l'inconnu du futur. L'hindouisme, quant à lui, nous invite à considérer une autre perspective : le temps comme un cycle. Selon les textes sacrés hindous (les Vedas, les Upanishads et la Bhagavad Gita), l'univers évolue dans une danse sans fin de création, de destruction et de renaissance. Ce mouvement est représenté par le concept de *kalpa*, une unité cosmique aux proportions temporelles énormes.

Pour la tradition hindoue, le temps n'est jamais fixe, ni linéaire. Il s'écoule, se dilate, se dissout, puis revient de manière cyclique. Face à cette conception ancienne, on peut se demander si la physique moderne n'aurait pas quelque chose à dire à ce sujet.

Le temps flexible de la physique quantique.

Avec l'avènement de la physique quantique au XXe siècle, la science a abandonné nombre de ses certitudes. Le temps, autrefois considéré comme absolu et immuable, est devenu un concept plus fluide et insaisissable. Déjà Albert Einstein, avec la relativité, avait posé les bases d'une idée du temps comme quelque chose de relatif, influencé par la vitesse et la gravité. Mais c'est grâce à des personnalités telles que Werner Heisenberg, Niels Bohr et John Wheeler que le temps quantique a pris une dimension encore plus énigmatique.

L'un des aspects les plus fascinants de la physique quantique concerne les phénomènes d'intrication. Deux particules connectées peuvent s'influencer instantanément, quelle que soit la distance qui les sépare. Cela implique que les événements ne suivent pas toujours une séquence temporelle linéaire. Cela brise, en quelque sorte, la flèche du temps. De manière plus subtile mais pertinente, la mécanique quantique permet également le concept de "mesures *différées*", où le résultat d'une mesure actuelle semble influencer le passé de la particule observée, comme le démontrent des expériences telles que celles conçues par Wheeler.

Ces résultats semblent accréditer l'idée que le temps n'est pas unique et objectif. Mais qu'est-ce que cela signifie pour notre compréhension plus profonde ?

L'hindouisme, comme de nombreuses traditions orientales, invite le pratiquant à transcender l'illusion du temps linéaire. Selon les Upanishads, le temps n'est rien d'autre qu'une projection de l'esprit humain. La réalité ultime, Brahman, existe au-delà du temps. Ce principe s'exprime dans l'expérience de Moksha, la libération, un état dans lequel le passé et le futur disparaissent pour ne laisser place qu'à l'éternel présent.

Même la physique quantique fait curieusement référence à cette réalité intemporelle. De nombreux scientifiques, à commencer par les réflexions d'Erwin Schrödinger, ont été frappés par les convergences entre la mécanique quantique et les philosophies orientales. Schrödinger, fasciné par la vision hindoue, écrivait :

> *"Cette vie séparée que chacun de nous mène est une illusion. La vie de chaque être vivant, passé, présent et futur, est dans l'éternel présent".*

Un autre scientifique, David Bohm, connu pour son approche philosophique de la physique, a proposé l'idée de l'univers comme un "ordre implicite", où le passé, le présent et le futur existent simultanément comme une seule réalité. Cette perspective rappelle l'idée hindoue d'un temps qui n'est pas linéaire mais enveloppant, où tout se passe dans une dimension supérieure et invisible.

L'éternel retour : de la physique à l'esprit.

Si la physique quantique a apporté un changement révolutionnaire dans notre compréhension du temps, l'hindouisme offre une clé spirituelle du phénomène. D'un côté, la science tente d'expliquer le temps par des lois et des formules ; de l'autre, la philosophie hindoue nous invite à le vivre différemment, en acceptant son caractère impermanent et en ne craignant pas sa nature cyclique.

Dans tout cela, une question reste sans réponse. Niels Bohr, lauréat du prix Nobel et l'une des voix les plus influentes de la physique contemporaine, a dit un jour :

> *"Je ne vous demande pas de comprendre la mécanique quantique, mais d'apprendre à vivre avec elle.*

De même, l'hindouisme ne nous demande pas de dominer le temps, mais de nous harmoniser avec lui, de le ressentir comme faisant partie d'un grand dessein cosmique.

Et c'est peut-être là, dans ce bref moment où science et spiritualité s'entremêlent, que nous pouvons trouver une réponse à nos questions les plus profondes sur le temps. Non pas une solution définitive, mais une invitation à observer, les yeux ouverts et l'esprit curieux, ce jeu cosmique éternel dont nous faisons partie, que nous le voulions ou non.

Le temps en physique quantique : une dimension non linéaire.

La physique classique - celle de Newton, pour être clair - décrivait le temps comme une flèche linéaire, un flux inéluctable s'écoulant du passé vers l'avenir. Cette conception, qui inspire la vision occidentale du temps, sous-tend une grande partie de notre mode de vie : nous planifions l'avenir, étudions le passé et mesurons le présent en termes de secondes, de minutes et d'heures.

La physique quantique a toutefois commencé à remettre en question cette linéarité. Le concept d'intrication quantique, par exemple, montre que deux particules, une fois connectées, restent interdépendantes à des distances potentiellement infinies. Leur comportement semble immédiat et simultané, violant le concept classique de "cause à effet" propre au temps linéaire. Albert Einstein a cependant réagi avec scepticisme et est resté mal à l'aise face à un univers où la simultanéité semblait possible.

Des années plus tard, des expériences de plus en plus poussées, comme celles du physicien Alain Aspect dans les années 1980, ont confirmé la réalité de l'intrication quantique. Aujourd'hui, nous savons que le temps, du moins dans le monde quantique, ne suit pas les règles d'un calendrier ordonné. Au niveau des particules fondamentales, l'écoulement du temps se décompose et se complique.

Du point de vue de la physique quantique, le temps s'avère être un concept beaucoup plus fluide que celui de la physique classique. Alors que le modèle newtonien décrivait le temps comme une séquence linéaire , une "flèche" allant du passé vers le futur, le monde quantique brise cette illusion de simplicité.

Eugène Wigner et le rôle de la conscience.

L'un des aspects les plus fascinants de la physique quantique est sa relation avec le temps et la conscience. À ce sujet, le physicien hongrois Eugene Wigner (1902-1995), lauréat du prix Nobel en 1963, a laissé une empreinte indélébile avec son idée révolutionnaire. La conscience de l'observateur, selon Wigner, est cruciale pour définir les événements de la réalité quantique. Et, par conséquent, pour structurer notre expérience du temps.

Eugène Wigner appartient à la génération de scientifiques qui a transformé la physique dans les années 1920 et 1930. La naissance de la théorie quantique a rapidement remis en question des concepts qui avaient dominé la pensée scientifique occidentale pendant des siècles. Parmi ceux-ci, le concept du temps comme une ligne continue et absolue, une idée héritée de la physique classique d'Isaac Newton.

En physique quantique, le temps s'avère insaisissable. Lorsque nous observons le comportement des particules subatomiques, nous découvrons qu'il n'y a pas de séquence temporelle évidente jusqu'à ce qu'une mesure soit effectuée. Avant ce moment, la nature des particules est une superposition de possibilités, une danse d'états qui existent simultanément. C'est là qu'intervient la contribution de Wigner : sans un observateur conscient, l'effondrement de la fonction d'onde (et donc la séquentialité temporelle de ce qui se passe) peut ne pas se produire du tout.

Wigner s'est posé la question suivante : que signifie observer ? Et, plus important encore, qui ou quoi observe ? Ce scientifique a proposé une hypothèse audacieuse : l'intervention consciente de l'esprit humain n'est pas seulement accessoire, elle est essentielle pour transformer les potentiels quantiques en événements tangibles. En bref, pour Wigner, le temps et la réalité n'existent que par rapport à l'observateur.

L'intuition de Wigner suscite l'étonnement par sa consonance avec certaines philosophies indiennes anciennes, en particulier avec l'Advaita Vedanta, une école non-dualiste de l'hindouisme. Selon l'Advaita, la réalité perçue par notre intellect (le domaine des formes, des événements et du temps) est Maya, c'est-à-dire une illusion. Cette illusion n'est pas un mensonge, mais plutôt le voile qui nous empêche de voir la vérité ultime : la réalité est non-duelle et au-delà du temps.

Dans la pensée védantique, la conscience, Brahman, est au cœur de toute chose. Même la notion de temps (passé, présent et futur) est intrinsèquement liée à cette conscience suprême. Pour les sages indiens, les événements ne sont pas marqués par le mouvement des horloges, mais sont créés dans l'esprit de l'observateur. De manière étonnamment similaire, Wigner a suggéré que la ligne du temps n'est pas une réalité objective, mais une construction de l'observation consciente.

Pour mieux comprendre ces idées, quel est donc le rôle de l'observateur dans la détermination du temps ? Wigner propose ici une image suggestive. Il compare l'observateur à un miroir : le monde quantique est comme un reflet qui n'apparaît que lorsqu'un miroir conscient y pénètre. Sans ce dernier, il n'y a ni avant ni après, mais seulement une potentialité informe.

Dans le Vedanta, le miroir cosmique est la conscience universelle, le Soi suprême. Wigner et les sages du Vedanta, bien que séparés par les siècles et les disciplines, semblent répondre à la même question fondamentale : le temps est-il réel ou une invention de la perception ? Tous deux, bien qu'utilisant des langages différents, parviennent à une réponse similaire : le temps n'émerge qu'en relation avec l'esprit et la conscience.

Pour étayer ses idées, Wigner citait souvent le célèbre "paradoxe du chat" d'Erwin Schrödinger. Selon cette expérience de pensée, un chat enfermé dans une boîte scellée est dans un état "indéfini", vivant et mort à la fois, jusqu'à ce que la boîte soit ouverte pour vérification. Selon la physique quantique, c'est l'acte d'observation qui décide du résultat. Mais qui est l'observateur ? Pour Wigner, un observateur conscient, doté d'un esprit, est le sujet qui introduit la frontière entre le "potentiel" et le "réel".

Cette convergence entre la physique et la philosophie n'est pas le fruit du hasard et continue d'attirer les chercheurs et les scientifiques. De nombreux physiciens contemporains, de Fritjof Capra à David Bohm, ont exploré les liens entre les connaissances de la physique quantique et les traditions sapientielles orientales. Bien que la communauté scientifique n'ait pas accepté universellement des idées telles que celles de Wigner, son travail a ouvert des horizons de réflexion qui dépassent les limites du laboratoire.

Des conclusions comme celles de Wigner, bien que spéculatives, nous invitent à considérer la science non seulement comme une technique, mais aussi comme une discipline qui aborde les questions les plus profondes de l'être humain. Et peut-être que, comme le suggéraient les anciens sages indiens, la clé pour comprendre le mystère du temps est de comprendre le mystère de la conscience qui l'observe.

Anecdotes et liens culturels.

Il existe en Inde un lieu, Kashi, aujourd'hui connu sous le nom de Varanasi, qui porte le poids mystérieux du temps. Selon la tradition hindoue, cette ville millénaire existe "*hors du temps*", suspendue entre devenir et éternité. C'est là que les pèlerins viennent chercher quelque chose d'extraordinaire : abandonner l'illusion du temps linéaire et s'immerger dans la nature cyclique de l'existence. Cette conception cyclique, profondément ancrée dans les philosophies orientales, trouve étonnamment un écho dans la physique quantique moderne.

Dans de nombreuses expériences de physique quantique, le temps semble fonctionner d'une manière qui défie la compréhension ordinaire. La vision linéaire traditionnelle d'un passé menant à un futur est remise en question par l'interaction entre les particules subatomiques. Un exemple emblématique est l'*expérience du "choix différé*" de John Wheeler, menée dans les années 1970. Wheeler a démontré qu'une particule, telle qu'un photon, ne peut "décider" de son état que lorsque le résultat est observé, même si cela se produit après que le photon a déjà voyagé ou interagi. En d'autres termes, le futur semble influencer le passé. Cette idée paradoxale nous rapproche d'une vision non linéaire du temps, qui rappelle subtilement l'hindouisme.

Selon les textes sacrés indiens, le temps linéaire - le "Kala" - n'est qu'une trame superficielle, une illusion, appelée "Maya". Le temps profond, le temps cyclique, est au contraire éternel, marqué par le rythme cosmique des grands cycles universels appelés "yuga". La physique quantique ne va pas jusqu'à soutenir cette éternité, mais elle déstabilise les certitudes du temps : elle nous invite à considérer que notre perception linéaire n'est peut-être qu'une approximation d'une réalité plus complexe.

Au cœur de la philosophie hindoue, la ville de Varanasi devient un symbole vivant de cette vision du temps. Construite sur les rives du Gange sacré, la ville est considérée comme immortelle. On dit que Shiva lui-même a fondé Kashi et que ceux qui y meurent sont libérés du cycle des renaissances, entrant dans le royaume de l'éternité. Ici, chaque lever et coucher de soleil marque un temps qui ne s'écoule pas, mais qui revient sur lui-même. Les pèlerins, immergés dans des rituels, répètent des mantras et font des ablutions pour se reconnecter à cette dimension sans fin.

La physique quantique, avec ses idées révolutionnaires, semble toucher à cette perception. Les expériences sur le temps, le chaos quantique et la superposition d'états - dans laquelle une particule peut se trouver à plusieurs endroits ou moments simultanément - ignorent les définitions rigides du temps linéaire. Le temps lui-même devient une variable malléable, et non l'entité fixe qui régit notre vie quotidienne.

Le point de contact le plus fascinant entre la philosophie orientale et la physique quantique réside peut-être dans leur capacité à aller au-delà des apparences. Tout comme les sages hindous nous invitent à regarder au-delà de Maya - l'illusion du monde phénoménal - les physiciens cherchent également à explorer le substrat caché de la réalité. Varanasi, avec sa nature cyclique et sa promesse d'éternité, est une image puissante et métaphorique de ces deux perspectives.

Au 20e siècle, Albert Einstein lui-même a contribué à repenser la notion de temps. Sa théorie de la relativité a montré que le temps ne s'écoule pas uniformément. L'idée que le temps peut se dilater ou se contracter en fonction de la vitesse ou de la gravité a effectivement repoussé les limites de la physique, la rapprochant des anciennes conceptions philosophiques. Sans être explicitement influencé par l'hindouisme, Einstein a démontré que le temps absolu de Newton - si cher à la tradition occidentale - était une illusion, tout comme le concept de Maya...

Si le temps est effectivement une illusion, le dialogue entre la physique et la philosophie n'est pas une simple curiosité intellectuelle, mais une voie de recherche profonde. Dans une particule quantique qui défie le passé, il y a peut-être un écho du cycle éternel du Kalachakra. Par un matin brumeux à Varanasi, lorsque le soleil se couche sur le Gange, on peut vraiment se demander si le temps est notre compagnon ou s'il n'est que le reflet de quelque chose de plus grand.

Temps discontinu

Le temps, cette dimension apparemment familière qui ponctue nos vies, a toujours fasciné les êtres humains. Mais que se passe-t-il si l'on va au-delà des apparences ? En interrogeant les profondeurs de la physique quantique et de la philosophie hindoue, on découvre que le temps n'est pas du tout ce qu'il semble être. Ces deux disciplines, si différentes en apparence, aboutissent à une conclusion surprenante : le temps pourrait être une illusion, une construction qui trompe la perception.

La physique quantique, l'étude de la matière et de l'énergie à une échelle infinitésimale, a mis en lumière un fait déroutant : le temps n'est pas une ligne droite, mais une réalité fragmentée et fluide. Dans la célèbre expérience du "*choix différé*" de Wheeler, les photons, particules de lumière, semblent choisir de se comporter comme des ondes ou des particules en fonction de l'observation humaine. Ce qui est curieux, c'est que l'observation ne dépend pas du moment présent, mais peut également être influencée par des événements qui se produiront "dans le futur". Cette observation fait que le temps n'est pas linéaire, mais malléable, comme un ruban que l'on peut enrouler et dérouler à volonté.

Le temps n'est pas ce que l'on croit :

C'est ce qu'a déclaré Richard Feynman, l'un des plus grands physiciens du XXe siècle. Selon Feynman, le comportement des particules subatomiques semble suggérer que le futur et le passé ne sont pas des entités séparées, mais qu'ils sont entrelacés. La séquence des événements, telle que nous la percevons, n'est pas une donnée absolue, mais une manifestation de conditions plus profondes, invisibles mais puissantes.

Ce point de vue trouve un curieux parallèle dans la philosophie hindoue, qui considère le temps comme une forme de Maya, c'est-à-dire une illusion. Selon l'Advaita Vedanta, l'une des écoles les plus profondes de l'hindouisme, le temps et l'espace n'ont pas d'existence propre. Ils sont des manifestations transitoires de Brahman, l'Absolu, la seule réalité permanente. La perception humaine du temps, avec le passé qui s'éloigne et le futur qui s'étend à l'horizon, est une construction limitée, un récit que l'être utilise pour naviguer dans l'incompréhensible.

Une ancienne allégorie des Puranas décrit Brahma, le Créateur, qui connaît des cycles temporels si vastes qu'un seul jour de son existence correspond à des milliards d'années terrestres. Cette immense temporalité, appelée *kalpa*, dépasse de loin l'entendement humain et nous rappelle à quel point le temps peut être relatif et insaisissable. Il est intéressant de noter que la relativité du temps de Brahma trouve un écho dans la théorie de la relativité d'Einstein. Pour Einstein, comme pour les anciens textes hindous, le temps et l'espace sont entrelacés et leur perception varie en fonction du point de vue de l'observateur.

Si la physique quantique nous présente un temps fragmenté et non linéaire, l'hindouisme nous invite à considérer le temps comme un cycle éternel. Les grands yugas de la tradition indienne (ères cosmiques alternant de longues périodes de création, de maintien et de dissolution) rappellent le concept quantique de "*temps non coordonné*". Il n'y a pas de début et de fin absolus, mais un perpétuel devenir, une danse de l'univers.

L'expérience quantique de Wheeler et les cycles de Brahma nous éclairent sur un point central : le présent, tout comme le passé et le futur, est imprégné d'une fluidité que nous ne pouvons pas appréhender avec nos sens ordinaires. Dans le Vedanta, cette prise de conscience est appelée "*Kaivalya*", une expérience de libération qui met fin à la tyrannie du temps linéaire. Le même principe pourrait émerger des développements futurs de la physique quantique, lorsque nous dévoilerons enfin l'essence profonde de cette dimension.

Alors que la physique quantique repose sur des observations scientifiques et des calculs mathématiques complexes, la philosophie hindoue s'engage sur la voie de l'introspection et du mythe. Cependant, toutes deux partagent une idée cruciale : le temps n'est pas une entité solide, mais une illusion trompeuse.

Nous pouvons donc considérer la physique quantique et la philosophie hindoue comme deux explorateurs du même mystère. N'est-il pas fascinant de penser que les idées des anciennes écritures indiennes - transmises pendant des millénaires par des sages méditant sur les rives du Gange - trouvent un écho dans les découvertes des laboratoires de pointe, où la lumière elle-même semble jouer avec notre perception ?

Le temps, à la lumière de ces réflexions, n'est plus le compagnon qui ponctue les heures de tics réguliers. Il est une vague qui se courbe, un cercle qui se referme, une illusion qui invite l'être humain à s'éveiller à une réalité plus profonde.

> *"Le temps : n'est-il pas temps d'arrêter de le mesurer et de commencer à l'observer ?*

s'interrogeait Feynman. Et peut-être que le temps lui-même, dans son éternel jeu quantique, attend notre réponse.

Le temps qui ne s'écoule pas.

Imaginez deux particules. L'une se trouve à Milan, l'autre à Tokyo. Aucune communication ne serait possible selon les règles ordinaires de l'espace et du temps. Pourtant, leurs propriétés restent mystérieusement liées. La modification d'un élément de la première particule modifie instantanément la seconde, même à des milliers de kilomètres de distance. Il s'agit de l'intrication quantique, un phénomène qui défie les intuitions du sens commun et remet en question notre compréhension du temps.

Mais la physique quantique ne s'est pas arrêtée là. Le phénomène a été vérifié en laboratoire, pour la première fois depuis les années 1980, par des physiciens tels que John Clauser et Alain Aspect, et continue d'être étudié. Mais que nous apprend l'intrication sur le temps, ou plutôt sur son éventuelle illusion ? Et pourquoi certains l'assimilent-ils aux concepts de l'hindouisme ?

Selon l'hindouisme, Brahman est la réalité ultime, le principe absolu qui transcende toutes les distinctions d'espace et de temps. Toute existence est unie dans une seule matrice fondamentale, dont l'univers visible n'est qu'une manifestation illusoire, appelée Maya.

Cette vision, élaborée dans les textes des Upanishads, nous invite à dépasser la perception superficielle qui sépare l'"avant" de l'"après", ou l'"ici" de l'"ailleurs". À ce stade, le parallèle avec l'enchevêtrement devient fascinant : même en physique quantique, les particules enchevêtrées semblent ignorer non seulement la distance, mais aussi la séquentialité temporelle. C'est comme si elles opéraient dans une dimension sous-jacente, plus profonde, où ces catégories n'existent pas.

David Bohm, fasciné tant par la science que par les grandes traditions spirituelles, a tenté de proposer une explication alternative aux mystères de l'univers quantique. Bohm a parlé d'un "ordre implicite", une sorte de réalité "enveloppée" qui contient en elle-même toutes les informations du cosmos. Dans l'ordre implicite, chaque particule et chaque événement n'existent pas en tant qu'entités isolées, mais font partie d'un vaste ensemble interconnecté. Bohm compare cet ordre implicite à un hologramme : une représentation tridimensionnelle où chaque fragment individuel contient l'image complète.

L'idée de Bohm rappelle de manière frappante le concept védantique de Brahman. Comme l'hologramme de Bohm, le Brahman est au-delà de la division apparente entre les éléments de la réalité. Tout est un, et cette unité se manifeste non pas dans un temps linéaire, mais dans un éternel présent.

Dans cette perspective, le temps perd son caractère absolu, devenant une sorte d'illusion fonctionnelle, nécessaire à notre esprit limité, mais non fondamentale dans la compréhension ultime de la réalité.

Mandala et interconnexion cosmique.

Le concept d'interconnexion intemporelle se retrouve également dans les symboles de l'hindouisme. L'un des exemples les plus fascinants est le mandala. Les mandalas, qui sont au cœur de la philosophie orientale, représentent l'univers comme une unité parfaite, articulée en cercles harmonieux convergeant vers un centre. Chaque ligne et chaque figure du mandala fait allusion à l'ensemble, suggérant que chaque point contient en quelque sorte l'ensemble du dessin.

Pour un physicien quantique, un mandala pourrait presque représenter graphiquement l'idée d'intrication ou de réalité holographique. Aucun point n'est isolé. Tout est connecté, invisiblement mais profondément.

Dans l'hindouisme, Brahman n'est pas seulement un concept cosmologique. Il s'agit également d'une expérience intérieure. L'Atman, défini comme le Soi profond de chaque être humain, est considéré comme une expression directe du Brahman. Connaître l'Atman signifie transcender l'illusion du temps et de l'espace pour percevoir la conscience pure et intemporelle.

Une expérience intuitive similaire a également fasciné des physiciens tels qu'Erwin Schrödinger, l'un des pères de la mécanique quantique. Schrödinger, un admirateur des Upanishads, a écrit ce qui suit

"La distinction entre passé, présent et futur n'est qu'une illusion, aussi persistante soit-elle.

Dans ces mots, on perçoit l'écho de cette conscience intemporelle que les sages védantiques décrivent depuis des millénaires comme l'"illumination".

Quel est le lien réel entre l'intrication quantique et le Brahman ? Les deux semblent indiquer que la séparation et la séquentialité ne sont qu'un niveau superficiel de la réalité. Si la physique quantique étudie l'unité profonde de l'univers avec les outils de la science, l'hindouisme l'explore depuis des siècles par le biais de l'intuition philosophique et spirituelle.

Tous deux nous posent une question qui ébranle notre façon de voir le monde : et si le temps, que nous percevons comme un fleuve qui s'écoule, était en fait une illusion ? Dans cet univers mystérieux et interconnecté, nous ne sommes peut-être qu'au début d'une compréhension qui pourrait un jour réconcilier la science et la sagesse ancestrale.

Temps et non-temps : la philosophie hindoue et le chat de Schrödinger.

La physique quantique et les philosophies orientales peuvent sembler, à première vue, éloignées l'une de l'autre et incapables de dialoguer. Pourtant, leur rapprochement nous permet d'explorer des concepts fascinants sur la nature du temps. L'enquête commence par l'une des expériences mentales les plus célèbres de la physique moderne : le paradoxe du "*chat de Schrödinger*". Comparé à la cosmologie hindoue décrite dans les Védas, nous transporte dans une réflexion surprenante sur le temps en tant qu'expérience simultanée et sur la superposition d'états temporels.

En 1935, le physicien autrichien Erwin Schrödinger présente l'expérience théorique du chat enfermé dans une boîte. À l'intérieur, un mode quantique complexe : un atome instable, un compteur Geiger relié à une fiole de poison et un système qui condamne le chat à un destin inhabituel. Jusqu'à l'ouverture de la boîte, le chat existe dans un état de superposition quantique : vivant et mort à la fois. C'est l'observateur, par son acte d'observation, qui effondre ces états superposés en une seule réalité.

Dans ce scénario troublant, le temps joue un rôle sans précédent. Avant l'observation, il n'y a pas de "avant" ou de "après" clair et définissable. La dimension temporelle apparaît fluide, non linéaire et souvent inaccessible à la conception humaine traditionnelle. C'est là qu'intervient la philosophie hindoue, où l'idée de temps simultané a des racines anciennes.

La philosophie hindoue ne perçoit pas le temps comme une séquence linéaire, mais plutôt comme un entrelacement du passé, du présent et du futur qui coexistent dans le "*Trikala*". Dans les textes védiques, il est dit que l'univers lui-même est régi par des processus cycliques et cosmiques, dans lesquels le temps prend une forme circulaire, accessible dans la simultanéité.

Un exemple significatif est l'avatar de Vishnu dans sa manifestation en tant que Narayanan. Narayanan est décrit comme quelqu'un qui traverse les âges sans être affecté par le passage du temps. Dans cette dimension divine, le passé n'est jamais révolu, le présent n'est jamais lié à un "maintenant" précis et le futur est déjà enchâssé dans les plis de l'éternel.

L'observateur : le point de convergence entre la physique et la métaphysique.

Le paradoxe du chat de Schrödinger pose une question intrigante : l'observateur influence-t-il la réalité ? Ce qui se passe dans la boîte dépend de l'intervention directe de l'observateur humain. Le rôle de l'observateur central n'est pas seulement un thème de la physique quantique, mais aussi une pierre angulaire de la philosophie hindoue. Dans les textes védiques et les Upanishads, le Soi, ou "*drashta*", est défini comme le témoin suprême. Il est celui qui voit, mais n'agit pas. C'est le point immobile et intemporel qui observe le monde, se différenciant ainsi de la mutabilité de l'expérience sensorielle.

Les Upanishads parlent de cet observateur par une métaphore puissante : le Soi est le soleil qui illumine tout ce qui se passe sur terre. Cependant, le soleil ne participe pas directement aux événements. De même, l'observateur dans le contexte quantique n'entre pas dans la boîte, mais, par le simple fait d'observer, transforme la réalité en une condition spécifique. Ce pont entre la philosophie hindoue et la physique moderne crée un dialogue extraordinaire.

Selon la philosophie hindoue, le Gange, fleuve sacré, est une image puissante de la simultanéité du temps. Les Indiens croient que se baigner dans le Gange aujourd'hui revient à participer à un acte éternellement présent. Brahma, Vishnu et Shiva, qui représentent respectivement la création, le maintien et la destruction, existent à chaque époque du cosmos, tout comme leur influence se reflète dans l'écoulement du fleuve. De même, en physique quantique, la superposition des états quantiques suggère une dynamique équivalente : le présent contient déjà tout le potentiel de ce qui est à venir.

La question du temps unit donc des mondes apparemment éloignés. La science, avec ses mathématiques précises et les expériences mentales de Schrödinger, ouvre des portes que les philosophies orientales ont longtemps envisagées sur le plan métaphysique. Toutes deux indiquent une réalité qui défie les limites de la perception ordinaire.

Comme l'a écrit le physicien et philosophe Fritjof Capra dans *Le Tao de la physique* :

> *"Les concepts mystiques de l'Orient et la physique moderne n'apparaissent plus comme des univers séparés.*

Il n'est donc pas surprenant qu'une expérience quantique conçue au cœur de l'Europe du XXe siècle parvienne à donner une nouvelle voix aux anciens enseignements hindous.

Dans les questions fondamentales de la réalité, nous nous trouvons suspendus entre la science et la spiritualité. Schrödinger et Narayanan nous parlent tous deux d'un monde où le temps n'est finalement qu'une illusion. Une illusion que l'observateur peut traverser par un acte de pure conscience.

Chapitre VI. Un pont entre la physique et la spiritualité.

Pratiques méditatives dans l'hindouisme.

L'art de la méditation dans les temples de la tradition hindoue.

Marcher pieds nus sur un sol en granit poli, sous une arche décorée de sculptures complexes, n'est pas seulement une expérience architecturale. C'est un acte spirituel. Dans les temples sacrés de l'Inde, l'hindouisme se manifeste par un dialogue silencieux entre l'homme, l'espace et le divin. Ces lieux ne sont pas seulement des centres de culte. Ce sont de véritables cathédrales de silence, construites pour faciliter le *dhyana*, la pratique méditative profonde.

Parmi ces temples, celui de Chidambaram, dans le Tamil Nadu, brille comme un phare d'importance cosmique. Dédié à Nataraja, le dieu danseur, Chidambaram ne célèbre pas seulement un aspect de la divinité. Il représente la danse éternelle de la réalité : un mouvement qui, selon d'anciens textes hindous, se répercute sur toutes les choses. C'est dans ce cadre que les dévots se réunissent pour méditer, cherchant à atteindre le silence intérieur.

Le temple de Chidambaram est un exemple de la manière dont l'espace sacré est conçu pour mener à la transcendance. Au centre du complexe se trouve le *sancta sanctorum*, la chambre la plus intérieure, où réside l'image de Nataraja. Cependant, il y a quelque chose d'inhabituel : une partie du sancta *sanctorum* est vide. Cet espace, connu sous le nom de *Chidambaram Rahasya*, est un symbole du Soi suprême, l'Absolu qui ne peut être ni décrit ni vu.

Toute la conception du temple semble inviter à une expérience méditative. Les hautes colonnes qui ponctuent les cours évoquent le flux des pensées, tandis que les statues dansantes évoquent la résonance du mouvement éternel. L'aspect architectural n'est jamais simplement décoratif. C'est un outil qui guide l'individu vers un état de concentration. On pense que même le son des chants des dévots et des cloches, amplifié par la géométrie des murs, stimule des aspects spécifiques de l'esprit.

La méditation dans les temples hindous n'implique pas seulement le silence physique. Elle fait souvent appel au son, qui devient un portail vers la transcendance. La pratique du *Nada Yoga*, décrite dans la Chandogya Upanishad, est une tradition fondamentale. Dans cette forme de méditation, le son est utilisé pour s'accorder avec le cosmos.

Le Nada Yoga se divise en deux voies sonores principales : le son externe (Ahata Nada) et le son interne (Anahata Nada). Dans le premier cas, les fidèles se concentrent sur le son des mantras, comme le célèbre "Om", considéré comme la vibration primordiale de l'univers. Dans les temples, ce son est récité en groupe, créant une résonance collective qui implique également les corps.

La seconde voie, plus subtile, exige un silence absolu. Assis sur un sol de pierre froide, plongés dans l'ombre des arches, les méditants tentent d'écouter le son intérieur, l'écho subtil de leur propre existence. Ce son, selon la tradition, réside dans le cœur de chaque être humain et constitue une porte d'entrée pour se connecter à Brahman, l'Absolu.

Ondes sonores et physique quantique : un dialogue moderne.

Mais pourquoi le son est-il si important ? La physique moderne nous offre une curieuse analogie. La mécanique quantique décrit la matière non pas comme solide et immuable, mais comme un ensemble d'ondes vibratoires. Tout comme dans le Nada Yoga, où tout est perçu comme une énergie vibrante, la physique nous enseigne que les particules subatomiques sont caractérisées par une onde associée, une "danse" continue dans l'espace-temps.

On pourrait dire que la tradition hindoue a perçu intuitivement, à travers des rituels sonores, ce que la science n'a découvert qu'à l'époque moderne. Dans le temple de Chidambaram, lors des célébrations solennelles, les mantras et le son des cloches emplissent les espaces. Ces sons, amplifiés par la structure du temple, semblent résonner avec la même vibration primordiale que la physique quantique associe à l'univers.

Suman, un dévot âgé qui se rend régulièrement à Chidambaram depuis des décennies, décrit sa propre expérience méditative avec des yeux clairs :

> *"Lorsque je ferme les yeux et que j'entends le rythme des tambours pendant la cérémonie, c'est comme si tout en moi se mettait à danser. C'est une énergie qui ne peut être expliquée*

par des mots. Le temple n'est pas seulement un lieu, mais une expérience".

On trouve de nombreuses descriptions similaires dans les journaux de voyageurs occidentaux du 19e siècle, comme le Britannique Francis Buchanan, qui a visité les temples du Tamil Nadu. Buchanan a décrit le silence des nuits dans les temples, interrompu à intervalles réguliers par les chants des brahmanes. Il a lui aussi noté l'effet psychologique profond de ces sons cadencés et répétés, qui semblaient transporter l'esprit dans un autre lieu.

Le véritable objectif de la méditation dans les espaces sacrés hindous n'est pas seulement de trouver le calme. Il s'agit de redécouvrir l'unité fondamentale qui traverse tout. La Chandogya Upanishad déclare :

"L'univers entier est Brahman. Dans le silence, entrez dans le cœur et découvrez que vous ne faites qu'Un avec lui."

Les fidèles qui se rassemblent dans les temples sacrés, du Kashi Vishwanath de Bénarès au lointain Arunachaleswarar du Tamil Nadu, savent que le fil conducteur de l'expérience méditative est le voyage intérieur. Que ce soit dans le silence ou dans la vibration des mantras, ils cherchent à comprendre cette vérité universelle, que le temple lui-même incarne : l'extérieur reflète l'intérieur.

Dans les temples sacrés de l'hindouisme, où chaque pierre semble résonner de vie, une profonde sagesse se révèle. Le silence sacré se mêle au son, le visible à l'invisible, le physique au spirituel. Le temple devient alors bien plus qu'un lieu. C'est un pont entre l'esprit et le cosmos, où la méditation et le Nada Yoga nous rappellent qu'après tout, tout est vibration. Tout est danse, comme nous l'enseigne l'éternel Nataraja, danseur cosmique, depuis le cœur du temple de Chidambaram.

Amener l'esprit à un silence total.

L'hindouisme, dans ses nombreux courants philosophiques et spirituels, a toujours considéré la méditation comme un outil fondamental pour explorer l'essence de la réalité. Parmi ces pratiques, le *dhyana* occupe une place centrale. Il ne s'agit pas d'une simple technique de relaxation, mais d'un processus profond visant à transcender les limites de l'esprit et à reconnaître la nature spirituelle de l'existence.

Le mot dhyana est dérivé de la racine sanskrite "dhī", qui signifie "penser" ou "réfléchir". Toutefois, sa signification transcende toute réflexion intellectuelle. Dhyana est l'art de "*s'arrêter*" et d'amener l'esprit dans un silence total. Comme le dit Patanjali, philosophe indien du Ve siècle, dans ses Yoga Sutras :

> *"La méditation est le flux ininterrompu de la conscience vers un objet unique" (Yoga Sutra 3:2).*

Ce "flux ininterrompu" favorise la conscience de soi, créant un pont entre le moi personnel et l'Atman, le moi universel.

L'esprit, le silence et l'univers.

Le concept de "silence total" est plus complexe qu'il n'y paraît. Dans le dhyana, le silence n'est pas simplement l'absence de son ou l'évitement de la pensée. C'est la capacité subtile de suspendre l'activité mentale, d'aller au-delà de la turbulence de l'esprit et des émotions, comme un lac immobile reflétant le ciel. Pour les maîtres indiens, le silence mental conduit à des niveaux de conscience plus élevés, nous rapprochant de la vision de l'Atman, le Soi universel.

Les textes védiques en donnent un exemple éclairant. Dans l'ancienne Mandukya Upanishad, il est dit que le silence est le son le plus pur, représenté par le quatrième état de conscience (*turīya*), une phase au-delà du sommeil, de la veille et du rêve. Cet état de pur silence est le prélude à l'union avec le divin, une dimension qui rappelle la nature intangible et mystérieuse des particules quantiques, qui semblent "exister" uniquement lorsqu'elles sont observées, mais qui maintiennent un lien intrinsèque avec l'univers tout entier.

Les temples hindous sont conçus dans un but précis : guider l'esprit vers le silence intérieur. Comme l'explique la tradition, chaque élément architectural a une fonction symbolique. L'emplacement central du garbhagriha, le *sanctum sanctorum* où est enchâssée la divinité, représente l'Atman. Au cœur de ces espaces, le silence règne en maître. Le son du mantra, ainsi que le silence qui suit sa répétition, permettent au pratiquant d'entrer dans un état méditatif profond.

Science moderne et méditation : une convergence inattendue.

Le parallèle entre le silence recherché dans dhyana et les principes de la physique quantique est intéressant. Les théories quantiques montrent comment la matière, une fois observée sous sa forme subatomique, défie toute conceptualisation traditionnelle. Des particules apparaissent et disparaissent, manifestant une sorte de "*potentialité silencieuse*", comme si le tout émergeait du vide.

Cette conception est profondément liée à la vision hindoue. Dhyana invite le praticien à cesser toute activité mentale et à entrer dans le silence qui crée et soutient toute chose. Et comme dans les particules quantiques, le vide intérieur du méditant est plein de potentiel. Sous le silence, la même énergie universelle pulse.

Un exemple moderne est le travail du physicien David Bohm, qui a proposé le concept d'ordre implicite. Bohm a émis l'hypothèse que la réalité visible émergeait d'un état profond, invisible et potentiellement infini. Cet "ordre implicite" est très proche du concept de Brahman dans l'hindouisme : la réalité ultime et indescriptible qui se manifeste dans le dynamisme de l'univers. Le philosophe Erwin Schrödinger, l'un des pères de la physique quantique, se disait également influencé par l'hindouisme, parlant d'une unité profonde qui relie toute la réalité.

Pour atteindre cet état de silence mental, l'hindouisme propose des outils spécifiques. L'un des plus importants est le Nada Yoga, le yoga du son. En chantant des mantras, comme le Om, on amène l'esprit à se concentrer sur un seul point, en abandonnant progressivement toutes les pensées. Le son initial devient un écho qui s'estompe lentement, conduisant le pratiquant dans le silence le plus profond.

Un autre exemple est la technique Trataka, qui consiste à fixer une flamme ou une autre forme d'énergie visible. L'attention constante permet de calmer l'agitation intérieure, en rapprochant le praticien de l'esprit sans mouvement.

Le silence total, dans le dhyana, n'est pas seulement une expérience personnelle. C'est la clé de la compréhension de la vérité universelle, enracinée à la fois dans la physique des particules et dans la métaphysique des écritures védiques. À une époque où la science et la spiritualité semblent éloignées, le dhyana nous rappelle que ces deux disciplines peuvent se rencontrer dans une même aspiration : comprendre un monde au-delà des sens, atteindre un état de calme absolu, dans lequel le moi se dissout et seul l'être demeure.

Objectif et signification de la méditation.

Dans l'hindouisme, dhyana est bien plus qu'une simple immobilité de l'esprit. Il s'agit d'un voyage intérieur, d'une traversée du voile de l'illusion (Maya) pour découvrir la véritable nature de la conscience. C'est le cœur des pratiques méditatives de la tradition indienne, un chemin qui mène à Moksha, la libération ultime du Samsara, le cycle des naissances et des morts.

Le mot dhyana, souvent traduit par "méditation", apparaît déjà dans des textes anciens tels que les Upanishads et trouve une systématisation complète dans le Yoga Sutra de Patanjali. Il signifie absorption ou contemplation sans distraction. Il ne s'agit pas simplement d'une retraite mentale, mais d'un abandon progressif de l'identification au corps et à l'esprit.

Selon l'école Advaita Vedanta, fondée sur les enseignements d'Adi Shankaracharya (VIIIe siècle après J.-C.), le monde matériel est illusoire. Maya, l'apparence de la réalité, trompe l'individu en lui faisant croire qu'il est séparé du Tout. La tâche de dhyana est de dissoudre cette erreur de perception. Une fois l'illusion surmontée, il reste Brahman, l'Absolu, le Soi infini qui est la véritable nature de chaque personne.

Ramana Maharshi (1879-1950), figure clé du paysage spirituel indien moderne, est un maître qui a pleinement incarné le dhyana. Ramana n'enseignait pas de techniques élaborées. Le sommet de sa doctrine était la méthode directe de recherche de soi. Il invitait ses disciples à se poser une question apparemment simple : "*Qui suis-je* ? Cette question n'est pas un exercice mental, mais un plongeon dans le vide intérieur, un outil pour se libérer du mental et des conditionnements.

Arunachala, une montagne sacrée du Tamil Nadu, était pour Ramana un symbole vivant du Soi suprême. Près de l'Arunachala se trouve l'ashram de Ramana, un centre spirituel toujours visité par des milliers de chercheurs du monde entier. Ici, plongés dans le silence, des hommes et des femmes sont assis en contemplation. Beaucoup racontent qu'il suffisait de le regarder dans les yeux pour ressentir une paix profonde. Lui-même méditait, immobile, dans des états d'absorption si intenses qu'il en oubliait son corps.

Pour de nombreuses écoles de pensée hindoues, dhyana est le moyen de "voir vraiment". Maya est comme un rêve qui nous fait prendre l'irréel pour le réel. Lorsque l'esprit se calme, la séparation entre le sujet et l'objet disparaît. L'intuition émerge alors que le soi individuel (Atman) ne fait qu'un avec le soi universel (Brahman).

Un lien avec la physique quantique devient ici intéressant. Les physiciens modernes, comme Erwin Schrödinger, ont été profondément influencés par l'Advaita Vedanta. Schrödinger a écrit :

"La multiplicité n'est qu'une apparence. En vérité, il n'y a qu'un seul esprit".

Ce principe évoque fortement l'idée que dhyana peut conduire à une vision unifiée de la réalité, similaire au concept quantique d'"enchevêtrement", où tout est lié.

Dhyana n'est pas quelque chose de lointain ou de réservé aux seuls maîtres. La pratique a été préservée dans les temples et les *ashrams* indiens. Elle est vivante dans les séances de méditation silencieuses des grottes d'Ellora, dans les enseignements des moines du monastère de Sringeri ou dans la respiration atténuée des praticiens du pranayama.

Une anecdote célèbre nous amène à Swami Vivekananda (1863-1902), un autre géant spirituel de l'Inde. Lors d'un état méditatif intense, il a décrit l'expérience de son esprit comme "*une goutte tombant dans l'océan infini*". Cette image résume le dhyana : la perte de l'individualité pour embrasser ce qui est éternel.

Dhyana représente une voie millénaire qui relie les profondeurs de l'esprit aux frontières de la science. Ce n'est pas un hasard si les théoriciens modernes établissent des parallèles entre l'idée indienne d'Atman et certaines découvertes de la physique quantique sur la nature de la réalité. La pratique de la méditation, qui touche le corps, l'esprit et le Soi, invite à dissoudre toute division apparente.

Suivre le dhyana, c'est apprendre à se glisser dans le présent. Celui qui médite se place au-delà du temps, au-delà de l'espace. Il ne s'agit pas d'un processus théorique, mais d'une expérience personnelle. Grâce à elle, l'individu se reconnaît non pas comme un corps séparé, mais comme une pure conscience, infinie et sans forme.

La voie du dhyana reste, à travers les âges, un chemin ouvert pour quiconque a le courage de regarder à l'intérieur de soi et de faire face à la plus grande question : "Qui suis-je ? Et c'est à partir de cette réponse, trouvée dans le silence, que le réel s'illumine.

Les sept chakras : portes d'accès à l'énergie et à la méditation.

Dans la tradition hindoue, les sept chakras sont définis comme des centres d'énergie situés le long de la colonne vertébrale, considérés comme des éléments clés de l'éveil spirituel. Ces points ne sont pas seulement des symboles mystiques, mais représentent un pont entre le corps, l'esprit et la conscience. Grâce à la méditation et à la discipline yogique, les chakras offrent une voie vers l'illumination et permettent de se connecter à un niveau supérieur d'énergie universelle.

Le terme "chakra" vient du sanskrit et signifie "roue" ou "cercle". Cette image suggère un mouvement continu d'énergie. La philosophie hindoue décrit sept chakras principaux : de Muladhara (à la base de la colonne vertébrale) à Sahasrara (au sommet de la tête). Chaque chakra est associé à des couleurs, des éléments naturels et des qualités personnelles spécifiques. Par exemple, Muladhara représente la stabilité et le lien avec la Terre, tandis que Sahasrara est le symbole de la transcendance spirituelle.

Les textes anciens tels que les Tantras et les Upanishads décrivent les chakras non seulement comme des éléments spirituels, mais aussi comme des points de convergence de l'énergie vitale, appelée *prana*. Ils sont associés aux "*nadis*", ou canaux énergétiques, qui transportent l'énergie dans tout le corps. Leur activation est considérée comme essentielle pour atteindre l'équilibre psychophysique et, en fin de compte, l'illumination.

Méditation et éveil de l'énergie Kundalini.

L'une des pratiques les plus courantes liées aux chakras est le yoga Kundalini. Cette discipline combine des techniques de respiration, des postures physiques (*asanas*), la répétition de mantras et la méditation pour éveiller l'énergie dormante connue sous le nom de kundalini. Cette énergie est traditionnellement représentée sous la forme d'un serpent enroulé à la base de la colonne vertébrale, dans le chakra Muladhara.

Pendant la pratique, l'énergie s'éveille et monte le long du Sushumna Nadi, en passant par chaque chakra. À mesure que l'énergie s'élève, elle ouvre des "portes" intérieures, amenant le pratiquant à expérimenter des états de conscience plus élevés. Le but ultime est d'atteindre Sahasrara, le chakra de la couronne, où l'union avec l'absolu est réalisée.

Sri Aurobindo, figure importante de la philosophie indienne moderne, a décrit l'éveil de la kundalini comme un moment crucial dans le processus de transformation spirituelle. Dans ses écrits, il souligne l'importance d'intégrer les pratiques anciennes à une compréhension plus large de la nature humaine. Contempler les chakras, selon Aurobindo, c'est aussi explorer le développement de la conscience dans sa globalité.

Chakras et physique quantique.

L'explication traditionnelle des chakras repose sur une compréhension énergétique et spirituelle du corps humain. Récemment, certains chercheurs et praticiens ont tenté de relier les principes des chakras aux découvertes de la physique quantique. Cette analogie repose sur la nature vibratoire de l'univers.

Les chakras peuvent être considérés comme des nœuds d'énergie ou des champs électromagnétiques qui interagissent avec leur environnement. La physique quantique, qui explore les particules subatomiques, souligne le lien entre l'énergie et la matière. Ce parallèle suggère que les chakras pourraient être non seulement des réalités spirituelles, mais aussi des phénomènes physiques, ancrés dans une intelligence énergétique universelle.

Une citation du physicien Niels Bohr, connu pour ses travaux sur la théorie quantique, suscite une réflexion intéressante :

> *Le contraire d'une vérité profonde peut être une autre vérité profonde".*

Ce principe, qui invite à considérer des réalités apparemment opposées comme complémentaires, peut s'appliquer à la relation entre science et spiritualité.

La méditation sur les chakras est une discipline ancienne qui reste d'actualité même dans le monde moderne. Grâce à des techniques telles que le yoga Kundalini, les pratiquants peuvent non seulement atteindre une plus grande conscience de soi, mais aussi comprendre la nature holistique de l'univers.

Des lieux sacrés tels que Varanasi continuent d'inspirer les chercheurs spirituels, tandis que les enseignements de maîtres tels que Sri Aurobindo guident vers une intégration de la tradition et de la modernité. Parallèlement, les analogies avec la physique quantique stimulent un dialogue qui pourrait déboucher sur de nouvelles perspectives tant spirituelles que scientifiques.

Après tout, les chakras nous rappellent que nous sommes plus qu'un simple corps physique. Nous sommes, dans tous les sens du terme, de l'énergie en mouvement.

Méditer sur le temps : l'illusion maya et la réalité quantique.

Dans les profondeurs de la philosophie indienne, le temps n'existe pas du tout. Les anciennes Upanishads, qui comptent parmi les textes hindous les plus mystiques et les plus poétiques, le décrivent comme *kaala*, une construction de l'esprit. Selon ces écritures, le temps est une illusion, une création de la conscience elle-même. Ce concept se confond avec l'idée de Maya, le voile de tromperie qui présente le monde comme séparé et fragmenté. Curieusement, la physique moderne - en particulier la physique quantique - semble s'approcher tranquillement de visions similaires.

Les méditations sur le temps, au cœur de nombreuses pratiques hindoues, visent à déconstruire cette illusion. Dans les domaines de la *dhyana* (méditation profonde), les yogis étudient le temps non pas comme une suite d'instants, mais comme une perception modifiable et subjective. Ce même paradigme fascine les physiciens théoriques, qui parlent aujourd'hui de temps réversible ou encore de la possibilité que le temps n'existe que par rapport à l'observateur.

Dans les Upanishads, le concept de temps n'est pas linéaire. Dans la tradition védique, tout existe dans un éternel présent que l'esprit, par ses limitations, divise en passé, présent et futur. Ce fragment crucial apparaît, entre autres, dans la Brihadaranyaka Upanishad, où l'on peut lire ce qui suit :

Celui qui connaît le temps connaît le Brahman.

Brahman, dans la vision hindoue, est l'absolu, le tout, qui transcende toute définition humaine. Le temps sépare donc l'individu de la vérité universelle, en l'ancrant dans la dimension matérielle.

La méditation sur le temps permet de dépasser ces limites. Les yogis traditionnels s'adonnent à des pratiques qui les amènent au-delà de leurs perceptions.

L'expérience de la dissolution du temps est souvent liée à un état de méditation profonde. La pensée est libérée des contraintes de la mémoire ou des attentes. On atteint une dimension que les hindous appellent *turiya*, le "quatrième état", au-delà de la veille, du rêve et du sommeil. Cette pratique, vieille de plusieurs milliers d'années, trouve un écho surprenant dans les paradigmes de la physique quantique contemporaine.

En physique quantique, la conception du temps est tout sauf rigide. Les équations fondamentales qui régissent le monde subatomique sont réversibles. En théorie, cela signifie que le passé et le futur pourraient être interchangeables. La science traditionnelle ne sait pas encore expliquer cette particularité, car elle contredit la flèche du temps définie par la thermodynamique (entropie). Cependant, si le temps est une construction mentale - comme le suggèrent les doctrines védiques - cette apparente contradiction se dissout.

Le lien entre l'esprit humain et l'écoulement du temps a été exploré par des physiciens tels que John Wheeler, qui a introduit le concept d'"*univers participatif*". Selon ce point de vue, l'observateur collabore à la création de la réalité physique. Cette théorie, bien que complexe, résonne avec l'ancienne vision védique : la conscience est la base de la réalité. Rien n'existe séparément de l'esprit observateur.

Le physicien David Bohm, connu pour sa théorie de l'"ordre implicite", a également souligné que le temps pouvait être une projection dans laquelle l'univers tout entier se manifeste. À un niveau plus profond, Bohm a suggéré que le temps et l'espace se reforment continuellement comme des images holographiques, comme un seul "champ unifié". Dans cette perspective, le temps perd son caractère absolu, comme le prétend l'hindouisme.

Dans de nombreux ashrams en Inde, des pratiques de méditation sur le temps sont transmises depuis des siècles. L'une des techniques les plus connues consiste à se concentrer sur la respiration, à observer son flux sans l'identifier à des processus mentaux. Une fois l'esprit apaisé, des intuitions spontanées émergent pour montrer l'irréalité du temps. Rishikesh, village sacré au pied de l'Himalaya, est un lieu où ces pratiques sont cultivées par des yogis modernes et des chercheurs spirituels internationaux.

Ces expériences subjectives ont également des implications pour les neurosciences. Des études récentes sur des méditants avancés montrent que la pratique de la méditation peut modifier la perception du temps, en élargissant le moment présent. Les IRM cérébrales révèlent que certaines zones du cerveau, liées à la mesure du temps, "s'éteignent" pendant les états de méditation profonde. Cela suggère que l'état de conscience peut affecter directement le niveau d'expérience du temps.

Bien qu'enracinés dans des traditions très éloignées dans le temps et l'espace, l'hindouisme et la physique quantique ouvrent des conversations fascinantes sur notre relation au temps. Tous deux semblent suggérer que ce que nous percevons comme séparé fait en fait partie d'une réalité unique, vaste et interconnectée.

La méditation sur le temps n'est donc pas seulement une exploration spirituelle, mais aussi un défi pour la science moderne. Les anciens rishis indiens et les physiciens quantiques partagent une vision audacieuse : la clé de la compréhension de la réalité se cache dans la conscience et dans le dépassement des contraintes temporelles. C'est à nous, observateurs et participants, de franchir le pont entre physique et spiritualité.

Le souffle de l'univers. Le pranayama et la connexion cosmique.

Le mot pranayama vient du sanskrit : "*prana*" signifie énergie vitale ou souffle universel, tandis que "*ayama*" signifie expansion ou contrôle. Dans les textes anciens de l'hindouisme, tels que les Upanishads et le Yoga Sutra de Patanjali, le prana est décrit comme le souffle qui imprègne toute existence. Il ne s'agit pas seulement de l'air qui pénètre dans les poumons, mais d'une énergie subtile qui traverse chaque être vivant et le relie à l'ensemble.

Paramahansa Yogananda, le célèbre auteur de l'Autobiographie d'un Yogi, a mis l'accent sur cette connexion cosmique. Dans ses enseignements, Yogananda expliquait que la respiration n'est pas seulement une action physiologique, mais un portail vers la conscience universelle. Il comparait le contrôle de la respiration à un "interrupteur" qui permet de comprendre notre lien profond avec l'absolu, ou Brahman.

Depuis des millénaires, l'hindouisme parle d'une énergie universelle qui anime tout. Cette idée s'apparente de manière frappante à la théorie moderne des champs de la physique quantique. Albert Einstein, avec sa théorie du champ unifié, a tenté de prouver que la matière et l'énergie ont une racine commune. Bien que le terme "prana" n'apparaisse pas dans les travaux d'Einstein, les parallèles sont fascinants. Tout comme le prana se répand dans chaque être, les ondes quantiques vibrent et imprègnent l'univers dans les théories modernes.

Les anciens sages védiques, des siècles avant l'avènement de la science moderne, avaient déjà eu l'intuition de cette interconnexion. Pour eux, la respiration contrôlée était un moyen de s'accorder avec ces vibrations cosmiques. Grâce au pranayama, l'individu devient un participant actif au grand jeu de l'univers, tout comme un observateur modifie un système quantique en physique moderne.

Le pranayama est bien plus qu'une métaphore spirituelle. D'un point de vue pratique, la régulation de la respiration discipline l'esprit et calme le système nerveux. Pendant la méditation, des techniques telles que *Anulom Vilom* (respiration alternée) ou *Kapalabhati* (respiration purificatrice) établissent un rythme qui harmonise le corps et l'esprit. Cette synchronisation permet à l'individu d'expérimenter des états de conscience profonds.

Un exemple moderne nous vient de la "*Fondation Isha*" de Sadhguru, un maître indien contemporain. Dans ses programmes de méditation avancée, le pranayama est utilisé pour aligner l'énergie individuelle sur l'énergie universelle. Sadhguru décrit la respiration comme un messager :

> *Par la respiration, nous pouvons dialoguer avec l'existence elle-même".*

L'ancienne sagesse hindoue affirme que le contrôle de la respiration permet de surmonter la dualité entre le soi et le tout. La philosophie moniste de l'advaita, promue par Adi Shankaracharya au VIIIe siècle après J.-C., affirme que l'individu (Atman) n'est pas distinct de l'absolu (Brahman). Le pranayama devient donc une pratique visant à dissoudre les barrières entre le moi individuel et l'univers.

Paramahansa Yogananda avait l'habitude de raconter comment cette communion pouvait être expérimentée par la méditation profonde. Il citait souvent son maître, Swami Sri Yukteswar, qui décrivait la respiration comme le "*mouvement de la porte*" vers des états de conscience plus élevés. Dans l'expérience de la méditation avancée, le souffle ralentit jusqu'à s'arrêter, laissant le pratiquant dans un état d'unité parfaite avec le cosmos.

De nombreux chercheurs considèrent le pranayama comme un point de rencontre entre la tradition et la science. D'une part, la respiration représente une fonction biologique qui peut être étudiée et mesurée. D'autre part, c'est un symbole profond de la connexion spirituelle entre l'être humain et l'univers. Cette dualité reflète parfaitement le dialogue entre l'hindouisme et la physique quantique : deux perspectives apparemment distinctes convergent vers une compréhension plus large de l'existence.

Au XXIe siècle, la méditation et la respiration trouvent des applications au-delà de la religion. Les techniques inspirées du pranayama sont intégrées à la pleine conscience, à la psychothérapie et aux pratiques anti-stress dans le monde entier. Le message reste le même : lorsque vous calmez votre respiration, vous pouvez percevoir l'ordre profond des choses.

Le souffle, invisible mais omniprésent, est le "*fil entre le visible et l'invisible*", comme le disait Yogananda. Par le pranayama, l'hindouisme nous invite à ne pas être de simples observateurs de l'univers, mais des participants actifs. À l'heure où la science s'efforce de comprendre les fondements quantiques de l'existence, cette sagesse ancestrale semble plus pertinente que jamais. La respiration n'est plus seulement un acte nécessaire à la vie. Elle devient la clé pour se connecter au rythme éternel du cosmos.

L'esprit comme champ quantique dans la tradition du yoga.

Entre les sommets symboliques de l'Himalaya et les mystères de la mécanique quantique, il existe un lien qui fascine les scientifiques et les philosophes : observation. L'hindouisme, avec sa tradition spirituelle millénaire, offre une perspective unique sur le rôle de l'observateur, un concept qui trouve un écho dans la physique moderne. Dans les deux visions, l'observation n'est pas passive. C'est elle qui génère la réalité. Ce parallélisme, qui peut sembler ésotérique, plonge dans l'un des domaines les plus profonds de la philosophie yogique : le "*purusha*", l'observateur silencieux.

Dans la philosophie du yoga, le "*purusha*" représente le principe éternel, immuable et conscient. Selon les Yoga Sutra de Patanjali, l'expérience humaine est divisée entre le purusha et la prakriti, c'est-à-dire le monde matériel et changeant. Le purusha est l'observateur pur, détaché et immobile, qui observe sans jugement le flux des pensées, des émotions et des sensations. L'esprit, avec ses vagues, est comme un lac dans lequel se reflètent ces expériences. Mais qui est l'observateur de ces reflets ? C'est le purusha.

Grâce à la dhyana, la méditation profonde, le yogi apprend à s'identifier à cet observateur silencieux. Atteindre cette conscience signifie dépasser l'ego et reconnaître que la réalité perçue n'est rien d'autre qu'une construction. Swami Vivekananda, lors de son célèbre discours au Parlement mondial des religions à Chicago en 1893, a expliqué cette idée avec force :

"L'âme n'est ni le corps ni l'esprit, elle est le témoin éternel.
Tout le reste change, mais l'âme reste".

Pratiquer le dhyana, c'est s'asseoir en silence et observer ses pensées comme on regarde les nuages passer dans le ciel. Ce détachement permet au yogi de réaliser que les pensées proviennent d'un "champ" plus profond, un champ d'énergie pure, tout comme dans le monde subatomique, ce que nous voyons émerge d'un réseau complexe de particules et d'ondes. En ce sens, purusha pourrait être compris comme l'"esprit quantique" de l'homme, où chaque réalité possible existe en tant que potentialité jusqu'à ce qu'elle soit observée.

Depuis des millénaires, l'hindouisme offre un enseignement que la physique quantique ne reconnaît que depuis peu. Dans la célèbre expérience de la double fente, le choix de mesurer ou non une particule influence sa manifestation. C'est le rôle de l'observateur qui détermine si la particule se comporte comme une onde ou comme une particule. Une réalité non observée reste possible. Ce principe est remarquablement similaire à la vision yogique : ce qui est observé par la conscience détermine la structure de la réalité.

Swami Vivekananda, lors de son séjour aux États-Unis, a exposé un concept crucial :

> *Toute matière n'est qu'une manifestation secondaire de la conscience".*

Cette affirmation apparemment mystique parle d'un univers dans lequel la matière n'existe pas au sens conventionnel du terme. La physique moderne, avec la théorie quantique, est d'accord. Par exemple, Werner Heisenberg, père du principe d'incertitude, a observé :

> *"Le monde n'est qu'un réseau de potentialités qui ne se concrétise que par l'observation".*

Ces parallèles entre science et spiritualité ne surprendraient pas un adepte du yoga. L'ancienne sagesse des Védas avait déjà compris que la séparation entre l'observateur et l'observé est une illusion. Selon les textes anciens, l'esprit humain ne se contente pas de créer sa propre réalité ; il est la réalité elle-même. Pendant le dhyana, le yogi ne cherche pas à changer le monde, mais à savoir qui l'observe vraiment.

Interconnexions entre la science et la méditation.

La science contemporaine commence à sonder les mystères que les pratiques méditatives de l'hindouisme abordent depuis des millénaires. En particulier, la physique quantique offre aujourd'hui de nouvelles perspectives sur la nature de la réalité, proposant des visions qui trouvent des échos surprenants dans les intuitions spirituelles des sages indiens.

Depuis des siècles, les techniques de méditation telles que le dhyana et le pranayama permettent d'explorer la conscience et l'interconnexion de l'individu et de l'univers. Les anciens textes védiques, y compris les Upanishads, affirment que ce que nous percevons comme séparé est en réalité une seule et même réalité indivisible. Cette réalité est appelée Brahman, le principe suprême, absolu et omniprésent, la source de tout ce qui existe.

Au XXe siècle, les pionniers de la physique quantique ont commencé à remettre en question les frontières traditionnelles entre la matière et la conscience. Eugène Wigner, physicien et lauréat du prix Nobel, a souligné que l'observateur n'est pas une figure neutre dans la mesure des phénomènes quantiques. Selon Wigner, la conscience humaine joue un rôle actif dans la détermination du comportement de la réalité physique. Cette idée est étonnamment proche de la vision védantique selon laquelle la réalité que nous percevons est en partie construite par notre conscience.

David Bohm, un autre grand innovateur de la physique quantique, a proposé le concept d'"ordre implicite". Pour Bohm, l'univers n'est pas une collection d'éléments séparés, mais un tout indivisible dans lequel chaque partie est reliée à toutes les autres. Ce point de vue reflète clairement la philosophie védantique, selon laquelle l'univers phénoménal (ce que nous percevons) n'est qu'une apparence, comme le voile de Maya. Le véritable tissu de la réalité est invisible pour les yeux, mais accessible par la méditation. Bohm lui-même a été influencé par son dialogue avec Jiddu Krishnamurti, un éminent philosophe indien qui a souvent parlé de la nécessité de transcender la pensée conceptuelle pour faire l'expérience de l'unité.

La méditation en tant qu'"observateur" de la réalité.

Les pratiques méditatives hindoues sont fondées sur l'expérience directe de la conscience. Grâce à des techniques telles que la répétition de mantras (japa), le contrôle de la respiration (pranayama) et la concentration (dharana), les pratiquants tentent de surmonter l'illusion du moi individuel. La méditation conduit à l'expérience d'un état de connexion profonde. Le mystique ne se sent plus séparé du monde, mais fait partie d'un tout interconnecté, tout comme la vague n'est pas distincte de l'océan.

Il existe des similitudes entre cette expérience et le concept quantique d'"entanglement", ou intrication quantique. En laboratoire, les physiciens ont démontré que deux particules, une fois connectées, restent dans un état de corrélation instantanée, même si elles sont très éloignées l'une de l'autre. Cette interconnexion fondamentale, qui transcende le temps et l'espace, semble faire écho à l'intuition védique selon laquelle tout est un sous le voile de l'illusion.

Un exemple emblématique du pont entre la méditation et la science se trouve dans les expériences de Nikola Tesla. Bien que Tesla n'ait pas été un physicien quantique, il s'intéressait aux philosophies orientales et méditait régulièrement. Il a déclaré que nombre de ses inventions lui étaient "apparues dans des visions", des états de profonde intuition qui peuvent être comparés aux états méditatifs décrits dans la tradition indienne.

La figure d'Erwin Schrödinger, le célèbre physicien et père de la mécanique quantique, est un autre exemple significatif. Schrödinger a été profondément influencé par les Upanishads. Il a écrit que le concept de conscience universelle décrit dans les textes védiques correspondait à ce qui émergeait de sa compréhension de la physique. Dans l'une de ses lettres, Schrödinger affirme que la distinction entre le sujet et l'objet est une barrière illusoire.

L'Inde offre de nombreux lieux sacrés qui relient les concepts scientifiques et spirituels. Rishikesh, au pied de l'Himalaya, est connu comme le centre mondial de la méditation. Ici, des traditions millénaires continuent d'être pratiquées parallèlement à des séminaires modernes explorant la relation entre l'esprit et la physique quantique. Chaque année, des érudits du monde entier se réunissent pour discuter de science et de spiritualité, combinant les sutras des sages avec les équations des physiciens.

L'hindouisme a toujours perçu la méditation comme un outil permettant d'accéder à la vérité ultime. La physique quantique, avec ses paradoxes et ses découvertes révolutionnaires, ouvre la porte à une compréhension plus profonde de l'univers qui nous entoure et de nous-mêmes. Si Brahman est l'essence ultime de l'être, peut-être que la science moderne, tout comme les sages indiens, découvre que l'investigation de la réalité extérieure signifie également l'exploration du royaume intérieur de la conscience. Un pont, entre physique et spiritualité, qui semble de plus en plus solide et prometteur.

Méditation et neurosciences quantiques.

La méditation, ancienne pratique spirituelle explorée en profondeur par l'hindouisme, suscite un intérêt croissant de la part de la science moderne. Cet intérêt n'est pas une coïncidence : les neuroscientifiques et les physiciens quantiques découvrent des liens surprenants entre les effets de la méditation sur l'esprit et les mystères de la réalité décrits par la physique quantique. Mais quel est ce lien ?

Méditation : pause dans la réalité et voyage intérieur.

La physique quantique a révolutionné notre compréhension du monde. Lors de la célèbre expérience de la double fente, les scientifiques ont découvert que les particules subatomiques se comportent à la fois comme des ondes et des particules, mais uniquement lorsqu'elles sont observées. Avant l'observation, la particule existe dans un état de superposition, un ensemble de possibilités.

Ce comportement semble analogue à l'état de l'esprit pendant la méditation profonde. Lorsque le praticien entre en *dhyāna*, la pensée ordinaire se dissout. L'esprit cesse de courir après une réalité définie. Il perd ses limites habituelles et entre dans un royaume de possibilités fluides et infinies.

Ce lien entre l'esprit et la réalité a également été exploré lors de la célèbre rencontre entre Albert Einstein et Rabindranath Tagore en 1930. Tagore, poète et philosophe indien, soutenait que la réalité n'était pas indépendante de l'observation humaine. Einstein, partisan d'un univers "objectif", était d'abord sceptique, mais il a été impressionné par l'argumentation de Tagore, qui combinait des idées philosophiques et spirituelles. Leurs dialogues ont mis en évidence ce qui est évident aujourd'hui : les frontières entre la science et la spiritualité sont moins définies qu'on ne le pensait auparavant.

Ces dernières années, des études sur la méditation ont révélé des liens surprenants avec le fonctionnement du cerveau. Pendant la méditation profonde, l'activité cérébrale est considérablement modifiée. Les états méditatifs sont associés à une cohérence accrue des ondes cérébrales ( ), en particulier dans la gamme des ondes gamma. Ces états reflètent une "connectivité" accrue entre les régions du cerveau et semblent soutenir la perception d'unité avec le tout décrite par de nombreux méditants.

Mais qu'en est-il de la physique quantique ? Certains neuroscientifiques, comme Stuart Hameroff, ont émis l'hypothèse que les processus cérébraux pourraient dépendre de phénomènes quantiques. Hameroff et le physicien Roger Penrose ont proposé le modèle de "l'esprit quantique". Selon cette théorie, les microtubules des cellules cérébrales pourraient faciliter l'action quantique dans la conscience. Bien que controversé, ce modèle offre une passerelle possible entre la méditation, la physique quantique et les neurosciences.

Le mystique indien Ramana Maharshi (1879-1950), connu pour sa pratique de la méditation silencieuse, a décrit l'expérience méditative comme l'abandon du "*petit moi*". Ramana a enseigné que le silence n'est pas vide mais plein de conscience. Dans l'une de ses réflexions, il a déclaré : "Le silence n'est pas vide, mais plein de conscience :

> *Ce qui reste une fois que l'esprit s'est calmé est la réalité absolue.*

Cette idée semble se refléter dans le concept quantique de "l'effondrement de la fonction d'onde", dans lequel l'observation réduit un éventail de possibilités en une seule réalité.

Si la physique quantique montre que la réalité est plastique et façonnée par l'observation, l'hindouisme suggère que l'esprit peut "observer" une dimension plus profonde grâce à la méditation. Les deux disciplines, tout en empruntant des voies différentes, ouvrent une question universelle : qui, ou quoi, observe ? La méditation et la physique semblent murmurer la même vérité, chacune dans son propre langage.

Peut-être, comme l'affirmait Erwin Schrödinger, le père de la mécanique quantique,

> *"L'esprit n'est pas un produit de la nature ; l'esprit est la matrice de toutes choses.*

C'est dans ce mystère que la philosophie orientale et la physique quantique se rencontrent, nous rappelant que les frontières entre la science et la spiritualité sont faites pour être explorées.

Le cerveau dans la méditation : la danse quantique entre les ondes et la conscience.

Pendant des siècles, l'hindouisme a exploré la nature de la conscience à travers les outils de la méditation et de l'introspection. Aujourd'hui, la science moderne, avec le soutien de la physique quantique et des neurosciences ( ), nous permet d'étudier comment les états méditatifs peuvent affecter le cerveau et potentiellement modifier notre compréhension de la réalité et de la conscience.

La méditation, pratiquée dans la tradition védique indienne depuis des milliers d'années, a un effet profond sur le cerveau. Des études neuroscientifiques ont montré que pendant la méditation profonde - comme le *samadhi* décrit dans les Yoga Sutras de Patanjali - les ondes cérébrales suivent une dynamique unique. Les expériences menées par Richard Davidson, professeur de neurosciences à l'université du Wisconsin, sur des moines tibétains formés à la méditation transcendantale ont donné des résultats surprenants.

Davidson, dans son laboratoire, a enregistré une augmentation significative des ondes gamma dans le cerveau des moines. Ces ondes, qui oscillent à des fréquences très élevées, sont associées à des états de conscience élargie, d'attention profonde et de plasticité mentale. L'étude, menée au début des années 2000, a montré que ces ondes peuvent synchroniser différentes régions du cerveau. Les moines eux-mêmes ont fait état de sentiments d'unité avec l'univers, expériences qui rappellent vaguement les principes de non-localité décrits en physique quantique.

En physique quantique, le concept de non-localité implique que deux particules, une fois "intriquées", peuvent s'influencer mutuellement, quelle que soit la distance qui les sépare. Cela reflète le sentiment de connexion universelle qui émerge des expériences méditatives. Selon les moines interrogés, dans la méditation profonde, "il n'y a pas de séparation entre le soi et l'univers". Cette description s'apparente curieusement à ce que les spécialistes de la mécanique quantique observent dans le comportement des particules.

Méditation et décohérence quantique.

La méditation agit également sur le cerveau par le biais d'un phénomène appelé "*cohérence neuronale*". Pendant la méditation profonde, les ondes cérébrales s'alignent, créant une sorte d'harmonie ou d'"ordre". Ce concept a des parallèles dans le domaine de la décohérence quantique. Selon la physique quantique, les systèmes quantiques coexistent dans des états superposés jusqu'à ce qu'une interaction provoque la "décohérence", c'est-à-dire l'effondrement en un seul état observable.

Le neuroscientifique Bruce Alan Wallace, spécialiste de la méditation bouddhiste et des références spirituelles indiennes, a suggéré que la méditation pourrait favoriser une sorte de cohérence interne de l'esprit, semblable au maintien d'un état quantique efficace. Lorsque le cerveau méditatif entre dans un état d'ordre, il peut faciliter une perception plus élevée de la réalité, voire réduire les interférences entre les mondes intérieur et extérieur, comme si l'esprit se synchronisait avec le "champ quantique" qui régit l'univers.

Les textes hindous, en particulier les Yoga Sutras, parlent souvent d'états de conscience non ordinaires. Patanjali définit le dhyana comme une concentration ininterrompue sur la nature du Soi ou de l'absolu (*Purusha*). Cet état, décrit comme une union entre le sujet et l'objet, présente des parallèles étroits avec la perception de l'interconnexion qui émerge de l'enchevêtrement quantique.

On trouve un exemple de ces expériences dans la vie des mystiques indiens. Ramana Maharshi, l'un des maîtres spirituels les plus influents du XXe siècle, a raconté des états méditatifs dans lesquels le moi individuel disparaissait, le laissant "immergé dans l'éternel". Cela rappelle ce que le physicien quantique David Bohm a appelé "l'ordre implicite", une réalité cachée dans laquelle tout est lié.

Les découvertes neuroscientifiques de Davidson et d'autres, associées à des analogies frappantes avec les principes quantiques, jettent un pont entre la spiritualité et la science. En 2014, le Dalaï Lama a déclaré lors d'un dialogue avec des physiciens et des neuroscientifiques :

> *"L'esprit a une capacité illimitée à se développer, tout comme l'univers.*

Cet esprit de curiosité reflète le cœur de la tradition védique, qui étudie l'univers intérieur depuis des siècles.

La méditation apparaît ainsi non seulement comme une pratique spirituelle, mais aussi comme un moyen d'explorer un territoire complexe, situé à la frontière entre la conscience et la mécanique quantique. Peut-être, comme le suggèrent les textes sacrés hindous et les études modernes, l'esprit humain est-il un microcosme reflétant les secrets de l'univers lui-même.

L'hindouisme, avec sa pratique ancestrale de la méditation, offre une perspective extraordinaire pour examiner les mystères de la conscience. La science moderne, grâce à l'étude du cerveau et à la physique quantique, commence à mettre en lumière la manière dont ces pratiques peuvent influencer les ondes cérébrales et notre perception de la réalité. En ce sens, la méditation n'est plus seulement un acte spirituel. C'est une danse quantique entre les ondes cérébrales, la conscience et l'univers.

Du Samadhi à la conscience quantique.

La méditation n'est pas seulement une méthode de relaxation. De nombreuses études neuroscientifiques commencent à montrer qu'une attention prolongée et concentrée lors d'une pratique méditative peut produire des changements significatifs dans la structure et le fonctionnement du cerveau. Les études du neuroscientifique italien Giuseppe Vitiello, par exemple, proposent une hypothèse intrigante : l'esprit, par le biais d'une attention concentrée, pourrait influencer les champs quantiques qui imprègnent notre réalité physique.

Samadhi (*mettre ensemble*, *s'unir à*) est un nom sanskrit propre aux cultures religieuses bouddhistes et hindoues. Ce terme définit l'union cosmique du méditant avec une divinité ou avec l'objet de la méditation, et la libération (Moksha) des liens terrestres qui en découle.

Vitiello, qui a exploré les liens entre les systèmes cérébraux et les phénomènes quantiques, soutient que le cerveau humain peut être considéré comme un système quantique ouvert. Lors d'un état de concentration intense, tel que celui qui se produit dans le Samadhi, une forme de cohérence pourrait être créée entre les réseaux neuronaux et l'énergie subtile des champs quantiques, à l'instar de ce qui se passe dans les phénomènes de supraconductivité.

Le physicien britannique Roger Penrose a approfondi ces questions en se concentrant sur les microtubules des cellules cérébrales. Selon Penrose et son collaborateur Stuart Hameroff, ces filaments microscopiques pourraient agir comme des circuits quantiques, capables de traiter l'information non seulement au niveau classique, mais aussi au niveau quantique. Dans un état de méditation profonde, les microtubules pourraient donc servir de pont entre l'esprit et la matière, entre la conscience individuelle et la réalité cosmique.

Dans l'hindouisme, Brahman est la réalité absolue, l'essence ultime d'où tout émerge et à laquelle tout retourne. Il est décrit comme éternel, infini et non-manifesté. Cette vision présente des similitudes frappantes avec le concept physique du vide quantique, qui n'est pas le "néant" mais plutôt un champ d'énergie pulsant dans lequel les particules et les antiparticules émergent et se dissolvent continuellement.

Le philosophe indien Adi Shankaracharya, au 8e siècle, a défini le Brahman comme suit :

> *"la réalité unique qui imprègne tout, au-delà de l'illusion du multiple".*

La physique quantique moderne, bien que partant d'un point de vue complètement différent, décrit le vide quantique dans un langage qui n'est pas si éloigné. Les deux systèmes de pensée parlent d'une dimension fondamentale cachée derrière la multiplicité phénoménale.

Dans une clé d'interprétation contemporaine, la méditation - et en particulier l'atteinte du Samadhi - pourrait être considérée comme un moyen de se "brancher" sur cette réalité ultime. L'esprit humain ne serait donc pas un simple observateur passif, mais un agent interagissant avec l'univers à un niveau profondément créatif et quantique.

Les exemples concrets ne manquent pas. Des études menées sur des méditants expérimentés, comme les moines tibétains analysés par des équipes de neuroscientifiques depuis les années 2000, ont montré que la méditation produit des états de cohérence neuronale unique, avec des ondes cérébrales synchronisées et des schémas qui défient la compréhension neurophysiologique conventionnelle. Certains chercheurs supposent que cette cohérence peut refléter une interaction avec des niveaux de réalité qui ne sont pas accessibles dans les états de conscience ordinaires.

Il convient de mentionner le grand physicien Erwin Schrödinger, qui s'intéressait profondément à la philosophie indienne. Schrödinger, célèbre pour son paradoxe du "chat", a déclaré :

> *"Il n'y a sans doute qu'un seul esprit universel. La pluralité n'est qu'une illusion.*

Cette pensée, qui résonne avec l'idée hindoue selon laquelle l'Atman est en fait une manifestation de Brahman, suggère une profonde convergence entre la philosophie orientale et la physique moderne.

Du Samadhi à la conscience quantique, la méditation se révèle un outil extraordinaire pour explorer la nature ultime de la réalité. La science, en particulier la physique quantique, commence à offrir un langage moderne pour comprendre les phénomènes décrits depuis des millénaires dans les traditions spirituelles. Peut-être que le véritable pont entre la physique et la spiritualité n'est pas un concept abstrait, mais l'expérience directe de la conscience elle-même. Et cette expérience, telle qu'elle est enseignée par la sagesse millénaire de l'hindouisme, pourrait bien détenir la clé de l'éveil à la vérité ultime sur notre place dans l'univers.

Que disent les neurosciences ?

Au cours des dernières décennies, les neurosciences ont permis de mieux comprendre la relation entre la méditation et la conscience. Grâce à des technologies de pointe telles que l'imagerie par résonance magnétique fonctionnelle (IRMf) et l'électroencéphalographie (EEG), les scientifiques ont commencé à explorer la manière dont les pratiques méditatives affectent le cerveau. Les résultats de ces études n'évoquent pas seulement des parallèles avec les principes de la physique quantique, mais consolident également le lien millénaire entre la spiritualité orientale et la science moderne.

L'étude menée en 2011 à l'*université du Wisconsin-Madison* par le neuroscientifique Richard Davidson en est un exemple crucial. Ce dernier, collaborateur de longue date du Dalaï Lama, a analysé le cerveau de moines bouddhistes tibétains, connus pour leur pratique intense de la méditation. À l'aide d'électroencéphalogrammes, les chercheurs ont détecté une augmentation significative des ondes gamma, un type d'activité cérébrale associé à des processus avancés tels que la concentration, la perception supérieure et la créativité. Pendant la méditation profonde, l'intensité de ces ondes dépasse de loin les niveaux observés dans ce que l'on appelle "l'esprit ordinaire". Selon Davidson, la pratique méditative pourrait permettre aux individus d'accéder à des états de conscience qui transcendent l'expérience quotidienne normale.

Ces résultats sont révolutionnaires, non seulement pour les implications qu'ils ont sur les neurosciences, mais aussi pour ce qu'ils suggèrent sur le concept d'esprit. L'intensification des ondes gamma mettrait en évidence une plasticité cérébrale jusqu'ici sous-estimée. La méditation, selon ces études, ne serait pas un simple art de l'esprit, mais un véritable outil de remodelage du cerveau.

Les travaux de Richard Davidson trouvent un écho dans les théories avancées de la physique quantique. Le physicien hongrois Eugene Wigner, lauréat du prix Nobel en 1963, a théorisé que la conscience est fondamentale pour l'effondrement de la fonction d'onde quantique. En termes simples, Wigner a suggéré que la réalité physique dépend de l'observateur. Sans conscience, la réalité resterait à l'état de potentialité. Ce point de vue est lié au rôle de la méditation. Si l'état de conscience affecte l'observation, et donc la réalité, alors un esprit entraîné à des états méditatifs supérieurs pourrait exercer un impact direct sur la structure de la réalité elle-même.

Un exemple significatif de ces idées se trouve dans la tradition spirituelle de l'Advaita Vedānta de l'hindouisme. On y enseigne que la réalité ultime (Brahman) est observée par le biais d'une interaction consciente avec le moi individuel (Atman). L'intuition décrite par cette philosophie - selon laquelle l'observateur et l'observé sont profondément interconnectés - présente des similitudes frappantes avec les principes de la physique quantique, qui étudie l'interaction entre les particules subatomiques et l'observateur.

Pour en revenir aux travaux neuroscientifiques, il convient de mentionner les études menées à la Harvard Medical School. En 2012, des chercheurs ont constaté que huit semaines de pratique méditative quotidienne modifient physiquement la structure du cerveau. Ils ont observé une augmentation de la densité de la matière grise dans les zones liées à la mémoire, à l'apprentissage et à la gestion des émotions. Cela conduit à une réflexion profonde : la pratique méditative influence non seulement l'expérience subjective, mais aussi le substrat biologique du cerveau.

On trouve un parallèle fascinant dans les anciens textes védiques. Les enseignements décrivent la méditation comme un outil permettant de "purifier" l'esprit et d'éveiller le potentiel latent de la conscience. Dans l'Inde ancienne, les praticiens étaient convaincus que le contrôle de la pensée et de la respiration pouvait transformer le corps et l'esprit. Les découvertes neuroscientifiques modernes semblent valider ces idées millénaires.

La méditation représente le pont idéal entre la recherche scientifique et la spiritualité orientale. Non seulement elle révèle les capacités extraordinaires du cerveau, mais elle nous invite à explorer le rôle de la conscience dans la construction de la réalité. Comme le disait le physicien Niels Bohr,

> *"Lorsque l'on parle d'atomes, le langage ne peut être utilisé que comme de la poésie".*

Cela s'applique également au dialogue entre la science et les pratiques spirituelles : deux domaines qui se rencontrent pour expliquer l'inexplicable. La méditation est peut-être le langage poétique qui relie l'esprit, l'univers et la réalité.

Quand l'atome rencontre l'âme : méditation, neuroplasticité et potentiel quantique.

Les philosophies orientales, en particulier l'hindouisme, se sont toujours intéressées au lien entre l'esprit, le corps et ce qui se trouve au-delà : l'infini. La méditation, au cœur de la pratique spirituelle hindoue, représente un moyen de transcender les limites matérielles et d'atteindre un état de conscience plus élevé. Aujourd'hui, grâce à la science moderne, nous pouvons mieux comprendre les mécanismes par lesquels cela se produit. Les études neuroscientifiques et les théories quantiques jettent un nouvel éclairage sur les idées anciennes, suggérant que les pratiques méditatives peuvent non seulement modifier le cerveau, mais aussi altérer la façon dont nous percevons la réalité.

La concentration est au cœur de la méditation (Dhyana). Dans la Bhagavad Gita, l'un des textes fondamentaux de l'hindouisme, Krishna enseigne à Arjuna que l'esprit de celui qui médite avec constance est *"comme une flamme qui ne vacille pas"*. Cet état de concentration est plus qu'un simple exercice mental. Selon les neurosciences modernes, la méditation peut modifier physiquement le cerveau par un processus connu sous le nom de neuroplasticité.

Sara Lazar, psychologue à Harvard, est l'une des principales chercheuses dans ce domaine. Dans les années 2000, Lazar a mené plusieurs études montrant comment la pratique méditative, en particulier la méditation basée sur la pleine conscience, augmente la densité de la matière grise dans les zones du cerveau responsables de la mémoire, de l'empathie et de la régulation émotionnelle. L'une de ses études les plus célèbres, publiée en 2011, a montré que huit semaines de méditation quotidienne peuvent entraîner des changements structurels significatifs.

Ce phénomène démontre que le cerveau humain n'est pas rigide, mais qu'il peut être modelé par la pratique. Grâce à la méditation, les connexions neuronales sont renforcées, ce qui améliore la capacité d'attention et modifie souvent la façon dont nous percevons nos limites émotionnelles et physiques. L'hindouisme a toujours mis l'accent sur cette possibilité de "*transcendance de soi*" : Dhyana n'est pas seulement une pratique, mais une transformation.

L'intuition que la conscience est quelque chose de plus profondément enraciné que l'expérience individuelle ouvre la voie à la physique quantique. Au cours des dernières décennies, un certain nombre de scientifiques ont émis l'hypothèse que le cerveau humain pourrait être le théâtre de phénomènes quantiques. Parmi eux, le physicien britannique Roger Penrose, lauréat du prix Nobel en 2020, et le médecin Stuart Hameroff ont proposé la théorie de la neurodynamique quantique. Cette théorie suggère que la conscience humaine pourrait dépendre de processus quantiques se produisant dans les microtubules des cellules cérébrales.

Contrairement aux phénomènes macroscopiques observés dans le monde classique, le domaine quantique est régi par des incertitudes, des superpositions et des corrélations non locales. Cette vision ouvre la voie à une idée fascinante. Si des mécanismes quantiques existent dans le cerveau, cette dynamique pourrait expliquer non seulement la cohérence de l'expérience consciente, mais aussi la possibilité du libre arbitre. De nombreux scientifiques s'accordent à dire que la conscience est un phénomène trop complexe pour être expliqué linéairement par la seule neurochimie.

Selon certains philosophes spirituels modernes, cela pourrait être lié au concept hindou de l'Atman, l'âme individuelle qui fait partie d'un tout plus grand. De même que dans le domaine quantique, les particules ne peuvent être comprises séparément de leur contexte énergétique, de même l'âme, selon les conceptions védiques, ne peut être séparée de l'univers (Brahman).

La capacité de transformer le cerveau par la méditation est une démonstration moderne de ce que les anciennes philosophies hindoues entendaient par le terme "éveil". Selon la tradition, la pratique permet d'atteindre des états de conscience dans lesquels les limites de l'espace et du temps se dissolvent. Cela rappelle certaines théories quantiques qui considèrent la réalité comme une interconnexion fluide, où l'observateur joue un rôle fondamental dans la détermination de ce qui est perçu.

Le pont entre la physique et la spiritualité trouve ici un point de contact. La physique quantique nous enseigne que le monde n'est pas constitué d'objets séparés, mais d'énergies liées par des relations profondes et invisibles. L'hindouisme, à travers Dhyana, nous invite à lever les barrières mentales qui nous empêchent de reconnaître notre unité avec le tout.

La méditation et la physique quantique semblent emprunter des voies parallèles vers un même but : la redécouverte de l'infini. La première nous apprend à transcender les limites intérieures par la conscience et la discipline. La seconde nous montre que ce qui semble fini et séparé est, en réalité, interconnecté et illimité.

Les paroles de Maharishi Mahesh Yogi, père de la méditation transcendantale, semblent anticiper ce lien :

> *"La méditation vous emmène dans le royaume de l'infini : ce qui a toujours été, ce qui sera toujours et ce qui est ici maintenant".*

Un message qui, selon beaucoup, trouve un écho dans les mystères de la physique moderne, là où l'atome rencontre l'âme.

La méditation et le temps. Le temps cesse d'exister.

De nombreux praticiens de la méditation, modernes et anciens, décrivent un sentiment profond et mystérieux : le temps semble se dissoudre. Les secondes, les minutes, les heures perdent toute signification. Cette expérience n'est pas seulement une idée subjective, elle est profondément ancrée dans les traditions spirituelles de l'Inde et trouve aujourd'hui des parallèles intéressants dans la physique quantique.

Dans le système philosophique du yoga, décrit dans les anciens Yoga Sutras de Patanjali, l'état de samadhi représente l'apogée de la pratique méditative. Dans cet état, la frontière entre l'individu et le reste de l'univers disparaît. Il n'y a plus d'"avant" ni d'"après". L'esprit accède à une dimension qui transcende le temps linéaire. En samadhi, le passé et le futur n'ont plus aucune importance, car tout est perçu comme éternellement présent.

Cette expérience de méditation semble avoir une contrepartie intéressante dans un concept clé de la physique quantique : la non-localité. En mécanique quantique, deux particules intriquées peuvent rester connectées instantanément, quelle que soit la distance. Ce phénomène, appelé intrication quantique, suggère que la séparation spatiale et temporelle, si importante dans notre vie quotidienne, n'est peut-être pas une propriété fondamentale de la réalité.

Le physicien David Bohm a approfondi cette idée. Bohm a proposé le concept d'"ordre implicite", un cadre dans lequel le temps et l'espace ne sont pas des entités absolues, mais émergent d'une réalité plus profonde et indivise. Selon ce point de vue, ce que nous percevons comme une séparation temporelle n'est qu'une illusion de notre esprit. Au niveau le plus profond de la réalité - comme dans l'expérience du samadhi - tout est intrinsèquement lié.

L'expansion de la conscience en samadhi est décrite avec lyrisme dans les textes védiques. Dans la Kaivalya Upanishad, un ancien texte philosophique indien, nous lisons :

> *"Lorsque l'esprit se dissout dans la paix, le temps disparaît. Le Soi suprême est tout ce qui reste".*

Cette description semble résonner avec la notion d'ordre implicite, dans lequel chaque fragment de l'univers est interconnecté.

Les pratiquants modernes de la méditation font état d'expériences similaires, ce qui confirme que ces connaissances transcendent les frontières entre les cultures et les époques. Le maître indien Ramana Maharshi, actif au 20e siècle, a expliqué que le Soi, une fois réalisé, ne perçoit pas le temps comme fragmenté. Pour lui, le passé et le futur sont condensés dans un "éternel présent". Ces mots semblent anticiper les parallèles qui émergent de la science aujourd'hui.

Même dans la pratique contemporaine, des personnes de cultures différentes vivent des expériences similaires. Chade-Meng Tan, ingénieur chez Google et auteur de livres sur la méditation appliquée, raconte comment une pratique profonde lui a permis de "*percevoir le monde au-delà de la pensée du temps*". Ces récits personnels révèlent l'universalité du thème, qui réunit le passé mystique indien et le présent technologique occidental.

Les neurosciences modernes commencent à étudier comment la méditation peut modifier la perception du temps. Des études réalisées à l'aide de scanners cérébraux montrent que, dans les états de méditation profonde, l'activité du cortex pariétal - la région du cerveau responsable de la conscience spatiale et temporelle - est réduite. Cela pourrait expliquer pourquoi de nombreux méditants déclarent avoir l'impression de ne plus être liés par le temps.

Le neurobiologiste Francisco Varela, connu pour ses travaux sur l'intersection de la science et du bouddhisme, a émis l'hypothèse que l'esprit, dans la méditation, accède à une vision "atemporelle". Pour Varela, la méditation est une forme d'exploration interne du temps, comparable, sur le plan expérimental, aux défis théoriques de la physique quantique. Tout comme les équations quantiques remettent en question l'idée d'un temps linéaire, la méditation désarticule cette conception à un niveau subjectif.

La dissolution du temps n'est pas un concept étranger aux philosophies occidentales. Saint Augustin, dans son célèbre texte "*Confessions*", a écrit :

> *"Il n'y a pas de passé, si ce n'est un souvenir, ni de futur, si ce n'est une attente. Seul le présent est réel".*

Cette vision philosophique trouve des parallèles frappants avec les descriptions du samadhi : le temps est une construction mentale plutôt qu'une réalité objective.

Cependant, c'est dans la culture hindoue que l'on trouve les descriptions les plus riches et les plus articulées du temps en tant qu'illusion, ou Maya. Dans la Bhagavad Gita, Krishna explique à Arjuna que le monde perçu par l'homme ordinaire est une illusion, alors que la réalité ultime est intemporelle et immuable. Ce thème est également exploré dans les concepts cosmologiques indiens, le Kalachakra, ou "roue du temps", représentant l'éternel retour cyclique par opposition à l'absolu.

Le pont entre la physique et la spiritualité repose sur des idées communes qui restent extraordinairement pertinentes. Les sages orientaux ont décrit des états de conscience qui semblent entrer en résonance avec des phénomènes explorés par la physique moderne, tels que la non-localité ou l'implicite. La méditation, avec sa capacité à percevoir l'éternité dans le moment présent, nous invite à reconsidérer notre relation au temps. Dans cette rencontre entre traditions anciennes et nouvelles découvertes scientifiques, une vérité universelle émerge : le temps, tel que nous le percevons, n'est peut-être qu'une porte vers une réalité plus profonde.

L'illusion du temps : neurobiologie de la méditation et théorie quantique.

Les anciens textes védiques hindous, tels que le Rig Veda et la Bhagavad Gita, nous invitent à réfléchir à un concept révolutionnaire : le temps n'est pas réel. Il s'agit d'une illusion, qui fait partie du complot trompeur appelé Maya. Pendant des siècles, la pensée occidentale a traité le temps comme une ligne droite, une succession d'instants s'écoulant régulièrement. Mais aujourd'hui, la physique quantique et les neurosciences commencent à converger vers une vision qui rappelle de manière frappante l'ancien enseignement védique. Le temps, tel que nous le percevons, pourrait être une construction de l'esprit.

La méditation, en particulier, offre un outil pour explorer et même transcender la perception du temps. Le neuroscientifique Judson Brewer, de l'université de Harvard, étudie depuis des années le cerveau de méditants expérimentés, tels que les moines bouddhistes et les yogis. Grâce à l'imagerie par résonance magnétique, Brewer a observé une activité réduite dans le "réseau *du mode par défaut*" (DMN), un réseau neuronal lié à l'autoréférence et à l'autoperception. Lorsque ce réseau s'éteint pendant la méditation, les frontières entre le passé, le présent et le futur semblent se dissoudre.

C'est grâce à cette "mise hors tension" ou au ralentissement du DMN que les méditants décrivent un sentiment d'intemporalité. Par exemple, Matthieu Ricard, moine bouddhiste et scientifique bien connu, a souvent décrit comment de longues séances de méditation peuvent faire passer des heures pour des minutes. Ce phénomène neurobiologique n'est pas un simple effet subjectif ( ). Il s'agit d'une porte ouverte sur une manière plus profonde de faire l'expérience de la réalité.

Si l'on se penche sur la physique quantique, on trouve des parallèles surprenants. Dans son livre "*The Order of Time*", le physicien théoricien Carlo Rovelli explique que le temps, tel que nous le concevons, n'existe pas. La relativité générale d'Einstein montre déjà que le temps est un événement relatif, influencé par la gravité et la vitesse. Rovelli va plus loin : à l'échelle quantique, le temps se dissout complètement, n'existant que comme une relation entre les événements.

Cette idée physique reflète la vision védique du temps, qui est une construction de l'esprit et non une entité objective. Les anciens rishis indiens affirmaient que le temps n'est rien d'autre qu'une danse de Maya et que le véritable but de l'existence est de dépasser cette illusion. De même, Rovelli suggère que nos perceptions sont partielles, limitées par la façon dont notre cerveau construit la réalité.

L'esprit humain joue un rôle central dans la création du temps. Des études neuroscientifiques indiquent que la perception temporelle est largement liée à notre attention. Lorsque nous méditons, nous cessons de diviser la réalité en fragments temporels et accédons à une expérience plus holistique dans laquelle le passé et le futur se fondent dans un éternel présent.

Les yogis indiens parlent du *samadhi*, l'état de méditation le plus élevé, comme d'une expérience au cours de laquelle les barrières entre le moi et son environnement, y compris temporel, disparaissent. Cet état de conscience profonde coïncide, selon certains spécialistes de la spiritualité, avec les découvertes de la physique quantique. Par exemple, le célèbre physicien David Bohm considérait la conscience comme un élément fondamental pour comprendre la réalité quantique.

Il est fascinant de voir comment des cultures éloignées dans le temps et l'espace parviennent à des conclusions similaires. L'Inde, terre de méditation et de profondeur philosophique, offre des enseignements qui trouvent un écho dans la science moderne d'aujourd'hui. D'une part, le Mahabharata et les Puranas décrivent le temps comme étant cyclique et non linéaire, anticipant de manière frappante les concepts de la physique moderne. D'autre part, les recherches neuroscientifiques modernes révèlent comment des pratiques spirituelles millénaires, telles que la méditation, modifient profondément la biologie et la perception humaines.

Des lieux tels que l'ancien monastère de Rishikesh, sur les rives du Gange, ou Kuśināgara, où le Bouddha a atteint le *parinirvana*, nous rappellent que cette sagesse trouve son origine dans des contextes réels et spécifiques. Aujourd'hui, les laboratoires de neurosciences aux États-Unis et en Europe explorent empiriquement un objectif similaire : libérer l'esprit des constructions trompeuses.

La méditation et la physique quantique semblent poursuivre une même intention. Toutes deux cherchent à dépouiller le temps de sa linéarité illusoire. La science, avec ses méthodes expérimentales rigoureuses, et la spiritualité, avec son introspection profonde, peuvent sembler éloignées. Pourtant, elles dialoguent, elles se rencontrent. La méditation permet d'expérimenter directement ce que la physique moderne propose : la temporalité comme résultat de l'esprit en action.

Ainsi, les anciens maîtres spirituels et les physiciens théoriques modernes travaillent ensemble, sans le savoir, sur la même question. Qu'est-ce que le temps ? Est-il réel ou construit ? Les réponses ne sont pas encore définitives, mais la voie tracée est claire. Méditer, c'est explorer l'infini, à l'image d'un voyage quantique : affronter le mystère du temps et redécouvrir l'éternel présent.

Un monde qui change avec l'esprit : expériences et implications.

Une expérience particulièrement célèbre fait le lien entre le monde quantique et la conscience. L'"*expérience de la double lumière*", répétée à plusieurs reprises depuis le XXe siècle, a montré que la lumière peut se comporter à la fois comme une onde et comme une particule, en fonction de la présence d'un observateur. Cette expérience, selon de nombreux théoriciens, implique que la conscience - ou du moins l'observation - joue un rôle fondamental dans la définition des états de la réalité.

La méditation, qui modifie profondément l'état mental, peut-elle influencer la façon dont nous percevons (voire façonnons) la réalité ? Selon Amit Goswami, physicien quantique et auteur du célèbre livre "*The Self-Aware Universe*", la réponse est oui. Goswami affirme que l'amélioration de la conscience obtenue par la méditation nous permet d'accéder à des niveaux plus profonds de la réalité.

L'une des expériences les plus curieuses visant à prouver cette hypothèse a été menée dans les années 1990 au *Princeton Engineering Anomalies Research* (PEAR). Les participants, en état de concentration intense ou de méditation, ont tenté d'influencer le comportement aléatoire de machines appelées "*générateurs d'événements aléatoires*". Les résultats ont suggéré des variations significatives dans les données, comme si l'esprit pouvait "*ordonner le chaos*" par la seule intention. Ce type de recherche reste controversé ( ), mais pour ses partisans, il prouve que la conscience peut interagir avec la réalité physique.

Le lien entre l'esprit et la matière exploré par la physique quantique trouve un écho profond dans les textes sacrés de l'hindouisme, en particulier dans les Vedas et les Upanishads. Dans ces textes, le concept de Brahman - la réalité absolue et indivisible - est intimement lié au concept d'Atman, le moi individuel. Selon ces enseignements anciens, l'univers extérieur n'est que le reflet de la conscience intérieure. Cette vision, aussi philosophique soit-elle, se marie étonnamment bien avec l'hypothèse moderne selon laquelle c'est l'observation, et non simplement la matière, qui façonne la réalité.

Un exemple culturel évocateur se trouve dans le poème sanskrit de la Mandukya Upanishad, qui décrit l'univers comme un immense état onirique. Le monde tangible y est comparé à un rêve créé par l'esprit. De même, le physicien John Wheeler, l'un des plus grands explorateurs du monde quantique, a décrit l'univers comme un "univers participatif", dans lequel la conscience joue un rôle central dans l'élaboration de ce que nous percevons.

Ces convergences entre la physique quantique et la méditation ne répondent pas encore à la question centrale : l'esprit crée-t-il le monde ou ne fait-il que l'interpréter ? Cependant, les convergences elles-mêmes suggèrent une révolution conceptuelle qui pourrait profondément changer la façon dont nous appréhendons notre rapport à la réalité...

Cette nouvelle alliance entre physique et spiritualité soulève de nombreuses questions. Si la conscience influence la réalité, les pratiques méditatives peuvent-elles devenir des outils concrets pour faire face au malaise psychologique, voire à certaines maladies ? Les scientifiques commencent à jeter des ponts entre la mécanique quantique et la recherche spirituelle, mais le chemin est encore long.

À ce jour, des modèles d'étude combinant la méditation et la science quantique montrent que le monde est finalement plus flexible et moins déterminé que nous le pensions. Le grand changement ne réside peut-être pas seulement dans la compréhension de la matière, mais aussi dans la reconnaissance du fait que, par la prise de conscience, la réalité devient, comme l'a dit Goswami lui-même, une opportunité créative.

Dans cette vision, l'ancien et le moderne se rencontrent. L'hindouisme et la physique quantique évoquent, de manière différente mais tout aussi puissante, l'immense potentiel de la conscience humaine.

La méditation et la science du futur.

L'Inde, terre d'accueil des traditions spirituelles anciennes et de la méditation, est en train de devenir une plaque tournante dans le dialogue entre la science moderne et la philosophie orientale. En particulier, la méditation, une pratique ancienne profondément enracinée dans l'hindouisme, apparaît comme un élément clé de la recherche scientifique sur les neurosciences et la physique quantique. Ce pont entre la spiritualité et la rationalité moderne ouvre de nouvelles voies pour comprendre la conscience humaine et les lois fondamentales du cosmos.

Les instituts de recherche indiens jouent un rôle clé dans cette évolution. *L'Indian Institute of Science de Bangalore*, l'un des centres les plus prestigieux du pays, est au cœur d'études novatrices qui cherchent à combiner les modèles neuroscientifiques occidentaux avec la sagesse de la méditation orientale. Les scientifiques indiens étudient comment les pratiques contemplatives, telles que la méditation, peuvent influencer la structure et le fonctionnement du cerveau humain. À cet égard, la recherche suggère que la méditation peut avoir des effets mesurables sur les ondes cérébrales, en favorisant la neuroplasticité et l'activation des réseaux neuronaux souvent associés à des états d'attention profonde et d'introspection.

L'un des protagonistes de ce débat est le physicien quantique indien Subhash Kak, connu pour ses études sur le modèle védique de la conscience. Selon Kak, les Védas offrent une vision de la réalité qui pourrait expliquer des phénomènes encore inexpliqués par la physique moderne. Selon lui, alors que la science contemporaine explore les particules subatomiques et les champs quantiques, la pensée védique considère la conscience comme un principe fondamental du cosmos, quelque chose qui n'est pas seulement subjectif mais aussi intrinsèque à la réalité elle-même.

Kak explique que de nombreuses théories de la physique quantique, telles que l'effondrement de la fonction d'onde, soulèvent des questions sur le rôle que joue la conscience dans la détermination de la réalité. Une question qui trouve un écho dans la philosophie indienne ancienne. Dans les Védas, le concept de "Chitshakti" (*la force de la conscience*) suggère que l'univers est le résultat d'un acte conscient. Cette idée pourrait offrir une nouvelle perspective pour comprendre les dimensions non locales du monde quantique, telles que l'intrication entre les particules.

Les recherches menées sur les yogis et les moines indiens constituent un exemple intéressant de combinaison de la méditation et de la science. Ces dernières années, des études neuroscientifiques ont utilisé des techniques telles que l'imagerie par résonance magnétique ( ) pour observer l'esprit de personnes qui méditent depuis des décennies. Une étude célèbre, menée à Dharamshala, dans le nord de l'Inde, a révélé que les méditants expérimentés présentent une plus grande cohérence dans les ondes cérébrales gamma. Cela suggère qu'une méditation prolongée peut apporter des bénéfices non seulement sur le plan spirituel, mais aussi sur le plan cognitif et neurologique.

Cependant, il ne s'agit pas seulement de découvertes scientifiques. L'élément culturel et spirituel de la méditation reste central. En Inde, des lieux comme Varanasi et Rishikesh continuent d'attirer des érudits, des mystiques et des scientifiques du monde entier. Ces lieux sacrés sont des points de rencontre entre la modernité de la science et l'antiquité de la spiritualité. À Varanasi, par exemple, *les ghats* sur le Gange ne sont pas seulement des espaces de dévotion religieuse, mais aussi des symboles d'une philosophie holistique qui considère que le corps, l'esprit et le cosmos ne font qu'un.

La méditation influence également la médecine moderne. Des pratiques telles que le pranayama, un ancien système de respiration yogique, sont étudiées pour leur impact sur le système nerveux autonome. On a constaté que des techniques telles que la respiration consciente peuvent réduire le taux de cortisol dans le sang, diminuant ainsi le stress - une cause majeure de maladie dans la société contemporaine. Cela montre que les techniques méditatives anciennes peuvent compléter les modèles modernes de soins du corps et de l'esprit.

Enfin, le dialogue entre la méditation et les neurosciences quantiques a également un aspect philosophique profond. Si la physique quantique nous a appris que la réalité est très différente de son apparence (avec des concepts tels que le multivers ou la superposition quantique), la méditation nous invite à explorer cette "réalité invisible" à l'intérieur de nous-mêmes. Dans les deux cas, il y a une recherche de quelque chose qui transcende les sens, une vérité plus grande qui unit la matière et l'esprit.

À l'avenir, l'Inde pourrait occuper une place encore plus centrale dans ce dialogue. Avec une tradition millénaire de pratiques spirituelles et des centres de recherche d'excellence, le pays est un laboratoire naturel pour réunir la physique, les neurosciences et la méditation. Comme Subhash Kak l'a lui-même affirmé :

> *"Pour comprendre l'univers, il faut d'abord comprendre l'esprit, car l'esprit est à la fois le moyen et le résultat.*

La science de l'avenir ne sera peut-être pas seulement une question de formules et de théories. Elle sera aussi une affaire de silence, d'introspection et de conscience , combinant le meilleur de la sagesse ancienne avec la lumière de la connaissance moderne.

Exemples pratiques et invitation à la réflexion.

À l'ère moderne, la science et la spiritualité semblent dialoguer de plus en plus. Deux mondes apparemment éloignés, comme l'hindouisme classique et la physique quantique, trouvent des points de contact surprenants grâce à un outil ancestral : la méditation. Ce pont de connexion révèle une nouvelle vision de l'homme et de l'univers, capable d'inspirer à la fois les chercheurs et les praticiens spirituels.

Depuis des milliers d'années, l'hindouisme propose une approche unique de la compréhension de la réalité. Selon cette tradition, la méditation est la clé qui permet d'accéder aux dimensions les plus profondes de l'existence. Un exemple extraordinaire nous est offert par Paramahansa Yogananda dans sa célèbre "*Autobiographie d'un Yogi*". Dans ce livre, Yogananda raconte des expériences qui défient les lois de l'espace et du temps. Par la méditation, il décrit des états de conscience dans lesquels l'univers apparaît comme une unité interconnectée.

Steve Jobs, le célèbre fondateur d'Apple, a été profondément inspiré par ce livre. Un exemplaire de l'"*Autobiographie d'un yogi*" était le seul livre que Steve Jobs emportait partout, et il l'offrait même à ses amis les plus proches. Jobs a décrit cette lecture comme une fenêtre sur la nature de la réalité, soulignant que la méditation n'était pas seulement une pratique spirituelle, mais aussi une méthodologie permettant de développer des idées susceptibles de transformer notre façon de penser.

Selon Yogananda, la méditation permet non seulement d'explorer les profondeurs de l'esprit, mais aussi de se connecter au "champ unifié" qui imprègne tout, un concept qui a des affinités avec le langage de la physique quantique. En effet, la physique parle d'interconnexions au niveau subatomique, où les frontières entre l'espace, le temps et la matière semblent disparaître. Les états de conscience méditatifs pourraient refléter ces réalités, suggérant une profonde harmonie entre la science et l'expérience personnelle.

Ces dernières années, les neurosciences ont commencé à étudier les capacités extraordinaires du cerveau pendant la méditation. Des études menées par *l'Université de Californie à Los Angeles* (UCLA) ont montré que la méditation peut modifier les ondes cérébrales, stimulant un état de cohérence entre les différentes zones du cerveau. Sur , cet état, connu sous le nom de synchronisation cérébrale, permet au cerveau d'agir comme un tout intégré.

En termes neuroscientifiques, la méditation active le cortex préfrontal et le thalamus, améliorant ainsi la concentration et la gestion des émotions. Mais il y a un aspect encore plus intéressant : certaines recherches suggèrent que l'expérience méditative pourrait influencer la réalité quantique. Selon le physicien John Hagelin, méditant et partisan de la "*théorie du champ unifié*", la conscience n'est pas un simple sous-produit du cerveau. Il pourrait s'agir d'un élément fondamental, d'une composante de base de l'univers tout entier.

Les adeptes de la méditation avancée racontent des expériences qui semblent défier les lois de la matière. Une étude menée en Inde a analysé la température corporelle de moines plongés dans des méditations profondes de type "*Tummo*". Pendant la pratique, les moines étaient capables d'augmenter volontairement la température de leur peau, défiant les réactions normales du corps au froid. Cet exemple confirme non seulement le pouvoir de l'esprit sur la matière, mais invite également à réfléchir aux liens invisibles entre la pensée et la réalité physique.

Exemples pratiques de transformation par la méditation.

Un exemple important est le programme de *méditation transcendantale* (MT) conçu par Maharishi Mahesh Yogi. Cette méthode, largement utilisée en Occident, a montré des effets tangibles non seulement sur le bien-être des individus, mais aussi dans le contexte social. À Fairfield, dans l'Iowa (États-Unis), un groupe de méditation a été créé pour démontrer le pouvoir collectif de l'esprit. Selon les données recueillies, lorsqu'un nombre important de personnes pratiquent la MT en même temps, on observe une diminution de la criminalité, de la violence et même des accidents de la circulation. Ce phénomène a été appelé "*effet Maharishi*" et continue d'être étudié pour mettre en évidence les liens possibles entre la conscience collective et la réalité physique.

Une autre étude impressionnante provient du *mouvement bhoutanais de la pleine conscience*. Au Bhoutan, connu pour sa recherche du "*bonheur national*" en tant qu'indicateur de progrès, la méditation est fréquemment intégrée au système éducatif. Les élèves qui pratiquent quotidiennement la pleine conscience obtiennent non seulement de meilleurs résultats scolaires, mais font également preuve d'une plus grande résilience émotionnelle et spirituelle. Le Bhoutan est donc un exemple actuel de la manière dont pratiques anciennes peuvent être intégrées dans une société moderne pour générer de l'harmonie.

La science, avec la physique quantique, nous dit que la réalité est beaucoup plus complexe et insaisissable que ce que nos sens perçoivent. L'hindouisme, par ses pratiques méditatives, nous invite à regarder en nous-mêmes pour surmonter les illusions du monde matériel (Maya). Ensemble, ces perspectives nous posent une question fondamentale : quelle est notre place dans un univers aussi interconnecté ?

La méditation n'est plus l'apanage des ascètes ou des mystiques. Elle s'adresse à toute personne désireuse d'explorer la relation entre le corps, l'esprit et le cosmos. Paramahansa Yogananda nous encourage à réfléchir à la minceur de la frontière entre ce qui semble réel et l'essence. La physique quantique nous enseigne que nous faisons tous partie d'un réseau de connexions invisibles.

Nous vous invitons donc à expérimenter. Essayez de fermer les yeux, de méditer et d'embrasser le silence. Peut-être, dans ce silence, découvrirez-vous non seulement vous-même, mais aussi l'incroyable immensité de l'univers.

Méditer pour observer. Le parallèle entre l'observateur quantique et la conscience hindoue.

La physique quantique et la philosophie hindoue présentent une analogie fascinante : le rôle de l'observateur. Pour la physique, l'observation est un acte qui modifie la réalité subatomique. Pour la tradition yogique, en revanche, l'observation du Soi est la voie de l'éveil à la réalité ultime. Dans les deux cas, ce qui se passe a des conséquences : l'observation façonne la réalité et la transforme.

Lors de la célèbre expérience de la double fente, conçue au début du 20e siècle et qui symbolise encore aujourd'hui la complexité quantique, les scientifiques ont découvert que les particules subatomiques, telles que les électrons, se comportent différemment selon qu'elles sont observées ou non. Lorsque personne ne les observe, elles se déplacent comme des vagues, se dispersant dans un schéma d'interférence. Mais si elles sont observées, elles se comportent comme des particules, choisissant une position spécifique. Cette découverte a soulevé une question qui dépasse le cadre scientifique : quel rôle joue l'observateur dans la formation de la réalité ?

En transformant le microscope quantique en un instrument tourné vers l'intérieur, l'hindouisme et en particulier la tradition yogique proposent une idée étonnamment similaire : l'être humain devient ce qu'il observe de lui-même. Les pratiques méditatives, telles qu'elles sont décrites dans les anciens textes védiques et les Upanishads, visent à éveiller la pleine conscience du Soi (Atman). Dans l'hindouisme, l'esprit est comparé à un océan : agité en surface, mais calme et profond en son cœur. La méditation permet de traverser les vagues de l'esprit superficiel pour atteindre cette profondeur cachée, libre de toute turbulence.

L'observation de l'esprit pendant la méditation n'est pas un acte passif. Il s'agit d'un processus dynamique au cours duquel le méditant déplace sa conscience des pensées, émotions et perceptions extérieures pour reconnaître un niveau de réalité plus profond : l'essence même de la conscience. Tout comme le physicien quantique observe les particules, le yogi observe le Soi intérieur.

La relation entre la physique quantique et l'hindouisme est apparue avec force aux 19e et 20e siècles, grâce au dialogue entre les scientifiques occidentaux et les philosophes orientaux. L'un des noms les plus célèbres est celui d'Erwin Schrödinger, créateur de l'équation des ondes et fervent connaisseur des textes védiques. Schrödinger, fasciné par les concepts d'unité et de permanence de l'hindouisme, a écrit :

> *"Il ne peut y avoir de véritable observateur distinct du Tout. Il fera de toute façon partie intégrante de la réalité observée. ".*

Même Niels Bohr, l'un des pères de la mécanique quantique, a intégré des symboles orientaux tels que le taijitu (le yin-yang chinois) dans ses armoiries en hommage à la complémentarité des processus naturels.

Selon la tradition védique, la réalité est le résultat de la manifestation oscillatoire de Maya : l'illusion qui cache la véritable nature universelle derrière les dépendances de la perception et de la pensée. Si l'on compare cette métaphore à la mécanique quantique, l'onde de probabilité des particules - avant d'être observée - peut être lue comme une représentation de la réalité fluide, semblable à l'illusion de Maya. L'observation "effondre" l'onde elle-même, révélant un état physique particulier. De même, le yogi, par la méditation et le contrôle total de son esprit, dissout l'illusion et atteint l'unité avec le divin.

Andrew Newberg, neuroscientifique et pionnier dans l'étude des corrélats neuronaux de la spiritualité, explore depuis des décennies les effets des pratiques contemplatives sur le cerveau. Ses études ont révélé ( ) que la méditation intense provoque des changements dans des zones cruciales du cerveau, telles que le lobe pariétal, qui régule la perception de l'espace et du temps, et le lobe préfrontal, associé à l'attention et à la conscience. Lors d'une méditation profonde, les frontières entre le moi et le monde extérieur semblent se dissoudre, entraînant un sentiment d'union.

Les yogis décrivent cette expérience comme le samadhi, l'état méditatif dans lequel les limites de la perception individuelle se dissolvent, permettant à chacun de s'accorder avec le Tout. Newberg lui-même a déclaré que la méditation peut modifier de manière mesurable la perception de la réalité, un élément qui la rapproche, au moins conceptuellement, du rôle de l'observateur quantique.

La place centrale de l'observateur, partagée par la physique et l'hindouisme, soulève une question fondamentale : existe-t-il des frontières entre l'observateur et l'observé ? Cette question n'implique pas nécessairement une réponse, mais ouvre un dialogue fructueux entre différentes approches du mystère de la réalité.

Dans les temples de l'Inde, de Varanasi à Rishikesh, les cloches résonnent comme autant d'échos de mantras, invitation constante à revenir à l'observation intérieure. Dans les laboratoires du monde entier, les physiciens se livrent à des expériences de plus en plus fines pour comprendre le rôle de l'"effondrement" quantique. Pourtant, les deux chemins mènent peut-être au même horizon : la recherche de ce qui relie l'expérience humaine à la trame de la réalité.

À une époque où la science et la spiritualité sont souvent considérées comme opposées, le dialogue entre la physique quantique et l'hindouisme montre que les frontières ne sont jamais aussi rigides qu'il n'y paraît. Comme l'a dit le physicien David Bohm, un autre grand innovateur de la pensée quantique et un érudit du mysticisme oriental, "le dialogue entre la physique quantique et l'hindouisme n'est jamais aussi rigide qu'il n'y paraît :

> *"La science et la spiritualité ne sont pas des mondes séparés. Comme l'observateur et l'univers, elles constituent une seule et même danse".*

Chapitre VII Brahman : la réalité ultime

Brahman, le principe universel qui imprègne tout.

Au cœur des philosophies orientales émerge le concept de Brahman, le principe universel qui imprègne tout ce qui existe. Dans la tradition hindoue, le Brahman est décrit comme l'essence indivisible d'où tout vient et à laquelle tout retourne. Une idée fascinante qui trouve aujourd'hui des parallèles inattendus dans le monde de la physique quantique, notamment dans le mystérieux champ de Higgs.

Le champ de Higgs, théorisé en 1964 par le physicien britannique Peter Higgs et confirmé expérimentalement en 2012 au CERN, est une présence invisible qui imprègne tout l'univers. C'est grâce à ce champ que les particules acquièrent une masse, tout comme les vagues à la surface d'un lac révèlent la présence d'eau en dessous. De même, selon les textes védiques tels que les Upanishads, Brahman est la réalité ultime, le "tissu" invisible qui donne sens et substance au cosmos.

Une anecdote intéressante, presque prophétique, se trouve dans l'idée hindoue de Maya, l'illusion qui dissimule la vraie nature de la réalité. De même, la physique moderne nous rappelle que ce que nous percevons comme solide ou tangible est, en réalité, largement vide : les atomes, avec leurs minuscules noyaux et leurs particules en orbite, sont constitués à 99,9999 % d'espace vide, et leur cohésion dépend de forces fondamentales telles que le champ de Higgs ou les liaisons quantiques.

Dans les deux domaines - spirituel et scientifique - une idée frappante émerge : tout est interconnecté. Le champ de Higgs et le Brahman suggèrent qu'il n'y a pas de réelle séparation entre ce que nous voyons et ce qui est. Cela rappelle Erwin Schrödinger, le père de la physique quantique ; dans son livre "*Qu'est-ce que la vie ?*", il écrivait que les découvertes de la science moderne l'avaient rapproché des traditions philosophiques de l'Inde.

Des lieux comme Bénarès, berceau millénaire de la recherche sur le brahman, et Genève, siège du CERN, représentent aujourd'hui les deux pôles d'une quête universelle : l'un spirituel, l'autre physique. Pourtant, tous deux semblent converger vers une seule vérité :

l'univers est un "tout" indivisible, où la connaissance et l'expérience, la science et la méditation, nous guident vers une compréhension plus profonde de notre place dans la réalité.

Brahman, le champ de Higgs et les structures fondamentales de la physique.

Depuis des millénaires, l'homme s'interroge sur la réalité ultime, cette essence profonde qui régit le cosmos. Les sages védiques de l'Inde ancienne ont identifié ce principe universel par le terme *Brahman : l*'infini, le tout, l'unité indivisible qui imprègne toutes choses. Dans leurs méditations, résumées dans les Upanishads (textes philosophiques composés entre le VIIe et le IIe siècle avant J.-C.), ils décrivaient le Brahman comme le fondement invisible et immuable de la réalité. Il ne s'agit pas d'un dieu personnel, mais d'une force omniprésente et fondamentale.

Dans une convergence surprenante, la physique moderne, à travers des concepts tels que le champ de Higgs, semble aborder des idées similaires. Le champ de Higgs, découvert concrètement lors d'une expérience au CERN en 2012, est une sorte de "tissu invisible" qui permet aux particules d'acquérir une masse. La recherche similaire du "fondement" a conduit les scientifiques et les mystiques indiens sur des voies parallèles, bien qu'avec des outils différents : les mathématiques et les expériences d'une part, l'intuition philosophique d'autre part.

Pour comprendre le Brahman, les textes des Upanishad utilisent des métaphores évocatrices.

> *De même que l'huile imprègne la graine de sésame ou que l'essence du beurre est cachée dans le lait, Brahman est partout, invisible mais omniprésent,*

récite la Chandogya Upanishad. De même, le champ de Higgs est partout, mais invisible aux sens. La physique a besoin d'accélérateurs gigantesques pour trouver la "trace" d'une force qui, paradoxalement, est toujours présente.

L'interconnexion universelle décrite dans l'hindouisme, à travers Brahman, se reflète dans le comportement des particules subatomiques. Des personnes comme Erwin Schrödinger, l'un des pères de la mécanique quantique, étaient fascinées par la philosophie védique. Schrödinger a étudié l'hindouisme et a cité à plusieurs reprises la "*coïncidence frappante*" entre ses découvertes scientifiques et la doctrine ancienne selon laquelle "*chaque être ne fait qu'un avec l'univers*".

À l'intérieur du *Grand collisionneur de hadrons*, près de Genève, les physiciens recherchent des vérités que les anciens cherchaient dans les grottes et les forêts du sous-continent indien. Malgré la distance technique, l'esprit du voyage est similaire. Par exemple, Peter Higgs, avant la confirmation scientifique de "son" boson, était animé par le même émerveillement que celui décrit par Yajnavalkya, un sage védique ayant vécu au premier millénaire avant J.-C., qui affirmait que le Brahman ne peut être connu par les sens, mais seulement de manière intuitive.

Enfin, l'analogie entre la voie de l'hindouisme et celle de la physique quantique révèle quelque chose de fondamental. L'esprit humain - tant celui du mystique que celui du scientifique - a toujours aspiré à une chose : comprendre la mosaïque de la réalité, en découvrir chaque pièce. Et peut-être qu'en associant le Brahman au boson de Higgs, nous nous rendons compte que les réponses ne sont pas aussi éloignées qu'elles le paraissent.

Dans un passage des Upanishads, anciens textes sacrés de l'hindouisme, le sage Yajnavalkya déclare :

> *"Tout ce qui existe est enveloppé par le Brahman. Rien n'existe en dehors de lui.*

Ce concept, qui définit Brahman comme le principe universel et la réalité ultime, trouve aujourd'hui des parallèles frappants avec la physique quantique moderne, en particulier avec le champ de Higgs.

Le brahman, décrit comme l'essence qui imprègne tout ce qui existe, est souvent représenté non pas en termes concrets, mais comme une force indéfinissable, omniprésente et invisible. De même, le champ de Higgs, théorisé dans les années 1960 par le physicien britannique Peter Higgs, est un réseau subtil et invisible qui traverse l'univers. Il confère une masse aux particules élémentaires par une interaction qui conditionne leur comportement. En un sens, tout ce qui a de la substance dans notre univers n'existe et n'interagit que grâce au champ de Higgs, tout comme Brahman est responsable de l'existence et de la cohérence de l'ensemble de la création selon la vision védique.

La physique quantique nous a révélé que la réalité n'est pas constituée d'objets solides et séparés, mais d'ondes, de champs et de connexions profondes. Cette constatation fait écho au concept védique selon lequel toute multiplicité dans le monde est illusoire

(Maya) : une projection de l'unique réalité sous-jacente, à savoir Brahman. Les Upanishads décrivent Brahman comme "*le fil qui tient ensemble les perles d'un collier*". Cette image poétique suggère un principe unificateur qui relie tout ce que nous voyons. De même, le champ de Higgs représente un tissu invisible qui unit la matière et l'énergie à un niveau fondamental.

Yajnavalkya, dans la Brihadaranyaka Upanishad, nous invite à contempler un univers interconnecté, dominé par Brahman, et propose un chemin de connaissance intérieure pour le percevoir. De même, la physique moderne nous invite à explorer les mystères de l'univers à travers ses plus petites composantes. La découverte du boson de Higgs a eu lieu en 2012. Cette particule, parfois appelée "*la particule de Dieu*", représente une avancée comparable, en termes de compréhension, à la révélation que tout n'est pas séparé, mais fait partie d'un tout.

Le physicien Fritjof Capra a exploré ces liens entre la physique moderne et les anciennes philosophies orientales. Capra affirme que les théories quantiques et les textes védiques convergent vers un même point : l'univers en tant que réseau de relations et d'interactions. Des chemins parallèles, selon Capra, qui montrent comment la science et la spiritualité peuvent nous offrir des images complémentaires de la réalité.

Le brahman et le champ de Higgs ne sont pas des concepts identiques ; leur nature, respectivement métaphysique et scientifique, les place sur des plans différents. Cependant, tous deux invitent à la réflexion sur un univers intrinsèquement connecté dans lequel le moi individuel n'est jamais vraiment séparé du tout. Peut-être, comme le suggèrent les anciens sages védiques et les scientifiques modernes, notre but n'est-il pas tant de comprendre l'univers en tant qu'entité extérieure que de percevoir notre profonde unité avec lui.

Maya, Brahman et l'interconnexion quantique.

L'hindouisme décrit le concept de Maya comme le voile de l'illusion. Ce terme désigne la perception d'une réalité apparemment séparée et fragmentée. Selon les textes védiques, le monde que nous observons - avec sa variété de formes, de couleurs et de phénomènes - n'est qu'une manifestation illusoire. Derrière cette apparence multiple se cache Brahman, la seule réalité ultime et indivisible.

La physique quantique, étonnamment, semble suggérer quelque chose de similaire. Le principe de superposition quantique stipule que les particules existent dans plusieurs états simultanément jusqu'à ce qu'elles soient observées. L'acte d'observation ne se contente donc pas d'enregistrer la réalité, il la définit. Cette caractéristique rappelle le mystère de Maya qui, jusqu'à ce qu'il soit "transcendé" par la connaissance de Brahman, maintient l'illusion d'un monde séparé et discret.

Un parallèle moderne avec le Brahman émerge dans le concept du champ de Higgs. Ce champ quantique fondamental, théorisé en 1964 et confirmé en 2012 par la découverte du boson de Higgs au CERN, imprègne l'univers tout entier. Tout comme le Brahman, il est invisible pour nos sens quotidiens mais fondamental pour la structure de la réalité. Sans le champ de Higgs, la matière elle-même n'aurait pas de masse.

Le philosophe indien Adi Shankaracharya, qui vivait au 8e siècle, expliquait que comprendre Brahman signifie "*voir au-delà de l'illusion*". De même, l'observation scientifique de plus en plus fine nous a permis d'entrevoir des dimensions de la réalité jusqu'alors inaccessibles. Cependant, chaque nouvelle découverte soulève des questions plus profondes. La physique quantique elle-même incite de nombreuses personnes à se demander si l'univers est réellement séparé de l'observateur ou si, au contraire, il est profondément interconnecté, comme le suggérait la sagesse védique.

Pour le physicien comme pour le méditant, la question reste la même : le monde que nous percevons est-il réel ou est-ce une illusion ? Découvrir la réponse peut signifier, comme l'enseigne l'hindouisme, réconcilier l'apparence avec la vérité, le visible avec l'invisible. Ou peut-être simplement accepter que la réalité et l'illusion sont les deux faces d'une même vague universelle.

Brahman et la nature ondulatoire des particules.

L'hindouisme, avec sa vision cosmologique fascinante et complexe, définit Brahman comme la réalité ultime, le principe universel qui imprègne tout. Brahman n'est ni une forme ni une entité concrète. Il est au contraire l'essence immuable au-delà du temps et de l'espace, la source de l'univers tout entier. C'est ce qui se cache derrière chaque manifestation de la réalité visible, liant tout à ce "tissu" invisible qui unit le Tout. Ce concept peut sembler purement philosophique ou spirituel, mais certains parallèles avec la physique quantique moderne le rendent étonnamment proche du langage scientifique.

Un pont fascinant entre la science et la spiritualité apparaît lorsque l'on parle de la nature ondulatoire des particules. L'expérience de la double fente, réalisée pour la première fois par Thomas Young en 1801 et réinterprétée dans les années 1920 comme fondement de la mécanique quantique, est une pierre angulaire de la physique moderne. Dans cette expérience, les électrons - éléments fondamentaux de la matière - présentent un double comportement : ils peuvent se comporter soit comme des particules, soit comme des ondes, en fonction de l'observation humaine. Cette double nature a amené les scientifiques et les philosophes à se poser de profondes questions sur la nature ultime de la réalité.

Brahman, dans la philosophie védique, s'apparente remarquablement à cette idée. Dans la pensée indienne, le cosmos apparaît comme un jeu sur Maya, l'illusion de la réalité matérielle, soutenue cependant par une "onde" fondamentale qui est Brahman. Comme l'onde quantique, Brahman est invisible et immatériel, mais il est essentiel à l'existence des formes. Par conséquent, ce que nous percevons comme la "réalité" n'est qu'une manifestation transitoire de quelque chose de plus profond et de plus fondamental.

Ce parallèle nous amène également à réfléchir sur la relation entre Atman et Brahman. Selon la Bhagavad Gita et les Upanishads, Atman - l'âme individuelle - n'est rien d'autre qu'un fragment de Brahman. Ici aussi, une dualité apparaît, un peu comme dans le comportement des particules dans le monde quantique. Lorsque nous méditons sur le concept de Brahman, le dualisme entre l'individu et le Tout se dissout : tout comme l'onde devient une particule lorsqu'elle est observée, l'Atman est reconnu dans le Brahman lorsque nous nous éloignons de l'illusion de la séparation.

Le concept de Brahman nous invite à réfléchir au fait que les distinctions entre science et spiritualité sont peut-être moins rigides que nous le pensons. Peut-être, comme l'a suggéré le grand physicien David Bohm, l'univers n'est-il pas fragmenté en parties distinctes, mais un énorme "ordre implicite", un réseau infini d'interconnexions. Bohm a écrit :

> *"L'absence de fragmentation est l'ordre le plus fondamental de la nature.*

Il n'est pas difficile d'y déceler un écho de la pensée védique.

Aujourd'hui, la physique quantique continue d'explorer les secrets de l'espace, du temps et des particules. Mais la sagesse ancestrale de l'hindouisme, avec le concept de Brahman, nous rappelle que l'explication de ce que nous sommes ne se trouve peut-être pas uniquement dans les laboratoires scientifiques. La réalité ultime pourrait en fin de compte être une onde unique et mystérieuse qui relie tout.

La danse de Shiva dans le champ quantique. Brahman en tant qu'union de la matière et de l'énergie.

La figure de Shiva dansant, le Nataraja, est l'un des symboles les plus puissants de l'hindouisme. Sa danse représente le cycle éternel de la création et de la destruction, deux mouvements nécessaires à l'équilibre de l'univers. Dans le contexte philosophique, Shiva n'est pas seulement un dieu, mais l'expression de la dynamique incessante de Brahman, la réalité ultime qui imprègne tout.

Brahman est conçu par les textes védiques comme le principe universel qui soutient l'existence. Il est au-delà de toute définition concrète, une force invisible qui unit la matière et l'énergie. Cette vision fascine également de nombreux physiciens théoriques aujourd'hui, car elle rappelle la description moderne des fluctuations du champ quantique. Le vide quantique, apparemment vide, est en réalité plein d'énergie. Des particules naissent et disparaissent de cet état oscillatoire de base, dans une danse continue de création et de destruction.

La danse de Shiva offre une image extraordinaire pour décrire le comportement du champ quantique. En 1931, le grand physicien et mathématicien Fritjof Capra a écrit que la représentation de Nataraja l'avait amené à imaginer la danse des particules subatomiques. Capra a souligné comment, dans les moments de grande concentration au cours de ses études de physique quantique, le lien avec le symbolisme oriental est devenu naturel et presque inévitable.

De même, le champ de Higgs semble évoquer l'essence du concept de Brahman. C'est le champ de Higgs qui permet aux particules d'avoir une masse, en les reliant en un seul réseau invisible qui régit l'univers tout entier. Tout est interconnecté, tout partage une matrice commune. C'est aussi l'idée au cœur du concept védique de Brahman : une unité indivisible qui se manifeste sous des formes infinies.

Dans le sud de l'Inde, le temple de Chidambaram abrite l'une des plus célèbres représentations de Shiva dansant. Le symbolisme du Nataraja y trouve une expression tangible, mariant l'art, la religion et la cosmologie. La position des mains et des pieds de la statue du Nataraja représenterait non seulement des principes philosophiques, mais aussi des lois naturelles. La main droite levée symbolise la protection, tandis que le pied gauche levé représente la libération du cycle de la naissance et de la mort.

Le parallèle entre le Brahman et les découvertes sur le champ quantique suggère que la sagesse orientale ancienne et la science moderne ne sont pas séparées, mais se reflètent l'une l'autre. Shiva, celui qui détruit pour créer, évoque le vide quantique, qui n'est jamais vraiment "vide", mais un champ fertile de possibilités infinies. Un message profond émerge de la danse de Shiva : la matière et l'énergie ne font qu'un, étroitement liées dans un cycle éternel.

Brahman et le champ de Higgs : une rencontre entre l'Orient et l'Occident.

Dans l'univers de la pensée humaine, la science moderne et les philosophies anciennes ont toujours évolué sur des chemins apparemment distincts. Pourtant, à certains moments, ces chemins semblent se croiser, offrant des parallèles fascinants qui démontrent l'universalité de la réflexion sur la réalité. L'un de ces points de convergence est la relation entre Brahman, le principe fondamental décrit dans les textes de l'hindouisme, et le champ de Higgs, une découverte clé de la physique moderne.

Dans l'hindouisme, Brahman est la réalité ultime : une essence universelle qui imprègne tout ce qui existe. Il ne s'agit pas d'une divinité personnelle, mais d'un principe abstrait qui transcende le temps, l'espace et la matière. Dans les Vedas et les Upanishads, d'anciens textes sanskrits, Brahman est défini comme "*sat-chit-ananda*" (*être, conscience et félicité*) : l'origine et le soutien de toutes choses. Une description qui, malgré sa complexité philosophique, suggère que tout dans l'univers est relié par un substrat invisible.

De l'autre côté du monde, le CERN à Genève a annoncé la découverte du boson de Higgs. Ce petit fragment de matière insaisissable fait partie d'un champ universel, le champ de Higgs, une énergie invisible qui imprègne tout l'univers. Selon la physique quantique et le modèle standard, c'est ce champ qui donne leur masse aux particules, permettant ainsi la formation du cosmos tel que nous le connaissons.

Le parallèle est frappant. Tout comme le Brahman est considéré comme le tissu qui unit toutes choses, le champ de Higgs est l'infrastructure sur laquelle repose l'univers. Tous deux suggèrent l'existence d'une réalité fondamentale, omniprésente et interconnectée. Le physicien Fritjof Capra a été l'un des premiers à suggérer cette analogie. Il a noté que la physique quantique, dans son acceptation de l'indétermination et de l'interconnexion, se rapprochait des idées mystiques des philosophies orientales.

Un autre exemple intéressant provient des recherches d'Erwin Schrödinger, l'un des pères de la mécanique quantique et, étonnamment, un érudit passionné des Upanishads. Schrödinger a écrit dans son journal que l'idée d'un "moi universel" décrite dans la pensée hindoue était étonnamment similaire à la vision unitaire proposée par la physique contemporaine.

L'Inde elle-même offre des indices culturels qui évoquent cette interconnexion. Par exemple, le concept de "Maya" (illusion) dans les Védas suggère que ce que nous voyons n'est qu'une manifestation superficielle de la réalité, cachée sous des couches plus profondes. Parallèlement, la physique moderne nous rappelle que la matière solide est en fait composée de particules qui se comportent à la fois comme des ondes et comme des corpuscules, sans matérialité absolue.

A Genève, le CERN accueille des scientifiques de différentes nationalités et cultures. Ce lieu de recherche rappelle l'idée de connaissance universelle, tout comme Brahman représente l'unité sous-jacente de l'humanité. C'est à Genève, dans le tunnel du LHC, qu'a été identifié le boson de Higgs, poétiquement appelé "la particule de Dieu" (bien que le physicien Leon Lederman, qui a inventé cette expression, l'ait voulue ironique).

La rencontre idéalisée entre le Brahman et le champ de Higgs n'est pas une démonstration scientifique, mais une invitation à la réflexion. La science moderne, avec ses outils, peut-elle s'approcher de la compréhension que les sages orientaux ont explorée par l'introspection il y a des millénaires ?

Brahman, le vide quantique et la création cosmique.

Depuis des millénaires, les sages indiens contemplent le Brahman, principe universel de l'hindouisme. Selon la tradition, Brahman est la réalité ultime. Il n'a pas de forme, existe au-delà du temps et de l'espace et imprègne tout l'univers. Les textes sacrés, tels que les Upanishads, le présentent comme la source d'où tout émerge et à laquelle tout retourne, à la fois invisible et omniprésente. Dans l'espace de la physique moderne, certains chercheurs ont vu un parallèle fascinant entre Brahman et le vide quantique. Pour les mystiques et les physiciens indiens, les deux représentent un arrière-plan fondamental à partir duquel la réalité se manifeste.

Dans le contexte de la physique contemporaine, le "vide quantique" n'est pas simplement un espace vide, mais un état d'énergie fondamentale qui imprègne l'univers. En parallèle, le concept de Brahman, substrat universel dans lequel toutes les manifestations phénoménales trouvent leur origine, a été développé.

Le vide quantique n'est pas le néant. Il s'agit d'une sorte de "soupe cosmique" vibrant d'énergie potentielle, un état primordial qui renferme le secret de la création. Certains physiciens, comme David Bohm, ont proposé l'idée d'une réalité implicite, d'un ordre profond d'où émergent les particules et toute la complexité de l'univers. De même, l'hindouisme raconte le mythe de la création cosmique à travers le rêve de Brahma. Dans ce mythe, l'univers naît et meurt cycliquement, tout comme les particules élémentaires se manifestent et se dissolvent dans le vide quantique.

Il est intéressant de noter que les lieux et les époques diffèrent, mais que les aspirations humaines sont similaires. Les sages des anciens ashrams indiens, les méditants sur les rives du Gange il y a des millénaires, cherchaient à saisir l'éternel à travers le langage de la spiritualité. Aujourd'hui, dans les laboratoires genevois ou parmi les télescopes spatiaux, les scientifiques poursuivent le même éternel à travers les mathématiques et la physique. Le vide quantique et le Brahman, bien qu'issus d'orbites culturelles très différentes, offrent tous deux un symbole puissant : une réalité indivise qui transcende l'apparence chaotique et fragmentée du quotidien.

Dans cette convergence, quelque chose de nouveau se reflète. Le mythe de l'hindouisme n'est pas seulement "spirituel". Il peut inspirer l'esprit scientifique, tout comme la science moderne peut rendre visible l'intuition de ce Brahman universel qui imprègne tout. L'univers, après tout, reste un miroir. C'est à nous de décider comment le regarder.

Dans le contexte de la physique contemporaine, le "vide quantique" n'est pas simplement un espace vide, mais un état d'énergie fondamentale qui imprègne l'univers. En parallèle, le concept de Brahman, substrat universel dans lequel toutes les manifestations phénoménales trouvent leur origine, a été développé.

Brahman et le potentiel quantique.

Depuis l'aube de la civilisation, l'homme a cherché à comprendre la trame profonde de la réalité. En Inde, les textes védiques ont développé le concept de Brahman, le principe universel, éternel et indivisible qui imprègne tout ce qui existe. Dans la physique quantique moderne, nous trouvons des parallèles frappants dans des phénomènes tels que la non-localité et le comportement des particules, qui semblent suggérer un monde de connexions invisibles et d'interactions profondes.

Une ancienne métaphore védique comparait l'univers à une toile d'araignée : chaque brin est séparé, mais chaque point est relié au reste, une image qui reflète remarquablement le concept quantique de réalité entrelacée.

Au fil des siècles, les maîtres védiques ont décrit Brahman comme l'océan dont tout n'est que vague ou écho. La Chandogya Upanishad, l'un des plus anciens textes védiques, énonce ainsi :

Tout ce qui est est Brahman".

L'un des principaux enseignements d'Adi Shankara, philosophe indien du VIIIe siècle, explique que toute diversité apparente dans le monde sensible n'est qu'une illusion (Maya), alors que tout est l'expression de la réalité unique et indivisible de Brahman.

Dans le monde de la physique moderne, le phénomène de non-localité offre un écho inattendu aux pensées anciennes. Les expériences sur les particules quantiques montrent que deux particules intriquées, même si elles sont séparées par d'immenses distances, communiquent instantanément. Cette connexion "instantanée" défie les limites intuitives de l'espace et du temps. La non-localité semble affirmer l'existence d'un niveau de réalité dans lequel tout est interconnecté, au-delà des distances physiques.

Un parallèle évocateur peut être établi avec le champ de Higgs, découvert en 2012, qui imprègne l'univers tout entier et donne une masse aux particules, unifiant apparemment le microcosme et le macrocosme. L'idée que l'univers est traversé par un "champ" universel présente des similitudes frappantes avec le concept védique de Brahman, fondement de tous les phénomènes visibles et invisibles.

Une anecdote hindoue classique parle du sel dissous dans l'eau, utilisé par les sages pour décrire le Brahman :

"On ne voit pas le sel, mais on le sent partout".

Cela rappelle la nature des particules quantiques qui, à l'état d'onde, sont à la fois partout et nulle part.

Pour les anciens rishis indiens, le Brahman ne pouvait être "vu" ou "mesuré", mais seulement perçu à l'intérieur de soi, par la méditation et l'intuition. De même, en physique moderne, de nombreuses dynamiques quantiques ne se manifestent qu'indirectement, laissant place à une immense complexité théorique. L'idée que tout est interconnecté, comme l'a dit Niels Bohr, l'un des pères de la mécanique quantique, est au cœur de la physique et de la philosophie orientale :

Tout ce que nous observons est intimement lié à ce que nous sommes".

Einstein lui-même, bien que sceptique quant à certaines implications de la physique quantique, a proposé un univers unifié où l'espace et le temps étaient inséparablement entrelacés. Cette vision peut rappeler le concept de Maya dans l'hindouisme : le monde est une apparence qui cache une réalité globale, immuable et intemporelle, à savoir Brahman.

Dans la Chandogya Upanishad, un ancien texte sacré, nous lisons :

Comme toutes les perles sont reliées par un fil invisible, tout est relié dans le Brahman.

Ce fil pourrait évoquer, dans l'esprit moderne, l'image des champs quantiques reliant les particules et les forces en une seule et sublime danse cosmique.

À la base, la physique quantique et la philosophie védique soulèvent un dilemme commun : existe-t-il quelque chose au-delà de l'espace et du temps ? Si le brahman est ce qui existe au-delà de la réalité perçue, il pourrait représenter un aperçu pré-scientifique de ce que la physique moderne tente de développer avec les multivers ou les théories des cordes. Toutes deux, de manière différente, tentent de pénétrer l'invisible, de rechercher l'unité fondamentale.

Le message le plus important que nous transmettent le Brahman et les champs quantiques est peut-être que l'univers n'est pas seulement de la matière, mais un jeu éternel de connexions, où tout participe à quelque chose de plus grand. Pour le poète mystique Rabindranath Tagore, qui a reçu le prix Nobel de littérature en 1913, cette idée est claire :

"L'infini n'est pas quelque chose que l'on trouve ailleurs.
L'infini est ici, derrière l'écran de la réalité visible"

Il s'agit d'une allusion au Brahman, peut-être, mais aussi à cet univers invisible que nous explorons aujourd'hui dans les laboratoires scientifiques.

Les similitudes frappantes entre le concept ancien de Brahman et les phénomènes modernes de la physique quantique ne prouvent certainement pas l'existence d'un lien définitif. Cependant, elles nous incitent à réfléchir à une idée commune à la science et à la spiritualité : le monde dans lequel nous vivons est plus complexe, plus subtil et plus connecté que nous ne pouvons le percevoir. Le brahman et le potentiel quantique semblent tous deux indiquer que, sous les divisions apparentes, il existe une réalité unique qui unit tout. Peut-être, comme le suggère l'ancienne sagesse védique, faisons-nous déjà partie d'un tout indivisible, même si nous l'oublions souvent.

Brahman et le mystère de l'intrication quantique

Selon la philosophie védique, tout ce qui existe est une manifestation du Brahman : il n'y a pas de séparation entre ce qui semble distinct, mais seulement des modes différents d'une même réalité unitaire.

Curieusement, cette idée semble trouver un écho surprenant dans l'un des phénomènes les plus énigmatiques de la physique quantique : l'intrication. Il s'agit de la mystérieuse corrélation qui lie deux particules séparées dans l'espace, au point que ce qui arrive à l'une d'elles semble affecter instantanément l'autre, quelle que soit la distance. C'est comme si les deux particules étaient les fils d'une même étoffe invisible, tissée ensemble par ce que les physiciens appellent la "non-localité".

L'intrication peut sembler être un phénomène exclusif à la physique moderne, mais le parallélisme avec le Brahman suggère que des idées similaires faisaient déjà partie des réflexions philosophiques des cultures anciennes. Swami Vivekananda, l'un des plus célèbres maîtres spirituels de l'Inde, a parlé du Brahman comme suit :

"la corde sur laquelle se projette toute l'illusion de l'univers".

Une image qui peut rappeler l'idée d'un champ universel dans lequel tout est connecté, à l'instar de deux particules quantiques connectées.

Un autre exemple intéressant émerge des écrits du physicien David Bohm, figure centrale de l'étude de la mécanique quantique et de l'ordre implicite. Bohm, fasciné par la nature holistique de l'univers, a proposé que toute la réalité visible soit la manifestation d'un modèle plus vaste et indivisible. Ce point de vue est conforme au Vedanta, l'école philosophique de l'hindouisme qui explore le concept de Brahman et sa relation avec le monde phénoménal.

Que ce soit dans les textes des Upanishads ou dans les laboratoires des physiciens, le message semble clair. L'intrication quantique et le brahmanisme offrent une vision de la réalité comme une toile inextricable, dans laquelle tout est connecté et rien n'est vraiment isolé. Cette idée, bien qu'issue de contextes si différents, conduit à une réflexion puissante : l'univers n'est peut-être pas fait d'objets séparés, mais de relations profondes, de fils invisibles qui unissent l'ensemble.

Peut-être, comme l'a supposé Niels Bohr, l'un des pères de la physique quantique

> *"La vérité profonde ne peut s'exprimer que par la complémentarité des contraires".*

La philosophie orientale et la science occidentale pourraient raconter la même histoire dans des langues différentes.

Du Big Bang au savoir védique. Brahman et l'origine de l'univers.

> *"La réalité est une, même si les sages lui donnent des noms différents.*

Ce verset du Rigveda, l'un des plus anciens textes de la tradition védique, pourrait sembler un écho lointain. Pourtant, sa résonance traverse les siècles, au point de dialoguer avec certaines des idées les plus révolutionnaires de la physique moderne. Le concept de Brahman, principe universel et fondement de tout ce qui existe, rappelle étonnamment certaines idées de la science contemporaine sur l'origine et la nature de l'univers.

Il y a plus de treize milliards d'années, selon la théorie du Big Bang, l'univers entier était enfermé dans un point infiniment dense. Une violente expansion a ensuite donné naissance au temps, à l'espace et à l'énergie, jetant les bases de ce que nous connaissons aujourd'hui comme la réalité. Dans la tradition hindoue, en revanche, l'univers trouve son origine dans le Brahman, une réalité indivisible, éternelle et insondable qui imprègne tout. Il ne s'agit pas d'un dieu au sens personnel du terme, mais d'une force omniprésente qui contient en elle-même toutes les possibilités d'existence. La comparaison avec l'énergie primordiale du Big Bang n'est pas fortuite.

La Chandogya Upanishad (vers le VIe siècle avant J.-C.) déclare : "*Tout cela est Brahman*". Ce concept souligne l'interconnexion fondamentale de la réalité, une idée que de nombreux scientifiques attribuent aujourd'hui au champ de Higgs. Introduit en 1964 par le physicien Peter Higgs, ce champ invisible imprègne tout l'univers. C'est grâce à lui que les particules élémentaires acquièrent une masse et deviennent ce que nous voyons ou percevons. Là encore, comme pour le Brahman, il est impossible de séparer la particule de son contexte. Tout est plastique, fluide, mais interconnecté.

Selon un ancien mythe hindou, l'univers visible est le souffle de Brahman. Lorsque Brahman expire, les univers naissent dans un flamboiement de création. Lorsqu'il inspire, tout revient à soi, se dissout. Ce cycle cosmique d'expansion et de contraction n'est pas sans rappeler l'hypothèse scientifique de l'univers oscillant, selon laquelle le Big Bang n'aurait pas été le seul épisode créatif, mais un épisode parmi une infinité d'autres.

Des lieux comme Varanasi, sur les rives du Gange, ont été le berceau de méditations sur ces questions pendant des millénaires. Dans cette ville sacrée, les sages ont réfléchi à la nature de l'âme (Atman) qui, selon la tradition, est intimement liée à Brahman. Ici aussi, nous trouvons un écho dans la physique quantique : la corrélation entre des particules subatomiques distantes (intrication) suggère que l'univers est moins séparé qu'il n'y paraît.

Le Big Bang et le Brahman, séparés par des millénaires et des disciplines, semblent converger vers une seule vérité : l'univers provient d'une source commune, qui est à la fois énergie, substance et esprit. Peut-être qu'à la base de la science et de la spiritualité, il n'y a pas de rivalité, mais la recherche d'une même réponse aux questions les plus profondes de l'existence.

Existe-t-il un "Tout" universel ?

Depuis des millénaires, les traditions spirituelles de l'Orient s'interrogent sur la nature ultime de la réalité, cherchant des réponses au-delà du visible. Dans l'hindouisme, le concept de Brahman est au cœur de ces réflexions. Brahman est le principe universel, l'essence qui imprègne tout ce qui existe. C'est une réalité indivisible, infinie et invisible, au-delà du temps et de l'espace. Pour les sages indiens, comme les rishis des Védas, le Brahman n'était pas seulement une idée abstraite, mais la vérité fondamentale qui relie chaque fragment de l'univers.

Il est surprenant de constater qu'une idée similaire semble émerger des millénaires plus tard dans le domaine de la physique moderne. Les progrès de la mécanique quantique nous montrent que ce que nous percevons comme "solide" est en réalité un réseau complexe et mystérieux d'ondes et de particules. Le champ de Higgs, théorisé dans les années 1960 et découvert concrètement en 2012, a mis en lumière une idée profondément fascinante : une sorte de "tissu" énergétique invisible imprègne l'univers tout entier, conférant une masse aux particules et donnant ainsi naissance à ce que nous appelons la réalité. Ce champ insaisissable rappelle, presque poétiquement, le concept de Brahman.

Si l'on remonte à plus de trois mille ans, dans les Vedas - les textes sacrés de l'hindouisme - Brahman est décrit comme ce dont tout naît et à quoi tout retourne. Pour les mystiques indiens, chaque forme, chaque son, chaque pensée est une manifestation de cette réalité unique. Il n'y a pas de séparation. Cette philosophie est résumée par l'ancienne phrase sanskrite "*Tat Tvam Asi*" (Tu es cela), qui invite chaque être humain à reconnaître son lien profond avec le tout cosmique.

De même, les physiciens modernes, en observant les phénomènes subatomiques, ont découvert qu'au niveau fondamental, il n'y a pas de frontières claires entre une particule et une autre. Les électrons ne sont pas des objets statiques, mais des ondes de probabilité qui n'existent qu'au sein d'un réseau de relations interconnectées. Ici, la séparation entre l'observateur et l'observé semble se dissoudre, rappelant l'unité indifférenciée du Brahman.

Le professeur Fritjof Capra a exploré ce dialogue entre la science et la spiritualité orientale dans son célèbre ouvrage "*Le Tao de la physique*". Capra écrit :

> *"Les physiciens modernes renouent avec des visions du monde que les anciens sages connaissaient il y a des milliers d'années : l'idée d'une réalité indivisible, à la fois dynamique et interconnectée.*

Ce n'est pas un hasard si de nombreux physiciens théoriques, comme Erwin Schrödinger, scientifique autrichien et père de la mécanique quantique, ont été profondément influencés par la pensée orientale. Schrödinger lui-même, en lisant les Upanishads, a déclaré que leur concept d'unité universelle ressemblait étrangement à ce que la physique essayait de décrire.

Imaginons une image symbolique : d'un côté, l'ashram de Rishikesh, au bord du Gange, où les maîtres spirituels méditaient sur le Brahman. De l'autre, le *Grand collisionneur de hadrons* de Genève, où les scientifiques ont détecté le boson de Higgs. Si les instruments utilisés sont radicalement différents (l'esprit contemplatif d'un rishi et les accélérateurs de particules d'un physicien), l'objectif semble similaire : comprendre la nature profonde de ce qui relie tout ce qui existe.

Le concept de Brahman et celui du champ de Higgs soulèvent tous deux une question décisive : existe-t-il un Un qui sous-tend et transcende toute diversité ? Dans l'hindouisme, cette question prend des accents métaphysiques et spirituels. En physique, en revanche, nous explorons un langage mathématique et expérimental. Mais le défi reste le même. Les idées des mystiques et les découvertes de physiciens comme Peter Higgs semblent suggérer qu'une certaine forme de "tout universel" peut en effet exister. Peut-être qu'en fin de compte, le voyage de la science et celui de la spiritualité convergent dans une seule et même quête, celle de la connaissance de l'invisible.

Brahman et la recherche du champ unifié d'Einstein.

Albert Einstein a passé les dernières années de sa vie à rechercher quelque chose d'extraordinaire : une équation unique, presque divine dans sa simplicité, capable d'unifier toutes les forces de la nature. Ce rêve, souvent appelé "*théorie du tout*", représente le désir de trouver un principe universel qui sous-tendrait l'univers tout entier. Paradoxalement, l'idée d'un principe unificateur n'est pas nouvelle. Des philosophies telles que l'hindouisme y réfléchissent depuis des millénaires à travers le concept de Brahman : l'essence indivisible et omniprésente du cosmos.

Einstein était un rationaliste convaincu, mais on dit qu'il admirait le mystère. Lors d'une interview en 1929, il a déclaré

> *"Je veux savoir comment Dieu a créé ce monde. Le reste n'est que détails".*

Son "Dieu" n'était pas nécessairement une divinité religieuse, mais un ordre cosmique supérieur. D'une manière surprenante, le Brahman se reflète dans cette idée. Pour les anciens textes védiques, Brahman est la réalité ultime, le substrat invisible et incompréhensible qui soutient l'univers. Selon l'hindouisme, tout ce qui existe - la matière, l'énergie, l'espace et le temps - est une manifestation unique de Brahman.

Un parallèle moderne se dessine avec le concept physique du champ de Higgs. Le champ de Higgs est une sorte de "tissu invisible" qui imprègne l'univers tout entier, conférant une masse aux particules. De même, Brahman n'est pas une chose ou une entité distincte, mais un principe immanent qui soutient chaque manifestation de la réalité. Comme le champ de Higgs, le Brahman est partout, même s'il est invisible à nos sens ordinaires.

Les textes sacrés parlent de Brahman comme de la source non seulement de la destruction, mais aussi de la création et de la transformation, un cycle éternel qui rappelle le comportement quantique des particules, en mouvement constant entre les états d'existence.

Cette vision d'un univers interconnecté et unifié a fasciné l'esprit occidental pendant des siècles. Au XIXe siècle, l'écrivain et poète Henry David Thoreau, plongé dans la lecture d'anciens textes védiques, a imaginé un cosmos sans divisions, régi par une harmonie universelle. D'autres penseurs du XXe siècle, comme Erwin Schrödinger, le père de la mécanique quantique, ont trouvé dans les textes orientaux des similitudes avec leurs découvertes sur la nature probabiliste de la réalité.

Einstein lui-même, bien qu'il ne se soit pas explicitement référé aux enseignements orientaux, semblait faire allusion à un point de vue similaire. Pour lui, les différences entre l'espace et le temps, la matière et l'énergie, sont superficielles. Comme le Brahman, toute réalité apparente se dissout dans une seule essence, une vérité ultime qui reste à connaître. Bien qu'Einstein n'ait jamais trouvé la "*théorie du tout*", sa vision reste un extraordinaire écho moderne d'une sagesse ancienne.

Peut-être que dans la tension entre science et spiritualité, nous trouverons une question éternelle plutôt qu'une réponse. Est-il possible que l'univers parle les deux langues ? Einstein, idéalement, aurait pu se poser la même question. Et Brahman, imaginé par les sages védiques des millénaires plus tôt, semble toujours le murmurer à nos laboratoires et accélérateurs de particules les plus sophistiqués.

Brahman et la symétrie cachée de l'univers.

Les textes védiques définissent Brahman :

Le concept de "l'homme qui naît de tout, qui vit de tout et qui revient à tout",

une description qui évoque une idée fédératrice capable de remettre en cause la compréhension ordinaire du monde.

Mais quel est le rapport entre Brahman et la physique moderne ? La cosmologie contemporaine nous offre un parallèle extraordinaire : le champ de Higgs. Ce champ imprègne l'univers entier en conférant une masse aux particules. Sans le champ de Higgs, l'univers ne pourrait avoir ni forme, ni substance, ni cohérence. N'est-ce pas un peu comme si l'on parlait du Brahman en termes scientifiques ? L'invisible, le fondamental, devient le principe qui donne corps à l'ensemble.

Il y a ensuite la nature ondulatoire des particules, décrite par la mécanique quantique. Niels Bohr, l'un des pères fondateurs de la physique quantique, a déclaré que :

"Tout ce que nous appelons réel est fait de choses que nous ne pouvons pas considérer comme réelles.

Cette affirmation suggère un niveau de réalité suspendu entre ce que nous voyons et ce que nous percevons. Ce concept est proche de la pensée védique, qui considère Brahman comme ce qui se trouve au-delà de l'apparence phénoménale.

Un autre lien peut être trouvé dans les mots d'Erwin Schrödinger, physicien et auteur de la célèbre équation quantique. Schrödinger était souvent inspiré par des textes orientaux. Il était convaincu que l'unité de l'univers était intrinsèquement liée à une grande cohérence cachée. Il a écrit :

"Le nombre total d'esprits dans l'univers est un. En réalité, la distinction entre les esprits individuels et le Brahman est une illusion".

Schrödinger a reconnu le pouvoir du Brahman en tant que symbole théorique d'un univers interconnecté.

Ce n'est pas un hasard si de nombreux physiciens modernes ont trouvé leur inspiration dans la philosophie orientale. L'analogie entre le Brahman et la nature symétrique du cosmos, où le visible et l'invisible coexistent en parfait équilibre, rappelle la notion de symétrie cachée dans le modèle standard de la physique des particules.

Dans les deux cas, on perçoit une unité sous-jacente qui transcende toute fragmentation.

Imaginez donc cet univers comme une immense symphonie. Chaque son se distingue, mais c'est par la cohérence des notes que l'harmonie émerge. De même, Brahman représente le tout. Il n'est pas seulement la somme des parties, mais le principe qui donne structure et ordre à l'ensemble.

D'une part, les millénaires de sagesse védique. De l'autre, les équations de la physique. Ces deux mondes apparemment éloignés semblent suggérer la même vérité fondamentale : l'univers, dans sa complexité, parle un seul langage. Ou, comme le diraient les mystiques indiens, tout est Brahman.

Brahman et le destin de la physique quantique.

> *"Brahman est tout ce qui existe vraiment. Le reste n'est qu'illusion.*

C'est ce que dit l'une des phrases les plus célèbres des Upanishads, textes fondamentaux de la philosophie hindoue. Ce concept guide des millénaires de réflexion spirituelle : tout dans le cosmos est uni par une réalité ultime, invisible mais fondamentale, qui transcende la perception sensorielle. Mais que se passe-t-il lorsque cette idée ancienne rencontre le langage de la physique quantique moderne ?

Au cours des dernières décennies, des scientifiques et des philosophes ont trouvé des similitudes surprenantes entre Brahman, le principe absolu de la tradition hindoue, et certaines découvertes de la physique contemporaine. Une analogie intrigante est celle entre le Brahman et le champ de Higgs, le mystérieux réseau invisible qui, selon la physique des particules, imprègne chaque recoin de l'univers et donne une masse aux particules élémentaires. Le physicien britannique Peter Higgs a émis l'hypothèse de son existence en 1964, mais , ce n'est qu'en 2012 que le boson associé au champ a finalement été observé au CERN à Genève, provoquant un énorme émoi dans le monde entier.

Comme Brahman, le champ de Higgs est omniprésent, bien qu'il ne soit pas visible à nos yeux. Ce n'est que par son interaction avec les particules "visibles" que le champ devient expérimentable, mais ce qui l'anime reste profondément énigmatique. De même, les anciens rishis indiens décrivaient Brahman comme l'origine et le soutien de tout ce qui existe, une force unique qui se manifeste en toute chose sans jamais perdre son unité.

Une autre affinité intéressante réside dans l'interconnexion de la réalité au niveau quantique. La physique moderne nous a montré que les particules subatomiques ressemblent davantage à des ondes qu'à des objets solides. Elles existent dans un état constant de fluctuation et d'interaction. En ce sens, l'idée d'un monde où tout est profondément imbriqué rappelle la vision védantique d'une unité cosmique, subtile mais omniprésente.

Vittorio Marchi, l'un des vulgarisateurs italiens les plus connus de la physique quantique, a souvent souligné ces liens. Selon lui :

> *"La physique quantique ne découvre rien de nouveau, elle ne fait que réécrire en termes mathématiques ce que les textes sacrés de l'humanité nous disent depuis des siècles".*

Cependant, le dialogue entre la science et la spiritualité n'est pas sans débat et, souvent, sans controverse. Des scientifiques plus orthodoxes, comme Richard Feynman, ont mis en garde contre l'utilisation superficielle de métaphores mystiques en science, préférant se concentrer sur les données expérimentales.

La convergence philosophique entre le Brahman et la physique quantique suscite toutefois de profondes interrogations. La science se rapproche-t-elle vraiment de la compréhension d'un principe universel de type brahmanique, ou s'agit-il d'une coïncidence d'interprétation due aux limites de notre langage ? Et, encore une fois, l'idée ancienne d'une unité fondamentale de l'univers peut-elle suggérer de nouvelles directions pour la recherche scientifique ?

Les Upanishads se terminent souvent par une affirmation d'espoir et de conscience : *"Tu es Cela"*. Cette affirmation est une invitation à reconnaître que chaque individu est une partie inséparable de l'unité cosmique. Peut-être, comme l'a suggéré Einstein lorsqu'il a parlé du "mystère cosmique", la physique moderne est-elle également à la recherche d'une signification universelle similaire. Et qui sait, dans le futur, la science et la spiritualité pourraient découvrir qu'elles ne sont pas seulement complémentaires, mais intimement liées, comme les vagues d'un océan invisible guidant le destin de l'univers.

Chapitre VIII. L'Atman : le moi immortel -

L'Atman et la superposition.

Dans l'ancienne philosophie védantique de l'hindouisme, le concept d'Atman représente le moi immortel, l'étincelle éternelle et indivisible qui vit en chaque individu. Cette essence est considérée comme une manifestation directe de Brahman, le principe cosmique universel, une entité sans forme qui imprègne toutes choses. Il s'agit de l'une des idées les plus profondes de l'hindouisme, qui se prête étonnamment à une connexion intrigante avec la physique quantique moderne : la superposition d'états.

En mécanique quantique, la superposition décrit l'extraordinaire capacité d'une particule subatomique à exister simultanément dans plusieurs états. L'image du "chat de Schrödinger", à la fois vivant et mort jusqu'à ce qu'il soit observé, est célèbre. De même, dans le Vedanta, l'Atman apparaît comme une réalité qui transcende les limites du temps, de l'espace et des identités stables. Il se manifeste d'un nombre infini de façons à travers la perception individuelle, mais au-delà des apparences, il reste toujours inchangé et indivisible.

Adi Shankara, l'un des plus grands philosophes de l'hindouisme, qui a vécu au VIIIe siècle, enseignait que le monde phénoménal, tel que nous le voyons, est une illusion (*Maya*). Il soutenait que l'essence de l'Atman est unique et universelle, même si elle se présente comme fragmentée dans l'individualité de chaque être humain.

Lorsqu'un homme connaît le moi universel, il devient immortel,

écrit Shankara dans ses commentaires sur les textes sacrés védiques. Ce "moi universel", invisible mais omniprésent, peut être considéré comme la clé d'une réalité multidimensionnelle, une idée que la physique quantique explore à travers la notion d'"états superposés".

Imaginons maintenant un parallélisme : de même qu'une particule unique peut exister simultanément dans de multiples positions et conditions, de même Atman, en tant que manifestation de Brahman, habite simultanément une infinité de niveaux d'existence. Dans le contexte humain, cela pourrait signifier que le moi, en vertu de sa connexion au moi universel, a accès à de multiples potentialités.

Chaque choix, chaque possibilité , pourrait exister dans une sorte de "*treillis quantique*" de la conscience.

Un exemple frappant se trouve dans la cosmologie védantique de l'Inde ancienne : les mondes concurrents ou "*lokas*" décrits dans les textes sacrés. Ces lokas, plans d'existence parallèles, font écho à la possibilité de plusieurs réalités coexistantes, principes que la physique suppose aujourd'hui avec les multivers. Il est intéressant de constater que l'Inde archaïque imaginait déjà la complexité de la réalité dans une perspective qui nous paraît aujourd'hui incroyablement moderne.

Revenons au chat de Schrödinger. Tant que la boîte n'est pas ouverte, le chat est à la fois vivant et mort : c'est une entité qui existe dans une condition d'ambiguïté fondamentale. N'est-ce pas là une réminiscence de l'expérience humaine du moi ? Souvent, nous oscillons entre des identités, des rôles et des possibilités qui coexistent simultanément dans notre conscience. L'Atman, comme le suggèrent les textes védantiques, n'est pas lié à une seule réalité. Il se reflète dans tous les masques que nous portons, sans jamais être complètement défini par aucun d'entre eux.

Lors d'un célèbre voyage en Inde, Shankara a raconté une parabole pour clarifier le concept. Il a vu un homme effrayé par une corde, prise pour un serpent. Cette perception erronée du serpent, expliqua Shankara, est Maya : l'apparence trompe, tandis que la "corde" (la réalité sous-jacente) est l'Atman. En physique, il se passe quelque chose de similaire. Les particules ne sont jamais exactement ce qu'elles semblent être lors de l'observation : elles se cachent derrière des dualités tout aussi valables, telles que l'onde et la particule.

Ce chevauchement entre le Vedanta et la physique pourrait être accidentel ou dépendre d'une intuition universelle de l'esprit humain. Néanmoins, le dialogue entre les deux disciplines reste l'une des frontières les plus fascinantes de la philosophie et de la science contemporaines. Peut-être que, précisément là où l'Atman et les particules quantiques se rencontrent, nous pouvons entrevoir une nouvelle vision de notre rôle dans l'univers : des êtres finis qui dansent avec des possibilités infinies.

Atman et champ quantique.

Dans l'hindouisme, le concept d'Atman, le moi immortel, représente l'essence la plus profonde de l'individu, un reflet du divin absolu, Brahman. L'atman n'est pas lié au corps ou à l'esprit, mais est cette entité éternelle qui transcende le temps et l'espace. Dans le monde de la physique quantique, cette idée trouve une curieuse résonance. La superposition quantique, phénomène dans lequel les particules existent simultanément dans de multiples états, semble dialoguer avec la nature multiple et illusoire du soi (Maya), enseignée dans les textes védiques.

Werner Heisenberg, l'un des pères de la mécanique quantique, s'est rendu en Inde en 1929. Lors de sa rencontre avec Rabindranath Tagore, poète et philosophe profondément ancré dans la pensée védique, Heisenberg a déclaré :

> *"J'ai trouvé dans la philosophie orientale un moyen de comprendre l'incertitude quantique au-delà des catégories occidentales rigides".*

Ce dialogue entre science et spiritualité reconnaît un point commun : la réalité ultime n'est pas figée, mais probabiliste et interconnectée.

La physique décrit le champ quantique comme un champ infini de possibilités. Les particules subatomiques, telles que les électrons, n'occupent pas une position définie, mais sont des "*ondes de probabilité*". Seule l'observation permet à ces ondes de s'effondrer dans un état défini. De même, dans la vision védique, Atman vit dans le jeu illusoire de la multiplicité, mais reste toujours un témoin et un point d'unité. La conscience de soi n'émerge, comme dans l'effondrement des ondes quantiques, que lorsque l'observateur prend conscience de sa véritable essence.

Le parallèle entre l'Atman et le champ quantique enrichit à la fois la science et la spiritualité. Alors que pour la science, le soi peut être un point de convergence dans un univers probabiliste, pour l'hindouisme, l'Atman est la réalité absolue qui attend d'être reconnue. Les deux domaines, avec des langages différents, nous invitent à considérer un monde dans lequel le tout est interconnecté.

Selon les textes sacrés, Atman n'est pas une entité séparée, mais une manifestation directe de Brahman, l'absolu universel. Peu importe le nombre de formes ou d'identités qu'il peut revêtir : son essence reste inchangée, comme un miroir qui reflète sans jamais changer. Ce concept, élaboré il y a des millénaires, semble trouver une correspondance dans la physique quantique moderne et l'idée de superposition d'états, où une particule peut exister dans plusieurs conditions simultanément.

Le Mahabharata, le grand poème épique de l'Inde ancienne, offre un récit éclairant. Dans un épisode emblématique, Arjuna, un prince guerrier, regarde à l'intérieur du Vishvarupa, la forme universelle du dieu Krishna. À cet instant, il voit toutes les manifestations de l'univers coexister simultanément : ses vies passées, ses batailles futures et les possibilités infinies de l'existence. Krishna, dans son commentaire sur cette vision divine, rappelle à Arjuna que tout - y compris ses peurs et ses désirs - n'est que le reflet d'une seule vérité : l'Atman, qui se cache sous la multiplicité des apparences. Ce reflet d'identités multiples est une représentation symbolique de la superposition quantique.

En mécanique quantique, la superposition explique comment une particule peut se trouver dans des états contradictoires, par exemple être à la fois onde et particule. De même, l'Atman est l'essence unique qui peut se refléter dans de multiples formes et identités, sans jamais se limiter à l'une d'entre elles. Swami Vivekananda, l'un des plus grands philosophes indiens du XIXe siècle, a écrit :

L'Atman n'est présent en rien, mais tout est dans l'Atman.

Cette phrase exprime l'idée que, comme dans une particule quantique, l'identité de l'ego n'est pas enfermée dans une forme définie, mais vit dans un champ ouvert de possibilités.

La pratique de la méditation offre également un miroir de cette idée. Dans les états méditatifs les plus élevés, décrits dans les Upanishad, la frontière entre le soi et l'univers se dissout. Ceux qui méditent font l'expérience de leur conscience comme d'un champ infini dans lequel toutes les identités personnelles coexistent simultanément : parent, enfant, étudiant, être universel - tous sont à la fois réels et irréels. Les rishis védantiques comparent cette intuition à une étendue d'eau calme dans laquelle chaque vague est distincte, mais dont l'essence reste toujours celle de l'eau.

L'hindouisme offre également une image poétique de cette structure identitaire fluide. Le mont Meru, l'axe cosmique décrit dans les textes sacrés, est le centre autour duquel tournent des mondes infinis. Chaque monde reflète une perspective différente, mais le centre reste immobile. De même, Atman est le noyau éternel et immuable qui observe la danse infinie du devenir.

Les parallèles entre le Vedanta et la physique quantique ne se recoupent jamais complètement, mais ils ouvrent une réflexion profonde sur la manière dont nous concevons l'identité et la réalité. Les deux disciplines semblent suggérer que nous sommes bien plus que ce qui apparaît en surface. L'atman, comme la particule quantique, pourrait habiter le miroir de la conscience, reflétant d'infinies possibilités que nous ne voyons pas, parfois consciemment. Peut-être que la réponse au mystère de qui nous sommes réside dans la capacité à reconnaître cette pluralité et à l'harmoniser, sachant que l'essence ultime qui nous définit n'est jamais altérée.

L'Atman et l'incertitude : Werner Heisenberg et le moi invisible.

En 1929, le physicien allemand Werner Heisenberg, père du principe d'incertitude, se rend en Inde. Il y rencontre le poète et philosophe Rabindranath Tagore et se familiarise avec la Bhagavad Gita, texte sacré de l'hindouisme. Heisenberg, célèbre pour sa découverte de la limite fondamentale dans la connaissance des particules subatomiques, a été surpris de découvrir que les concepts d'indétermination et de relativité étaient présents, sous forme philosophique, dans la culture orientale depuis des millénaires.

Le cœur de la pensée indienne, exprimé dans la Bhagavad Gita, tourne autour de l'idée de l'Atman, le moi immortel. Atman est l'essence invisible que chaque individu possède et qui est une manifestation de Brahman, l'absolu universel. Mais ce "moi" n'est pas définissable. Comme l'électron dans le monde quantique, qui ne peut être observé avec précision à un moment donné, l'Atman échappe à toute description. Il est infini et intangible ; on le sent, mais on ne le mesure pas.

Selon certains biographes, le lien entre Heisenberg et la Bhagavad Gita a profondément influencé sa vision de la science. Il a trouvé une similitude entre le comportement des particules et la pensée orientale.

> *"La physique quantique n'est pas si éloignée de la réalité spirituelle décrite dans les textes indiens".*

a déclaré Heisenberg, expliquant que la science évoluait vers un espace où règnent l'incertitude et la complexité, comme dans les textes sacrés.

Un électron superposé peut être dans deux états à la fois, passant de l'être au non-être, tout comme l'idée philosophique de l'Atman qui rend le moi à la fois universel et personnel, tangible et transcendant. L'incertitude n'est donc pas un défaut de la science ou de la spiritualité, mais leur force.

Heisenberg a quitté l'Inde impressionné par la profondeur de ces enseignements. Il est retourné travailler en Europe avec un nouvel élément : la prise de conscience que les lois du microcosme nécessitent une sensibilité philosophique pour être comprises.

Dans un univers où observateur et observé sont inextricablement liés, physique et spiritualité, distantes en apparence seulement, se rencontrent au bord de l'impossible.

L'illusion du soi : l'atman et le multivers quantique.

L'idée que la réalité est une illusion est un thème fascinant qui relie les anciennes philosophies orientales aux découvertes modernes de la physique quantique. Dans l'hindouisme, le concept de maya décrit le monde visible comme une projection trompeuse, séparée de la vérité ultime. Parallèlement, la physique quantique, avec sa théorie des multivers, propose la coexistence d'une infinité de mondes parallèles, chacun avec ses propres versions alternatives des événements, des personnes et des identités.

Selon les textes védiques, l'Atman est l'essence immortelle et unique qui vit au-delà de toutes les apparences illusoires. En faisant le lien avec le multivers quantique, nous pourrions imaginer l'Atman comme le fil qui traverse et relie toutes les versions du moi qui existent dans les multiples réalités hypothétiques. Tout comme une particule subatomique peut se trouver dans un état de superposition - c'est-à-dire exister simultanément dans plusieurs états -, l'idée d'un moi unique mais fragmenté en une infinité d'expériences semble résonner avec les deux visions, religieuse et scientifique.

La Bhagavad Gita, l'un des textes sacrés les plus célèbres de l'hindouisme, stipule que

> *"Tout comme une personne met de nouveaux vêtements, laissant de côté les anciens, l'Atman prend de nouveaux corps.*

Cette citation peut être considérée non seulement comme une métaphore de la réincarnation, mais aussi comme une allusion à la réalité multidimensionnelle de l'univers. Le moi pourrait donc vivre des expériences "parallèles" dans plusieurs incarnations simultanées, comme le suggère la théorie des multivers.

Adi Shankara, le grand philosophe du VIIIe siècle, a également affirmé que le discernement de l'Atman était l'étape clé pour briser l'illusion du moi séparé créé par Maya. D'une certaine manière, sa pensée résonne avec l'idée scientifique moderne selon laquelle différents observateurs peuvent influencer et façonner des réalités distinctes. Tout comme le rôle de l'observateur est crucial dans la science quantique, il l'est également pour ceux qui recherchent l'illumination spirituelle : reconnaître la véritable nature de l'Atman signifie transcender les illusions de cette réalité fragmentée.

Une image suggestive peut être obtenue en imaginant le multivers comme une gamme infinie de possibilités, chacune représentée par un monde différent. Cependant, au centre de tout cela, comme un axe immobile et invisible, se trouve l'Atman. Ce moi immortel est la seule constante qui traverse les différents "moi" dispersés dans les mondes parallèles décrits par la science.

L'Occident a commencé à aborder ces sujets grâce à des personnes comme Werner Heisenberg, l'un des pères de la mécanique quantique. Heisenberg a lui-même étudié en profondeur la pensée orientale et a reconnu des similitudes surprenantes entre les idées de la physique moderne et celles des textes védiques. Une fois encore, la célèbre citation de Schopenhauer, philosophe allemand fasciné par l'hindouisme, semble prophétique dans ce contexte :

"Le monde est ma représentation du monde".

Dans une réalité construite par l'observation - qu'il s'agisse de l'esprit ou de la conscience intérieure - ce que nous sommes vraiment ne peut être que la manifestation de ce fil immortel qui tient tout ensemble.

Enfin, le lien entre Atman et multivers est une invitation à réfléchir sur le concept d'identité. Si chaque décision, chaque action et chaque possibilité existe dans une branche alternative de la réalité quantique, alors ce que nous sommes dans cette vie n'est qu'un reflet partiel de notre moi éternel. Reconnaître cette perspective, ce n'est pas seulement embrasser une vision spéculative du cosmos, c'est aussi redécouvrir une conscience plus profonde de ce que nous sommes : non pas des spectateurs passifs, mais des parties intégrantes et inséparables d'un univers interconnecté.

Dans un monde où la science et la spiritualité se mêlent de plus en plus, le concept ancien d'Atman trouve une nouvelle vie à la lumière des récentes découvertes quantiques. Ou peut-être s'agit-il simplement d'un rappel de la mesure dans laquelle l'humanité a toujours su regarder au-delà des apparences.

L'atman et le paradoxe du "chat de Schrödinger".

L'Atman représente le moi immortel, une étincelle de Brahman, la réalité ultime et omniprésente. L'hindouisme soutient que l'Atman n'est pas soumis aux contraintes de l'espace, du temps ou des phénomènes illusoires. Ce moi ne change pas, il observe tout, mais reste immuable. Il est le témoin silencieux du devenir.

Dans le monde de la science moderne, une idée étonnamment similaire émerge de la mécanique quantique. Le phénomène de superposition permet aux particules subatomiques d'exister simultanément dans plusieurs états , jusqu'à une "observation". C'est ici qu'apparaît un parallélisme intéressant entre l'Atman et le célèbre paradoxe du chat de Schrödinger.

En 1935, le physicien Erwin Schrödinger a décrit une expérience de pensée pour expliquer la nature étrange des systèmes quantiques. Imaginez un chat enfermé dans une boîte avec un mécanisme lié à la désintégration d'une particule radioactive. Si la particule se désintègre, un mécanisme tue le chat. La particule, selon les règles de la physique quantique, existe en même temps dans deux états : désintégrée et non désintégrée. Par conséquent, jusqu'à l'ouverture de la boîte, le chat est à la fois vivant et mort.

Ce paradoxe reflète l'idée que la réalité est indéterminée jusqu'à l'acte d'observation. Atman, selon la philosophie hindoue, pourrait être considéré comme le "témoin" de cette ambiguïté. L'observateur ne modifie pas les états, mais les rend manifestes.

Un lien profond réside dans l'idée de Maya, l'illusion dans laquelle le monde phénoménal existe. Maya enveloppe la réalité comme une toile trompeuse. Cependant, Atman reste détaché, pur et non altéré, observant les événements sans y être impliqué.

De même, le rôle de l'observateur en physique quantique a une fonction fondamentale : définir ce qui est réel. Ce que nous voyons n'émerge que lorsque nous observons. Sans l'observateur, la réalité semble rester suspendue, comme les possibilités infinies de la particule en superposition. La Bhagavad Gita, texte sacré de l'hindouisme, affirme :

> *"Pour l'âme, il n'y a ni naissance ni mort. Elle existe et ne cesse jamais d'exister. Elle ne naît pas, elle ne meurt pas, elle est éternelle, originelle, n'a jamais commencé et ne finira jamais. Elle ne meurt pas quand le corps meurt".*

Ceci est intimement lié à la notion de Schrödinger, dans laquelle le système est suspendu dans une possibilité éternelle jusqu'à ce que l'observation le définisse.

Même des sages hindous comme Adi Shankara, grand défenseur de l'Advaita Vedanta, ont décrit l'Atman comme le miroir qui reflète le monde phénoménal sans jamais être altéré par lui. Tout comme le miroir reste inchangé face aux images, l'Atman observe de multiples états sans changer.

Méditation quantique : accès à l'Atman et à la superposition des états.

Dans de nombreuses traditions spirituelles de l'Inde, l'Atman est considéré comme le noyau le plus profond de l'être humain. Il s'agit de l'essence éternelle et immortelle qui, selon les textes védiques, représente une manifestation directe de Brahman, le principe cosmique universel. En un sens, on peut dire que l'Atman est une étincelle divine présente en chaque individu. Mais que se passe-t-il si l'on fait dialoguer ce concept millénaire avec les découvertes de la physique quantique ?

La physique moderne nous a montré que les particules subatomiques peuvent se trouver dans des états de superposition. Cela signifie que les particules existent simultanément dans plusieurs états ou lieux jusqu'à ce qu'une observation externe intervienne. Ce phénomène, au cœur des expériences de Schrödinger et du monde quantique complexe, a fasciné les scientifiques et les philosophes. Il est surprenant de constater qu'il existe un lien avec le concept d'Atman et les pratiques de méditation.

La méditation consciente, largement décrite dans les Védas et dans des textes ultérieurs tels que les Upanishads, est bien plus qu'une technique de relaxation. Certains érudits et praticiens la considèrent comme une méthode permettant d'accéder aux niveaux les plus profonds de la conscience et de percevoir son unité avec l'univers. Des anecdotes de grands maîtres spirituels, comme Adi Shankaracharya, racontent comment la méditation permet de réaliser que l'Atman ne se limite pas au corps ou à l'esprit, mais qu'il s'agit d'une entité multidimensionnelle, au-delà du temps et de l'espace.

Au niveau neuroscientifique, des études récentes ont exploré la manière dont la méditation modifie les circuits cérébraux et crée des états de "connexion" entre différentes zones du cerveau. Le neuroscientifique Sir Roger Penrose et le physicien Stuart Hameroff ont proposé la théorie de "l'esprit quantique". Selon cette théorie, les microtubules des cellules cérébrales pourraient jouer un rôle similaire à celui des particules quantiques, avec des états de superposition et d'effondrement quantique au sein de l'esprit humain. Ces phénomènes pourraient expliquer non seulement la conscience, mais aussi des états méditatifs plus profonds.

Imaginez donc la méditation comme un outil permettant d'accéder à la "superposition" du moi. Un pratiquant, dans l'immobilité mentale, pourrait percevoir simultanément les multiples aspects de son identité : le moi individuel, relationnel et cosmique. Comme l'a écrit le prix Nobel Erwin Schrödinger, fortement influencé par la philosophie védique, ,

> *"La distinction entre le soi et l'univers est en fin de compte une illusion.*

Les lieux sacrés, comme Varanasi sur les rives du Gange, sont depuis des millénaires des lieux de méditation et de quête spirituelle. Mais aujourd'hui, même dans les laboratoires scientifiques, la possibilité de liens profonds entre l'esprit, l'univers et les particules subatomiques continue de susciter des interrogations. Nous faisons partie d'une réalité unique, où la sagesse ancienne et la physique plus moderne, chacune à sa manière, nous rapprochent de la même idée : nous existons en tant que réseau d'états, visibles et invisibles, tangibles et transcendants.

Grâce à la méditation, nous pouvons peut-être entrevoir et même expérimenter ce mystère. Un mystère déjà décrit par le mot Atman, l'âme immortelle.

Kalidasa et la particule suspendue : poésie et physique de l'Atman.

L'œuvre de Kalidasa, considéré comme l'un des plus grands poètes et dramaturges de l'Inde classique (IVe-Ve siècle après J.-C.), évoque avec une extraordinaire sensibilité l'union entre l'âme individuelle (Atman) et le cosmos infini (Brahman). Dans ses vers, l'univers et l'âme ne sont pas des entités séparées, mais les deux faces d'une même réalité fluide, muable, mais intimement liée. Cette pensée ancienne semble dialoguer avec l'une des idées les plus révolutionnaires de la physique moderne : la superposition quantique.

En physique quantique, une particule peut exister dans plusieurs états simultanément jusqu'à ce qu'un observateur provoque son "effondrement", c'est-à-dire détermine sa "position" ou son "état". Ce principe, apparemment étranger à la compréhension humaine ordinaire, rappelle poétiquement l'idée védique du soi multiforme. L'Atman, selon l'hindouisme, est le moi immortel, capable de transcender l'identité individuelle pour se fondre dans la réalité universelle. Il est à la fois une entité unique et multiple.

Dans ses poèmes, Kalidasa décrit le moi comme une "goutte" capable de se dissoudre dans l'océan universel tout en conservant son essence.

(Vous vous souvenez de l'image de David Bohm de la goutte d'encre dans la glycérine ?)

Dans le chef-d'œuvre épique "*Meghadūta*" (Le nuage messager), un "yaksha" exilé, symbole de l'âme souffrante, invoque un nuage pour qu'il transmette un message à sa bien-aimée éloignée. Le nuage devient le pont entre le moi individuel et la vaste étendue du cosmos. Ce symbolisme fait écho aux principes du monde quantique, où la particule individuelle ne fait qu'un avec le réseau de probabilité cosmique.

Un parallèle intéressant peut également être trouvé dans la poésie européenne. John Keats, dans son "Ode au rossignol", parle d'une âme suspendue entre différents mondes, rappelant un thème similaire à celui du poète indien : la tension entre l'individualité et l'union cosmique. Cependant, c'est Kalidasa qui, avec son esthétique sanskrite raffinée, définit un langage qui accueille cette dualité comme une union harmonieuse et non comme un conflit.

La science moderne, représentée par des pionniers tels que Schrödinger et Heisenberg, a reconnu dans la philosophie orientale un aperçu prénatal intéressant des découvertes quantiques. Schrödinger, en particulier, a explicitement mentionné l'idée de l'Atman comme modèle pour concevoir une réalité dans laquelle les frontières entre l'observateur et l'observé se dissolvent. Kalidasa, dans de nombreux vers consacrés à la nature et à la transcendance, anticipe le sentiment d'"indétermination" que la mécanique quantique a dévoilé avec ses équations.

Repenser Kalidasa à travers le prisme de la physique quantique n'est pas seulement un exercice intellectuel. C'est un voyage émotionnel et esthétique qui nous rappelle comment la poésie et la science peuvent converger. L'Atman, comme la particule en suspension, nous enseigne que l'identité et la réalité sont des concepts plus vastes que ce que nous semblons percevoir. Dans les deux cas, ce qui semble séparé est, en fin de compte, indivisible.

L'atman et l'observateur quantique. Qui êtes-vous lorsque vous regardez ?

L'idée que l'observation peut influencer la réalité est l'un des concepts les plus fascinants de la physique quantique. Les particules qui se trouvent dans des états de "superposition" s'effondrent en une seule réalité observable lorsqu'un observateur intervient. Cette apparente magie scientifique trouve un parallèle frappant dans la pensée hindoue, où l'Atman joue un rôle similaire en tant qu'observateur de la réalité universelle.

Selon l'hindouisme, l'Atman est l'essence individuelle, le noyau immuable qui observe le monde à travers le voile de Maya, l'illusion de la réalité matérialiste. Dans les textes des Upanishads, on lit que seul l'Atman rend possible la perception du monde. C'est l'observateur ultime, le témoin silencieux qui transcende le corps et l'esprit. Dans les textes des Veda, les sages écrivent :

Le Soi est le témoin, éternel et sans forme,

Ce concept peut être comparé à l'expérience quantique de la double fente. Dans cette expérience, une particule - par exemple un photon - passe simultanément par deux fentes, révélant une superposition d'états. Cependant, lorsqu'un observateur mesure la trajectoire de la particule, celle-ci choisit une seule trajectoire : le simple fait d'observer change le résultat.

Les implications sont extraordinaires. L'observateur fait donc lui-même partie de la réalité qu'il observe. Werner Heisenberg, l'un des pères de la mécanique quantique, a souligné cette relation en disant :

"Ce que nous observons n'est pas la nature elle-même, mais la nature exposée à notre méthode de questionnement.

L'hindouisme développe encore ce concept. Dans les dialogues de la Bhagavad Gita, Krishna explique à Arjuna que l'Atman est intemporel et immuable ; néanmoins, il observe le drame de la vie terrestre, même s'il le fait avec un détachement divin. En d'autres termes, l'observateur (Atman) ne se contente pas de regarder, il participe également à la création de ce qu'il regarde. Cela rappelle l'interaction philosophique entre l'observateur humain et la réalité quantique.

Comment ces idées nous aident-elles à mieux comprendre qui nous sommes ? Lorsque j'observe le monde, qui suis-je vraiment ? Est-ce le corps et l'esprit qui s'agitent ou est-ce l'Atman, le moi qui calme la confusion du monde visible ? Comme le soulignent la physique quantique et la philosophie hindoue, la véritable réponse se trouve peut-être dans l'acte même d'observer. Nous ne sommes pas seulement des spectateurs : nous sommes aussi des participants. Dans ce miroir entre Orient et Occident, l'observateur et l'observé se reflètent l'un l'autre, révélant un lien caché entre la science et l'esprit.

La danse de l'ego multidimensionnel. Shiva, Atman et superposition quantique.

Au cœur de la philosophie hindoue, l'Atman, ou moi immortel, se manifeste comme l'essence éternelle de chaque individu. L'Atman est à la fois un fragment de l'infini Brahman, la réalité ultime et indivisible. D'un autre point de vue, les physiciens quantiques ont découvert un phénomène intriguant appelé "*superposition*". Selon la mécanique quantique, une particule peut se trouver dans plusieurs états simultanément, jusqu'à ce que l'observation "décide" d'un état parmi les possibles. De manière surprenante, cette condition semble faire écho au concept de l'Atman en tant que présence multidimensionnelle en perpétuelle transformation.

Shiva, l'une des figures les plus emblématiques du panthéon hindou, incarne parfaitement cette danse du changement. Connu comme le destructeur et le transformateur, Shiva représente le mouvement continu entre les possibilités de l'être. Dans la mythologie indienne, sa célèbre "danse cosmique" (le *Tandava*) symbolise la création, la destruction et la régénération de l'univers. Cette danse, qui trouve son origine dans le mythe et résonne dans les temples dédiés à Shiva, comme celui de Chidambaram au Tamil Nadu, devient une puissante métaphore de la manière dont l'Atman lui-même se déplace entre ses différents états.

Pendant son séjour, Werner Heisenberg s'est entretenu avec Rabindranath Tagore, poète et philosophe bengali. Les deux hommes discutent de l'interconnexion entre la physique moderne et les philosophies orientales. Heisenberg, impressionné par la vision holistique de la réalité de l'hindouisme, a trouvé des résonances entre la nature probabiliste des phénomènes quantiques et l'idée d'un moi fluide et interconnecté. La superposition d'états, par exemple, rappelle l'idée que l'Atman n'est ni rigide ni monolithique, mais qu'il peut vibrer entre différentes perspectives et formes, en dialogue avec Brahman.

Lorsque l'on pense à la danse de Shiva, on peut imaginer l'Atman plongé dans une "danse quantique" entre des possibilités infinies. Comme une particule, le moi peut osciller entre différents états, en attendant de manifester une forme définie. Ce concept est renforcé par la Bhagavad Gita, dans laquelle Krishna déclare :

> *"Il n'y a ni naissance ni mort pour celui qui est immortel. Il n'a ni commencement ni fin. Bien que le corps périsse, l'Atman ne meurt jamais."*

L'Atman n'est donc pas seulement dans une position d'unité, mais aussi dans un jeu éternel de multiplicités, tout comme les particules décrites par la physique quantique.

Ce qui rend ce parallèle fascinant, c'est la convergence moderne de deux mondes apparemment opposés : la spiritualité ancienne et la science contemporaine. Shiva danse dans la mythologie, mais aussi dans le microcosme de la réalité quantique. Les deux indiquent un univers en mouvement constant, où l'identité - de l'Atman et des particules - se forme et se dissout dans un réseau infini de possibilités.

Atman, Déjà Vu et intersections quantiques.

Le déjà-vu est une expérience quasi mystique. Des millions de personnes dans le monde décrivent l'étrange sentiment d'avoir "déjà vécu" un moment présent. Mais d'où vient ce phénomène inexplicable ? Dans les profondeurs de la philosophie indienne, le concept d'Atman, l'âme immortelle, peut offrir une explication surprenante. Et, chose incroyable, même la physique quantique peut aider à déchiffrer ce mystère.

Dans l'hindouisme, l'Atman est l'essence éternelle de l'individu, un fragment du Brahman divin. Cette âme immortelle existe au-delà des contraintes du temps et de l'espace. En physique moderne, on observe quelque chose de similaire dans le principe de superposition quantique. Dans cet état, une particule peut se trouver simultanément dans plusieurs positions, ou assumer plusieurs conditions, jusqu'à ce qu'elle soit observée. L'idée est élégante et désorientante : un microcosme "divisé" qui existe dans des réalités multiples.

Et si le déjà-vu était quelque chose de semblable ? Et si l'Atman flottait, comme une particule quantique, entre différentes dimensions de l'espace et du temps ? L'esprit humain pourrait en effet percevoir des instants superposés d'une réalité parallèle. Ces moments, autrefois séparés, deviennent pour la conscience une trace unique de souvenirs de rencontre.

La Bhagavad Gita, l'un des textes sacrés de l'hindouisme, stipule que

> *"Le corps change, mais l'Atman reste immuable. Il est sans naissance et sans mort".*

Cette description semble résonner avec l'idée de superposition : l'Atman traverse les différents états d'existence, se préservant au-delà du monde physique.

Un exemple moderne pourrait être celui de Hugh Everett III, le physicien américain qui a développé l'interprétation multi-mondes de la mécanique quantique dans les années 1950. Everett a suggéré que chaque décision ou événement génère un univers parallèle. Aujourd'hui, des spécialistes du sujet tels que Michio Kaku pensent que la conscience peut également "se souvenir" de ces univers alternatifs, créant ainsi des expériences de type "déjà-vu".

Le déjà-vu peut donc représenter un "*trou*" dans la perception. L'Atman fait alors l'expérience de toutes ses vies possibles, même si ce n'est que pour un fragment. Tel un grain de sable tombant dans les plis du temps, cet esprit immortel conserve en lui l'écho d'univers parallèles.

Les anciens mystiques indiens méditaient sur la nature profonde de l'âme, croyant que chaque être humain renfermait un fragment de l'éternel divin. De même, les physiciens méditent aujourd'hui sur les particules subatomiques, se demandant si l'univers lui-même n'obéit pas à une logique similaire. La mécanique quantique, loin de contredire le mysticisme, n'en serait-elle pas la preuve la plus concrète ?

L'expérience du déjà-vu nous rappelle le lien mystérieux entre ce que nous croyons comprendre et ce qui échappe à notre contrôle. Les intersections entre l'Atman et les théories quantiques ouvrent la porte à une nouvelle façon de voir la réalité. Une façon dont le divin et le subatomique coexistent, peut-être, dans l'éternel maintenant.

L'océan du soi : l'Atman en tant qu'onde dans la physique quantique.

Les anciens sages des Vedas ont décrit l'Atman comme une vague dans le vaste océan de l'existence. De même, la physique quantique nous offre un parallélisme fascinant : le comportement ondulatoire des particules subatomiques. Là où la métaphysique cherche le sens de la conscience, la science explore la matière ; les deux se rejoignent dans une image qui unit le microcosme à l'infini.

La physique quantique nous a révélé l'idée d'une réalité indéfinie, où une particule peut exister dans des états de superposition. Dans cette superposition d'états, où l'être s'étend au-delà d'une seule identité, nous pouvons entrevoir une affinité avec l'Atman. Atman, lui non plus, n'est pas confiné. Il est ondulant, fluide, relié à l'océan de l'existence totale.

Une image suggestive apparaît lorsqu'on étudie l'équation de Schrödinger, qui décrit l'"onde de probabilité" des particules. Nous ne pouvons jamais savoir avec certitude où se trouve un électron à un moment donné, mais nous pouvons imaginer cette particule comme une onde qui s'étend dans l'espace. De même, l'hindouisme nous invite à considérer l'Atman comme une étincelle d'absolu qui transcende l'individualité et s'étend au-delà des limites de notre perception quotidienne.

Un exemple éclairant nous vient des aphorismes des Upanishads, ces textes sacrés écrits il y a quelque 3000 ans. Dans l'Isha Upanishad, nous lisons :

> *"Celui qui voit tout en lui-même et lui-même en tout n'a pas peur.*

Ce passage résonne avec la vision quantique : l'interconnexion entre ce qui existe à l'intérieur et ce qui existe à l'extérieur. La physique moderne, avec les expériences d'intrication quantique, nous a montré que deux particules séparées par des distances sidérales peuvent s'influencer mutuellement. De même, l'Atman est à la fois unique et interconnecté avec chaque élément de l'univers.

La ville sacrée de Varanasi, qui est encore aujourd'hui le point de rencontre de la spiritualité et de la connaissance, peut être considérée comme le "laboratoire vivant" de cette philosophie. C'est le lieu où des générations d'érudits hindous ont réfléchi sur le moi universel, peut-être en contemplant le flux même du Gange qui, comme une vague, symbolise la transformation et la continuité.

Pensons un instant au dualisme onde-particule de la physique quantique et relions-le à cette vision. Nous pouvons imaginer l'Atman, le Soi, comme une onde : indéfinie, en expansion, insaisissable par la pensée rationnelle. Et nous pouvons imaginer le corps physique comme une particule : un point défini dans l'espace, visible, mais toujours une manifestation de l'océan quantique infini. Les deux réalités coexistent sans être contradictoires.

Aujourd'hui, alors que le monde scientifique tente d'observer les particules de manière de plus en plus approfondie, nous abordons des questions fondamentales sur l'identité et la présence. Quelle est la nature du moi ? Où commence et où finit notre conscience ? Ces questions, que Galilée et Einstein pouvaient difficilement imaginer comme des champs d'étude scientifique, trouvent un écho extraordinairement moderne dans l'étude simultanée de l'Atman et du monde subatomique.

La vague n'existerait pas sans la mer. L'atman n'existerait pas sans Brahman. La particule ne se manifesterait pas sans l'onde. Dans ce fascinant jeu de métaphores, la philosophie et la science se frôlent, nous rappelant ce que le poète allemand Novalis osait suggérer il y a plusieurs siècles :

> *"La philosophie est une nostalgie : le désir d'être partout chez soi.*

Et peut-être, dans le concept de l'Atman en tant que vague, et dans l'idée quantique d'une réalité en constante expansion, pouvons-nous trouver un port qui nous rapproche un peu plus de la maison.

Atman et intrication quantique.

Le fil invisible qui relie chaque élément de l'univers est l'une des découvertes les plus profondes de la philosophie indienne et de la physique quantique. Dans l'hindouisme, le concept d'Atman représente l'essence immortelle, l'âme individuelle qui est une manifestation directe du grand tout : Brahman. Ce moi éternel n'est pas isolé. Il est entrelacé avec tous les autres fragments de vie, dans un réseau qui transcende l'espace et le temps.

La physique quantique offre une vision étonnamment similaire. Le phénomène de l'intrication quantique montre que deux particules, une fois connectées, continuent à s'influencer mutuellement à n'importe quelle distance, comme si elles étaient les deux faces d'une même pièce. Albert Einstein l'a appelé, avec un certain scepticisme, "l'*action spectrale à distance*". Mais des expériences ultérieures, comme celles menées par le physicien Alain Aspect en 1982, ont confirmé la réalité de ce lien. Rien, pas même l'immensité de l'espace, ne peut la rompre.

Dans l'hindouisme, nous trouvons une pensée parallèle dans les Upanishads, d'anciens textes sacrés qui étudient l'essence de l'être. La Chandogya Upanishad, par exemple, affirme que

> *"Tout cela est Brahman. En vérité, l'Atman est Brahman".*

En d'autres termes, chaque fragment de soi (Atman) est relié au tout (Brahman), dans un entrelacement qui ne connaît pas de frontières temporelles ou spatiales.

Une analogie intéressante est racontée dans la légende de "*Neti-Neti*", une pratique spirituelle qui invite à définir ce qu'est l'Atman par la négation. "*Pas ceci, pas cela*". Il s'agit d'une invitation à se débarrasser de toutes les illusions de séparation et à parvenir à la base commune de tout ce qui existe. Cette vision correspond au concept quantique selon lequel les particules, apparemment séparées, sont en fait des états différents d'un système global unique.

Il y a ensuite l'aspect temporel qui rend le parallèle entre l'Atman et l'enchevêtrement particulièrement fascinant. En physique quantique, les connexions entre les particules semblent ignorer le temps, démontrant une synchronicité hors de l'expérience ordinaire. De même, dans la pensée indienne, l'Atman transcende le temps linéaire. Le moi immortel, présent dans chaque être, n'est pas sujet à la naissance ou à la mort. Il est éternel, comme le décrivent les traditions spirituelles depuis des millénaires.

Il suffit de visiter des endroits comme Varanasi, sur les rives du Gange, pour se rendre compte de cette perspective. Ici, le cycle des morts et des renaissances apparaît toujours comme un élément naturel et indivisible de la vie quotidienne. Ce même concept rappelle la danse des particules subatomiques, qui passent constamment d'un état à l'autre, se transformant sans jamais perdre leur essence profonde.

Après tout, l'Atman et l'enchevêtrement nous rappellent tous deux qu'au-delà des illusions de la distance, il existe un lien fondamental qui relie tout. À travers le temps et l'espace, le moi immortel n'est jamais vraiment seul.

L'ego et le néant :

L'hindouisme nous invite à réfléchir sur l'idée de l'Atman, le moi immortel, qui représente l'essence individuelle et éternelle, reflet du Brahman illimité. Ce concept trouve une résonance surprenante dans le langage de la physique quantique moderne, en particulier dans l'idée du vide quantique.

En physique, le vide quantique n'est pas une absence de tout. Il s'agit plutôt d'une mer pulsante d'énergie potentielle, d'un champ fondamental d'où peut émerger toute particule ou tout état de la matière. Un concept similaire se trouve au cœur de la philosophie hindoue : l'Atman n'est pas perçu comme une entité séparée, mais comme un "noyau" de potentialité, issu du mystérieux et infini Brahman.

Niels Bohr, l'un des fondateurs de la mécanique quantique, a dit un jour :

"Ceux qui ne sont pas émerveillés par leur première expérience de la physique quantique ne l'ont pas encore comprise.

On pourrait en dire autant de ceux qui abordent le concept d'Atman. Les deux domaines semblent s'inverser : si le vide quantique produit toutes les particules et tous les états possibles, le moi immortel émerge comme une pure possibilité, une idée qui transcende le temps et l'espace tels que nous les connaissons.

Une comparaison utile est l'état de "superposition" de la physique quantique, dans lequel une particule peut se trouver dans plusieurs états à la fois. Le soi, l'Atman, semble partager cette qualité : il est à la fois individuel et universel, personnel et cosmique. C'est comme si chaque Atman était une goutte d'eau qui contient et reflète à la fois l'océan Brahman tout entier.

D'un point de vue scientifique, le vide quantique représente une sorte de "néant" fertile, capable de produire des univers parallèles ou des réalités alternatives selon certaines interprétations. De même, dans la philosophie hindoue, l'Atman transcende le monde matériel, mais en constitue aussi le fondement essentiel. Cette vision renvoie au physicien David Bohm qui, dans ses études, parlait d'un "ordre implicite" caché sous la réalité visible, pas très éloigné du concept de Brahman.

Cette convergence de la science et de la spiritualité peut nous aider à repenser notre place dans l'univers. L'idée de l'Atman et le vide quantique nous montrent que le "rien" n'est pas à craindre : c'est une promesse, une possibilité infinie. Tous deux nous rappellent que de ce vide silencieux et mystérieux peuvent naître des mondes infinis et des versions infinies de nous-mêmes.

Maya et la superposition : la réalité que l'Atman observe.

L'hindouisme nous présente le concept d'Atman, le moi immortel, le noyau le plus profond de l'individu. Il s'agit d'un reflet divin, d'une manifestation de Brahman, le principe universel qui imprègne tout. Mais si l'Atman est éternel et immuable, pourquoi l'homme peine-t-il à voir sa véritable nature ? C'est là qu'intervient Maya, le voile d'illusions qui obscurcit la réalité, semblable à la déformation d'un miroir qui reflète d'innombrables images, sans jamais montrer l'authentique.

En physique quantique, le phénomène de superposition peut offrir une métaphore éclairante. La superposition permet aux particules d'exister dans plusieurs états simultanément, jusqu'à ce qu'une observation "effondre" cette multiplicité en une seule réalité mesurable. Et si ce que nous connaissons sous le nom de Maya était une sorte de superposition cosmique ? Comme l'a suggéré le physicien danois Niels Bohr, la réalité pourrait ne pas être une entité statique, mais un réseau de potentialités dépendant de l'observation. Les mots de Bohr :

> *"Il n'est pas possible de parler de la réalité séparément de l'observateur,*

semblent faire écho aux textes des Upanishads. Dans ces textes, il est dit que ceux qui sont plongés dans la maya voient le monde comme fragmenté, ignorant que tout est un.

Erwin Schrödinger, figure centrale de la physique quantique, a été profondément influencé par la philosophie indienne. Dans son essai "*Qu'est-ce que la vie ?*", Schrödinger écrit que l'idée d'un moi immortel trouve un écho non seulement dans le mysticisme, mais aussi dans la science. Il a vu dans l'univers une seule conscience collective, un thème commun aux Upanishads.

Cette vision n'est pas sans poser de problèmes. Qu'est-ce que le réel ? Ce que nous observons est-il réel ou existe-t-il au-delà des illusions ? Cette question est centrale, tant en physique quantique que dans la philosophie indienne. L'expérience du chat de Schrödinger ressemble à la tension perpétuelle entre Maya et Atman : une réalité suspendue entre des possibilités infinies que seul un acte de conscience peut révéler.

Dans les deux domaines, le rôle de l'observateur est crucial. L'Atman observe, mais doit reconnaître que ce qu'il voit à travers le filtre de Maya n'est pas la vérité ultime. Ce chemin d'éveil spirituel le rapproche de la réalité universelle, en abandonnant l'illusion de la séparation.

L'hindouisme, avec ses concepts d'Atman et de Maia, et la physique quantique, avec le mystère de la superposition, convergent sur un point : la réalité n'est jamais ce qu'elle semble être, mais ce que nous en observons. Et l'observateur, en fin de compte, n'est autre que le moi.

Atman et cohérence quantique

Dans les mystères de la physique quantique, un concept fascinant émerge : la cohérence quantique. Ce phénomène décrit la capacité d'un système quantique à maintenir une connexion profonde entre ses états, créant une sorte d'harmonie invisible au-delà du chaos apparent.

Selon l'Upanishad, l'Atman reste intact et immuable tout en naviguant dans les mondes de la matière et de l'illusion. La Brihadaranyaka Upanishad proclame avec insistance que

> *"Ce Soi est libre de la mort, libre de la peur ; il est immortel, insaisissable, insensible à la douleur et à la souffrance".*

La cohérence quantique, à sa manière, reflète ces qualités. Dans le monde quantique, même lorsque les particules semblent échapper à toute définition ferme, elles peuvent maintenir une cohésion subtile, comme un orchestre invisible travaillant en synergie.

La métaphore du moi comme résonance trouve également un écho dans les expériences qui étudient l'interaction de particules isolées. Erwin Schrödinger, un grand physicien, a assimilé le soi à la totalité du cosmos, suggérant que les divisions que nous percevons ne sont que des illusions. Lorsqu'une particule quantique est maintenue dans un état cohérent (par exemple dans un cristal supraconducteur à une température extrêmement basse), elle ne perd pas le contact avec tous les autres états possibles. Cette "mémoire" quantique peut être comparée à la capacité de l'Atman à rester connecté à sa vraie nature tout en vivant dans un corps humain.

À Bénarès (aujourd'hui Varanasi), ville sacrée située sur les rives du Gange, les philosophes indiens méditent depuis des millénaires sur l'idée que tout ce qui existe fait partie d'un réseau invisible de connexions spirituelles. La physique moderne, ironiquement, nous offre une analogie mathématique. En 1972, le physicien Alain Aspect a démontré que les particules quantiques, même séparées par de grandes distances, restent mystérieusement interconnectées par le phénomène de l'enchevêtrement. Cela soulève une question profonde : si le cosmos lui-même est cohérent sur le plan quantique, pouvons-nous voir l'Atman non pas comme une entité isolée, mais comme la vibration d'une réalité universelle qui transcende l'espace et le temps ?

L'Atman est un. Le système quantique, qui ne se divise jamais complètement, est son miroir mathématique. Ce que l'hindouisme a considéré comme éternel et immuable pendant des millénaires, la science commence à le percevoir comme un principe fondamental de connexion. Le principal défi reste de comprendre comment la science et la spiritualité peuvent partager la résonance d'une vérité unique.

Krishna, Arjuna et Atman : leçons quantiques dans la Bhagavad Gita.

La Bhagavad Gita, l'un des textes fondamentaux de l'hindouisme, est un dialogue épique entre Krishna, le guide divin, et Arjuna, un prince guerrier. Sur le champ de bataille de Kurukshetra, Arjuna est submergé par le doute et les conflits moraux. Krishna, son compagnon de char et son maître, l'instruit sur les aspects les plus profonds de l'existence. Au cœur du dialogue se trouve le concept d'Atman, le Soi immortel, que Krishna décrit comme éternel, indivisible et au-delà de la mort.

Dans un passage emblématique (Bhagavad Gita, II:12-25), Krishna déclare :

> *"Il n'y a jamais eu de moment où moi, toi ou ces rois n'existaient pas, et il n'y aura jamais de moment où nous cesserons d'exister.*

Cette phrase immortelle place l'Atman au-delà du temps et de l'espace, comme une particule quantique superposée.

En physique quantique, le principe de superposition signifie qu'une particule, telle qu'un électron, peut exister simultanément dans plusieurs états. Ce n'est que lorsqu'elle est observée que la particule "s'effondre" dans un état spécifique défini. Ce concept offre un parallèle suggestif avec l'Atman, que Krishna décrit comme étant à la fois unique et universel.

L'Atman peut s'incarner dans de nombreux rôles : guerrier, fils, roi ou professeur. Arjuna lui-même fait l'expérience de cette multiplicité. Il est un frère aimant, un commandant courageux et un disciple spirituel. Krishna explique que ces rôles sont comme des vêtements, portés temporairement par l'Atman. L'identité essentielle reste inchangée, comme dans un système quantique où les possibilités coexistent jusqu'à ce qu'elles interagissent.

Par exemple, la dualité d'Arjuna, guerrier et homme moral, reflète l'état de chevauchement. Il hésite à combattre sa propre famille, un dilemme qui représente la collision entre ses rôles. Krishna résout le conflit en demandant à Arjuna de transcender ces identités superficielles et de reconnaître son Atman éternel.

Krishna introduit un concept clé : l'univers est une "*Lila*", un jeu cosmique orchestré par Brahman, le principe universel dont émane Atman. Comme en mécanique quantique, où les particules dansent dans un réseau de probabilités, Krishna invite Arjuna à voir la guerre non pas comme un conflit matériel, mais comme un élément d'un ordre supérieur.

La Bhagavad Gita (XVIII:20) explique qu'un esprit éclairé voit "*un seul Soi en toutes choses*". Cela résonne avec le concept d'un champ quantique unifié, où toutes les particules sont interconnectées, au-delà de l'espace et du temps.

La science quantique du 20e siècle, développée avec les théories de physiciens comme Schrödinger et Heisenberg, semble intercepter ce message. Erwin Schrödinger lui-même a été profondément influencé par les Upanishads, qui développent les mêmes idées que la Gita.

Atman dans l'infini possible.

Selon les Védas, l'Atman est unique et immuable, mais il se manifeste en même temps par une multiplicité d'expériences individuelles. Cette apparente contradiction rappelle les phénomènes quantiques étudiés par des physiciens tels que Niels Bohr et Erwin Schrödinger.

Dans les Yoga Sutras de Patanjali, la voie vers la compréhension du soi immortel passe par la méditation. Grâce au samadhi, un état de pure concentration, le pratiquant peut transcender la fragmentation du moi égoïste et se reconnaître comme Atman, une étincelle du Brahman infini. Cette pratique est liée à une métaphore cosmique : tout comme l'observation modifie le comportement des particules quantiques, l'introspection profonde transforme notre expérience de la réalité.

Une anecdote intéressante relie ce point de vue à un moment précis de la science moderne. En 1927, lors du congrès Solvay à Bruxelles, Albert Einstein a exprimé ses doutes quant à la nature "indéterminée" de la physique quantique, en prononçant la célèbre phrase :

"Dieu ne joue pas aux dés.

Niels Bohr a répondu par un conseil philosophique :

"Arrêtez de dire à Dieu ce qu'il doit faire."

La physique, à cette époque, semblait s'orienter vers un modèle d'univers dans lequel la réalité n'était pas figée mais fluide, potentielle et complexe. De même, l'Atman, selon l'hindouisme, ne peut être perçu qu'en dépassant les apparences changeantes et limitées du monde matériel.

Imaginons maintenant le microcosme de l'Atman et le macrocosme de l'univers quantique entrelacés dans un même tissu de possibilités infinies. Le physicien David Bohm, fortement influencé par la philosophie orientale, a décrit la réalité comme un "ordre implicite", une toile cachée dans laquelle chaque élément est interconnecté. Cette vision, bien que scientifique, semble rappeler l'idée du Brahman comme base invisible et indivisible de toute existence.

En fin de compte, le voyage à travers l'hindouisme et la physique quantique nous montre que les idées anciennes des sages orientaux continuent à dialoguer avec les théories scientifiques les plus avancées. Dans l'Atman se trouve non seulement le secret de l'immortalité personnelle, mais aussi la clé de la compréhension d'un univers dans lequel le possible et l'impossible s'entremêlent à l'infini.

Le retour au Soi quantique. L'atman à l'ère de la physique moderne.

La rencontre entre la physique quantique et la philosophie orientale ouvre de nouvelles portes à notre compréhension de nous-mêmes et de l'univers. Un concept ancien de l'hindouisme, l'Atman, trouve aujourd'hui des parallèles surprenants avec les principes de la mécanique quantique. L'Atman, considéré dans les écritures védiques comme le moi immortel et la manifestation individuelle de Brahman, invite à une réflexion sur le sens de l'identité et de la réalité.

La physique quantique nous parle de superposition, où une particule peut se trouver dans plusieurs états à la fois. Cette idée résonne profondément avec le concept d'Atman, qui transcende l'identité ordinaire et se manifeste sous de multiples facettes tout en restant unique. Tout comme une particule existe simultanément dans de multiples possibilités tant qu'elle est observée, l'Atman peut être compris comme une essence qui incarne des potentialités infinies.

Un exemple historique de cette affinité intellectuelle remonte aux années 1970, lorsque Fritjof Capra, le célèbre auteur de "*The Tao of Physics*", s'est interrogé sur les similitudes entre la mécanique quantique et les traditions mystiques orientales. Capra a observé que :

"Les particules subatomiques ne sont pas des choses, mais des tendances.

La pensée hindoue, qui met l'accent sur l'impermanence des choses matérielles et sur la centralité d'un moi immuable, répond de manière résonnante à ces théories.

Le site emblématique de Varanasi, sur les rives du Gange, offre un lien culturel important. Pendant des millénaires, des sages se sont réunis le long du fleuve pour discuter de l'Atman et de son lien avec le cosmos. Aujourd'hui, ces dialogues semblent également embrasser le langage scientifique moderne. Par exemple, l'expérience de la double fente qui a montré le double comportement des particules rappelle l'enseignement védique selon lequel la réalité est influencée par la conscience.

Alors que la science progresse, l'Atman ne cesse pas d'être un point de référence. Les yogis suggéraient qu'en connaissant l'Atman, nous dépassions les limites du corps et de l'esprit. La physique quantique, à travers des concepts tels que l'intrication ou la non-localité, nous invite à revoir notre idée de séparation et à nous réconcilier avec une réalité interconnectée.

Dans ces découvertes, anciennes et modernes, nous reconnaissons un message universel : le retour au soi, à l'Atman, n'est pas seulement un voyage mystique, mais aussi un défi intellectuel à l'ère de la physique moderne.

Chapitre IX. Le karma : la loi de cause à effet.

Le karma, la loi de cause à effet

Dans la pensée hindoue, le karma représente une sorte de principe cosmique qui régit l'univers moral et matériel. Chaque action, intention ou pensée génère un effet. Cet effet, positif ou négatif, peut se manifester immédiatement ou traverser le temps, affectant l'avenir, même au-delà de la vie de l'individu. Il ne s'agit pas d'une punition divine, mais d'un réseau universel d'interconnexions, comme des fils invisibles qui relient tout à ce qui s'est passé et à ce qui se passera. C'est ainsi que le maître du 20e siècle Swami Sivananda décrit le karma :

"Les actions du passé façonnent le présent, tout comme celles d'aujourd'hui façonnent déjà l'avenir.

En d'autres termes, l'univers danse au rythme de nos actions, mais avec la précision d'une chorégraphie vieille comme le monde.

L'enchevêtrement quantique et le concept de karma : des enchevêtrements invisibles dans le cosmos.

L'univers évolue selon des lois mystérieuses, tant dans les profondeurs de l'esprit humain que dans les méandres du monde subatomique. Dans la pensée hindoue, le concept de karma définit l'univers comme une toile tissée d'actions et de conséquences. Chaque action produit un effet qui se manifeste dans le présent ou le futur, traçant une chaîne d'événements apparemment invisible mais bien réelle. En physique quantique, le phénomène de l'enchevêtrement permet une compréhension surprenante : deux particules, une fois interconnectées, le restent de telle sorte qu'un changement d'état de l'une affecte immédiatement l'autre, quelle que soit la distance qui les sépare.

L'intrication quantique nous rappelle que le cosmos est interconnecté. Les particules ne sont pas des îles, tout comme les êtres humains ne sont pas des îles pour le karma. L'hindouisme a toujours représenté le monde comme un réseau organique dans lequel tout est connecté. Cette vision se reflète dans la théorie quantique, qui nous parle d'un univers sans frontières claires. En 1935, Albert Einstein,

Boris Podolsky et Nathan Rosen ont introduit le paradoxe EPR pour discuter de l'intrication. Des événements ultérieurs, tels que ceux produits par le physicien John Bell dans les années 1960 et par Alain Aspect dans les années 1980, ont confirmé que ces connexions sont réelles et fondamentales pour la structure de l'univers.

Le concept de karma fonctionne à un niveau similaire. Chaque action, aussi éloignée soit-elle dans le temps ou l'espace mental, laisse une trace qui relie la cause à l'effet. Comme dans l'enchevêtrement, l'impact n'est pas immédiatement visible, mais il est profondément réel. Dans cette logique, il n'y a pas d'événements sans lien entre eux dans la philosophie hindoue. Chaque événement actuel est le fruit de ce qui a été.

Ce lien entre la philosophie et la science n'est pas une simple coïncidence. Le physicien autrichien Erwin Schrödinger, père de l'équation qui porte son nom, a trouvé son inspiration dans les écritures indiennes. Schrödinger a étudié les Upanishads, textes sacrés de l'hindouisme, et a été fasciné par la pensée non dualiste. Dans son étude de l'intrication et de la superposition quantique, Schrödinger a imaginé le célèbre "chat de Schrödinger" pour montrer l'imprévisibilité du monde quantique. Mais derrière cette idée se cachait aussi la croyance d'inspiration hindoue selon laquelle la séparation de l'objet et du sujet n'était qu'une illusion.

En 1944, dans son livre "*Qu'est-ce que la vie ?*", Schrödinger écrit :

> *"L'esprit et son contenu sont indestructibles. De même, la physique moderne montre que l'univers entier est énergétiquement interconnecté".*

Ces mots font écho aux anciennes idées hindoues selon lesquelles toute existence, visible ou invisible, fait partie d'une réalité indivisible, Brahman.

Le lien entre le karma et la physique quantique trouve un autre point de rencontre dans le principe d'incertitude d'Heisenberg. Ce principe stipule que la position et la vitesse d'une particule ne peuvent être connues avec exactitude. Cette indétermination place le monde subatomique dans un état constant de potentialité. De même, le concept de karma ne nous permet pas de prédire avec certitude le résultat de nos actions.

La complexité du karma :

Le karma n'est pas une simple relation linéaire de cause à effet. Les actions n'ont pas de résultats immédiats ou facilement prévisibles car le karma est influencé par un réseau complexe de facteurs, tels que les actions passées, les intentions, le contexte et la destinée individuelle. C'est pourquoi est difficile de prédire avec précision quelles seront les conséquences d'une action donnée.

L'intention et le contexte sont aussi importants que l'action elle-même : selon de nombreuses traditions qui envisagent le karma, ce n'est pas seulement l'action elle-même qui génère des conséquences, mais aussi l'intention qui la guide. Une même action peut produire des résultats différents en fonction des motivations intérieures ou des circonstances, ce qui rend les prédictions difficiles.

Le karma est soumis au temps et au développement personnel :
Les effets des actions peuvent se manifester immédiatement, après une longue période, ou même dans une vie future (si l'on considère la réincarnation). Ce laps de temps variable et l'influence potentielle du cheminement spirituel de chacun empêchent une prédiction claire et immédiate.

Interactions avec le karma des autres :
Les gens vivent dans un monde interconnecté et leurs actions sont constamment liées au karma des autres. Cela signifie que des facteurs externes, tels que les actions des autres, peuvent également influencer le résultat de nos besoins, ce qui accroît encore l'imprévisibilité.

La réalité n'est pas complètement déterministe :
Le karma fonctionne selon les lois universelles de la cause et de l'effet, mais il n'est pas complètement mécaniste ou déterministe. Dans de nombreuses philosophies orientales, l'univers est également régi par des forces mystérieuses et des dynamiques spirituelles qui ne sont pas faciles à connaître ou à calculer.

En résumé, le karma est un principe complexe et profond qui encourage la responsabilité et la conscience de ses actes, mais ce n'est pas un outil permettant de prédire l'avenir avec certitude. L'objectif n'est pas tant de contrôler le résultat de ses actions que d'agir avec conscience et droiture pour favoriser un équilibre positif dans sa vie et dans le monde qui l'entoure.

Nous ne sommes pas des spectateurs isolés mais des acteurs.

L'enchevêtrement et le karma nous invitent à réfléchir à un univers qui n'est pas divisé. Nous ne sommes pas des spectateurs isolés, mais les acteurs d'un grand drame cosmique. Chaque action humaine, chaque choix, résonne dans l'univers comme une corde vibrante. Les anciens sages hindous avaient compris cette vérité des siècles avant l'avènement de la physique quantique. Aujourd'hui, les découvertes scientifiques ne font que confirmer une vision fermement ancrée dans la pensée orientale : l'idée que le cosmos est une toile vivante, unifiée par des lois profondes et interconnectées.

Le flux incertain du karma.

Au cœur de la philosophie hindoue, le karma représente l'une des lois fondamentales de l'univers : chaque action provoque un effet, chaque choix imprime une trace destinée à façonner l'avenir. Ce principe de cause à effet est intrinsèquement moral et spirituel, reflétant le lien profond entre l'individu et l'ordre cosmique. Mais que se passe-t-il si nous considérons le karma sous l'angle de la physique quantique ? Le monde de l'infiniment petit nous offre des perspectives aussi fascinantes qu'inattendues, où des concepts tels que le principe d'incertitude d'Heisenberg semblent évoquer des parallèles avec la complexité et l'imprévisibilité de nos actions.

Le principe d'incertitude, formulé par Werner Heisenberg en 1927, est un pilier de la mécanique quantique. Il stipule que nous ne pouvons pas connaître avec précision à la fois la position et la vitesse d'une particule subatomique. Plus nous déterminons l'une avec précision, plus nous perdons la certitude de l'autre. Cette limitation ne résulte pas d'un manque de technologie ou de compétences humaines, mais est une propriété intrinsèque de la nature.

Dans ce contexte, le principe d'Heisenberg nous rappelle que l'avenir n'est jamais totalement déterminable. Imaginons une expérience avec un électron : au moment où nous l'observons, notre action (le simple fait de le mesurer) modifie son comportement. Ce phénomène, appelé "*interférence de l'observateur*", présente une analogie frappante avec le karma. Nos actions, tout comme les mesures des physiciens, n'influencent pas seulement le présent, mais créent des effets en cascade qui laissent présager un avenir indéfini et, en partie, imprévisible.

Un exemple célèbre en physique quantique est l'expérience de la double fente. Lorsqu'une particule, telle qu'un photon ou un électron, passe à travers deux fentes, elle présente un comportement qui défie le sens commun : jusqu'à ce que nous l'observions, elle existe dans un état de superposition, comme une vague de possibilités. Mais dès que nous décidons de l'observer, la particule "choisit" une position ou une trajectoire spécifique.

La superposition quantique nous rappelle le potentiel latent de chaque action humaine. Chaque jour, nous prenons une décision : aider un étranger ou l'ignorer. Ce choix peut sembler anodin, mais ses conséquences peuvent s'immiscer de manière inattendue dans le tissu de la réalité future, tout comme l'interférence d'ondes subatomiques produit des motifs imprévisibles sur un écran. Le karma fonctionne de la même manière : chaque action, aussi petite soit-elle, produit un effet qui se propage au-delà de notre contrôle.

L'anecdote d'un papillon battant des ailes au Brésil et provoquant un ouragan au Texas, connue sous le nom d'"*effet papillon*" dans la théorie du chaos, incarne cette même nature interconnectée. Le karma et la mécanique quantique, aussi éloignés soient-ils dans leur langage, décrivent des dynamiques que nous ne pouvons ignorer. Tous deux nous enseignent que nos choix - ainsi que chaque particule de l'univers - font partie d'un système plus vaste et plus complexe.

Une analogie intéressante peut être faite entre le comportement des atomes et le cycle karmique de la vie. Chaque atome, composant fondamental de la matière, est soumis aux lois de la physique quantique. Ses propriétés - position, énergie, comportement - sont probabilistes et ne sont pas totalement déterminables. Les principes mêmes qui sous-tendent la structure de la matière peuvent nous rappeler que les petits actes, tout comme les mouvements de ces atomes, s'inscrivent dans des réseaux de causes et de conséquences qui génèrent l'univers dynamique dans lequel nous vivons.

C'est là que la physique et la philosophie se rejoignent : dans un jeu de relations, de choix présents et de conséquences futures, mais sans la certitude de pouvoir calculer tous les résultats. Comme l'a observé Bouddha :

"Comme l'archer redresse sa flèche, le sage contrôle ses pensées.

Ce contrôle, cette prise de conscience, constitue le pont entre la loi du karma et le champ quantique : être conscient du moment présent et des actions que nous y entreprenons, c'est comprendre que chaque choix est une graine plantée dans le sol incertain du lendemain.

Dans le karma de l'hindouisme et l'incertitude quantique d'Heisenberg, nous trouvons quelque chose qui transcende la simple connaissance scientifique ou la réflexion philosophique : une invitation à réfléchir au mystère de la réalité, au rôle de nos actions et à l'interdépendance de tout ce qui existe ( ). L'idée que l'avenir n'est jamais totalement prévisible, mais qu'il peut être influencé par les choix du présent, nous unit tous, en tant qu'êtres humains et en tant qu'explorateurs du cosmos.

La danse du dharma et des électrons. Karma et physique quantique.

Dans l'immensité de la tradition philosophique orientale, l'hindouisme nous offre une clé de compréhension du monde extraordinairement profonde : le concept de karma, la loi universelle de cause à effet. Chaque action laisse une empreinte, une vibration qui se propage dans le temps, influençant le présent et l'avenir. Mais qu'en est-il si l'on applique cette grille de lecture à la physique quantique, le domaine qui régit le monde subtil des particules ? Est-il possible d'établir un parallèle entre ces deux vastes dimensions, apparemment si éloignées l'une de l'autre ?

La réponse se trouve dans la métaphore de la danse cosmique, une vision qui combine la sagesse ancienne et la science moderne. Comme dans la Bhagavad Gita, où Krishna révèle à Arjuna les secrets du Dharma et du Karma, le monde des particules subatomiques reflète la même énergie dynamique et imprévisible, une danse infinie où alternent création et destruction.

Werner Heisenberg a formulé le fameux principe d'incertitude. Ce principe stipule qu'il n'est pas possible de mesurer simultanément la position et la vitesse d'une particule avec une précision absolue. En d'autres termes, l'incertitude domine dans le domaine subatomique : chaque choix d'observation influence le résultat.

Cette imprévisibilité, qui échappe aux lois rigides de la physique classique, rappelle le cœur même du karma. Tout comme nos actions produisent des effets que nous ne pouvons pas toujours prévoir, les particules se comportent elles aussi d'une manière qui semble défier notre capacité à les contrôler. Lorsqu'un électron se déplace, il ne le fait pas en suivant une trajectoire fixe comme une boule de billard, mais traverse une multitude de possibilités, créant une réalité instable et fluide.

expérience emblématique du 20e siècle, connue sous le nom d'*expérience des doubles fentes*, a précisément démontré cette nature "karmique" des particules. Dans cette expérience, un électron lancé vers deux fentes se comporte à la fois comme une particule et comme une onde, selon qu'il est observé ou non. C'est comme si l'électron "savait" qu'il était observé et réagissait en conséquence, en choisissant un trajet parmi plusieurs possibles. Ce comportement de "*réponse*" rappelle le nœud fondamental du karma : chaque action, ici l'observation, génère une réaction et influence le futur.

Pour bien comprendre la valeur de cette correspondance entre le karma et la physique quantique, nous pouvons nous tourner vers l'une des images les plus puissantes de l'hindouisme : la danse de Shiva, le Nataraja. Shiva, sous sa forme de danseur cosmique, est le gardien du cycle infini de la création, de la destruction et de la régénération. D'un pied, il représente la force créatrice, tandis que de l'autre, il piétine l'ignorance, détruisant l'ancien pour faire place au nouveau. Ses bras en mouvement symbolisent le rythme incessant de la vie, le battement du tambour représente le Big Bang cosmique, tandis que le feu dans sa main correspond à la destruction nécessaire au changement.

Nataraja est souvent interprété comme l'équilibre éternel des énergies matérielles et spirituelles. Mais dans son rythme, on peut aussi apercevoir celui des électrons : un mouvement continu d'incertitude, une pulsation entre création et destruction, entre ondes et particules. Les électrons, comme Shiva, ne s'arrêtent jamais. Leur activité incessante est un écho de la danse cosmique : une expression du Dharma de l'univers.

Dans la Bhagavad Gita, Krishna dit :

"Vous avez droit à l'action, mais pas aux fruits de l'action.

Cette phrase est au cœur du karma. Nous sommes appelés à accomplir des actions, mais nous ne pouvons pas en contrôler totalement les effets. Même l'électron se déplace selon des possibilités infinies, mais le chemin qu'il prend dépend de quelque chose qui transcende tout calcul.

Cette idée est fascinante car elle brouille les frontières entre la spiritualité et la science. Prenons l'exemple d'une pierre jetée dans un lac : les ondes générées se propagent, touchent la rive et affectent chaque molécule d'eau. Le karma fonctionne de la même manière. Chaque geste humain, aussi petit soit-il, crée une résonance. En physique quantique, chaque particule est sujette à un "écho" similaire, où même un petit changement dans un système peut modifier l'ensemble du scénario.

Le projet Manhattan est un exemple historique qui résume l'idée du karma et de la physique quantique. Lors de la création de la bombe atomique, le mouvement de quelques particules subatomiques a entraîné l'un des événements les plus dévastateurs de l'histoire de l'humanité : Hiroshima et Nagasaki (1945). Les actions politiques, scientifiques et militaires ont été mêlées à la physique quantique, démontrant comment les actions, à leur petite échelle, se répercutent avec d'énormes conséquences karmiques.

Le karma et la physique quantique, lorsqu'ils sont observés ensemble, révèlent une vérité profonde. L'univers est une danse. Une danse de connexions, de possibilités , de causes et d'effets qui s'entrecroisent de manière souvent invisible à l'œil humain. La Bhagavad Gita et les expériences d'Heisenberg nous apprennent que la réalité n'est ni statique ni simple. C'est un flux continu, une toile complexe, une danse sans fin où chaque action laisse sa marque et où chaque particule nous rappelle que rien n'est immobile.

L'écho du karma. Entre choix humains et réactions subatomiques.

Dans le monde de la physique et de la philosophie, deux territoires apparemment éloignés, il existe des points de convergence stimulants. D'une part, le concept de karma dans l'hindouisme décrit la loi universelle de cause à effet, où chaque action génère des conséquences, souvent imprévisibles, qui se répercutent dans le temps. De l'autre, la physique quantique, avec le principe d'incertitude d'Heisenberg, nous montre un univers où tout ne peut être connu ou déterminé avec une précision absolue. Entre ces deux approches se trouve le brillant mais troublé J. Robert Oppenheimer, le "père de la bombe atomique", qui représente pour beaucoup le point de rencontre entre la sagesse védique et le monde énigmatique de la physique moderne.

Oppenheimer, qui a grandi dans le New York du début du XXe siècle, n'était pas seulement un scientifique extraordinaire. C'était aussi un homme qui cherchait des réponses profondes à la nature de l'existence. Au cours de ses premières études à Harvard, il a découvert l'ancienne sagesse des Védas et s'est plongé dans la philosophie du Vedanta.

La Bhagavad Gita, l'un des textes sacrés de l'hindouisme, explore de nombreux concepts, dont celui du karma. Pour Oppenheimer, le karma et la physique semblaient parler le même langage : des actions qui créent des effets, des énergies qui se transforment d'un moment à l'autre et des conséquences inattendues qui se réveillent même après de longues périodes d'inactivité.

Le karma, à la base, est le cycle des actions humaines et de leurs conséquences. Il ne se limite pas au présent : les actions entreprises aujourd'hui peuvent avoir des effets sur plusieurs générations, influençant les événements futurs de manière profonde et imprévisible. Les textes védiques enseignent que rien n'échappe à ce réseau de connexions, ce qui attire l'attention sur chaque choix fait tout au long de la vie.

La physique quantique, bien que dans un contexte totalement différent, offre un argument similaire. Werner Heisenberg a formulé son principe d'incertitude en 1927, démontrant que le comportement des particules subatomiques ne peut être prédit avec une précision absolue. On ne peut pas déterminer simultanément la position et la vitesse d'une particule. Chaque observation modifie inévitablement le système observé. Ce principe génère un monde où la causalité, telle que nous la connaissons dans la physique classique, se dissout au profit de la probabilité et de l'incertitude.

Les parallèles sont évidents : le karma et le principe d'incertitude nous rappellent que les conséquences des actions - qu'elles soient humaines ou subatomiques - évoluent sur des plans complexes qui ne sont pas toujours accessibles. Rien ne peut être réduit à une simple équation de cause à effet.

La vie d'Oppenheimer est un exemple vivant de ces liens. Sa décision de diriger le projet Manhattan a changé le cours de l'histoire. Mais ce choix l'a également exposé au fardeau moral des conséquences. Tel un Karma imparable, les effets fatals de la bombe atomique se sont répercutés tout au long de sa vie, l'amenant à de profondes réflexions sur le rôle de la science et l'éthique des choix humains.

Nombreux sont ceux qui se souviennent de la réflexion d'Oppenheimer, dans sa biographie, sur l'interconnexion entre les actions individuelles et le destin collectif de l'humanité. Peut-être, influencé par la pensée védique, se sentait-il au cœur d'un réseau karmique complexe, un écho de causes et de conséquences qui transcendait sa propre existence. Comme il l'a dit un jour :

"Dans le monde, vous constaterez que chacun est responsable de tout ce qu'il fait. Et de tout ce qu'il évite de faire."

Le désert de Los Alamos, où la bombe a été construite, est aujourd'hui un lieu symbolique. C'est là, entre cactus et canyons, que s'est déroulé un drame humain et scientifique où l'incertitude régnait en maître. Si les modèles mathématiques prédisaient l'effet de la bombe, ses conséquences sociales, politiques et éthiques restaient imprévisibles. Cela rappelle le karma : nous ne pouvons pas toujours contrôler quand, où et comment nos actions se répercuteront dans le monde.

L'indétermination de Heisenberg nous dit qu'au niveau subatomique, chaque particule se comporte comme un potentiel. Nous ne connaissons pas son avenir précis, mais nous savons que ses interactions définiront des réalités qui échappent à notre contrôle. De même, le karma fonctionne comme une graine cosmique. Chaque action plantée aujourd'hui germera demain, mais de quelle manière et avec quelle intensité, cela reste un mystère.

En réfléchissant à ces liens, Oppenheimer vivait constamment entre deux mondes : le déterminisme scientifique et la profondeur spirituelle. Lors d'une interview, l'un de ses collègues a rappelé que dans les moments de silence, Oppenheimer lisait souvent des versets de la Gita, comme s'il cherchait des réponses à l'incertitude. Les particules suivaient leurs propres lois, mais la légende védique du karma étendait sa vision au-delà des frontières de la physique.

À une époque dominée par la technologie, la réflexion sur le concept de karma et l'indétermination quantique nous offre une leçon importante. Chaque action, aussi petite soit-elle, transforme le monde. De même, chaque choix personnel, comme celui d'Oppenheimer, s'inscrit dans un réseau de connexions qui échappe à notre compréhension totale.

L'union de la science et de la spiritualité. Karma et probabilité dans les lois de la nature.

Le karma représente une loi universelle : chaque action engendre une réaction, qui peut se produire immédiatement ou dans le futur. C'est une philosophie qui relie notre comportement à l'ordre cosmique par un fil invisible, une manière d'expliquer que les événements, petits et grands, ne sont jamais aléatoires. Dans tout cela, la physique quantique fournit des parallèles surprenants, notamment à travers le principe d'incertitude d'Heisenberg. Ce principe décrit une autre forme de causalité : nous ne pouvons pas prédire le comportement des particules subatomiques avec une certitude absolue, mais seulement calculer leur probabilité.

Le lien entre le karma et la science n'est pas évident, mais il devient fascinant lorsque nous analysons comment les deux théories acceptent l'incertitude comme une partie fondamentale de la réalité. Le karma et l'indétermination, bien qu'appartenant à des mondes différents, nous incitent à réfléchir au sens de la causalité et aux conséquences de nos choix.

Le concept de karma est ancré dans les textes sacrés de l'hindouisme, tels que les Vedas et les Upanishads, qui décrivent l'univers comme un réseau de causes et d'effets. Ce système moral souligne que chaque pensée, parole ou action a le pouvoir de façonner notre destin. Dans l'hindouisme, le hasard n'existe pas : même les événements apparemment insignifiants trouvent leur origine dans une action passée.

Un exemple bien connu est la parabole d'un roi appelé Bharata, mentionnée dans le Mahabharata. Bharata, après une vie vertueuse, se réincarne en cerf à cause de son attachement au désir. Cet épisode souligne que nos actions, bien que microscopiques, ont des conséquences à long terme. Le karma nous enseigne que chaque fragment de l'existence est interconnecté, tout comme les particules quantiques.

La similitude entre le karma et le principe d'incertitude réside dans la façon dont ils embrassent tous deux l'imprévisibilité. En physique quantique, les actions des particules ne déterminent pas un seul effet certain, mais un éventail de possibilités futures. De même, dans le karma, le résultat de nos actions n'est pas précisément prévisible, même si nous savons qu'il produira un effet.

Le physicien et philosophe Fritjof Capra souligne que les traditions orientales anticipent souvent les découvertes scientifiques. Il écrit que le concept de karma reflète le réseau dynamique de relations décrit par la théorie quantique. Selon lui, le sage hindou et le physicien moderne partagent une vision interconnectée de la réalité. Rien ne se produit isolément ; chaque action produit une réaction, même si nous ne pouvons pas en connaître le chemin exact.

Un proverbe indien populaire dit que :

Chaque fleur qui s'épanouit est le résultat des pluies d'un millier d'années".

Cette phrase souligne l'importance de chaque action, aussi petite soit-elle, dans le grand schéma de la réalité. Le même concept peut être appliqué au comportement des particules subatomiques. Dans un célèbre discours prononcé dans les années 1960, le physicien John Bell a proposé une expérience visant à démontrer que deux particules, même très éloignées l'une de l'autre, peuvent s'influencer mutuellement de manière imprévisible par le biais de l'intrication quantique. De ce phénomène émerge une idée chère à la fois à l'hindouisme et à la physique quantique : tout est interconnecté. Aucun événement ne se produit indépendamment, ni dans le cosmos spirituel du karma, ni dans le microcosme quantique.

Sri Krishna et Heisenberg : comment l'hindouisme explique l'incertitude quantique.

Le concept de karma offre un message éthique universel : chaque action a des conséquences. De même, le principe d'incertitude de Werner Heisenberg, pierre angulaire de la physique quantique, souligne que chaque observation influence inévitablement le résultat d'un système. Bien que séparés par des millénaires et des contextes culturels différents, ces deux concepts présentent des parallèles fascinants, révélant une convergence surprenante entre la philosophie orientale et la science moderne.

Dans la Bhagavad Gita, Krishna, l'incarnation divine selon l'hindouisme, explique la loi du karma à Arjuna. L'un des passages les plus significatifs est le suivant :

"Chaque action porte en elle le germe de ses conséquences"

Krishna insiste sur le fait que l'on ne peut échapper aux effets de ses actions. Chaque choix humain laisse une empreinte, façonnant l'avenir individuel et collectif. Les actions matérielles, mais aussi les pensées et les intentions influencent le destin.

Krishna souligne l'importance du dharma (devoir moral). Arjuna, le guerrier étoile, doit agir sans s'attacher aux fruits de ses actions. Krishna enseigne que l'agitation du désir ou la peur de l'échec génèrent le chaos, alors que l'action accomplie avec détachement permet l'harmonie, même si les conséquences immédiates ne sont pas toujours prévisibles.

La complexité du karma ressemble à une grande toile de cause à effet, une toile dans laquelle toutes les actions, visibles et invisibles, sont inévitablement liées. Ce sentiment d'interconnexion peut être étonnamment proche du principe d'incertitude d'Heisenberg.

Werner Heisenberg, le père de la mécanique quantique, a formulé le principe d'incertitude en 1927. Ce principe stipule qu'au niveau subatomique, il n'est pas possible de connaître simultanément et avec une exactitude absolue la position et la vitesse d'une particule. Le simple fait de l'observer modifie son état.

Imaginez par exemple un électron en mouvement. La mesure de sa position implique inévitablement une modification de sa vitesse. Cette incertitude inhérente n'est pas une erreur technique. C'est une propriété fondamentale de la nature. Elle implique que l'avenir d'une particule - et peut-être de l'univers tout entier - ne peut jamais être défini de manière absolue.

Les scientifiques ont découvert que toute observation laisse une trace. Au niveau quantique, le simple fait de "regarder" un système a un impact. C'est comme si chaque choix effectué n'était jamais anodin mais entraînait une transformation du monde.

À première vue, le karma et le principe d'incertitude semblent appartenir à des domaines éloignés : l'un moral et spirituel, l'autre physique et scientifique. Mais tous deux s'articulent autour d'une prise de conscience essentielle : toute action a des conséquences, visibles ou invisibles, immédiates ou différées.

Krishna affirme que le monde est un réseau de causes et d'effets, où rien n'est le fruit du hasard. Chaque pensée humaine génère une réaction. De même, Heisenberg a démontré que même une action microscopique, telle que l'observation d'un électron, entraîne des conséquences que nul ne peut ignorer. Dans le monde physique comme dans le monde spirituel, l'incertitude quant à l'avenir ne dépend pas de l'imprévisibilité, mais de la complexité des relations qui lient chaque élément du système.

Si la vision de Krishna invite à la responsabilité morale, l'indétermination d'Heisenberg nous pousse à la responsabilité intellectuelle. Tous deux nous rappellent que le libre arbitre n'est pas un jeu sans règles. Chaque choix a un impact sur les autres.

La culture contemporaine est confrontée à la tâche de réconcilier ces deux mondes apparemment éloignés. D'une part, l'enseignement spirituel du karma nous invite à réfléchir avant d'agir. D'autre part, la science nous enseigne que même les plus petits gestes, comme l'observation d'une particule, peuvent modifier l'univers d'une manière qui nous dépasse.

Sri Krishna et Werner Heisenberg, personnages éloignés dans l'espace et le temps, partagent un message qui résonne encore aujourd'hui : les actions façonnent l'avenir. Krishna l'enseigne à Arjuna sur les rives de la Yamuna, l'invitant à une éthique profonde. Heisenberg le démontre dans l'obscurité d'un laboratoire, révélant les mystères de l'atome. Tous deux, à leur manière, nous renvoient à une vérité : rien ne se passe sans laisser de trace, visible ou invisible, dans la trame infinie du cosmos.

Prévisibilité et choix dans le domaine de l'incertitude.

Dans la pensée hindoue, le karma n'est pas seulement une règle morale, mais une loi universelle. Chaque action - physique, verbale ou mentale - produit une conséquence, comme la pierre qui provoque des cercles dans l'eau. L'hindouisme soutient que chaque acte humain génère des "*vasana*" (désirs cachés) dans la conscience. Cela influence l'avenir, à la fois dans cette vie et dans la suivante. Il n'y a pas de jugement divin dans le karma, mais un système d'équilibre : on reçoit ce que l'on sème.

La philosophie karmique nous invite à prendre conscience que nous ne pouvons jamais tout contrôler. En revanche, nous pouvons agir avec droiture pour générer des effets positifs sur des chemins qui nous échappent.

En passant de l'univers spirituel au monde physique, la physique quantique nous offre une perspective étonnamment similaire. Le principe d'incertitude stipule que nous ne pouvons pas mesurer avec précision la position et la vitesse d'une particule subatomique simultanément. Le simple fait d'observer la particule à l'aide d'un instrument modifie sa trajectoire.

Ce phénomène implique une réalité fondamentale : au niveau microscopique, l'avenir est intrinsèquement imprévisible. Pourtant, chaque observation faite par un scientifique détermine, directement ou indirectement, un certain résultat. L'univers quantique n'est pas fixe ou déterminé, mais un "champ de possibilités", tout comme la vie humaine dans le concept de karma.

De nombreux spécialistes ont relevé les similitudes entre le karma et l'indétermination. Tous deux nous enseignent une leçon précieuse : chaque action - ou observation - active des forces qui façonnent l'avenir. Dans la vision karmique, l'attention et la conscience dans les choix quotidiens sont décisives pour le destin de chacun.

Parallèlement, en physique quantique, l'observation "effondre" les possibilités infinies d'une particule en un seul état concret.

Imaginons un instant un pendule dans le monde réel. Dans une situation ordinaire, nous pouvons prédire son mouvement avec certitude, connaissant la force et la friction. Dans le monde subatomique, cependant, cette certitude disparaît : l'observation du pendule introduirait une nouvelle variable dans le système. Le karma fonctionne de la même manière, mais à un niveau existentiel. Une action génère une impulsion dans le "champ" de la réalité, avec des effets souvent imprévus.

Un parallèle intéressant entre le karma et le principe d'incertitude apparaît également dans notre utilisation de la technologie. Les plateformes numériques, construites sur la base d'algorithmes, démontrent que chaque action en ligne produit des résultats imprévisibles. Le fait de cliquer sur un contenu, par exemple, contribue à la manière dont les données sont traitées, influençant ce qui est suggéré à l'avenir. Ce phénomène rappelle l'effet papillon d'Edward Lorenz : un minuscule changement des conditions initiales - comme le battement d'ailes d'un papillon - peut déclencher une tempête à l'autre bout du monde.

Du point de vue de la quantique karmique, ces connexions nous apprennent à être plus conscients. Chaque clic, comme chaque choix dans la vie, a des répercussions profondes que nous ne pouvons pas voir immédiatement, mais qui façonneront le tissu futur de notre société.

Enfin, le karma et le principe d'incertitude convergent dans leur essence. Tous deux nous rappellent que nous vivons dans une réalité complexe, dans laquelle nos choix et nos observations ont un poids profond, au-delà de l'immédiat.

Le principe de causalité.

Dans le poème épique du Mahabharata, l'idée du karma traverse la vie des protagonistes comme un fil invisible. L'un des épisodes les plus célèbres concerne le roi Dhritarashtra et ses actions en tant que souverain. Dhritarashtra, aveugle de naissance, représente, au sens propre comme au sens figuré, l'incapacité à "voir" les conséquences de ses décisions. Il ne prend pas position pour arrêter ses fils, les Kauravas, lorsqu'ils commettent des injustices à l'encontre de leurs cousins, les Pandavas. Son inaction - qui est en soi une forme d'action, comme le suggère le concept de karma - conduit à la désastreuse guerre de Kurukshetra, une bataille épique qui non seulement dévaste son royaume, mais engendre des souffrances qui perdurent pendant des générations.

Arrêtons-nous un instant : comment une décision, ou une non-décision, peut-elle générer des effets d'une telle ampleur, à la fois dans le temps et dans l'espace ? La science moderne, à travers la mécanique quantique, offre une analogie fascinante.

Le physicien allemand Werner Heisenberg a formulé son principe d'incertitude en 1927. Ce principe stipule que nous ne pouvons pas connaître avec précision la position et la vitesse d'une particule subatomique en même temps. L'univers, au niveau microscopique, fonctionne donc sous le signe du probable et non du certain. Cette incertitude ne signifie pas le chaos absolu, mais suggère une complexité intrinsèque : chaque interaction au niveau quantique peut affecter d'autres particules, générant des résultats qui ne sont pas immédiatement prévisibles.

Considérons maintenant le karma. De même qu'une particule, dans son mouvement, génère des effets imprévisibles dans le champ quantique, de même une action humaine, selon l'hindouisme, peut déclencher des effets qui se déploient de manière inimaginable. Le principe d'incertitude d'Heisenberg devient alors une fenêtre scientifique sur le concept traditionnel de causalité subtile : rien n'est aléatoire, mais rien n'est entièrement déterminable.

Le Mahabharata décrit les effets des actions comme les fils d'un grand filet en mouvement. Chaque action vibre le long de ce filet, affectant des points apparemment éloignés. En physique quantique, un concept parallèle est l'intrication quantique. Deux particules peuvent être intriquées même à des années-lumière l'une de l'autre : un changement d'état d'une particule affecte instantanément l'autre. Ce phénomène défie l'intuition et nous rappelle à quel point la connexion cachée est profonde dans le monde que nous habitons.

Prenons par exemple le personnage de Karna, souvent considéré comme le symbole de l'homme aux prises avec son destin. Né de Kunti, la mère des Pandavas, mais abandonné à la naissance, Karna passe sa vie à essayer de justifier son existence. Il devient un grand guerrier, mais reste éternellement déchiré entre la loyauté et la justice. Le poids des décisions passées - les siennes et celles de sa mère - est palpable. Karna est à la fois victime et auteur du réseau karmique complexe qui anime le Mahabharata. Comme dans le cas d'un enchevêtrement, ses liens avec les autres personnages influencent l'ensemble du récit et culminent dans sa chute tragique.

Une autre analogie intéressante concerne le temps, à la fois dans le karma et dans la mécanique quantique. Dans le Mahabharata, les conséquences des actions se manifestent souvent longtemps après le moment où elles ont été accomplies. Par exemple, lorsque Krishna, le sage conseiller des Pandavas, avertit Arjuna de la nécessité de se battre pour la vérité, il souligne que chaque action, bonne ou mauvaise, reviendra comme une vague. Cela reflète l'idée que, dans le monde quantique, les événements n'obéissent pas rigoureusement à la linéarité du temps. Un phénomène au niveau subatomique peut affecter des événements présents, passés ou futurs, créant ainsi une forme complexe de causalité.

Pourquoi le concept de karma parvient-il à dialoguer de manière aussi fascinante avec la physique quantique ? Les deux font allusion à l'interconnexion universelle. Dans le monde physique comme dans le monde spirituel, chaque action fait partie d'une grande toile d'événements. Dans le poème védique, le cosmos est souvent comparé à la toile d'Indra, un réseau infini de nœuds où chaque joyau reflète tous les autres. Ce symbole ancien nous rappelle avec force que ce que nous faisons ne s'arrête pas à nous. Tout comme le mouvement d'une particule peut influencer le comportement d'autres particules, chaque décision que nous prenons résonne dans l'univers.

Le Mahabharata et la science moderne nous enseignent donc que l'indétermination n'est pas une excuse pour l'inertie. C'est une invitation à l'action consciente. Comme le racontent les dialogues entre Krishna et Arjuna, ce qui compte, ce n'est pas seulement l'action, mais la qualité de l'intention qui la guide. De même, la physique quantique nous enseigne que, même dans l'incertitude, chaque action contribue à façonner l'avenir d'une manière que nous ne pouvons pas toujours prédire.

En conclusion, le karma et le principe d'incertitude nous murmurent la même grande vérité : nous sommes responsables de ce que nous mettons dans la toile de l'univers. Nos actions sont des graines qui germent de manière mystérieuse mais interconnectée. Considérer ces liens culturels anciens à travers le prisme de la science ne diminue pas leur pouvoir, mais au contraire l'amplifie. La toile du cosmos nous englobe tous, nous rappelant qu'en fin de compte, nous sommes unis par le fil ténu mais indestructible de nos actions.

La liberté du karma dans un univers indéterminé.

Dans le contexte hindou, le karma repose sur une idée claire : les êtres humains jouissent d'une liberté inhérente. Il peut choisir sa manière d'agir. Cependant, ces actions ne sont pas sans conséquences. Par exemple, le philosophe et mystique indien Swami Vivekananda a décrit le karma comme "*les cordes qui nous lient*", tout en soulignant que nous tissons nous-mêmes ces cordes par nos choix. Cette liberté rappelle ce qui se passe dans le monde quantique, où une particule subatomique peut "choisir" un état parmi de multiples possibilités.

Contrairement à la physique classique, qui voit le monde comme une machine rigidement déterministe, la mécanique quantique révèle un univers où règne le potentiel, et non la certitude. Même les plus petites particules de l'univers semblent dotées d'une forme de liberté, car leur comportement ne peut être prédit avec une précision absolue. Cette incertitude fait le lien avec le concept de karma, qui consacre la responsabilité individuelle dans la détermination de son propre avenir. Les deux systèmes soulignent qu'il existe une dimension dans laquelle les résultats ne sont pas prédéterminés, mais émergent d'une combinaison de choix et de possibilités.

Les textes védiques proposent une histoire intéressante sur la causalité. Les sages de l'Inde ancienne racontent l'histoire d'un homme, Ajamil, qui, poussé par ses actions passées, mène une vie immorale. Sur son lit de mort, Ajamil invoque "Narayana", le nom du dieu Vishnu, et obtient la rédemption. Ce conte illustre comment une simple décision peut changer le cours du destin.

D'une certaine manière, elle est comparable à l'expérience du "chat de Schrödinger", introduite par le physicien Erwin Schrödinger en 1935. La célèbre expérience de pensée montre comment, au niveau quantique, un système peut exister simultanément dans plusieurs états possibles, jusqu'à ce que l'observation "décide" de l'un des deux états.

Dans le récit d'Ajamil, tout comme dans la physique quantique, un simple événement - un choix, une observation - est capable de modifier profondément le résultat. De plus, l'idée de l'"*observateur*" en mécanique quantique semble refléter une partie du rôle de l'individu dans la loi du karma : prendre conscience de ses actions et de leurs répercussions.

Si l'on y réfléchit bien, le karma introduit un modèle moral basé sur la liberté et la responsabilité. L'indétermination d'Heisenberg, quant à elle, décrit un univers physique qui n'est pas immuable, mais "ouvert" à des dynamiques imprévisibles. Tous deux mettent l'accent sur l'idée que tout n'est pas figé dans des schémas rigides et prédéterminés. L'univers, tant dans le domaine spirituel que physique, est plein de possibilités.

Le Mahabharata, la grande épopée indienne, contient un passage emblématique :

"Le destin n'est pas déjà écrit, il est la somme de nos actions.

Cette phrase illustre bien la dualité du karma. D'une part, l'individu jouit de la liberté de choisir ; d'autre part, ces choix construisent un tissu de relations qui influencent l'avenir. C'est le même équilibre que nous observons dans le monde quantique.

Niels Bohr, contemporain de Heisenberg et l'un des fondateurs de la mécanique quantique, s'est exprimé en ce sens :

"La prévisibilité n'est qu'une illusion de certitude.

Cette phrase semble correspondre directement aux philosophies orientales, qui enseignent depuis des millénaires que la liberté ne réside pas dans l'élimination des incertitudes de la vie, mais dans la reconnaissance et l'acceptation de ces incertitudes, en choisissant consciemment dans le présent.

La combinaison du karma et de l'indétermination quantique offre une perspective fascinante. D'une part, nous trouvons une philosophie ancienne qui explore la causalité morale ; d'autre part, une science moderne qui étudie la base probabiliste de la nature. Toutes deux rejettent cependant l'idée d'un univers complètement déterministe.

Les deux disciplines semblent se rencontrer à un point critique. L'être humain, comme les particules subatomiques, n'est pas condamné à suivre un chemin rigide. La possibilité de choisir, d'agir, reste une constante de la réalité, qu'elle soit physique ou éthique. Ce lien démontre que les découvertes scientifiques et les traditions spirituelles, plutôt que de se contredire, peuvent dialoguer pour nous offrir une compréhension plus profonde du mystère de l'univers.

En conclusion, le karma nous rappelle que chaque action compte. De même, le principe d'incertitude souligne que, même dans le monde physique, chaque choix et chaque interaction façonnent l'avenir. Ces deux concepts célèbrent la liberté et font de l'univers une merveilleuse demeure de possibilités.

Quand la physique et la philosophie se rencontrent.

Dans la tradition hindoue, le karma est la loi de cause à effet. Chaque action accomplie par une personne laisse une empreinte invisible, une énergie qui influencera le destin futur. Cette force n'est ni immédiate ni linéaire, mais se manifeste dans le temps. Un petit geste, une parole prononcée à un moment crucial, peuvent engendrer des conséquences imprévisibles qui se propagent dans la vie des individus et dans le cosmos.

Le Yoga Sutra de Patanjali le résume ainsi :

Chaque action génère une graine, et cette graine produira un fruit, amer ou doux, en temps voulu.

Le karma n'est donc pas une punition ou une récompense, mais une conséquence inévitable, ancrée dans le tissu même de la réalité.

Dans le monde quantique, une observation faite sur une particule modifie son état. Cela signifie que l'acte d'observation est en soi une action qui modifie le futur. C'est un paradoxe qui reflète une idée étonnamment proche de celle du karma : chaque interaction, même la plus petite, a le potentiel de façonner l'avenir d'une manière difficilement prévisible.

Imaginez une particule subatomique qui "choisit" un état parmi plusieurs possibilités. Son comportement est régi par un réseau de probabilités plutôt que de certitudes. De même, le karma peut être considéré comme un réseau de possibilités. Les actions humaines ne garantissent pas un résultat unique, mais créent des situations qui influencent le cours des événements.

Un exemple suggestif vient du monde de l'intrication quantique. Deux particules, même séparées par d'énormes distances, restent liées par un état commun. Un changement sur une particule se répercute immédiatement sur l'autre, quelle que soit la distance qui les sépare. Ce phénomène rappelle l'idée du karma collectif : les actions individuelles créent des ondes qui se propagent dans le tissu de l'univers, reliant les êtres humains dans une toile d'interdépendance invisible.

Une intéressante parabole hindoue raconte l'histoire d'un roi qui, au cours d'une chasse, tua accidentellement un cerf sacré dans une forêt dédiée à Shiva. Des années plus tard, sur son lit de mort, le roi se souvint de cet acte et réalisa que les difficultés qu'il avait rencontrées dans sa vie étaient imputables à cet acte ancien. Cette anecdote illustre le fait que le karma suit une logique complexe, souvent incompréhensible à première vue, mais clairement reconnaissable avec le recul.

De même, le physicien Niels Bohr, contemporain de Heisenberg, a observé qu'au niveau quantique :

"Le chemin que nous prenons aujourd'hui, nous ne pourrons l'interpréter que demain.

Bohr, idéalement, aurait pu reconnaître une similitude entre ces mondes apparemment éloignés.

En Inde, des lieux comme Varanasi, temple de la sagesse et de la méditation, témoignent de ce croisement de la science et de la spiritualité. Ici, les enseignements anciens sur l'Atman (le moi) et le karma coexistent avec des conférences sur la modernité. À l'*université hindoue de Bénarès*, par exemple, le dialogue entre la physique et la philosophie a été encouragé dès les années 1960.

Le pont entre le karma et la physique quantique nous rappelle qu'il existe des ordres encore inconnus des êtres humains. La science moderne, comme la philosophie antique, explore la réalité en essayant d'en saisir les fils invisibles. Les deux domaines suggèrent que derrière l'apparent hasard se cachent des règles profondes, ancrées à des échelles différentes, mais tout aussi fondamentales.

Le karma et l'indétermination nous invitent à réfléchir à un principe universel : chaque action a le potentiel de changer le monde, tant au niveau cosmique que personnel. Comme Heisenberg et les sages de l'hindouisme semblent le suggérer, nous ne pouvons pas tout contrôler, mais nous pouvons choisir avec soin l'intention de nos actions.

Le karma et le chat de Schrödinger. Les choix sont-ils réels ?

Imaginez que vous soyez confronté à un choix. Chaque action que vous entreprenez aujourd'hui aura des conséquences, visibles et invisibles, dans le futur. C'est le principe central du karma dans l'hindouisme : la loi de cause à effet, selon laquelle chaque geste, pensée ou décision laisse une empreinte sur le présent et l'avenir. Mais quel est le rapport avec la physique quantique ? Plus qu'on ne l'imagine.

La physique quantique nous dit que dans le microcosme des particules subatomiques, rien n'est certain tant qu'on ne l'observe pas. C'est le cœur du principe d'incertitude d'Heisenberg : nous ne pouvons pas connaître simultanément la position et la vitesse d'une particule avec une précision absolue. Cette incertitude ne concerne pas seulement le monde microscopique mais inspire aussi des réflexions philosophiques sur la nature des choix humains.

Selon l'hindouisme, le karma n'oblige pas, il façonne. Les choix que nous faisons aujourd'hui déterminent ce que nous trouverons demain, mais le moment de la décision, comme le destin de la particule quantique, reste plein de possibilités jusqu'à ce qu'il se matérialise. On pourrait dire que chaque action humaine ressemble à une particule en équilibre entre plusieurs états, prête à définir un avenir lorsque son "observateur" - l'individu - fera le choix.

Pour mieux comprendre cette analogie, examinons la célèbre expérience de pensée du chat de Schrödinger, conçue en 1935 par le physicien autrichien Erwin Schrödinger. Dans cette expérience, un chat est enfermé dans une boîte avec un mécanisme qui peut le tuer, déclenché par la désintégration radioactive d'une particule. Jusqu'à ce que quelqu'un ouvre la boîte, le chat est à la fois vivant et mort, dans un état de superposition quantique.

Cette expérience nous invite à réfléchir à l'existence simultanée de possibilités opposées jusqu'à ce qu'une action concrète les réduise à une seule réalité. Il se passe quelque chose de similaire dans le karma. Chaque action génère une ramification de possibilités. Chaque pensée, chaque mot, chaque comportement est comme la particule dans la boîte : il contient un potentiel qui, une fois libéré, se transforme en un résultat tangible.

Cette idée n'est pas nouvelle dans la philosophie orientale. L'ancien poème indien *Bhagavad Gita* met l'accent sur le concept de responsabilité dans les choix. Dans ce texte, Krishna, le guide divin, explique à Arjuna que chaque action doit être accomplie en conscience, car personne ne peut échapper aux effets de ses actions. L'interprétation moderne de cet enseignement pourrait être assimilée à la nécessité d'"observer" un choix afin de le rendre réel et d'en supporter les conséquences.

Si nous appliquons ce point de vue à l'expérience du chat de Schrödinger, nous nous rendons compte que ce n'est pas seulement l'observateur physique (le scientifique) qui décide du sort du chat, mais aussi le niveau de conscience et de responsabilité avec lequel on agit. De même, le karma souligne que c'est la qualité de l'intention dans les actions qui détermine laquelle des infinies possibilités se matérialisera.

La sagesse populaire indienne propose un conte qui illustre cette dynamique : un paysan, vivant dans un village, trouve un jour un sac d'or. Il peut soit le garder pour lui sans rien dire, soit le rendre. Il hésite, conscient que sa décision affectera son avenir. Comme le chat dans la boîte, le choix n'est fait que lorsqu'il agit. Il décide de rendre l'or et découvre plus tard que le propriétaire le récompense avec la moitié du contenu du sac. Cela lui permet de vivre sans remords. En aurait-il été de même s'il avait agi différemment ? Nous ne le saurons jamais.

Cet épisode reflète parfaitement l'intersection du karma et du paradoxe de la superposition quantique. On peut imaginer que, jusqu'au moment du choix, le futur reste suspendu dans de multiples états, prêt à s'effondrer en une seule réalité lorsque nous agissons.

Ce pont entre la physique quantique et la philosophie indienne ne se limite pas aux universitaires. En 1975, Fritjof Capra, l'un des principaux promoteurs du dialogue entre la science et la spiritualité, a établi un lien entre les principes de la physique moderne et les traditions mystiques orientales, notamment le karma et l'unité universelle. Avec une approche ouverte et interdisciplinaire, il a montré que, malgré des siècles de distance, la philosophie orientale et la science occidentale partagent des connaissances fondamentales sur l'interconnexion inextricable de tout ce qui existe.

Un autre exemple provient des réflexions de Carl Jung, qui s'est intéressé au concept de synchronicité et à la manière dont des événements apparemment aléatoires semblent se connecter par le biais d'une signification plutôt que d'une causalité. Bien qu'elle ne soit pas directement liée au karma, l'idée de Jung nous rappelle que la réalité et les choix ne se manifestent pas toujours par des causes tangibles ou mécaniques, mais qu'ils peuvent résonner dans un champ plus large.

Le dialogue entre la physique quantique et la vision du karma nous offre une vision fascinante de la réalité : les choix ne sont pas de simples décisions, mais des actes créatifs. En tant qu'observateurs, nous sommes responsables de l'effondrement des possibilités en une seule réalité. Que ce soit dans la boîte à chat de Schrödinger ou dans la vie de tous les jours, apprendre à choisir en toute conscience, c'est comprendre le pouvoir de façonner l'avenir. Dans ce dialogue entre l'Orient et l'Occident, une conscience commune émerge : chaque décision est importante, précisément parce qu'elle porte en elle l'infini et l'avenir.

Le karma et les réseaux quantiques du destin.

Au cœur de l'ancienne philosophie hindoue, le concept de karma apparaît comme un tisserand invisible qui entrelace les actions humaines avec le destin, influençant chaque instant du présent et de l'avenir. Dans un monde de plus en plus dominé par la science, cette loi ancestrale trouve des réponses inattendues dans la physique quantique.

Dans la pensée hindoue, le karma est comparable à un livre écrit en temps réel, où chaque action affecte un mot, un paragraphe, un chapitre. De même qu'un roman ne peut être compris en lisant une seule page, le karma ne peut être compris en regardant un seul événement. Il s'agit d'une œuvre collective, d'un entrelacement entre le passé, le présent et le futur.

À certains égards, ce livre symbolique ressemble au comportement d'une particule quantique. Prenons l'expérience de la double fente, l'une des plus célèbres de l'histoire de la physique. Lorsqu'une onde lumineuse ou une particule passe à travers deux fentes, elle se comporte simultanément comme une particule et comme une onde, combinant deux natures différentes de manière apparemment contradictoire. Mais ce qui est vraiment surprenant, c'est que le comportement semble changer lorsque l'expérience est observée. L'acte d'"observer" modifie les résultats, tout comme nos choix modifient les chapitres futurs du "Livre du Karma".

Selon le karma, même l'action la plus insignifiante a des conséquences. De même, en physique quantique, de petites causes, souvent invisibles à l'œil nu, produisent des effets immenses.

Nous rencontrons également l'idée de systèmes enchevêtrés, connue sous le nom d'"intrication quantique". Deux particules, une fois connectées, restent liées même à distance, ce qui évoque un écho philosophique du karma. Même lorsque nous sommes géographiquement éloignés, nos actions peuvent influencer d'autres vies, de manière mystérieuse mais indéniablement puissante.

Rappelons ici la symbolique du Gange, fleuve sacré de l'Inde par excellence, qui relie les pèlerins de Varanasi au reste du pays ( ). Le courant du fleuve, tel un enchevêtrement, est une métaphore du karma : il relie les âmes et les destins, à partir d'une source unique.

Krishna affirme que personne n'échappe au cycle du karma, pas même celui qui se berce d'illusions en restant inactif, car même le choix de ne pas agir est une action. Cela se reflète dans le paradoxe quantique : même l'apparent "*observateur neutre*" modifie le cours de l'histoire. Heisenberg lui-même en avait l'intuition, décrivant l'univers comme un processus éternel d'écriture et d'observation.

Les Upanishads étudient le karma en termes poétiques. L'âme (Atman) est considérée comme une "*lumière dans la grotte du cœur*", et nos pensées et nos actions sont les rayons qui dirigent le monde. Aujourd'hui, la physique décrit l'univers comme une danse de vibrations, de particules liées par l'incertitude. La physique et la philosophie nous conduisent toutes deux à la même conclusion : l'existence est un réseau complexe, un livre dans lequel chaque mot a un poids spécifique.

Le karma n'est pas une prison, mais une invitation à la prise de conscience. De même, l'indétermination d'Heisenberg n'est pas une barrière insurmontable, mais une fenêtre montrant la complexité de la réalité. En embrassant le mystère, nous pouvons trouver une orientation.

Comme les anciens rishis, les physiciens modernes se demandent qui est l'auteur du "*livre naturel*". Schrödinger, influencé par la philosophie védique, a écrit un jour que ;

L'observateur et l'observé ne font qu'un.

Même dans le laboratoire de la science ou dans le calme d'une grotte himalayenne, on en revient toujours à la même intuition : tout est lié et rien n'existe sans influence mutuelle.

En définitive, si le karma est le livre de la vie, l'indétermination d'Heisenberg en est la plume : nous ne savons pas quelle sera la prochaine phrase, mais nous sommes certains que ce que nous écrivons aujourd'hui influencera les pages à venir.

Du karma aux ondes probabilistes.

Enraciné dans la "loi de cause à effet", le karma nous rappelle que chaque action accomplie - physique, verbale ou mentale - plante une graine destinée à germer dans le présent ou le futur. Cette vision universelle relie chaque individu à la grande toile cosmique des relations humaines et naturelles. Mais que se passe-t-il lorsque l'on compare cette ancienne loi avec les idées de la physique quantique ? De manière surprenante, la physique moderne, à travers des principes tels que l'indétermination d'Heisenberg, semble danser sur les traces de vérités dont les sages indiens avaient eu l'intuition il y a des milliers d'années.

Le mot "karma" vient du sanskrit et signifie littéralement "action" ou "acte". Les Upanishads, textes anciens de l'hindouisme, décrivent le karma comme un système cosmique qui enregistre et rembourse chaque action, positive ou négative. Il ne s'agit pas d'une punition divine, mais d'un principe d'équilibre impartial. Chaque action - comme choisir d'aider ou d'ignorer quelqu'un - crée une trace énergétique destinée à se reproduire. Comme lorsqu'on plante une graine dans un champ, la qualité de la récolte dépendra de la graine et de la façon dont elle est entretenue.

Une célèbre parabole des écritures hindoues raconte l'histoire d'un jeune prince qui, dans un accès de rage, tire une flèche sur un oiseau. Des années plus tard, au cours d'un raid, il fut lui-même abattu de la même manière lors d'une bataille. Cette histoire illustre un principe de base : les actions reviennent, comme un boomerang, d'une manière qui dépasse parfois le cadre d'une seule vie. Cette dynamique karmique s'applique aussi bien au mouvement des étoiles qu'à la vie des gens ordinaires.

La correspondance avec la mécanique quantique se manifeste dans le principe d'incertitude d'Heisenberg, formulé en 1927. Werner Heisenberg a montré qu'il n'était pas possible de connaître simultanément la position et la vitesse d'une particule subatomique avec précision. Ce principe révèle la nature probabiliste complexe de la réalité. Lorsque nous observons une particule, nous modifions son comportement. L'effet de l'observation modifie donc son avenir.

Incroyablement, le concept de karma entre en résonance avec cette idée. Tout comme le karma garantit que chaque action génère une conséquence, le principe d'incertitude nous indique que l'univers, au niveau subatomique, n'est pas déterministe. Les particules ne suivent pas des trajectoires fixes, mais des probabilités qui se produisent en fonction d'interactions spécifiques. Lorsque nous observons ou interagissons avec la réalité, nous modifions ces probabilités. Il n'y a pas de certitude, seulement des possibilités. Une graine karmique fonctionne de la même manière : plantée aujourd'hui, elle germera de manière imprévisible, en se nourrissant de son environnement.

Imaginez un lac calme. Un caillou jeté à la surface génère des ondes concentriques qui se propagent. En physique, ce phénomène est souvent utilisé comme métaphore pour décrire la fonction d'onde :

chaque particule a une nature de probabilité qui s'étend dans l'espace et le temps, comme des cercles sur l'eau. De même, dans l'hindouisme, chaque action est un caillou jeté dans le lac de l'existence, dont les vibrations se propagent dans l'univers.

Une anecdote intéressante nous vient de la vie du Mahatma Gandhi. Dans sa jeunesse, Gandhi était étonnamment égoïste et peu sûr de lui. Avec le temps, cependant, il a commencé à intérioriser le principe du karma. Il a commencé à vivre en faisant des choix orientés vers le bien collectif, en plantant des graines de bonté et d'ahimsa (non-violence). Ces actions ont non seulement changé sa vie, mais elles ont également influencé l'histoire mondiale, en conduisant des millions de personnes dans la lutte pour l'indépendance par des moyens pacifiques.

Comme en physique quantique, l'énergie émise (les semences karmiques) ne disparaît pas, elle réapparaît sous d'autres formes. Pensez aussi à l'expérience de la double fente : les particules, en elles-mêmes, suivent un comportement dual (onde-particule), mais l'observation change leur résultat. C'est l'essence du karma : l'interaction de nos intentions et de nos actions crée différentes possibilités pour l'avenir. L'avenir est incertain, mais il dépend de chaque choix que nous faisons.

Pendant des siècles, la science et la spiritualité ont suivi des voies distinctes. Cependant, des idées telles que le karma et les probabilités quantiques montrent que les deux mondes se chevauchent de façon mystérieuse. Le mathématicien Erwin Schrödinger, l'un des pères de la mécanique quantique et profond connaisseur des philosophies indiennes, a écrit :

> *"Le monde est une construction de l'esprit et nous ne pouvons jamais être sûrs de ce qui est réel.*

Les réflexions de Schrödinger, inspirées des traditions orientales, reconnaissent l'interconnexion de toutes les choses.

Destin et causalité.

Dans les anciennes traditions philosophiques de l'Inde, le karma est un principe qui traverse les millénaires et suscite de profondes interrogations sur l'existence et la causalité. Selon l'hindouisme, chaque action laisse une empreinte, générant des effets qui se manifestent dans le présent ou le futur. Ce concept, apparemment spirituel et éloigné de la science moderne, trouve de curieuses résonances dans la physique quantique. Parmi celles-ci, l'analogie avec le principe d'incertitude d'Heisenberg conduit à un dialogue fascinant entre deux mondes apparemment antithétiques : l'Orient et l'Occident.

En substance, le karma considère que chaque pensée, parole ou action génère inévitablement un effet. Les actes accomplis dessinent un schéma invisible dans la vie des êtres humains, comme un tisserand tisse des fils qui ne seront visibles qu'avec le temps. Cette loi ne présuppose pas de jugement moral, mais décrit un mécanisme implacable : ce que nous faisons produit des conséquences, tant à l'échelle individuelle qu'universelle.

L'ancienne sagesse hindoue considère le karma comme ce qui façonne le destin de chaque individu. Mais destin ne signifie pas prédétermination rigide. L'être humain, en accomplissant des actions conscientes, est considéré comme le principal architecte de son propre avenir. Cette philosophie ouvre la porte à une réflexion étonnamment moderne : la responsabilité personnelle et l'interconnexion entre les choix d'aujourd'hui et les résultats de demain.

Tout cela trouve un écho clairement parallèle dans l'une des découvertes les plus célèbres de la physique quantique : le principe d'incertitude.

En d'autres termes, dans le monde quantique, l'observation elle-même modifie l'objet observé. Par exemple, le simple fait de mesurer la position d'un électron influencera inévitablement son mouvement. Par conséquent, la réalité subatomique se présente comme un domaine fluide et probabiliste, où les causes ne conduisent pas toujours à des effets certains et déterminés.

Ce point de vue remet en question la linéarité de la causalité classique, suggérant qu'il existe des aspects profondément interconnectés de la réalité, à l'instar de la manière dont le karma décrit l'influence de nos actions sur l'avenir.

La physique quantique, comme le karma, nous rappelle que chaque action, même la plus petite, contribue à créer notre avenir. En langage quantique, l'avenir d'un système subatomique est le résultat d'une probabilité répartie sur de multiples possibilités. De même, selon les textes hindous, le karma n'est pas un mécanisme immédiat et rigide, mais un processus qui se déroule dans le temps. Tout comme dans le domaine quantique, chaque particule affecte le système global, dans le domaine du karma, chaque action humaine affecte l'ordre universel.

Le comportement quantique offre un exemple concret de la façon dont l'incertitude et le karma sont imbriqués. Imaginez une particule subatomique passant à travers une double fente lors d'une expérience célèbre : le résultat final dépend de la manière dont la particule est observée et du fait qu'elle le soit ou non. La simple présence d'un observateur modifie le cours des événements. En termes symboliques, cela revient à dire que chaque action - même le simple fait de porter son attention sur quelque chose - modifie le destin de l'univers.

De même, le Bouddha, partageant le concept de karma sous une forme similaire à celle de l'hindouisme, a déclaré :

"L'homme est le résultat de ses pensées.

Même une action mentale peut donc modifier la réalité. Certains historiens modernes trouvent dans cette pensée une suggestion "pré-quantique" : l'idée que l'intention elle-même est une forme d'interaction invisible avec l'univers.

Les liens entre le karma et la physique quantique nous rappellent que nous vivons dans un univers qui fonctionne comme un immense orchestre invisible. Chaque note, même jouée doucement, contribue à la symphonie.

Le karma, avec sa vision morale et spirituelle de la causalité, n'est pas très éloigné des lois quantiques, qui nous enseignent comment les actions - observer, mesurer, interagir - modifient le cours des événements. Ces deux perspectives nous invitent à réfléchir à une vérité fondamentale : si le destin n'est pas totalement écrit, nous sommes à chaque instant les auteurs d'une partie de notre existence. Plus nous comprenons ce réseau d'interconnexions, plus nous prenons conscience du pouvoir de nos choix, qu'ils soient petits ou grands.

À la frontière entre science et spiritualité, le karma et la physique quantique nous suggèrent que rien n'est vraiment séparé. Actions, pensées et phénomènes physiques s'entremêlent, nous rappelant que le mystère de la vie est au moins aussi grand que l'univers que nous habitons.

Celui qui veille façonne l'avenir.

Dans chaque action, il y a une graine qui façonne le destin. Cette vision ancienne de l'hindouisme se reflète dans la doctrine du karma, la loi universelle de cause à effet. Selon cette philosophie millénaire, chaque action - mentale, verbale ou physique - génère une réaction, visible ou invisible, qui affecte le présent et façonne l'avenir.

Le karma n'est pas seulement un principe moral mais une loi naturelle qui régit le cosmos, un mécanisme inscrit où le passé rencontre le présent pour façonner le destin futur. L'extraordinaire modernité de ce concept apparaît encore plus clairement lorsqu'on le compare aux découvertes de la physique quantique.

La relation la plus fascinante entre le karma et la physique moderne se matérialise dans le principe d'incertitude d'Heisenberg, énoncé en 1927 par le physicien allemand Werner Heisenberg. Ce principe stipule que l'acte d'observer modifie inévitablement ce qui est observé. Dans le monde subatomique, les particules sont dans un état de possibilité, décrit par la fonction d'onde, jusqu'à ce qu'un observateur intervienne avec sa mesure. Dans ce cas, la fonction d'onde "s'effondre" et une position ou une énergie définie se manifeste. En d'autres termes, l'observation humaine donne forme à la réalité.

Ce lien s'apparente de manière frappante au karma. Dans les deux contextes, l'intervention humaine - qu'il s'agisse d'un acte physique ou d'un acte d'observation - devient un événement qui façonne et transforme le destin. La Bhagavad Gita, l'un des textes les plus sacrés de l'hindouisme, affirme que chaque action laisse des empreintes (samskaras) qui génèrent des événements futurs. Parallèlement, la physique quantique nous apprend que l'observateur participe activement à la création de la réalité elle-même.

Niels Bohr, l'un des pères fondateurs de la physique quantique, notait avec émerveillement à quel point l'observation était un acte créatif. Pour de nombreuses traditions indiennes, même au niveau macroscopique, chaque action - chaque regard, chaque pensée - est une semence qui entraîne des conséquences. Il ne s'agit pas de hasard, mais d'un ordre caché, d'un équilibre cosmique qui ne prend forme que par l'intervention consciente de l'individu.

Si l'on revient au laboratoire de Heisenberg ou de Bohr, on peut imaginer l'observateur confronté à la double nature d'un électron, qui est à la fois une onde et une particule. L'une des expériences les plus connues de la physique moderne, celle de la double fente, démontre cette dualité. Lorsque personne n'observe, l'électron se comporte comme une onde et traverse les deux fentes en créant des interférences. Mais lorsqu'un observateur intervient pour mesurer, l'électron se comporte comme une particule et ne passe que par une seule fente : l'acte d'observation a changé sa nature.

En termes karmiques, cette expérience suggère que la réalité n'existe pas comme quelque chose de prédéterminé, mais comme un champ potentiel de possibilités. L'être humain, par l'observation et l'action, est co-créateur du monde qui l'entoure.

Un ancien conte indien illustre la relation entre une action consciente et ses effets. Il raconte l'histoire d'un homme sage qui planta une graine de banian, un arbre capable de croître pendant des siècles et de déployer des racines profondes. Son action apparemment simple a produit une forêt entière capable de nourrir et de protéger des générations d'êtres vivants. C'est ainsi que l'on décrit le karma : chaque action crée un état de la réalité future, bon ou mauvais.

Nous pouvons comparer cette image avec l'expérience quantique. Le seme-banyan est le potentiel de la fonction d'onde. La forêt est le résultat de l'observation, de l'intervention humaine qui réduit les possibilités à une réalité concrète.

Ces liens entre le karma et le principe d'incertitude de Heisenberg ne sont pas des coïncidences isolées. Les deux disciplines, bien que nées à des millénaires d'intervalle, partagent une conscience profonde de l'importance de l'homme en tant qu'agent actif dans le cosmos. La physique moderne, qui cherchait à réduire le monde à une entité objective, a redécouvert la subjectivité de l'observateur, un concept déjà au cœur des doctrines indiennes.

Un pont culturel s'élève entre Copenhague - la ville où Niels Bohr a développé sa théorie quantique - et le Gange, où les sages hindous ont médité pendant des siècles sur l'interconnexion du cosmos. La compréhension scientifique moderne et la philosophie védique nous invitent à considérer la présence humaine comme un phénomène qui va au-delà d'une explication mécaniste. Nous ne sommes pas des spectateurs passifs. Nous sommes des co-créateurs, porteurs de choix dont les effets se répercutent dans un univers construit de possibilités.

Aujourd'hui, alors que nous sommes confrontés à des défis mondiaux - du changement climatique à l'intelligence artificielle - ce croisement de la physique et de la philosophie nous invite à réfléchir à l'importance de la prise de conscience. Nos actions quotidiennes et les observations que nous choisissons de faire contribuent à construire le monde futur. Le karma, comme l'indétermination d'Heisenberg, nous rappelle le pouvoir que nous avons entre les mains, le potentiel infini contenu dans chaque choix.

L'Inde ancienne, avec sa philosophie du karma, et la physique moderne, avec la révolution quantique, nous envoient un message clair : tout ce que nous faisons - ou choisissons de ne pas faire - laisse une empreinte sur la trame du temps.

Vibrations, décisions et vagues de possibilités.

Werner Heisenberg a proposé le principe d'incertitude, selon lequel il n'est pas possible de connaître simultanément avec une précision absolue la position et la vitesse d'une particule subatomique.

D'une certaine manière, le karma suit des règles similaires. Les actions humaines ne produisent pas seulement des effets directs, elles vibrent d'une manière qui ne peut pas toujours être prédite. Cette vibration karmique peut être comparée à la fonction d'onde quantique, qui représente toutes les possibilités d'une particule jusqu'à ce qu'elle soit "observée". Comme l'a dit l'écrivain américain Ralph Waldo Emerson :

> *L'homme sème un acte et récolte une habitude ; il sème une habitude et récolte un destin.*

Dans de nombreuses écoles de pensée hindoues, telles que le Samkhya et le Vedanta, on croit que chaque action porte une empreinte dans le cosmos, une vibration qui perdure dans le temps. Ce concept est repris dans les enseignements de Paramahansa Yogananda, auteur de l'"*Autobiographie d'un yogi*". Il écrit :

> *"Chaque action, bonne ou mauvaise, crée une énergie vibratoire qui revient à sa source. L'esprit humain est comme une pierre jetée dans un étang : il crée des ondes qui se répercutent inévitablement vers nous".*

De même, en physique quantique, une particule n'existe pas dans un état unique et fixe jusqu'à ce qu'elle soit observée. Au contraire, elle se trouve dans un état de superposition, une combinaison de toutes ses possibilités. Dès qu'un choix est fait - qu'il s'agisse d'actions humaines ou d'interactions subatomiques - la fonction d'onde s'effondre, entraînant un résultat spécifique.

Une anecdote indienne illustre l'idée de karma. Bharata, un ancien roi décrit dans les textes védiques, a un jour sauvé un petit faon mourant. Ce geste de compassion lia émotionnellement Bharata à la créature. Dans les derniers instants de sa vie, le roi pensa au fauve avec une telle intensité qu'au cours du cycle de réincarnation suivant, il se retrouva sous la forme d'un cerf. Ce conte souligne que dans le karma, comme dans le monde quantique, les répercussions ne suivent pas toujours une ligne droite ou prévisible.

La physique classique nous a habitués à raisonner en termes de causalité directe : une balle en frappe une autre et la seconde bouge. Mais au niveau subatomique - et, pour l'hindouisme, également karmique - les interactions sont complexes, interconnectées, voire surréalistes. L'effet des actions se propage comme une vague, influençant le cosmos et retournant à la source.

La science moderne commence à reconnaître le potentiel vibratoire de tout ce qui existe dans l'univers. Nikola Tesla a déclaré :

Si vous voulez comprendre les secrets de l'univers, pensez en termes d'énergie, de fréquence et de vibration".

La sagesse indienne ancienne considère également le monde comme un ensemble de vibrations. Om", le son sacré de l'univers, est perçu non seulement comme un symbole religieux, mais aussi comme une métaphore des vibrations fondamentales de la réalité.

Le karma peut être imaginé comme un système similaire aux ondes quantiques : chaque décision crée une interférence, une propagation dans l'océan cosmique des possibilités. Chaque choix laisse une trace, qui persiste et interagit avec les ondes générées par les autres êtres vivants.

La notion de Karma n'est pas une simple justification morale. C'est un outil pour comprendre la responsabilité de nos actes et de leurs vibrations. L'hindouisme enseigne que chaque âme, ou Atman, suit un chemin unique, guidé par les conséquences de ses actes, mais aussi par les possibilités offertes par le libre arbitre.

La physique moderne, avec son indétermination qui régit les observations subatomiques, nous rappelle que la réalité n'est pas rigide. Elle suggère plutôt un univers de possibilités fluides, qui se matérialisent par l'interaction et le choix. Chaque acte humain pourrait donc être comparé à cet événement unique qui interrompt l'indétermination quantique, transformant des vagues de possibilités en effets concrets.

Dans la "particule karmique", les mystères de la science et de la spiritualité s'entremêlent. Chaque action crée des vibrations et, en même temps, façonne des possibilités. Comme dans la mécanique quantique, la vie ne suit pas des schémas rigides, mais des vibrations et des décisions. Le karma n'est pas seulement un principe religieux : c'est une loi cosmique qui invite à réfléchir aux choix individuels et à leur impact, aujourd'hui et dans les temps à venir.

C'est ce que dit un ancien dicton des Upanishads :

"Vous êtes ce que votre désir le plus profond est. Tel est votre désir, telle est votre volonté. Telle est votre volonté, telles sont vos actions. Telle est votre action, telle est votre destinée".

Chapitre X. Moksha. La libération du Samsara.

Moksha : libération du cycle des naissances et des morts.

Dans le contexte de l'hindouisme, *Moksha* représente l'un des concepts les plus profonds et les plus significatifs de la tradition spirituelle indienne. Il est communément traduit par "libération" ou "émancipation" et fait référence au but ultime de la vie humaine : la libération du cycle du Samsara, c'est-à-dire la roue continue de la naissance, de la mort et de la renaissance (réincarnation).

Moksha est la libération de l'âme individuelle (*Atman*) des liens matériels et des limitations du monde physique. Cet état permet à l'Atman de s'unir à la réalité ultime, qui peut varier selon l'école philosophique religieuse suivie :

Dans certaines écoles hindoues, comme l'Advaita Vedānta, le Moksha est l'union totale avec Brahman (la réalité ultime et absolue), reconnaissant qu'Atman et Brahman sont intrinsèquement la même chose.

Dans les écoles dualistes, telles que le Viśiṣṭādvaita ou le Dvaita Vedānta, la Moksha implique de rester séparé du Brahman mais de vivre éternellement dans une condition de félicité divine, en présence de Dieu.

Dans tous les contextes, Moksha représente la cessation de la souffrance, l'atteinte de la paix éternelle et la réalisation de la véritable nature de l'être.

Comment atteindre Moksha.

Le chemin vers Moksha varie selon les traditions et les pratiques, mais il est généralement décrit à travers quatre voies principales (*marga*) :

Jnana Marga (*voie de la connaissance*). Par la connaissance de soi et des écritures, on arrive à la réalisation que l'Atman est Brahman.

Bhakti Marga (*voie de la dévotion*). La dévotion et l'amour complets envers une divinité personnelle, telle que Krishna, Shiva ou Vishnu, aident à se libérer des liens karmiques.

Karma Marga (*voie de l'action*). L'accomplissement d'actions désintéressées et vertueuses, sans attachement aux fruits de ses actes, aide à purifier le moi et à se rapprocher de Moksha.

Raja Marga (*voie de la méditation et de l'autodiscipline*). Grâce à des pratiques contemplatives et au yoga, on contrôle l'esprit et on se concentre sur la réalisation de soi.

Moksha et les quatre objectifs de la vie.

Dans la philosophie hindoue, la Moksha est généralement considérée comme le plus élevé des quatre objectifs de la vie (purushartha) :

Dharma : l'accomplissement des devoirs moraux et sociaux.

Artha : l'obtention de la prospérité matérielle.

Kama : recherche du plaisir et de l'épanouissement personnel.

Moksha : libération spirituelle.

Moksha est le but ultime qui transcende les autres, symbolisant l'achèvement du voyage spirituel de l'homme.

Moksha est donc l'aboutissement du chemin spirituel dans l'hindouisme : la libération ultime de la souffrance du monde matériel et l'union avec le divin. Il s'agit d'un objectif de révélation intérieure et de paix profonde que de nombreuses traditions et pratiques spirituelles indiennes cherchent à atteindre.

Moksha et décohérence quantique.

Dans les textes sacrés de l'hindouisme, Moksha représente la libération suprême, un état dans lequel l'âme (ou Atman) échappe au cycle sans fin de la naissance, de la mort et de la renaissance, connu sous le nom de "*Samsara*". Ce concept, qui couvre des millénaires de pensée philosophique et spirituelle, peut trouver une correspondance curieuse et fascinante dans un principe de la physique moderne : la décohérence quantique. Les deux semblent aborder le même thème central, bien que sous des angles complètement différents : la transition vers un état de liberté en surmontant les contraintes d'une réalité perçue.

Dans l'hindouisme, le Samsara est souvent représenté comme une roue qui tourne sans s'arrêter. Selon cette interprétation, chaque vie est comme un cycle à l'intérieur d'un autre cycle. La doctrine du karma décide du destin, liant les actions d'une vie aux expériences de la suivante. Mais Moksha rompt cette séquence. Pour l'atteindre, il faut développer sa conscience intérieure. Les pratiques essentielles à cet effet comprennent la méditation profonde, le yoga et la connaissance de textes sacrés tels que les Upanishads.

Les Upanishads, composées autour du VIe siècle avant J.-C., décrivent la Moksha comme l'union de l'Atman avec le Brahman, la réalité ultime. Un passage emblématique de la Chandogya Upanishad se lit comme suit :

Tat Tvam Asi ("C'est toi")

une exhortation à réaliser que l'identité individuelle est illusoire et qu'elle fait partie de la même substance cosmique. À ce stade, l'ego se dissout, tout comme les illusions du "moi" qui le lient.

En physique quantique, le terme décohérence décrit le moment où un système quantique perd sa cohérence, c'est-à-dire son état de superposition, et entre dans une réalité définie et observable. Lorsqu'une entité quantique (comme un électron ou un photon) interagit avec son environnement, ses multiples états possibles s'effondrent en un seul, ce qui entraîne un changement d'état qui peut être observé.

D'un point de vue philosophique, ce phénomène rappelle l'idée du Samsara : l'"effondrement" continu de la conscience individuelle dans des réalités limitées, déterminées par les interactions avec le monde extérieur et la dynamique de la matière. Moksha, de ce point de vue, pourrait être compris comme le dépassement de toute interférence extérieure, un état libérateur dans lequel la conscience s'affranchit des limitations de la matière et de la fragmentation de la réalité.

La méditation : un état de transition.

La méditation, pratique centrale pour atteindre Moksha, offre une analogie frappante avec la décohérence. Les adeptes de la méditation profonde décrivent souvent un état dans lequel les frontières entre le soi et la réalité extérieure se dissolvent. L'un des maîtres les plus connus, Adi Shankara (VIIIe siècle après J.-C.), fondateur de la doctrine Vedanta Advaita, a expliqué que la méditation permet de percevoir directement l'unité du Brahman, dépouillant ainsi l'illusion sensorielle. C'est un voyage au-delà de la multiplicité des formes, vers une conscience indivise.

En le traitant comme un processus de transition quantique, on pourrait dire que l'esprit entre dans un état de "superposition" dans lequel le moi fait l'expérience d'une réalité plus vaste. L'abandon des influences extérieures permet une transition vers l'unité, un écho du processus par lequel la décohérence est surmontée, laissant place à l'essence quantique pure avant l'"effondrement".

L'un des parallèles les plus fascinants est la façon dont les deux concepts, Moksha et décohérence, suggèrent la libération d'un cycle. Pour un physicien, ce cycle est l'interaction continue des particules et des observateurs. Pour un philosophe hindou, il s'agit de l'éternel retour de la vie matérielle. Tous deux s'accordent cependant sur un point crucial : la liberté passe par l'élimination des interférences et l'ancrage dans une réalité plus profonde.

Lorsque les sages des anciennes civilisations indiennes ont écrit sur les secrets du Samsara et la libération du cycle karmique, ils ne pouvaient pas savoir que, des millénaires plus tard, la science proposerait des concepts apparemment similaires. Pourtant, les similitudes entre la Moksha et la décohérence quantique nous rappellent qu'il existe différentes voies - philosophiques ou scientifiques - pour explorer le mystère de la conscience et sa relation avec le cosmos.

Nous ne saurons peut-être jamais si la libération spirituelle et la transition quantique partagent la même substance, mais il reste fascinant d'unir deux mondes apparemment éloignés au moyen d'un langage commun : celui de la recherche de la vérité.

Le chemin vers Moksha. Ascension intérieure et transitions quantiques.

L'hindouisme, avec son tissage complexe de mythes, de philosophies et de pratiques spirituelles, a toujours cherché à répondre à la question fondamentale de l'essence de la vie et de la réalité. Le concept de Moksha - la libération du Samsara, le cycle sans fin de la naissance, de la mort et de la renaissance - représente l'aboutissement de cette quête. Dans ses textes sacrés, comme la Bhagavad Gita, l'hindouisme indique la voie à suivre pour briser les chaînes de l'illusion (*Maya*) et atteindre l'absolu, un thème qui, curieusement, trouve des parallèles fascinants dans les récentes découvertes de la physique quantique.

Dans la pensée hindoue, le Samsara est décrit comme une ronde perpétuelle d'existences, régie par la loi du Karma. Les âmes - ou plutôt les consciences - s'incarnent à plusieurs reprises, dansant à travers différentes formes de vie, comme des acteurs jouant des rôles temporaires sur la scène cosmique.

Mais derrière cette danse, l'hindouisme nous dit que le vrai Soi (Atman) est éternel et immuable, une étincelle de l'absolu (Brahman). Atteindre Moksha, c'est s'éveiller à cette vérité, passer de la multiplicité des formes à l'unité de la réalité.

Ce passage peut être considéré comme une transition, un changement non seulement spirituel, mais aussi conceptuel qui s'apparente aux phénomènes étudiés aujourd'hui en physique quantique.

La physique quantique nous parle d'un monde insondable, de particules qui existent dans de multiples états jusqu'à ce qu'un "observateur" les force à s'effondrer en une seule réalité. Ce phénomène, appelé décohérence, signale une transition : ce qui était auparavant incertain et nébuleux devient concret et déterminé.

Dans le contexte de l'hindouisme, nous pouvons imaginer Moksha comme un passage similaire. L'état de l'âme piégée dans le Samsara - un jeu continu de possibilités et d'illusions - rappelle ce monde quantique indistinct, dans lequel on est lié à d'infinies possibilités d'existence sans point fixe. De la même manière qu'une particule quantique atteint un état unique défini par l'interaction avec son environnement, l'âme, par la méditation et la connaissance, se libère des illusions du monde matériel et reconnaît sa véritable nature.

Un exemple emblématique de ce cheminement spirituel est offert par la Bhagavad Gita, texte central de l'hindouisme. Dans le dialogue entre Krishna et Arjuna, Krishna révèle la nature de la réalité et de la libération :

> *"Comme l'eau ne touche pas la fleur de lotus, le péché ne touche pas ceux qui agissent sans attachement, offrant chaque action au Divin".*

Ici, la "fleur de lotus" évoque la pureté de l'âme libérée qui flotte au-dessus des eaux troubles du Samsara.

En développant sa conscience intérieure, Arjuna comprend que le chemin de la libération passe par la transcendance des opposés - plaisir et douleur, succès et échec - pour s'immerger dans la connaissance de l'Atman. Cet éveil rappelle, en termes modernes, le passage entre des potentiels indéfinis (Samsara) et la reconnaissance ultime de l'absolu (Moksha).

La conscience quantique : une nouvelle frontière.

Aujourd'hui, l'idée que la conscience joue un rôle fondamental dans l'univers ne relève plus seulement de la philosophie ou de la religion. Des chercheurs tels que Roger Penrose et Stuart Hameroff proposent que l'esprit humain, en particulier la conscience, puisse avoir une base quantique. Selon leurs théories, les phénomènes quantiques intrinsèques aux microtubules des cellules cérébrales pourraient expliquer des aspects plus profonds de l'expérience humaine, tels que la créativité et la perception de soi.

Cette perspective fascinante rejoint l'idée hindoue selon laquelle la méditation profonde et la connaissance conduisent à une transition de la conscience. En d'autres termes, comme dans l'effondrement quantique, le moment où le moi perçoit la vérité absolue est un tournant, un saut phénoménal de la multiplicité des illusions à la clarté de la réalité ultime.

Le lien entre la Moksha et la décohérence quantique ne doit pas être considéré comme un chevauchement forcé. Au contraire, de nombreux chercheurs voient dans ce parallèle un pont reliant les anciennes traditions spirituelles et les théories scientifiques modernes. En effet, les deux perspectives nous rappellent une vérité essentielle : la réalité est beaucoup plus complexe, et en même temps plus simple, qu'il n'y paraît.

Dans le temple de Varanasi, sacré pour Shiva, des vers évoquant la libération sont récités quotidiennement :

> *Le monde est une illusion, mais celui qui reconnaît le divin en lui est déjà libre.*

À des milliers de kilomètres de là, dans les laboratoires de physique théorique, les scientifiques observent les particules et les ondes, essayant de comprendre si la réalité est faite de matière solide ou de puzzles probabilistes.

Et c'est peut-être dans cette convergence de la science et de la spiritualité que nous trouvons une perspective globale. La voie de la compréhension de soi - qu'elle soit tracée dans les versets de la Bhagavad Gita ou entre les lignes d'une équation - est celle qui nous conduit à voir au-delà du voile des illusions. Comme le scientifique qui scrute la nature de l'atome, et comme le mystique qui regarde en lui-même, tous deux recherchent la même chose : la vérité du tout.

États de transition dans la conscience.

L'hindouisme décrit la Moksha comme la libération ultime. C'est la fin du cycle perpétuel de la naissance et de la mort, connu sous le nom de *Samsara*, et représente l'atteinte d'un état de conscience au-delà du temps, de l'espace et de la matière. Ces concepts, enracinés dans les Védas et les Upanishads, semblent vibrer au diapason de certaines théories modernes de la physique quantique. Parmi celles-ci, le phénomène de la décohérence quantique offre une perspective intrigante pour explorer le saut de la philosophie à la science.

En physique quantique, le concept de décohérence quantique décrit le processus par lequel un système quantique perd son état de superposition. En pratique, cela signifie qu'une particule, qui existe dans une multitude d'états possibles (le fameux "*chat de Schrödinger*", à la fois vivant et mort), est réduite à une seule réalité observable. Cette transition apparemment mystérieuse sépare le monde des possibilités du monde concret dont nous faisons l'expérience tous les jours.

Dans cette optique, la Moksha peut être considérée comme une forme de "*décohérence consciente*". Lorsqu'un individu réalise son moi authentique, ou Atman, en se libérant de l'illusion du monde phénoménal (*Maya*), il accède à la réalité ultime : Brahman, l'unité universelle. Il s'agit d'une transition définitive, d'un "choix d'état" qui permet d'accéder à un niveau d'existence plus profond. Sri Ramana Maharshi, le sage éclairé du 20e siècle, a décrit la Moksha comme suit :

"...une fusion de la conscience individuelle dans l'infini".

Les théories contemporaines du multivers élargissent encore l'horizon. Ces hypothèses suggèrent l'existence de réalités parallèles, chacune délimitée par les différents résultats possibles des décisions quantiques.

Roger Penrose et Stuart Hameroff, avec leur modèle de "*conscience orchestrée*" (Orch-Or), supposent que les microtubules à l'intérieur des cellules cérébrales pourraient fonctionner comme des systèmes quantiques. Leurs oscillations, sujettes à la décohérence, pourraient générer des états de conscience. Dans cette perspective, la Moksha pourrait être considérée non seulement comme une libération, mais aussi comme une entrée dans un multivers mental.

Les Upanishads, anciens textes de sagesse de l'hindouisme, affirment que le moi intérieur est un univers entier. La Mandukya

Upanishad explore quatre états de conscience : la veille, le rêve, le sommeil profond et un état de sérénité absolue appelé "*Turiya*", qui transcende et unifie tous les autres. Le Turiya a été décrit comme le point d'accès au Brahman. Un parallèle pourrait être établi avec la transition quantique d'un système passant de la fragmentation des superpositions à une singularité cohérente.

Si les paysages de la physique et de la philosophie peuvent paraître éloignés, leur union ouvre des espaces de contemplation extraordinaires. Anandamayi Ma, une importante figure spirituelle indienne du 20e siècle, soulignait que l'esprit normal vit dans la fragmentation. Ce n'est que par la méditation et la connaissance, disait-il, que l'on peut "*voir toute la vérité*". C'est ce même potentiel de cohérence totale que Penrose et Hameroff ont entrevu dans les microtubules : il ne s'agit pas d'un simple mécanisme physique, mais d'un véhicule permettant de comprendre l'univers.

Les neurosciences tentent aujourd'hui d'expliquer des phénomènes aussi abstraits que la conscience, mais les grandes questions demeurent. Pourquoi existons-nous en tant qu'observateurs ? Comment pouvons-nous percevoir la réalité ? Des questions profondément humaines qui trouvent peut-être leurs réponses dans les deux perspectives : védique et scientifique.

La méditation comme clé quantique de la libération.

Moksha n'est pas seulement une fin, mais une transcendance de la dualité, une libération des limites de l'existence matérielle et mentale. Pour y parvenir, la méditation s'avère être un outil central, un pont entre la condition humaine et le royaume de ce qui est éternel. Mais que se passe-t-il réellement dans l'esprit pendant la méditation ? Et comment ce processus s'articule-t-il avec les connaissances modernes de la physique quantique ?

Dans la pensée hindoue, le Samsara est considéré comme une "*cage de l'esprit*". L'individu, pris dans l'illusion du temps et de l'espace, fait l'expérience d'une réalité conditionnée par les contraires : le plaisir et la douleur, le succès et l'échec, la naissance et la mort. C'est l'esprit dualiste, qui sépare au lieu d'unir. La pratique méditative vise à défaire cette dualité et à ouvrir l'accès à une conscience unifiée, Brahman, l'absolu indivisible.

Selon les textes sacrés hindous tels que les Upanishads, la méditation permet de déplacer l'attention de l'ego vers une conscience plus profonde. L'un des versets de la Mundaka Upanishad dit ceci :

"Le soi n'est pas connu par l'esprit, mais lorsque l'esprit se calme, le soi brille dans toute sa splendeur".

Nous voyons ici le paradoxe fondamental : l'esprit ne peut pas comprendre le soi, parce qu'il fait lui-même partie de l'illusion.

Il est remarquable que la physique quantique offre des images similaires de ce processus. Prenons par exemple le phénomène de décohérence quantique. Dans les systèmes quantiques, les particules existent dans des états de superposition, où chaque possibilité coexiste simultanément. Mais lorsque le système interagit avec l'environnement, cette superposition "s'effondre" en un seul état observable. La décohérence est le moment où une réalité définie émerge, résultat de l'interaction entre le système et l'environnement.

Les physiciens ont observé qu'en l'absence de cette interaction, un système quantique reste dans un état pur, non fragmenté. C'est ici qu'apparaît une métaphore intrigante. La méditation peut être considérée comme un processus qui isole l'esprit du "bruit" de l'environnement, dissolvant les interactions dualistes qui maintiennent l'individu lié au Samsara. En libérant l'esprit de ses fluctuations (que les sages indiens appellent "*vrittis*"), la méditation permet à la conscience d'émerger dans un état d'unité, à l'instar d'un système quantique isolé.

Les Rishi, les sages de l'Antiquité, étaient de véritables "scientifiques de l'esprit". Grâce à la pratique du yoga dhyana (méditation profonde), ils ont fait état d'un état de conscience qui transcende les limites de la matière. Patanjali, auteur des Yoga Sutras (IIe siècle av. J.-C.), décrit la méditation comme la méthode permettant de "*mettre fin aux fluctuations de l'esprit*". Après avoir atteint ce silence intérieur, le pratiquant fait l'expérience du samadhi, l'absorption qui précède Moksha.

Un exemple classique est la vie de Ramana Maharshi (1879-1950), un mystique indien moderne. Ramana, par la méditation et la recherche de soi, a atteint une expérience d'unité qu'il a décrite comme une "transcendance totale de l'esprit". Il disait :

"Ce que nous appelons la destruction de l'esprit est, en fait, la prise de conscience qu'il n'y a jamais eu d'esprit séparé".

D'un point de vue scientifique, les neurosciences commencent à détecter le potentiel de la méditation à modifier le fonctionnement du cerveau de manière tangible. Des études menées sur des moines tibétains en état de méditation profonde ont montré une réduction significative des *rythmes bêta* (associés à la fragmentation mentale) et une augmentation de l'activité gamma, considérée comme indicative d'un esprit très cohérent.

Nous pouvons considérer Moksha non pas tant comme un "lieu" à atteindre, mais comme une transformation d'état. C'est la libération des schémas conditionnés, une sorte de "saut quantique" dans la conscience qui permet à l'individu de quitter la réalité relative et de percevoir la réalité absolue. La méditation, comme l'enseignent les écoles hindoues, est le catalyseur de ce saut.

L'image du saut quantique rappelle le comportement d'un électron qui, pour passer d'une orbite à une autre, saute soudainement sans franchir de distances intermédiaires. De la même manière, le pratiquant de la méditation peut faire l'expérience d'un changement radical dans sa perception de la réalité, passant de la vision fragmentée de l'esprit dualiste ( ) à la clarté d'une conscience universelle.

Dans ce contexte, il convient de mentionner le concept du *filet d'Indra*, une image centrale dans les textes védiques. Le filet d'Indra est un réseau infini de pierres précieuses, chacune reflétant toutes les autres. Ce symbole évoque l'interconnexion universelle, un thème qui résonne à la fois dans l'hindouisme et dans la physique quantique. La méditation permet au praticien de "voir" cette toile, de saisir l'unité sous-jacente à l'apparente fragmentation.

La méditation, dans son sens le plus profond, peut être considérée comme un acte de décodage, un processus d'harmonisation avec une réalité plus large. Ce n'est pas seulement une méthode de relaxation ou une technique pour réduire le stress. Elle est, selon l'hindouisme, un chemin vers l'immortalité, vers la libération du Samsara.

Shiva et l'enchevêtrement quantique.

L'univers naît et meurt dans un souffle. Dans la pensée hindoue, Shiva est le principe qui détruit et transforme, le danseur cosmique qui libère la matière de ses illusions. Mais comment Shiva, symbole de la dissolution de l'illusion, peut-il être lié à l'un des concepts les plus mystérieux de la physique moderne, l'intrication quantique ? Pour comprendre cette union surprenante, il faut franchir un pont culturel et scientifique : celui qui relie la Moksha, la libération du Samsara, et le monde invisible des particules subatomiques.

Au cœur de l'hindouisme, Moksha représente le but spirituel ultime : la libération du Samsara, le cycle sans fin de la naissance, de la mort et de la renaissance. Cet état est atteint par la connaissance, la méditation et la prise de conscience de la véritable nature de l'existence. Le Samsara, perpétué par les illusions sensorielles et les liens matériels, est comparable à un réseau complexe de contraintes qui emprisonne l'âme dans un temps linéaire et matériel.

Shiva, sous sa forme de Mahadeva, le grand destructeur, incarne cette libération. Il brise les liens de l'ignorance, détruisant Maya, l'illusion. Par sa danse, appelée Tandava, Shiva symbolise la dissolution des liens terrestres et l'expansion de la conscience vers l'infini. Cette évolution spirituelle semble trouver un écho dans un phénomène de la physique quantique : la décohérence quantique.

Dans le monde quantique, les particules peuvent se trouver simultanément dans différents états, jusqu'à ce qu'une interaction avec l'environnement "brise" cette superposition, provoquant ce que l'on appelle la décohérence. La particule, une fois "observée", s'effondre dans un état défini. Ce processus marque le passage de l'incertain à l'apparent. Cependant, la décohérence indique également la perte d'un lien invisible avec l'état précédent.

Pouvons-nous lire Moksha en des termes similaires ? La libération du samsara peut être considérée comme un acte de décohérence spirituelle, où l'âme, après avoir vécu dans de multiples "états" d'existence, abandonne le cycle des illusions matérielles pour entrer dans une dimension supérieure. Dans les deux cas - spirituel et scientifique - il y a rupture du lien avec un état antérieur. La figure de Shiva, destructeur et rénovateur, devient alors plus qu'une divinité : elle devient une métaphore cosmique, dépassant les frontières culturelles et scientifiques.

L'enchevêtrement est l'un des phénomènes les plus fascinants de la physique quantique. Les particules peuvent être "liées" de telle sorte que, même à des distances énormes, un changement d'état de l'une affecte immédiatement l'état de l'autre. Cette liaison transcende les limites du temps et de l'espace. L'enchevêtrement semble évoquer l'idée spirituelle du Samsara. Dans l'accumulation des vies antérieures et des relations karmiques, tout semble lié dans une toile subtile et inextricable.

C'est là qu'intervient Shiva. Dans de nombreux textes védiques et puraniques, Shiva est décrit comme celui qui brise les liens karmiques, détruisant tout lien qui retient l'âme dans le Samsara. Dans le monde spirituel, cette "rupture" conduit à la liberté ; dans le monde quantique, la dissolution de l'enchevêtrement entre les particules signifie que chacune redevient une entité libre et indépendante. Cet appel entre la philosophie et la science n'est pas fortuit. Tout comme l'âme cherche sa libération en brisant les liens karmiques, les particules dissolvent leurs liens pour accéder à de nouveaux états.

Le samsara et la physique de la conscience.

Comment interpréter un concept traditionnellement métaphysique à travers le prisme de la physique moderne ? C'est là qu'intervient la correspondance entre Moksha et la théorie de la décohérence quantique, un pont étonnant entre les philosophies anciennes et la science contemporaine.

Les anciennes Upanishads décrivent l'existence terrestre comme un océan d'agitation continue, un flux inarrêtable généré par l'illusion (Maya). L'Atman (l'âme ou l'essence profonde) reste piégé, inconscient de son unité avec Brahman, le principe universel. Cette condition est assimilée à un état de confusion, où de multiples possibilités coexistent sans que la vérité absolue soit pleinement reconnue.

La physique quantique offre un parallèle intéressant. Lorsqu'un système quantique existe dans une superposition d'états, comme un électron qui se trouve simultanément à deux endroits, on peut imaginer une métaphore du Samsara. Cet état d'incertitude, d'alternatives indéfinies, reflète l'illusion dans laquelle l'être humain reste emprisonné, incapable de voir clair.

La libération (Moksha) survient lorsque l'individu surmonte le voile de Maya et reconnaît l'unité entre Atman et Brahman. C'est un moment d'éveil, décrit dans les textes sacrés comme "*la sortie de l'obscurité vers la lumière*".

En physique quantique, la décohérence constitue un parallélisme fascinant. Ce phénomène se produit lorsqu'un système quantique passe de l'état de superposition à un état défini. C'est le moment où l'incertitude cesse et où le système adopte une clarté déterminée par l'interaction avec l'environnement. Tout comme l'atteinte de la Moksha, la décohérence décrit une transition vers la stabilité et la compréhension.

Moksha et l'observateur en physique quantique.

Dans l'hindouisme, l'observateur est celui qui, par l'introspection et la méditation, cherche à transcender l'illusion du monde sensible pour atteindre Moksha : la libération du Samsara, le cycle sans fin de la naissance et de la mort. En physique quantique, l'observateur est cet agent mystérieux qui, par l'acte d'observation, détermine l'effondrement de la fonction d'onde, transformant le potentiel en réalité. Ce dialogue entre deux mondes apparemment inconciliables ouvre des espaces de réflexion étonnamment similaires.

Dans la tradition hindoue, le concept de Moksha représente l'aboutissement du voyage spirituel. Selon les textes sacrés, tels que les Upanishads, l'essence ultime de l'existence ne réside pas dans le monde matériel, mais dans un état de conscience pur et indivisible. Dans cet état, l'individu est libéré de l'illusion de Maya (le voile de l'apparence) et réalise l'unité profonde avec Brahman, la réalité suprême . Cette libération n'est pas seulement une "évasion" de la douleur du monde, mais plutôt un éveil à la vraie nature de soi.

Un passage emblématique de la Brihadaranyaka Upanishad se lit comme suit :

> *Il n'y a ni jour ni nuit, ni être ni non-être, mais seulement le Soi pur, immobile et dépourvu de dualité.*

Cet état, imaginé comme une lumière éblouissante qui dissout toutes les ombres, défie les limites de l'esprit rationnel.

La libération dans Moksha est donc un acte de transcendance. C'est le dépassement de la dualité inhérente à la vie : ombre et lumière, sujet et objet, observateur et observé. C'est ici qu'apparaît une analogie fascinante avec la physique quantique.

La mécanique quantique a introduit au XXe siècle un concept qui a bouleversé la science traditionnelle : dans la réalité subatomique, il n'y a pas de séparation nette entre l'observateur et ce qui est observé. Les particules subatomiques, telles que les électrons, n'ont pas de position définie tant qu'elles ne sont pas observées. Elles sont dans un état de superposition, un mélange de multiples possibilités, représenté mathématiquement par la fonction d'onde. Cependant, dès qu'un observateur intervient, cette fonction "s'effondre" et une seule possibilité se matérialise.

L'une des expériences les plus connues à ce sujet est la célèbre *expérience de la double fente*, décrite dès 1801 par Thomas Young. Plus tard, avec le développement de la physique quantique, on s'est rendu compte qu'une particule de lumière (photon) ou de matière (électron) ne se comporte comme une onde que lorsqu'elle n'est pas observée. Dès qu'un système de mesure entre en jeu, elle se comporte comme une particule. L'acte même d'observation modifie la réalité physique.

C'est ici qu'apparaît le parallèle avec la Moksha. Dans l'hindouisme, l'état de pure conscience atteint par la libération est similaire au moment où l'observateur fusionne avec l'objet observé, transcendant ainsi la dualité. Ne s'agit-il pas de l'effondrement de toutes les ombres de l'existence individuelle en une seule lumière de conscience infinie ?

Dans ce contexte, la transition de l'état quantique d'une superposition de multiples possibilités à l'effondrement en une seule réalité apparaît comme une extraordinaire métaphore de l'état de Moksha. La libération de l'illusion (Maya) est, en un sens, une décohérence quantique. Tout comme un système quantique laissé à lui-même perd sa cohérence avec le monde des phénomènes, l'individu, par la méditation, abandonne progressivement l'attachement au monde des illusions afin de s'effondrer dans l'unité transcendantale de Brahman.

Ainsi, l'ombre et la lumière - toujours des métaphores spirituelles - ne sont plus des forces opposées, mais des manifestations de la même réalité ultime. On pourrait comparer cela au principe de complémentarité de Bohr : de même que la particule et l'onde sont deux aspects inséparables d'une même entité, de même, sur le chemin de la Moksha, l'ombre de la souffrance et la lumière de la libération se fondent en un état indivisible.

Moksha, comme l'effondrement quantique, est le point où les multiples possibilités se dissolvent dans l'unité. C'est un acte d'observation suprême qui dissout la dualité entre l'ombre et la lumière, entre la vie et la mort. À une époque où la science moderne et la spiritualité ancienne semblent séparées par un fossé infranchissable, ces analogies suggèrent que le dialogue est non seulement possible, mais peut-être nécessaire pour entrevoir la vérité ultime de l'existence. Et après tout, comme nous le rappelle l'hindouisme, la lumière et l'ombre ne sont que deux aspects d'un même infini.

Décohérence mentale, Moksha dans la vie quotidienne.

Moksha n'est pas seulement un idéal de vie après la mort ; il représente une dimension de liberté intérieure qui peut déjà être expérimentée au cours de la vie. C'est une échappatoire au chaos de l'ego, aux peurs matérielles et aux attachements. Mais comment quelque chose d'aussi transcendantal peut-il trouver sa place dans la vie de tous les jours ? Et que nous apprend la physique quantique sur ce chemin d'introspection personnelle ?

En physique quantique, le concept de décohérence décrit la transition d'un système quantique de l'état de superposition, où tout est possible, à un état observable et déterminé. Ce phénomène marque un moment crucial où le système "s'effondre" dans une réalité définie. En termes philosophiques, on pourrait interpréter la décohérence comme la perte d'un désordre potentiel pour atteindre la clarté actuelle.

De même, Moksha implique un type de décohérence mentale : la transition d'un esprit influencé par les tensions cycliques du désir et de l'illusion vers une conscience plus claire et plus consciente. D'un point de vue pratique, ce processus se produit par de petits actes de conscience, que nous pouvons concrètement incorporer dans nos journées trépidantes.

La vie moderne est pleine de bruits mentaux, souvent appelés "pensées cycliques". Ces pensées reviennent de manière obsessionnelle, entraînant l'individu dans des boucles de jugements, de regrets et d'attentes. La méditation, pratiquée de manière cohérente, est un moyen de rompre ces cycles. Par exemple, dans un village silencieux des contreforts de l'Himalaya, des moines de la tradition Vedanta enseignent aux habitants des gestes simples : se concentrer sur sa respiration le matin, marcher lentement en observant la terre sous ses pieds ou répéter mentalement un mantra.

Ces petits actes, répétés quotidiennement, sont des expériences de décohérence mentale. Ils séparent progressivement la conscience de l'identification au bruit mental et créent un détachement par rapport aux pensées matérialistes. L'historien et penseur indien Swami Vivekananda (1863-1902) nous offre une perspective éclairante :

> *"Dieu est en vous, comme le soleil au-delà des nuages.*
> *Dissolvez ces nuages et vous trouverez la paix."*

Même ces simples efforts de conscience peuvent dissoudre des fragments de Maya, l'illusion qui recouvre notre véritable nature.

Si l'on considère ce concept d'un point de vue scientifique, on pourrait comparer les petits moments de méditation, de lecture sacrée ou de contemplation à des expériences qui rétablissent l'ordre dans un système quantique. L'esprit, agité et fragmenté, se rassemble. Le physicien David Bohm, connu pour ses réflexions sur l'interconnexion entre la physique et la philosophie orientale, a décrit l'univers comme un ordre implicite, où tout est connecté et où de nouveaux états de conscience peuvent être révélés par une attention appropriée. Méditer, selon Bohm, signifierait permettre à l'esprit de participer à ce qui est plus vaste et plus harmonieux.

La poétesse indienne Mirabai (1498-1547), qui a consacré sa vie à la dévotion à Krishna, a chanté l'amour divin qui l'a libérée des liens du monde. Grâce à des prières incessantes, Mirabai a trouvé un état de conscience si pur qu'aucune circonstance matérielle ne pouvait l'ébranler. Ses chants sont toujours des célébrations de la Moksha vivant au présent : une âme libre qui ne s'identifie pas aux cycles de la souffrance.

Comme Mirabai, chacun de nous peut, sans abandonner son quotidien, cultiver sa liberté intérieure en commençant par de petits moments. Un coucher de soleil observé sans jugement, un moment de silence complice avec un être cher, ou une minute de gratitude avant de se coucher. Ce sont des graines. Elles mènent, à leur manière, à la libération de la cyclicité mentale.

Dans la Bhagavad Gita, le concept de Moksha est décrit comme un état d'équanimité, où le plaisir et la douleur, le succès et l'échec s'annulent l'un l'autre. Sri Aurobindo, un mystique influent du 20e siècle, a suggéré que la Moksha n'était pas un concept exclusif aux renonçants, mais un objectif pour tous ceux qui vivent dans le monde. Lorsqu'un esprit observe sans réagir, il s'approche de la liberté.

Alors, comment faire entrer Moksha dans notre vie moderne ? Une étape simple consiste à nous poser la question tous les soirs :

"Aujourd'hui, à quel moment ai-je senti le silence en moi ?

Ce geste, aussi simple que profond, est la voie de la décohérence mentale quotidienne. Chaque petite réalisation ouvre la voie à Moksha : non pas un événement final, mais un processus continu de libération intérieure.

L'effondrement de Maya et le retour à Brahman.

Maya représente l'apparence changeante du monde phénoménal, derrière laquelle se cache une réalité immuable : Brahman, l'Absolu. Cette idée sous-tend le concept de Moksha, la libération du Samsara, le cycle des naissances et des morts. Moksha est le moment où Maya se dissout, révélant le vrai visage de l'existence.

La tradition hindoue décrit maya comme un voile, un réseau de perceptions qui trompe l'esprit. Par exemple, dans la Mandukya Upanishad, le rêve est considéré comme une métaphore de la réalité quotidienne.

"De même qu'un homme qui rêve croit que le rêve est réel, de même celui qui vit est piégé par Maya et ne peut voir la vérité",

Mais que se passe-t-il lorsque le voile est levé ? La réponse est Brahman, le substrat éternel qui persiste au-delà de l'illusion.

Cette pensée ancienne trouve une résonance surprenante dans la physique quantique. Dans la théorie quantique, les particules existent dans des états superposés jusqu'à ce qu'elles soient observées. Un photon, par exemple, se comporte comme une onde ou une particule en fonction de la mesure. C'est un monde de possibilités latentes, un "champ potentiel" qui rappelle Maya. Lorsque l'observation se produit, cette incertitude s'effondre en une réalité définie. Ce processus, appelé décohérence, rappelle le concept de Moksha.

Essayons d'imaginer : Moksha est la fin de la confusion. C'est l'effondrement ultime vers une réalité stable, semblable à ce qui se produit lorsqu'un état quantique indéfini devient une réalité observable. Maya, comme les états superposés des particules, cache la vérité ultime de Brahman.

La Katha Upanishad propose un célèbre conte sur l'illusion et la Moksha. Nachiketa, un jeune brahmane, rencontre Yama, le dieu de la mort. Nachiketa, en quête de vérité, rejette toutes les offres matérielles - richesse, longévité ou pouvoir - et demande à savoir ce qui se trouve au-delà de l'illusion de la vie et de la mort. Yama lui apprend que le but ultime est de réaliser le Brahman. Ce récit est une puissante métaphore du voyage vers Moksha : un chemin qui s'éloigne du monde sensoriel, qui s'affranchit de maya pour embrasser la réalité absolue.

La relation entre la conscience et la réalité a également été étudiée par la science. En 2019, une expérience menée à l'université de Vienne a montré que le choix de l'observation influence directement le comportement des particules. Les physiciens ont enregistré comment la décision du moment de la mesure modifiait le résultat final. Ce phénomène laisse des questions ouvertes sur le rôle de l'esprit et de la conscience dans la définition de la réalité.

Le parallèle avec la philosophie hindoue est suggestif. Tout comme Maya façonne l'expérience sensorielle, la conscience de l'observateur semble façonner le comportement quantique. La science moderne, avec ses technologies avancées, se retrouve donc à explorer un domaine que les sages indiens avaient déjà décrit intuitivement.

Moksha est, en termes philosophiques, l'effondrement de Maya. C'est le moment où les vérités superposées de l'apparence disparaissent et où le Brahman éternel est révélé. Cet "effondrement" est un processus de transformation intérieure, qui se produit par le biais du *jnana*, de la connaissance de soi et de la méditation.

Même en physique quantique, l'"effondrement" met de l'ordre dans le chaos. Au niveau macroscopique, cependant, cet effondrement n'est pas immédiat. Maya, comme les états quantiques, persiste jusqu'à ce que la conscience atteigne son apogée.

La rupture du cycle, Moksha et la notion de flèche du temps.

L'idée de la libération du cycle des naissances et des morts, le Samsara, est l'une des pierres angulaires des philosophies orientales, en particulier de l'hindouisme. Cet état de transcendance, appelé Moksha, représente non seulement un but spirituel ultime, mais aussi un défi philosophique intéressant pour notre concept du temps. Comment un esprit immergé dans l'idée de la progression linéaire des événements peut-il comprendre une idée qui transcende la séquentialité temporelle ? Un pont possible pour cette confrontation est offert par la physique quantique, qui peut suggérer que le temps, tel que nous le concevons, n'est peut-être qu'une des façons dont nous percevons la réalité.

Pour comprendre comment ces deux visions - spirituelle et scientifique - peuvent dialoguer, il faut s'aventurer dans les plis du temps, d'une part à travers la pensée hindoue et d'autre part en décryptant certains mystères de l'univers quantique.

Selon les textes sacrés hindous, le temps dans la condition humaine est vécu comme un mouvement marqué par l'éternelle répétition du cycle du Samsara. Nous naissons, nous vivons, nous mourons et nous renaissons. Cette succession ininterrompue (Karma) est régie par nos actions et nos intentions, accumulant des conséquences qui nous accompagnent dans des existences successives.

Cependant, Moksha représente une rupture définitive. Il ne s'agit pas d'une simple pause ou d'une interruption temporaire, mais d'un état de liberté dans lequel le concept même de temps linéaire est transcendé. De nombreux textes hindous, tels que les Upanishads, décrivent la Moksha comme un retour à l'essence originelle, cette conscience pure qui n'est pas liée par l'illusion de la séparation entre le passé, le présent et le futur.

Dans le monde de la physique, le temps occupe une place tout aussi mystérieuse. Dans les équations fondamentales de la mécanique quantique, contrairement à la réalité macroscopique que nous connaissons, le temps ne se déplace pas nécessairement dans une seule direction. Les lois fondamentales qui régissent les particules ne font pas de distinction entre le passé et le futur, ce qui suggère que ce que nous percevons comme la "flèche du temps" n'est peut-être pas une propriété fondamentale de l'univers, mais une illusion créée par notre observation.

Un concept central est celui de la décohérence quantique. La décohérence explique comment les systèmes quantiques, initialement dans un mélange d'états possibles (la fameuse "superposition" du chat de Schrödinger), acquièrent une réalité visible et concrète au fur et à mesure qu'ils interagissent avec leur environnement.

D'un point de vue philosophique, la décohérence rappelle le passage du Samsara au Moksha. Dans le cycle du Samsara, les individus vivent immergés dans la toile illusoire de Maya, convaincus que le temps s'écoule comme une flèche. Cependant, Moksha revient à se détacher de cette illusion, à quitter l'état limité (et observable) pour revenir à un état d'unité.

La physique classique et notre expérience quotidienne nous font percevoir le temps comme quelque chose qui avance, sans possibilité d'inversion. Ce phénomène a été décrit pour la première fois par Ludwig Boltzmann à la fin du 19e siècle, à travers le concept d'*entropie*. La croissance de l'entropie, qui régit la direction du temps pour les systèmes macroscopiques, semble donner à notre monde l'idée d'un progrès irréversible vers l'avenir.

Dans le contexte de la physique quantique, toutefois, bon nombre de ces certitudes disparaissent. Les particules semblent "indifférentes" à la direction du temps. Des situations qui semblent irréversibles à grande échelle (comme le bris d'un verre) peuvent, du moins en théorie, être considérées comme réversibles au niveau microscopique.

Nous pouvons imaginer la Moksha comme un changement similaire sur l'échelle de la conscience. La libération du Samsara offre un moyen d'échapper à la perception de la flèche du temps, en brisant le lien qui unit l'être humain à la causalité linéaire. En d'autres termes, il s'agit d'un "retour à la maison", d'un éveil à une réalité qui ne dépend plus du devenir.

Les similitudes entre la transcendance temporelle de Moksha et la réversibilité des états quantiques ne sont pas une simple coïncidence. Toutes deux requièrent un changement radical de perspective. Elles remettent toutes deux en question des croyances que l'esprit ordinaire tient pour acquises.

Moksha et le paradoxe du "Zénon quantique".

La recherche de la vérité absolue a toujours été l'une des grandes questions qui unissent la philosophie et la science. L'hindouisme, avec son concept de Moksha, et la physique quantique, avec son paradoxe du "Zénon quantique", semblent suivre des voies parallèles dans l'exploration de cette question fondamentale. Tous deux se concentrent sur ce qui se passe lorsque le cycle est rompu : le cycle de la naissance et de la mort dans le cas du Samsara, ou celui de la mesure et de l'observation dans les mondes quantiques.

Une étape cruciale pour atteindre Moksha est de cesser d'observer le monde à travers l'œil de l'ego. C'est comme briser une chaîne invisible, celle qui lie l'individu à une identité partielle faite de désirs, de peurs et d'attachements. Pour l'hindouisme, le vrai moi n'est pas l'ego, mais Brahman, l'essence universelle.

L'*effet Zeno quantique* : le jeu du temps et de l'observation.

De l'autre côté du monde et de la connaissance, la physique quantique se heurte à des paradoxes qui semblent défier le sens commun. L'un d'entre eux est l'*"effet Zénon quantique",* théorisé pour la première fois par Misra et Sudarshan en 1977. Selon ce principe, l'observation constante d'un système quantique l'empêche de changer d'état. Cet effet porte le nom de Zénon, philosophe grec célèbre pour ses paradoxes sur le mouvement et le temps.

Un exemple classique pour expliquer l'"effet Zénon quantique" est la désintégration radioactive : un noyau atomique, "observé" en permanence par des instruments de mesure, semble ne jamais se désintégrer. L'acte même d'observation fige le système, le bloquant dans son état initial. Ce paradoxe semble suggérer que l'attention directe portée à un phénomène, ironiquement, le modifie : elle l'arrête.

C'est là qu'apparaît un dialogue fascinant entre l'Orient et la physique. Dans l'hindouisme, le processus menant à Moksha nécessite de briser le Samsara en interrompant l'observation égoïque de la vie. C'est l'acte d'observer - et donc de juger, de désirer, de s'attacher - qui "enferme" l'âme dans le monde phénoménal. Lorsque l'on cesse d'observer avec les yeux de l'ego, on permet à son moi de se transcender. C'est en se libérant de cette même "observation" constante que l'âme peut s'acheminer vers la libération.

Dans l'*"effet Zénon quantique"*, quelque chose de similaire se produit : l'observation continue fige le système quantique. Si nous comparons le système quantique à la conscience humaine, l'observation égoïque devient une contrainte, un gel qui empêche le changement, la transformation ou, dans le cas de Moksha, la libération. L'action décisive, tant pour l'hindouisme que pour la physique quantique, est de rompre le cycle.

Mais comment interrompre l'observation égoïste ? Les anciens sages indiens - des penseurs comme Adi Shankara - ont indiqué que la méditation était la clé. La méditation atténue l'activité mentale et dirige l'attention vers un état au-delà de l'ego. C'est un processus qui n'ajoute rien à l'esprit, mais qui supprime ce qui fait obstacle à l'accès à la réalité ultime.

Il existe une image poétique qui remonte aux textes védiques : l'Atman (le moi) est comme une lampe recouverte de plusieurs couches de tissu. Chaque couche représente une illusion de l'ego. Grâce à la connaissance et à la pratique spirituelle, ces voiles sont levés, permettant à l'essence lumineuse de briller à travers.

Si nous examinons les résultats des interprétations les plus modernes de la mécanique quantique, nous constatons une similitude frappante avec l'idée de Moksha. D'une part, la physique quantique nous révèle que l'univers existe dans un réseau de possibilités, fluctuant entre différents états jusqu'à ce que l'observation le "verrouille" dans une réalité définie.

D'autre part, la philosophie hindoue affirme que notre moi profond est déjà dans un état de liberté illimitée, mais qu'il reste bloqué dans le Samsara en raison d'une observation constante et rigide. Pour redevenir fluide, libre du cycle des renaissances, nous devons cesser d'"enfermer" notre conscience dans un schéma répétitif dominé par l'ego.

Moksha dans la mécanique des boucles.

Il existe un cycle qui régit tout. La naissance, la mort et la renaissance ne sont pas seulement au cœur de la pensée spirituelle hindoue, mais constituent également un parallèle fascinant avec les cycles postulés par la physique moderne pour expliquer la réalité de l'univers. Le concept de Samsara - le cycle cosmique infini de la création, de la destruction et de la renaissance - trouve un écho surprenant dans les théories de la gravité quantique à boucles. Cette perspective scientifique, encore en développement, imagine l'univers de telle sorte que son "chant infini" ressemble au flux éternel du Samsara. Mais si la connaissance et la méditation, selon les traditions védiques, peuvent conduire à la Moksha, que pourrait représenter une telle "remise à zéro" du point de vue de l'univers ?

La philosophie hindoue décrit le Samsara comme une prison invisible. Chaque existence, aussi différente soit-elle, est piégée dans ce schéma de causes et d'effets. Pour se libérer, selon les enseignements des Védas et des Upanishads, l'individu doit atteindre une connaissance profonde, une réalisation ultime qui le reconnecte à Brahman, l'Absolu non duel. C'est ce qu'on appelle Moksha, la dissolution de l'identité individuelle et la fin du cycle.

Dans le domaine de la cosmologie, les théories de la gravité quantique à boucles, une extension fascinante de la mécanique quantique et de la relativité générale, suggèrent que l'univers lui-même pourrait être enchaîné dans une boucle similaire. Selon ce modèle, l'univers n'exploserait pas en un seul Big Bang et ne mourrait pas dans un Big Crunch, comme le supposaient les anciennes théories cycliques. Au contraire, il se transformerait, rebondissant de manière cyclique. À chaque rebond, le cosmos revient à une condition initiale d'extrême densité, une sorte de "vide quantique" à partir duquel tout recommence. Chaque "naissance cosmique " apporte de nouvelles configurations de lois physiques, de nouveaux univers distincts des précédents. Ici, le concept de Moksha est lié à une possibilité : existe-t-il un instant, une limite, où ce cycle pourrait être interrompu ? Est-il possible de concevoir la libération même pour un univers ?

Si nous appliquons la logique Moksha à l'univers, la réponse pourrait se trouver dans une idée centrale de la physique quantique : la décohérence. Dans le monde subatomique, les particules existent dans de multiples états superposés jusqu'à ce qu'une observation ou une interaction avec l'environnement extérieur réduise cette incertitude, ramenant les particules à un état défini. Ce processus est similaire à ce qui se passe avec une conscience émergeant de la confusion dans la méditation : ce n'est qu'en se concentrant que l'on peut atteindre la clarté.

Dans l'univers, chaque cycle ou rebond correspond à une nouvelle décohérence. Mais certains spéculent que, comme pour la Moksha humaine, il pourrait aussi y avoir un "arrêt" du cycle dans le cosmos. Cela pourrait se produire à un moment où la gravité quantique ne peut plus soutenir la restructuration cyclique. Comme le dit le scientifique Carlo Rovelli, l'un des principaux théoriciens de la gravité quantique à boucles

Le temps peut cesser d'exister".

Et si l'univers pouvait atteindre un tel niveau qu'il n'avait plus besoin de se transformer ? Nous pourrions imaginer la Moksha comme un saut hors du temps, une condition dans laquelle il n'est plus nécessaire de répéter le passé.

Dans l'hindouisme, la métaphore du cycle est omniprésente. Des textes comme la Bhagavad Gita décrivent l'univers comme une immense roue. Mais c'est dans les Upanishads que la signification technique et profonde de Moksha apparaît. Par exemple, l'Isha Upanishad enseigne que :

Celui qui voit tous les êtres dans son propre Soi et son propre Soi dans tous les êtres n'éprouvera plus de peur.

C'est donc la peur qui nous retient dans le Samsara. De même, en physique, l'incertitude quant à la nature du temps et de l'espace semble être la clé qui maintient l'univers enfermé dans son mouvement cyclique.

Le philosophe indien Adi Shankara, l'un des plus grands penseurs de l'Advaita Vedanta, comparait l'univers à une flamme qui, bien que changeant constamment de forme, reste toujours la même en son cœur. Dans le raisonnement cosmologique moderne, des cosmologistes tels que Martin Bojowald, qui étudie le "*Big Bounce*" ( ), ont décrit quelque chose de similaire. Selon ses travaux, l'univers ne vient jamais vraiment de rien : il s'agit plutôt d'une transformation continue. Mais que se passe-t-il lorsque cette transformation s'arrête ?

Les penseurs de l'Antiquité et les scientifiques modernes ont de nombreux points communs. Tous deux tentent d'expliquer le pourquoi et le comment de l'existence. Tous deux tentent de résoudre l'énigme du cycle de la naissance et de la mort, en utilisant des outils différents : la méditation profonde pour l'hindouisme, les formules mathématiques et les observations pour la physique. Le pont entre la philosophie orientale et la science n'est pas toujours garanti, mais il offre de nouvelles perspectives.

Si Moksha est ce qui libère de l'éternel retour, alors l'univers lui-même pourrait trouver un moment de libération. Que pourrait-il se passer ? Un éternel retour au vide, au "non-être", comme le décrit la physique quantique ? Ou un saut dans un nouvel état de réalité, inconcevable pour l'instant, tel que l'illumination cosmique ?

De telles questions ne trouveront peut-être jamais de réponse. Pourtant, elles permettent de poursuivre le dialogue entre l'Orient et l'Occident, entre les mots veloutés des anciens sages et les calculs précis des scientifiques. Comme dans chaque cycle, de l'union des parties naissent de nouvelles possibilités. Et peut-être que, du seul fait de poser la question, il est déjà possible de s'approcher un peu plus de cette libération qui transcende tout.

L'illusion de l'esprit et l'effondrement de la fonction d'onde.

L'hindouisme considère l'illusion mentale comme le principal obstacle à la libération. L'obsession de la pensée fragmentée, identifiée à l'ego, est associée à une prison intangible ; seule la dissolution de cette dynamique mentale peut conduire à la vérité.

De l'autre côté du monde, la physique quantique offre un concept intrigant : l'effondrement de la fonction d'onde. En mécanique quantique, la fonction d'onde décrit un ensemble probabiliste d'états possibles pour une particule. Lorsqu'un observateur entre, cette fonction "s'effondre" et la particule adopte une position ou un état défini. L'acte d'observation apparaît donc comme un déterminant de la réalité.

La juxtaposition entre Moksha et l'effondrement quantique se fait naturellement, précisément parce que les deux concepts tournent autour de l'idée de dissolution. Dans l'hindouisme, Moksha dissout l'illusion mentale, menant à la vérité ultime. En physique quantique, le rôle de l'observateur semble dissoudre l'incertitude probabiliste de la fonction d'onde, créant ainsi une affirmation concrète de la réalité.

David Bohm, a développé une théorie connue sous le nom d'"ordre implicite", suggérant que la réalité visible n'était qu'une projection d'une dimension plus profonde, invisible et interconnectée. Bohm lui-même s'est déclaré fasciné par la philosophie védique et le "Om", le son primordial qui, selon l'hindouisme, résume le principe de l'univers. Bohm a souligné comment les principes quantiques pouvaient s'aligner sur ces concepts spirituels, suggérant une danse magistrale entre le manifeste et l'implicite.

Selon l'hindouisme, l'esprit fonctionne comme la fonction d'onde : il crée des possibilités infinies et des scénarios probabilistes par le biais de l'imagination et de la peur. Ce n'est qu'en dissolvant ces projections que le pratiquant devient libre et accède à une réalité stable et indivisible appelée Brahman. Le physicien John Wheeler a quant à lui proposé le "*principe anthropique participatif*" : l'univers existe parce qu'il est observé consciemment, un concept qui semble faire écho à l'idée hindoue selon laquelle la conscience (en l'occurrence, Atman) est inséparable de la réalité ultime.

C'est là qu'apparaît une curieuse similitude : tout comme la mystique nous invite à regarder au-delà des illusions de l'esprit, la physique quantique nous oblige à comprendre que la matière est elle aussi insaisissable dans son objectivité. Nous nous trouvons à la croisée de deux langages différents qui, étonnamment, parlent de la même vérité fondamentale : le monde est un jeu d'illusions, influencé par ce qui ne peut être vu ou mesuré directement.

L'hindouisme offre au débat scientifique une perspective étonnamment opportune. Richard Feynman, parlant ironiquement de la mécanique quantique, a dit :

> *"Si vous pensez que vous comprenez, c'est que vous ne comprenez pas.*

La même phrase pourrait peut-être s'appliquer aux mystères de l'esprit et à la recherche de Moksha.

De plus en plus de chercheurs combinent la méditation et les études neuroscientifiques pour explorer la relation entre les états méditatifs profonds et les niveaux de conscience modifiés. Il n'est donc pas surprenant que les monastères et les laboratoires commencent à dialoguer ouvertement. En particulier, à Dharamsala, résidence du Dalaï Lama, des scientifiques et des moines bouddhistes discutent régulièrement de physique quantique et de spiritualité, à la recherche de points de connexion.

Moksha, compris comme le dépassement de l'illusion mentale, résonne profondément avec l'effondrement de la fonction d'onde, où la réalité émerge de l'intervention consciente. La libération spirituelle et la recherche scientifique se retrouvent, bien que suivant des chemins différents, dans le même champ de réflexion. Peut-être ce dialogue, toujours en cours, ne sera-t-il jamais totalement résolu. Mais ce qui reste certain, c'est qu'ils nous offrent tous deux une perspective : celle que la frontière entre le réel et l'illusoire est peut-être plus mince que nous n'osons l'imaginer.

Chapitre XI. Dharma : devoir et éthique.

L'éthique dans l'hindouisme.

L'éthique est un pivot central de l'hindouisme. Au cœur de cette tradition millénaire se trouve le concept de Dharma. Ce terme sanskrit résume l'idée d'un ordre universel qui régit le cosmos et la vie humaine. Il guide chaque individu pour qu'il vive en équilibre avec lui-même, avec les autres et avec l'univers.

Le Dharma en tant que structure universelle.

Dans l'hindouisme, l'éthique n'est pas seulement un ensemble de règles à suivre, mais toute une vision du monde, enracinée dans le concept de Dharma. Ce terme sanskrit est vaste et complexe, difficile à traduire en un seul mot. Il repose sur l'idée d'un ordre universel qui maintient la cohésion de tous les aspects de l'existence : le cosmos, la vie humaine, la nature et les relations sociales. Le Dharma n'est pas statique. Au contraire, il est dynamique et spécifique à chaque individu, car il tient compte du contexte personnel, social et spirituel de chaque être humain.

Le terme Dharma exprime la loi naturelle qui imprègne l'univers. La philosophie hindoue le décrit comme le principe responsable de l'ordre et de l'équilibre. Mais il ne se limite pas à la cosmologie : le dharma guide également le comportement éthique de chaque personne. Dans le poème épique indien du Mahabharata (dans ses versions datant du 4e siècle avant J.-C. au 4e siècle après J.-C.), le sage Bhishma affirme que :

> *"Le Dharma soutient tout ce qui existe : il est l'âme des actions".*

Cette conception permet non seulement de relier les êtres humains au divin, mais aussi d'offrir un code moral qui guide chaque choix individuel, en maintenant l'interconnexion entre toutes les entités du monde.

Dans l'hindouisme, cependant, l'éthique ne se limite pas au comportement personnel. Au contraire, elle est imbriquée dans le macrocosme. En suivant le Dharma, les êtres humains participent à l'harmonie universelle. Ce concept est évoqué dans l'un des textes philosophiques fondamentaux de l'hindouisme, la Bhagavad Gita (datée entre le 5e et le 2e siècle avant J.-C.), où Krishna, figure divine, explique à Arjuna l'importance de suivre son propre SvaDharma, c'est-à-dire son dharma personnel. Krishna déclare :

"Il vaut mieux échouer en suivant son propre dharma que réussir en suivant celui d'un autre".

Le dharma personnel est essentiel : chaque personne doit vivre conformément à son rôle et à ses responsabilités, contribuant ainsi à l'équilibre général.

L'un des principes centraux et universels de l'éthique hindoue est l'*ahimsa*, la non-violence. Cette valeur apparaît dans de nombreux textes sacrés, mais trouve une résonance particulière dans les Védas et les Upanishads. L'ahimsa représente non seulement l'absence de violence physique, mais aussi le rejet de toutes les pensées et actions qui nuisent à d'autres êtres vivants. L'hindouisme considère que le mal infligé aux autres entraîne un désalignement par rapport au dharma universel.

Le Mahatma Gandhi est un représentant moderne de l'ahimsa. Éduqué dans les principes de l'hindouisme dès l'enfance, Gandhi a fait de l'ahimsa un instrument de révolution éthique et politique. Sa lutte pour l'indépendance de l'Inde face à la domination britannique reposait sur l'idée que la non-violence n'était pas une forme de passivité, mais un acte de connexion profonde avec la vérité, ou *satya*. Gandhi expliquait que :

"L'ahimsa est l'attribut de l'âme : vivre l'ahimsa, c'est vivre en harmonie avec le Dharma".

L'éthique hindoue transcende l'individu et se concentre sur l'interconnexion. L'une des métaphores les plus célèbres pour décrire cette réalité est la "*toile d'Indra*", que l'on trouve dans les textes du Vedanta et du bouddhisme Mahayana. Cette toile cosmique est décrite comme un tissu infini de joyaux, dont chacun reflète tous les autres. Chaque action d'un individu influence l'ensemble du système, créant un effet d'entraînement qui s'étend sur tout l'univers. Cette image représente métaphoriquement le fait que suivre son dharma n'est pas un acte isolé, mais contribue au bien-être de tous.

Un exemple pratique de ce point de vue est le système de purushartha, les quatre objectifs de la vie humaine, qui comprennent le dharma (action juste), l'artha (richesse et subsistance), le kama (désir et plaisir) et le moksha (libération spirituelle). Vivre en équilibre entre ces objectifs ne génère pas seulement une existence harmonieuse, mais assure également le respect de l'interconnexion universelle.

L'éthique hindoue a influencé diverses disciplines, même en dehors des contextes religieux. Parallèlement à la physique quantique, où chaque partie de l'univers est reliée à un ensemble plus vaste, le concept de Dharma dans l'hindouisme est présenté comme une idée profondément systémique : chaque action individuelle affecte l'ensemble. Un message universel émerge, invitant non seulement à la responsabilité personnelle, mais aussi à une vision collective.

En définitive, l'éthique hindoue, centrée sur le Dharma et l'ahimsa, propose un modèle orienté vers la coopération, l'harmonie et le respect de la vie sous toutes ses formes. Ce système, ancré dans une tradition millénaire, nous rappelle encore aujourd'hui que nos choix n'affectent pas seulement notre destin personnel, mais l'équilibre de tout ce qui nous entoure. Comme le disait le Mahatma Gandhi :

"Soyez le changement que vous voulez voir dans le monde".

Dans l'hindouisme, cette transformation commence par le respect du dharma.

Le Dharma dans la vie quotidienne.

Le concept de Dharma est l'une des pierres angulaires les plus anciennes et les plus fascinantes de l'éthique hindoue. Le dharma est un terme complexe à traduire. On pourrait le définir comme l'harmonie qui régit le cosmos, les relations humaines et le comportement individuel. Il ne s'agit pas d'une loi rigide, ni d'un ensemble de règles intangibles, mais d'un principe fluide, adaptable aux circonstances, à l'âge, au sexe et au rôle social. L'élasticité du Dharma en fait un concept extraordinairement contemporain, capable d'inspirer une action consciente même dans la vie d'aujourd'hui.

Dans l'hindouisme, il n'existe pas de morale unique. Le dharma change en fonction du contexte et de l'individu. Par exemple, le dharma d'un enseignant consiste à éduquer avec patience et sagesse, tandis que le dharma d'un médecin consiste à soigner les patients avec empathie et dévouement. Mais au-delà des rôles spécifiques, ce que toutes les formes de dharma ont en commun, c'est la responsabilité morale pour le bien commun et l'interconnexion de tous les êtres vivants.

Selon la Bhagavad Gita, l'un des textes les plus sacrés de la tradition hindoue,

"Il vaut mieux suivre son propre dharma, même imparfait, que le dharma des autres, même parfait.

Ce fragment souligne une vérité fondamentale : chacun doit agir en fonction de sa propre nature et de sa position dans la vie, sans imiter la voie des autres. Connaître son propre dharma est un processus qui nécessite introspection et prise de conscience.

Le dharma se manifeste souvent dans les relations les plus intimes et les plus quotidiennes, comme les relations familiales. Prenons le cas d'un père et de ses enfants. Le Manu Smriti, un ancien texte éthique hindou, dépeint le dharma paternel avec beaucoup d'élégance :

"Le père qui élève ses enfants selon le dharma remplit son devoir divin".

Il ne s'agit pas seulement de subvenir aux besoins matériels, mais aussi d'inspirer les enfants à vivre avec intégrité et discernement.

Parallèlement, le dharma des enfants envers leurs parents comprend le respect, l'attention et la gratitude, en particulier dans la vieillesse. La culture indienne célèbre toujours la valeur des soins mutuels au sein de la famille. Un exemple emblématique est le festival de Pitru Paksha, une période de l'année consacrée aux ancêtres au cours de laquelle les descendants offrent des prières et de la nourriture pour honorer leur mémoire. Cette fête symbolise le dharma de la gratitude, qui s'exprime aussi bien envers les vivants qu'envers les disparus.

Une autre illustration du Dharma se trouve dans le Ramayana, l'un des grands poèmes épiques de l'hindouisme. Dans ce récit, le prince Rama représente l'essence même du dharma. Rama accepte sans hésiter de s'exiler dans la forêt pendant quatorze ans, alors qu'il sait qu'il a droit au trône d'Ayodhya. Sa décision découle de son désir d'honorer la promesse faite par son père à son demi-frère Bharata. Dans ce récit, le dharma de Rama souligne l'importance de la loyauté et du respect de la famille, même si cela implique de sacrifier ses ambitions personnelles.

Bien qu'enraciné dans la culture indienne, le Dharma contient une vérité qui transcende les frontières géographiques et religieuses. Il rappelle l'idée de responsabilité mondiale que beaucoup ressentent aujourd'hui face à la crise climatique. Tout comme le dharma exige des individus qu'ils agissent en harmonie avec leur environnement, la nécessité actuelle de préserver la planète reflète un dharma collectif, qui exige une prise de conscience et une action concertée.

Le Mahatma Gandhi lui-même, lorsqu'il a parlé de la non-violence (*ahimsa*) comme d'un principe universel, l'a implicitement liée au Dharma :

> *"Notre plus grande responsabilité est envers tous les êtres vivants".*

Gandhi pensait que le dharma était inséparable du devoir de vérité et de compassion.

Dans la vie quotidienne moderne, le dharma devient un outil pour faire face aux complexités du monde. Par exemple, sur le lieu de travail, suivre son dharma signifie agir de manière éthique, traiter ses collègues et collaborateurs avec respect, éviter les raccourcis qui portent atteinte à l'intégrité. Dans les relations personnelles, le dharma peut se traduire par la priorité donnée à une communication authentique et à une compréhension mutuelle.

Comme point de départ pratique, la tradition hindoue propose le concept de sankalpa, ou intentionnalité consciente. Avant d'accomplir une action, il convient de s'arrêter et de réfléchir : "*Cette décision est-elle en harmonie avec mon dharma ? Contribuera-t-elle à mon bien-être, à celui des autres et à celui du monde qui m'entoure* ?

Le Dharma, dans son essence, n'est pas une abstraction spirituelle lointaine. C'est un principe vivant, adaptable et applicable dans tous les domaines de la vie. Il nous enseigne l'importance d'agir avec conscience et responsabilité dans le contexte unique de chaque existence. Du père qui élève ses enfants à l'individu qui s'interroge sur son propre impact environnemental, le Dharma nous guide vers une vie centrée sur l'interconnexion et l'éthique. Dans l'hindouisme, comme dans la vie de tous les jours, le dharma n'est pas une simple règle, mais une invitation à vivre en équilibre avec soi-même et avec le monde.

Du personnel au collectif.

Dans l'hindouisme, l'éthique se développe comme un voyage du personnel au collectif, de l'intériorité individuelle à l'harmonie universelle. Ses racines profondes s'expriment dans la conception selon laquelle l'ensemble de l'humanité, et même le cosmos, est un tout interconnecté. Cette perspective est résumée dans la célèbre maxime sanskrite : "*Vasudhaiva Kutumbakam*", qui signifie "*Le monde est une famille*". Ce principe, transmis dans des textes sacrés tels que les Upanishads et les Puranas, reflète un idéal d'empathie globale qui nous invite à considérer chaque être vivant comme un membre d'une même communauté. L'éthique hindoue ne se limite donc pas aux devoirs envers la famille ou le village, mais s'étend à l'ensemble de la création, invitant à une responsabilité universelle.

Parmi les œuvres philosophico-religieuses de l'hindouisme, la Bhagavad Gita, qui fait partie du Mahabharata, est un texte fondamental pour comprendre l'éthique du Dharma. Dans le dialogue entre Krishna et Arjuna, Krishna insiste sur la nécessité d'agir sans égoïsme :

> *"Faites votre devoir sans attendre de récompense. Agissez pour un bien supérieur".*

Ce principe, souvent appelé "karma yoga", encourage l'individu à harmoniser ses propres intérêts avec ceux de la collectivité. L'engagement éthique ne se limite pas au bien personnel, mais vise le bien-être collectif.

Par exemple, un agriculteur qui ensemence un champ ne doit pas travailler en pensant uniquement à sa propre récolte, mais en tenant compte de la contribution de l'agriculture aux moyens de subsistance de la communauté. De même, un guerrier, comme Arjuna, ne doit pas se battre par vanité ou par haine, mais pour rétablir la justice. En ce sens, le message de la Gita nourrit une éthique fondée sur le dépassement de soi, un élan au-delà de l'ego vers l'accomplissement d'un devoir universel.

La vie d'Ashoka le Grand, l'un des empereurs les plus célèbres de l'Inde, est un exemple frappant de la manière dont cette éthique s'est traduite dans l'histoire. Ashoka a régné sur le sous-continent indien au IIIe siècle avant J.-C., étendant son empire par de violentes campagnes militaires. Cependant, la dévastation causée par la bataille de Kalinga, qui a fait des dizaines de milliers de morts, a profondément transformé sa vision du monde. La douleur et la souffrance qu'il a vues chez les survivants l'ont amené à renoncer aux guerres de conquête et à suivre les principes éthiques du Dharma.

Ashoka adopte les enseignements de l'*ahimsa* (non-violence) et entreprend une série de réformes visant au bien-être collectif. Il fait graver ses édits sur des piliers disséminés dans tout l'empire. Ces piliers, comme le célèbre pilier de Sarnath, prônent des valeurs telles que la tolérance religieuse, le respect de toutes les formes de vie et la justice sociale. Ashoka a également envoyé des émissaires pour répandre la paix et le Dharma au-delà des frontières de l'Inde, cherchant à créer une civilisation basée sur une éthique universelle. Son règne reste un symbole historique de la façon dont l'éthique personnelle peut se transformer en un engagement pour le bien collectif.

L'éthique comme lien entre l'individu et l'univers.

Dans l'hindouisme, l'interconnexion entre l'individu et l'univers est fondamentale. La pratique quotidienne du dharma, entendu comme le "bon comportement", régit tous les aspects de la vie. Il ne s'agit pas d'un code rigide, mais d'un ensemble de principes souples qui permettent d'équilibrer les besoins personnels et ceux de l'ensemble de la communauté. Au niveau cosmique, on considère que chaque action (karma) a une conséquence, non seulement sur la vie de l'individu, mais aussi sur le cycle entier de l'existence. Par conséquent, agir de manière éthique signifie contribuer à l'harmonie universelle.

L'environnement et les êtres vivants font également partie intégrante de cette éthique. De nombreux textes hindous, y compris les Vedas, soulignent que le respect de la nature est un devoir sacré. Les éléments naturels tels que le Gange, les arbres et les animaux sont vénérés non seulement pour leur valeur spirituelle, mais aussi pour leur rôle dans le réseau de la vie. Ce respect de l'environnement est lié au concept d'interdépendance : endommager une partie, c'est compromettre l'ensemble.

L'éthique de l'hindouisme invite à voir au-delà des limites de sa propre individualité. Il passe de la responsabilité familiale à une vision plus large qui englobe la société, l'humanité et l'univers tout entier.

L'éthique dans la pratique spirituelle

Dans l'hindouisme, l'éthique n'est pas seulement un ensemble de règles destinées à guider les actions quotidiennes. Il s'agit d'une vision plus large, qui englobe l'ensemble du chemin de l'existence, y compris la croissance spirituelle. Au cœur de cette perspective se trouve le concept de Dharma. Ce terme sanskrit est riche de sens : il peut être traduit par "devoir", "ordre universel" ou "loi morale". Le dharma n'est pas statique, mais varie en fonction du contexte, de l'individu et du moment historique, guidant chaque personne dans la recherche d'un équilibre entre l'éthique personnelle et l'harmonie cosmique.

Les Yoga Sutras de Patanjali constituent un fondement universel pour comprendre l'éthique de l'hindouisme. Ces textes anciens (probablement écrits entre le IIe siècle avant J.-C. et le IVe siècle après J.-C.) constituent un guide pratique pour ceux qui recherchent l'union avec l'absolu. Patanjali présente les yamas et les niyamas, deux catégories de préceptes éthiques qui constituent la première étape sur le chemin du yoga.

Les yamas concernent les relations avec le monde extérieur. Parmi eux, le principe cardinal est l'ahimsa, la non-violence. Ce concept ( ) va bien au-delà du simple fait d'éviter les dommages physiques. Il concerne également les paroles, les pensées et les intentions. Être non-violent, c'est vivre dans le respect de toutes les formes de vie, en rejetant tout comportement fondé sur la haine et l'agression.

Les niyamas, quant à eux, sont des règles qui guident la discipline intérieure. Parmi eux, on trouve le satya, la vérité. Dire la vérité, selon l'hindouisme, n'est pas une fin en soi. La vérité est indispensable au maintien de l'harmonie car elle génère clarté et confiance, tant en nous-mêmes que dans nos relations avec les autres.

Ces principes, bien que profondément enracinés dans le contexte philosophique et spirituel de l'Inde, possèdent une force universelle. Ce sont des outils intemporels pour l'individu, qui peut les utiliser pour faire face aux défis quotidiens de la vie moderne.

Le Mahatma Gandhi a été l'un des plus éminents représentants des principes éthiques de l'hindouisme. Né le 2 octobre 1869 à Porbandar, en Inde, Gandhi a fait de l'ahimsa une philosophie de vie et une stratégie politique sans précédent. Pour lui, la non-violence n'était pas une simple passivité, mais une action perturbatrice, capable d'ébranler les piliers de l'oppression coloniale britannique. Gandhi déclarait souvent :

> *"Ahimsa est l'attribut de l'âme. Il ne peut être pratiqué par ceux qui manquent de courage".*

Pour lui, la non-violence était une force active, exigeant un dévouement total à la vérité et une immense force intérieure. Par exemple, en 1930, il a mené la célèbre Marche du sel, un acte de désobéissance civile rendu puissant par sa nature non violente. Des milliers de personnes ont suivi Gandhi sur le chemin de Dandi, prouvant que l'éthique pouvait inspirer tout un peuple à résister sans haine.

L'hindouisme met également l'accent sur l'interconnexion entre l'éthique individuelle et l'éthique universelle. Selon cette conception, chaque action accomplie par l'individu a des répercussions sur l'ensemble du cosmos. Ce principe apparaît clairement dans le concept de karma, selon lequel chaque choix laisse une empreinte sur le tissu de l'univers, générant des effets qui influencent l'avenir.

Le dharma dans la vie quotidienne. Éthique familiale et responsabilité sociale.

Le dharma, l'un des concepts cardinaux de l'éthique hindoue, représente l'ordre universel et le sens du devoir individuel. Dans la vie quotidienne ( ), il se traduit par une orientation morale qui régit les relations familiales et les responsabilités sociales, en s'adaptant au contexte et aux circonstances.

Dans les familles, le dharma agit comme un fil conducteur qui favorise l'harmonie et la responsabilité mutuelle. Le principe "*matru-devo-bhava, pitru-devo-bhava*" invite les enfants à considérer leurs parents comme une manifestation divine, en exprimant leur respect et leur dévotion filiale. Un exemple emblématique de ce principe est raconté dans le Ramayana : l'obéissance de Rama aux ordres de son père Dasharatha. Malgré les difficultés, Rama accepte l'exil pour honorer les souhaits de son père, incarnant ainsi l'idéal d'un fils dévoué.

Du côté des parents, le dharma comprend l'obligation de protéger, d'éduquer et de préparer les enfants à mener une vie juste et conforme aux principes éthiques. Cet échange de devoirs entre parents et enfants renforce les liens familiaux et jette les bases d'une société fondée sur le respect et la responsabilité.

Selon la tradition hindoue, la vie d'un individu est divisée en étapes (*ashrama*). L'ashrama Grihastha, la phase consacrée à la vie familiale et sociale, met l'accent sur l'importance des devoirs envers la communauté ainsi qu'envers sa propre famille. Le chef de famille (*Grihastha*) a pour tâche de soutenir les autres économiquement et moralement, en partageant les richesses et les ressources avec ceux qui en ont besoin, conformément à la tradition du *dana* (charité). Cette responsabilité n'est pas un fardeau, mais une occasion de contribuer à l'harmonie de l'ordre universel.

Le dharma ne se limite pas aux frontières de la famille, mais s'étend aux défis collectifs. En se modernisant, le concept a trouvé de nouvelles applications, comme l'engagement en faveur de l'éthique environnementale. Le principe de Vasudhaiva Kutumbakam ("*Le monde est une famille*") résume cette vision globale. Comme dans une famille, tous les membres sont protégés, le Dharma encourage une approche durable et compatissante de la nature et des êtres vivants. Cela se traduit par des initiatives environnementales et des tentatives d'équilibrer le progrès économique et le respect de la planète.

Les mouvements actuels en faveur de la justice climatique en Inde, souvent inspirés par les écritures anciennes et le respect de la planète en tant qu'entité sacrée, en sont un exemple. Ce lien entre l'éthique traditionnelle et les défis modernes souligne la valeur perpétuelle du Dharma en tant que boussole morale.

À l'ère des crises climatiques et des tensions sociales croissantes, le Dharma offre une perspective qui équilibre les droits individuels et les devoirs collectifs. L'accent qu'il met sur l'interconnexion entre les êtres vivants, ainsi qu'entre l'homme et la nature, pourrait inspirer un code éthique mondial. Le principe de vie en équilibre avec soi-même, avec les autres et avec la planète pourrait devenir une réponse aux défis du 21e siècle.

Dharma et interconnexion. L'éthique entre la spiritualité et la science.

L'idée d'interconnexion est un thème central de l'hindouisme, une philosophie millénaire qui non seulement analyse la relation entre les êtres humains et l'univers, mais guide également le comportement éthique à travers le concept de Dharma. Dans le monde contemporain, cette perspective trouve de nouvelles et surprenantes correspondances avec les découvertes de la physique quantique, offrant un pont entre la spiritualité et la science.

Dans l'hindouisme, le dharma représente l'ordre moral et cosmique que chaque individu est appelé à respecter par ses actions. Il s'agit d'une force dynamique qui maintient l'univers ensemble, indiquant la "bonne façon de vivre" en fonction du contexte individuel, social et naturel. L'idée centrale est que chaque action a un effet sur tout le reste, une loi d'interdépendance qui guide le comportement humain vers l'harmonie avec le monde.

Par exemple, la Bhagavad Gita, l'un des textes fondamentaux de l'hindouisme, souligne que les êtres vivants n'existent pas de manière isolée, mais qu'ils font partie d'un ensemble plus vaste. Au chapitre III, Krishna enseigne à Arjuna que l'homme doit agir selon son dharma, non pas par ambition personnelle, mais pour le bien collectif, en respectant les forces de la nature et en coopérant avec elles.

Ce principe d'interconnexion se retrouve non seulement dans les spéculations spirituelles, mais aussi dans les pratiques quotidiennes. Un exemple concret est l'ancienne croyance en *ahimsa* (non-violence), qui ne concerne pas seulement les relations humaines mais toutes les formes de vie, soulignant l'importance de reconnaître la valeur intrinsèque de chaque être vivant. Ce respect de l'interconnexion universelle guide une grande partie des choix éthiques dans la culture indienne.

Plusieurs siècles plus tard, la physique moderne a découvert des concepts scientifiques qui semblent, de manière fascinante, faire écho aux idées spirituelles hindoues. L'un des points forts est la perspective de la physique quantique, où la nature interconnectée de l'univers émerge puissamment.

Dans son célèbre essai intitulé "Le Tao de la physique", Fritjof Capra explore en détail cette complémentarité entre la pensée orientale et les concepts de la science moderne. Capra affirme que, comme l'enseignent les philosophies orientales, il n'existe pas d'entités isolées dans le domaine de la physique quantique. Les phénomènes physiques naissent et se développent à travers le réseau de leurs relations. Par exemple, le scientifique explique que les particules subatomiques n'ont pas de sens en tant qu'entités séparées, mais uniquement en fonction de leur interaction avec d'autres particules, créant ainsi une "toile cosmique" d'interdépendances.

Le parallèle avec le Dharma est évident : de même que chaque particule agit au sein d'un ensemble plus vaste, chaque action humaine, selon l'hindouisme, affecte l'équilibre universel. C'est un rappel profond de la responsabilité personnelle, non seulement à l'égard des autres êtres vivants, mais aussi à l'égard de la planète elle-même.

L'un des exemples les plus frappants de l'application du Dharma dans un contexte moderne est le mouvement Chipko, qui a vu le jour en Inde dans les années 1970. Dans le cadre de cette initiative, menée principalement par des femmes de villages himalayens, les communautés locales ont mis en pratique un principe ancien d'interconnexion et de respect de la nature. Le geste symbolique d'étreindre les arbres ("chipko" en hindi signifie "*étreindre, s'accrocher*") représentait leur tentative de protéger les forêts des spéculateurs, rappelant au monde que la destruction de l'environnement a des conséquences directes sur la vie humaine.

Dans le mouvement Chipko, on retrouve le cœur battant du Dharma : protéger ce qui soutient la vie pour maintenir l'équilibre général. Les femmes qui ont dirigé le mouvement, comme Gaura Devi, ont incarné cette vision éthique, montrant au monde comment une philosophie ancienne peut être traduite en action concrète et transformatrice. Le geste n'était pas seulement symbolique, et le mouvement a conduit à des changements législatifs qui ont mis fin à l'exploitation forestière sauvage dans de nombreuses régions.

L'interconnexion universelle, mise en évidence à la fois par les intuitions spirituelles et la physique quantique, offre des réponses novatrices aux défis contemporains. Les crises auxquelles nous sommes confrontés aujourd'hui - du changement climatique à la perte de biodiversité - mettent en évidence l'échec d'une vision dominée par la fragmentation. L'hindouisme, avec son insistance sur le dharma et la reconnaissance du réseau d'interdépendances, propose une éthique qui peut être étonnamment pertinente aujourd'hui.

Comme nous le rappelle Capra, le dialogue entre la science moderne et la spiritualité orientale ne se contente pas de fournir des métaphores fascinantes, mais peut contribuer à une transformation de notre vision du monde. Une vision qui reconnaît l'urgence d'agir collectivement, conscients que chaque geste a un impact sur l'ensemble.

À une époque où l'éthique et la durabilité sont des priorités mondiales, l'intégration des principes hindous et de la science quantique offre un terrain d'entente pour développer un nouveau paradigme. Le Dharma, qui met l'accent sur la responsabilité pour l'ensemble, nous invite à repenser notre relation avec la planète et avec les autres. C'est une invitation à redécouvrir l'harmonie, non seulement par la méditation et la spiritualité personnelle, mais aussi par des lois, des politiques et des actions concrètes.

L'hindouisme, avec son profond respect pour l'interconnexion, s'avère être un guide inestimable pour relever les défis moraux de notre époque, en nous rappelant que chaque atome, comme chaque geste humain, est lié à un réseau infini de relations. C'est un message de responsabilité et d'espoir, et un appel à reconnaître que, dans la trame de l'univers, chaque fil compte.

Dharma et intrication quantique.

Dans la philosophie de l'hindouisme, le dharma représente le devoir individuel dans le contexte des circonstances personnelles, sociales et spirituelles. Il exprime le rôle unique de chaque être dans l'ordre cosmique. Arjuna, par exemple, est un kshatriya, un guerrier. Son dharma consiste à se battre pour la justice, même si ses émotions personnelles le poussent à fuir. Krishna lui apprend que son comportement ne se limite pas à des effets immédiats. Chaque action, chaque décision agit comme une vague dans le grand océan de l'existence, touchant d'autres vies et modifiant leur cours.

Ce point de vue trouve un écho dans les développements récents de la physique quantique. Le principe de l'enchevêtrement stipule que deux particules, une fois "enchevêtrées", restent connectées quelle que soit la distance. Un changement dans une particule est instantanément reflété dans l'autre, créant ainsi une correspondance parfaite. La toile invisible qui relie deux particules semble être un reflet microscopique du Dharma : les choix d'un individu vibrent à travers l'univers, influençant un ordre collectif.

Dans les années 1980, le physicien Alain Aspect a démontré que, contre toute logique classique, les particules peuvent s'influencer instantanément, violant ainsi la "séparation" prédite par la relativité. L'intrication, vérifiée à plusieurs reprises au cours des années suivantes, révèle une réalité interconnectée . L'univers, au lieu d'être une série d'événements séparés, fonctionne comme un grand "tissu" dans lequel tout est connecté.

Dans l'hindouisme, le concept de karma est parallèle à celui de dharma. Le karma et le dharma sont les fils qui tissent le tapis de la vie. Chaque action laisse une empreinte qui se reflète dans le temps et l'espace. De même, l'enchevêtrement nous rappelle que nous n'existons pas comme des îles séparées, mais comme des parties d'une réalité indissoluble : le comportement de l'un se reflète dans le destin de l'autre, tout comme dans les relations humaines, les systèmes écologiques ou, bien sûr, entre les particules subatomiques.

Arjuna représente l'éternel dilemme humain. Agir ou ne pas agir ? Son dialogue avec Krishna nous parle de la nécessité d'accepter un rôle dans le grand schéma de la vie. L'importance philosophique de ce choix se reflète dans la physique à travers ce que l'on appelle le champ unifié, théorisé par des physiciens tels qu'Erwin Schrödinger et Werner Heisenberg, tous deux inspirés par la philosophie indienne.

Schrödinger, admirateur des Upanishads, percevait l'univers comme une réalité indivisible, où l'individu n'était pas séparé du tout.

Le dharma n'est pas un concept statique. Il change en fonction du temps, des circonstances et du contexte. Il est à la fois subjectif et universel. L'enchevêtrement quantique offre une image différente mais complémentaire : chaque événement, bien qu'unique, est uni à plus grande échelle. Il n'y a pas d'action sans réaction, pas de particule sans connexion.

Si nous réfléchissons à notre vie, ses défis nous posent continuellement des questions similaires à celles qu'Arjuna se pose sur le champ de Kurukshetra. Quel est notre devoir ? Comment agir sans nuire à autrui tout en évoluant en tant qu'être humain ? La science et la philosophie semblent nous indiquer une direction commune : vivre en étant conscient de notre impact, en sachant que chaque action se reflète dans l'harmonie universelle.

Le Dharma nous invite à voir la vie non pas comme une somme d'événements aléatoires, mais comme un réseau de responsabilités interconnectées. L'enchevêtrement quantique nous offre une simulation moderne : l'univers est interdépendant, comme l'enseignent les Upanishads.

Alors que la physique quantique dévoile les secrets du microcosme, les textes sacrés de l'hindouisme continuent d'explorer l'infinité du macrocosme spirituel. Tous deux nous rappellent que la vie est une aventure d'équilibre. Chaque choix, petit ou grand, est un fil qui relie l'individu au tout.

Le champ de Kurukshetra et la physique d'Heisenberg :

Sur la vaste étendue du champ de Kurukshetra, Arjuna, le héros de la Bhagavad Gita, se trouve dans un moment de crise profonde. Face à son devoir de guerrier, il hésite. Il doit se battre contre des amis et des parents. Dans ce contexte, Krishna, incarnation du divin, l'exhorte à suivre son dharma : son devoir, éthique et spirituel. Mais Arjuna est bloqué par l'incertitude. Cette scène intemporelle vibre de questions qui font écho aux réflexions les plus avancées de la physique moderne.

Le parallèle avec le principe d'incertitude de Werner Heisenberg, formulé en 1927, éclaire ce lien entre la pensée philosophique ancienne et la science contemporaine. Heisenberg a affirmé qu'au niveau subatomique, il n'est pas possible de connaître simultanément la position et la vitesse d'une particule avec une précision absolue. Cette incertitude génère un univers de possibilités et de probabilités, où chaque choix - ou observation - influence le système considéré.

Arjuna, comme tout être humain, se trouve dans une condition existentielle dominée par la multiplicité des possibilités. Son dilemme reflète l'incertitude du monde quantique. Sur le champ de Kurukshetra, chaque décision possible en annule une autre. Combattre ou abandonner la bataille devient une bifurcation morale qui reflète, d'une certaine manière, le comportement d'une particule. En mesurant une position, le physicien perd des informations sur la vitesse. En choisissant une action, Arjuna renonce à toutes les autres voies.

La physique quantique nous enseigne que chaque événement est interconnecté, tout comme chaque atome influence d'autres atomes dans le tissu du cosmos. De même, le champ de Kurukshetra, dans le récit épique, devient le symbole d'un réseau complexe de relations familiales, politiques et cosmiques. La décision d'Arjuna n'affecte pas seulement son destin personnel, mais celui de l'humanité tout entière.

Krishna est un exemple clé de cette interconnexion. En tant que guide, il n'impose pas de solution à Arjuna. Au contraire, il l'amène à une compréhension plus élevée de la réalité : une compréhension dans laquelle les choix individuels, aussi incertains soient-ils, s'intègrent dans le tissu universel du Dharma, la loi cosmique. De même, en physique quantique, une particule n'existe jamais "seule". Chaque changement d'état affecte l'ensemble du système.

La crise d'Arjuna et le principe d'incertitude d'Heisenberg partagent une vérité puissante : l'humanité doit vivre dans l'incertitude. Arjuna ne peut pas savoir avec certitude quel sera le résultat de ses actions. Le physicien ne peut pas dire exactement où se trouvera un électron. Cependant, Arjuna et les scientifiques font face à cette incertitude avec des outils distincts mais complémentaires.

Krishna enseigne à Arjuna à faire confiance à la loi universelle du Dharma, qui guide chaque être vivant vers son but unique. La physique moderne, quant à elle, traite de l'incertitude par le biais de la probabilité statistique et du langage mathématique. Toutes deux nous enseignent cependant un fait essentiel : la liberté ne vient pas de la certitude, mais de la capacité d'agir dans les limbes des possibilités.

Le champ de Kurukshetra devient une métaphore de la vie elle-même, un lieu où chaque choix est lourd de conséquences. De même, le principe d'incertitude nous rappelle que chaque observation rend le monde un peu moins mystérieux, mais jamais totalement connaissable.

D'une certaine manière, Heisenberg lui-même semblait partager ce point de vue. Dans ses écrits, il a noté que la philosophie orientale, y compris les concepts de Dharma et d'impermanence, présentait une affinité surprenante avec les découvertes de la physique moderne. Comme il l'a dit :

> *L'homme est toujours à la fois acteur et observateur du drame universel.*

La bataille de Kurukshetra et le principe d'incertitude d'Heisenberg nous invitent à repenser le sens de nos décisions. Tous deux nous disent qu'il n'y a pas de chemin facile dans l'incertitude du monde. Cependant, c'est précisément dans cette incertitude que se manifeste l'émerveillement de notre existence. La physique et la philosophie convergent pour suggérer que, qu'il s'agisse d'Arjuna devant son arc ou d'un scientifique devant un microscope, l'acte même de choisir transforme le présent et l'avenir.

Le dharma en tant que force ordonnatrice. La danse de l'interaction des particules.

e mot sanskrit "Dharma" est dérivé de la racine "*dhri*", qui signifie "maintenir". Ce principe universel soutient la structure de l'univers et régule l'harmonie entre les êtres et la nature. Il est surprenant de constater qu'une idée parallèle émerge également de la physique quantique : les interactions complexes entre les particules. Ces relations, bien que chaotiques, génèrent un ordre qui soutient l'ensemble du tissu de la réalité.

Pour comprendre le Dharma, l'hindouisme propose un symbolisme puissant : Shiva Nataraja, le Seigneur de la danse. Debout sur un cercle de flammes, Shiva se déplace dans une danse perpétuelle, un cycle continu de création, de préservation et de destruction. Cette image profonde n'est pas seulement une icône religieuse, mais une représentation du cosmos. Chaque geste de Shiva régule ce qui existe, détruisant ce qui est obsolète pour créer de l'espace pour le nouveau.

Dans de nombreux temples tamouls du sud de l'Inde, comme le célèbre temple de Chidambaram, la statue de Nataraja incarne cette vision. Ici, la danse est plus qu'un acte esthétique : c'est un principe métaphysique. Les dévots voient en Shiva le rythme même du cosmos, la pulsation de l'union entre le chaos et l'ordre.

La physique quantique nous permet d'entrevoir une réalité qui reflète la danse cosmique de Shiva. Au niveau subatomique, les particules se déplacent sans cesse, apparaissant et disparaissant dans le vide quantique. Cette dynamique frénétique peut sembler aléatoire. Cependant, les interactions entre les particules suivent des règles précises, découvertes grâce aux équations de la théorie quantique des champs.

Par exemple, le comportement des photons (particules de lumière) lorsqu'ils se déplacent à travers une double fente a permis d'élucider le mystère de la "décohérence". L'interaction des observateurs avec les particules semble établir un ordre. Tout comme le Dharma qui régit les actions des individus, l'observation crée un équilibre dans le monde physique.

Tout comme le Dharma attribue un rôle unique et interdépendant à chaque être, les particules subatomiques n'existent pas de manière isolée. Le principe d'interaction stipule que chaque particule influence le champ dans lequel elle se trouve. Cette correspondance quantique fait écho à la conception du Dharma comme un principe qui harmonise les actions de chaque individu dans l'univers social et cosmique.

La métaphore de la danse cosmique peut être étendue aux lois naturelles. Dans le chaos apparent des collisions de particules ou des choix éthiques des êtres humains, un ordre invisible émerge. Cet "ordre caché" est le Dharma qui se manifeste. Pour l'hindouisme, il est éternel et cyclique. Pour les physiciens, il s'agit de la grille fondamentale de la réalité, décrite mathématiquement.

La danse de Shiva et l'univers subatomique ne sont donc pas de simples symbologies ou théories, mais des langages différents pour exprimer la même vérité. À un niveau profond, l'hindouisme et la physique quantique nous enseignent que l'univers est un réseau de relations. Rien n'existe seul. Chaque action, chaque interaction, chaque particule affecte ce qui se passe autour d'elle. Dans le chaos se trouve le Dharma : la structure sous-jacente qui maintient tout ensemble.

Le dharma du photon. Une leçon d'éthique de la part de la particule-onde.

La dualité onde-particule, décrite pour la première fois par le physicien français Louis de Broglie en 1924, montre comment la lumière et d'autres particules se comportent différemment selon les circonstances. Ce comportement apparemment contradictoire offre un aperçu fascinant de concepts aussi anciens que le Dharma de l'hindouisme.

L'expérience des doubles fentes, réalisée par Thomas Young en 1801 et perfectionnée au cours des décennies suivantes, reste un jalon de la physique quantique. Imaginez un faisceau de lumière passant à travers deux fines fentes sur une surface. Lorsque personne n'observe le passage, la lumière se comporte comme une onde, créant une figure d'interférence sur l'écran situé derrière elle. Cependant, lorsque nous introduisons un dispositif permettant d'observer le passage de particules de lumière individuelles (photons), celles-ci se comportent comme des particules, traçant des trajectoires précises à travers l'une des fentes.

Ce changement de comportement n'est pas aléatoire. Le photon semble s'adapter au contexte. Le "choix" du photon dépend de la situation : lorsqu'il est observé, il agit comme une particule ; lorsqu'il n'est pas contrôlé, il se manifeste comme une onde. Cela rappelle le concept de Dharma dans l'hindouisme, où le devoir individuel change en fonction des circonstances.

L'aspect le plus fascinant de la dualité onde-particule est sa capacité d'adaptation. Dans l'hindouisme, le dharma implique un équilibre entre le soi et l'autre, entre le microcosme et le macrocosme. Le photon, dans son comportement, nous rappelle que le changement n'est pas une simple réaction, mais une adaptation significative à la réalité environnante.

En termes humains, le Dharma nous apprend à vivre une éthique situationnelle. Un exemple pratique est celui de Gandhi. Au cours de la lutte pour l'indépendance de l'Inde, Gandhi a rejeté l'extrémisme violent non pas parce qu'il était sans équivoque mauvais, mais parce que la non-violence reflétait le dharma du peuple indien dans le contexte historique et culturel de l'époque. Comme le photon, Gandhi a agi en harmonie avec les conditions qui l'entouraient.

Même en science, les physiciens se sont adaptés. Niels Bohr, le père de la théorie quantique, a vu dans les contradictions de la physique quantique une occasion de repenser la nature de la réalité. Cet esprit d'adaptation semble faire écho au concept philosophique de Dharma.

La dualité onde-particule nous rappelle que l'univers ne répond pas à une logique binaire mais à une logique "interdépendante". Un exemple similaire émerge dans le concept bouddhiste de Pratītyasamutpāda (interdépendance), qui suggère que chaque chose existe en relation avec les autres. La physique quantique, avec ses phénomènes tels que l'enchevêtrement, montre un aspect similaire : chaque particule est connectée à toutes les autres.

Fritjof Capra explore précisément ces liens. Il souligne que les découvertes scientifiques modernes ont souvent des affinités avec les intuitions mystiques des religions orientales. La dualité onde-particule, selon Capra, reflète le même type de compréhension "holistique-contextuelle" si chère aux sages orientaux.

Le comportement du photon, bien qu'il s'agisse d'un phénomène scientifique, nous offre une leçon morale et spirituelle. Vivre notre dharma ne signifie pas adhérer à des règles granitiques, mais trouver l'équilibre et l'harmonie dans le contexte dans lequel nous nous trouvons. Comme nous l'enseigne le photon, nous pouvons nous aussi être des ondes à un moment donné et des particules à un autre.

Comme dans l'expérience de la double fente, nos choix sont façonnés par l'interaction entre notre être et le monde qui nous entoure. Dans cet échange dynamique, les anciennes philosophies orientales et la physique quantique se rencontrent, révélant un univers où la science et la spiritualité fusionnent dans la recherche du sens.

La théorie des relations quantiques.

Dans un ancien chant du Rig Veda, nous lisons :

> *"L'univers est comme un grand filet. Chaque nœud est relié aux autres."*

Cette métaphore, vieille de plus de 3000 ans, semble préfigurer un concept fondamental étudié aujourd'hui en physique quantique : l'interconnexion universelle.

L'hindouisme, avec son vaste ensemble de textes sacrés et philosophiques, explore l'interdépendance de la réalité à travers le concept de Dharma. Le dharma représente le devoir, l'éthique et l'harmonie que chaque individu doit maintenir avec le cosmos. Chaque action d'une personne n'est jamais isolée. Elle influence le monde environnant, contribuant ainsi à la complexité de l'univers. Une idée similaire émerge de la physique moderne, où les interactions entre les particules subatomiques construisent un tissu de relations qui façonne la réalité elle-même.

Le concept de Dharma est enraciné dans le principe de l'harmonie cosmique. Dans la Bhagavad Gita, un autre célèbre texte sacré hindou, Krishna rappelle à Arjuna que chaque personne a un devoir unique, un rôle à jouer dans le vaste théâtre de la vie. Ignorer son dharma, c'est rompre l'équilibre universel.

Dans le monde de la physique quantique, nous trouvons un parallèle fascinant dans la théorie de la décohérence et de l'enchevêtrement. Selon la mécanique quantique, chaque particule est reliée aux autres par des relations complexes. L'observation ou l'action sur une particule peut avoir des effets sur d'autres parties du système, même à des distances énormes. Il n'existe donc pas de particule isolée ou neutre. De même, dans l'hindouisme, chaque personne est considérée comme un élément inextricable d'une toile universelle, où le karma - le principe de cause à effet - trace des chemins similaires à ceux analysés par les physiciens.

Fritjof Capra est l'un des chercheurs qui a le mieux exploré le lien entre la philosophie orientale et la science moderne. Il affirme que les idées des sages védiques reflètent étonnamment la cosmologie moderne. Capra, physicien et vulgarisateur, souligne la profonde similitude entre le langage poétique des anciens textes védiques et les théories scientifiques de la physique contemporaine. Le réseau décrit dans les vers anciens n'est pas très différent de l'idée d'un champ quantique uni par des interactions et des corrélations.

Par exemple, le processus d'intrication quantique, dans lequel deux particules restent liées même lorsqu'elles sont séparées par des distances incroyables, rappelle la vision védique selon laquelle toutes les choses, vivantes ou non, partagent une étincelle divine commune, qui trouve son origine dans le son primordial "Om".

Un exemple concret de la façon dont le concept d'interconnexion était bien établi dans la culture védique se trouve dans le fonctionnement des temples indiens traditionnels. Ces lieux n'étaient pas seulement des espaces de culte, mais représentaient symboliquement le cosmos tout entier. Chaque partie du temple, des fondations au sommet, incarnait un aspect de l'univers. Le "*garbha griha*", la chambre intérieure, avec son énergie concentrée , rappelait le noyau indivisible de la réalité, analogue à ce que les physiciens étudient aujourd'hui dans le cadre de la physique des particules.

Yajnavalkya a été l'un des premiers penseurs à remettre en question l'unité de toutes les choses, affirmant dans la Brihadaranyaka Upanishad que ce qui existe dans l'univers se reflète dans l'être humain et vice versa. En termes modernes, il s'agit du concept holistique du "champ unifié" de la physique, selon lequel toutes les particules et forces sont des manifestations d'une origine fondamentale unique.

Le Dharma indivisible et le comportement des particules subatomiques nous rappellent que le sens de l'existence, tant sur le plan spirituel que physique, repose sur un principe de relation. L'hindouisme célèbre depuis des millénaires cette vision holistique, résumée dans le symbolisme du *"bindu"*, le point central de l'univers.

Pour les physiciens, le champ quantique représente le niveau fondamental de la réalité, où les particules "vont et viennent" dans un murmure continu d'interactions. Pour les mystiques védiques, le Dharma guide chaque élément de l'univers vers une danse cosmique d'ordre et d'harmonie.

Le lien entre les philosophies orientales et la physique quantique nous donne une vision du monde dans laquelle la science n'est rien d'autre que la continuation du mysticisme avec des outils différents.

La physique moderne poursuit cette conversation séculaire, offrant de nouvelles métaphores de la réalité et nous rapprochant, peut-être, de la même vérité universelle que les rishis avaient intuitivement perçue : tout est connecté et chaque nœud du réseau contribue au grand dessein cosmique.

Le dharma et le multivers : Choix et possibilités infinies entre l'éthique et la science.

Chaque choix compte. Il ne s'agit pas seulement d'une leçon de morale, mais d'un principe qui mêle la philosophie ancienne et la physique moderne. Dans l'hindouisme, le dharma est au cœur de cette idée : le devoir et l'éthique régissent tous les aspects de la vie, des actions les plus quotidiennes aux décisions les plus existentielles. Mais que se passerait-il si chaque choix créait un monde nouveau ? C'est le point de contact entre le Dharma et la théorie quantique du multivers proposée par Hugh Everett III, physicien visionnaire des années 1950.

Le concept de Dharma est profondément lié à la culture indienne. Il s'agit du code éthique individuel et collectif, du lien qui maintient le monde dans son ordre cosmique. Chaque personne a un dharma spécifique : un chemin unique, façonné par sa nature et son contexte historique et social. Ce principe se reflète dans la grande épopée indienne du Mahabharata, où l'on trouve l'une des histoires les plus emblématiques liées aux choix éthiques et à leurs conséquences.

Le prince Yudhishthira, chef des Pandavas, est célèbre pour son adhésion inébranlable au Dharma. Cependant, cette vertu le confronte à des dilemmes déchirants lors de la guerre de Kurukshetra. L'un de ses moments les plus célèbres est sa décision de ne pas mentir pour gagner, même s'il savait que cela causerait d'immenses souffrances.

Un moment crucial du dilemme moral survient lorsqu'il est demandé à Yudhishthira de dire une demi-vérité pour contribuer à la victoire des Pandavas. Cette décision est sous-tendue par la stratégie planifiée par Krishna pour vaincre Dronacharya, l'un des plus puissants guerriers des rangs kauravas. Krishna sait que Dronacharya, le précepteur des Pandavas et des Kauravas, est invincible lorsqu'il est pleinement concentré dans la bataille, mais aussi que son attachement à son fils Ashwatthama pourrait être exploité. La stratégie consiste à faire croire à Dronacharya qu'Ashwatthama est mort, ce qui lui fait perdre la volonté de se battre et permet ainsi aux Pandavas de le submerger.

Yudhishthira, connu pour n'avoir jamais menti, se trouve dans une situation difficile : s'il choisit de dire la vérité, le résultat sera la prolongation de la bataille et la perte de nombreuses vies ; s'il accepte de dire une demi-vérité, il compromet son intégrité morale, mais pourrait sauver d'innombrables personnes en mettant fin à la guerre plus rapidement. Finalement, Yudhishthira prononce la phrase ambiguë : "*Ashwatthama est mort*", ajoutant sous son souffle "*Ashwatthama est un éléphant*". Cette tromperie conduit Dronacharya à déposer les armes, croyant que son fils bien-aimé est tombé et qu'il va être tué.

Que se serait-il passé si Yudhishthira avait fait un choix différent ? Le monde lui-même aurait peut-être suivi un cours différent.

La théorie des "mondes multiples" de Hugh Everett offre une perspective tout à fait similaire. Selon cette interprétation de la mécanique quantique, chaque fois qu'un événement peut prendre différentes directions, l'univers "bifurque". Il existe donc une infinité d'univers parallèles, chacun étant le résultat de choix alternatifs.

Imaginez Yudhishthira dans ce contexte. Si le multivers existe, il y aura un monde dans lequel le prince choisit de mentir et un autre dans lequel il ne le fait pas. Dans chaque univers, les conséquences de ce choix façonnent la réalité d'une manière unique. Dans le Mahabharata, ce concept est renforcé par la notion de karma : chaque action, bonne ou mauvaise, laisse une empreinte indélébile sur l'équilibre cosmique. Analysé sous l'angle quantique, le karma devient une sorte de "code source" qui guide l'évolution des mondes dans les multiples branches du multivers.

Le lien entre le Dharma et le multivers n'est pas seulement poétique, mais aussi pratique. La mécanique quantique suggère que le comportement des particules subatomiques est influencé par une sorte de "possibilité potentielle". Par exemple, la célèbre expérience de la double fente montre qu'une particule peut exister dans de nombreux états différents jusqu'à ce qu'une observation fixe l'un d'entre eux. Mais si nous transposons ce phénomène à l'échelle macroscopique, qu'advient-il de nos décisions ?

Un comportement conscient, dicté par le Dharma, peut être considéré comme un outil permettant de naviguer dans les possibilités infinies qu'offre le multivers. Chaque choix remodèle le tissu de la réalité, en lien avec la profonde responsabilité éthique qui accompagne la liberté humaine.

Lorsque Yudhishthira franchit la frontière ténue entre la vérité et le mensonge, il incarne également la tension entre la liberté et la responsabilité. Bien que le multivers suggère que chaque choix crée un nouveau monde, cela ne réduit pas la valeur de l'éthique. Au contraire, cela amplifie l'importance du Dharma en tant que guide suprême. La célèbre phrase attribuée au Mahabharata,

"Le Dharma protège ceux qui le protègent,

prend ainsi un sens plus profond. Le respect de l'ordre moral n'est pas seulement une vertu, mais un acte créateur qui façonne l'univers lui-même.

Le parallélisme entre l'hindouisme et la physique quantique nous rappelle l'universalité de la quête humaine de sens. D'une part, les anciens rishis indiens ont médité sur l'imbrication de l'éthique et de la réalité. De l'autre, des physiciens modernes comme Everett et Niels Bohr ont exploré l'incertitude quantique et ses implications cosmiques. Les deux camps convergent vers une vérité surprenante : les choix comptent et chaque action laisse une trace.

Dans le monde accéléré d'aujourd'hui, le Dharma nous invite à réfléchir à nos décisions. Chaque petit geste a le pouvoir d'influencer le "tissu quantique" de la réalité, ouvrant des possibilités au-delà de nos perceptions immédiates.

Réfléchir au Dharma dans le contexte du multivers n'est pas seulement un exercice mental, mais un défi profond pour vivre avec conscience. Tout comme Yudhishthira a choisi le Dharma dans la guerre épique du Mahabharata, nous devons nous aussi choisir - chaque jour - face aux dilemmes de la modernité. Nous ne savons pas combien de réalités découleront de nos décisions, mais nous pouvons être sûrs que le fil de l'éthique les traversera toutes.

L'oscillation du neutrino et le Dharma qui coule.

L'oscillation des neutrinos, un phénomène découvert au 20e siècle, peut sembler très éloigné des anciens textes védiques, mais peut-être pas du tout. En reliant cette danse quantique subtile à la notion de Dharma, le devoir et l'éthique de chaque individu, une réalité profonde émerge : la vie et sa finalité sont dynamiques, tout comme l'univers.

Les neutrinos, particules presque dépourvues de masse, traversent silencieusement l'univers. Malgré leur caractère insaisissable, ils sont essentiels pour comprendre certaines des dynamiques les plus secrètes de l'existence. L'une de leurs propriétés les plus fascinantes est l'oscillation : au cours de leur voyage, les neutrinos changent d'"identité". Ils passent d'une saveur (électron, muon ou tauon) à une autre, dans un processus qui semble contredire l'idée de fixité ou de permanence. C'est comme observer quelqu'un qui change constamment de rôle et de perspective en fonction de la situation.

Cette transformation n'est pas aléatoire. Elle est influencée par leur environnement et les lois physiques qui régissent le cosmos. Ce comportement peut être considéré comme le reflet du concept de Dharma dans l'hindouisme, qui évolue en fonction des besoins de la vie, du temps et du contexte.

En sanskrit, le dharma représente le devoir, la justice et l'harmonie cosmique. Il ne s'agit toutefois pas d'une loi rigide. Krishna, l'une des figures centrales de l'hindouisme et le protagoniste du Mahabharata, illustre le fait que le dharma n'est pas statique. Dans la Bhagavad Gita, Krishna commence par être un pacificateur, essayant d'empêcher la guerre entre les Pandavas et les Kauravas ( ). Mais lorsque les efforts de paix échouent, Krishna abandonne le rôle de médiateur et devient un maître stratège et un guide guerrier.

Cette transformation de Krishna n'est pas une incohérence ou une faiblesse. C'est une adaptation au contexte. Comme l'oscillation du neutrino, son comportement montre que le Dharma, pour être vrai, doit répondre à la réalité environnante. Si Krishna avait persisté dans sa vision de la paix alors qu'elle était devenue impossible, il aurait échoué dans sa tâche.

Les oscillations des neutrinos et le Dharma flexible mettent en évidence un principe commun : l'interconnexion profonde entre les événements et le changement constant. En physique quantique, chaque particule n'est jamais isolée. Chaque action, même la plus petite, affecte l'ensemble du système. Ce principe correspond à l'idée hindoue de Brahman, la réalité universelle indivisible.

Il y a des milliers d'années, les écritures védiques affirmaient que chaque être était interconnecté dans un réseau divin appelé Rta, l'ordre cosmique. Les récentes expériences sur les neutrinos menées dans des installations de recherche telles que le Gran Sasso en Italie ou le Super-Kamiokande au Japon semblent donner un nouveau souffle à cette notion ancienne. Lorsque les neutrinos changent d'état, ils le font en harmonie avec les lois de l'univers. De même, lorsque les êtres humains agissent conformément au Dharma, ils se mettent en harmonie avec un ordre plus grand.

Krishna a enseigné que le Dharma ne doit pas être considéré comme un ensemble de règles rigides, mais comme un art. En temps de paix, le devoir d'un guerrier est de protéger et de négocier. Mais en temps de guerre, il doit se battre avec justice. Ce principe s'applique non seulement aux rois, mais aussi à chaque individu. Tout comme les neutrinos dansent entre différents états, notre dharma peut et doit lui aussi osciller, en suivant le rythme de la vie.

L'hindouisme nous rappelle que le changement est inévitable. Comme le neutrino, nous ne pouvons pas toujours rester dans le même état. Notre rôle dans la famille, la société et le monde fluctue constamment. Résister au changement n'est pas seulement futile, mais contraire aux lois mêmes de l'univers.

L'oscillation du neutrino et le concept de Dharma nous rappellent que la vie n'est pas faite de certitudes statiques. Ni la science ni la spiritualité ne trouvent de réponses définitives dans des choses immobiles. Tout évolue, tout est lié. Tout comme la physique quantique nous a appris à voir l'univers comme une toile en perpétuel mouvement, l'hindouisme nous invite à voir le Dharma comme une rivière qui coule, change et s'adapte.

Dans la Bhagavad Gita, Krishna invite Arjuna à ne pas craindre le changement, mais à l'accueillir avec sagesse. Cette leçon millénaire, éclairée par la science moderne, nous accompagne encore aujourd'hui. Le devoir de l'individu est de s'écouler avec le temps, comme les neutrinos, en se transformant et en répondant aux besoins de l'existence. Rien n'est statique, et c'est dans ce mouvement que réside l'essence même de la vie.

Aligné" dans le chaos.

Selon l'hindouisme, chaque geste, chaque pensée et chaque choix contribue à une connexion plus profonde avec son but et l'équilibre de l'univers. À une époque dominée par la science et l'exploration quantique, nous pouvons trouver des parallèles frappants entre le Dharma et les rouages profonds du monde subatomique.

La physique quantique nous révèle un paysage invisible d'interactions complexes. Les particules subatomiques n'agissent pas isolément. Chaque événement sur le plan quantique - un photon absorbé, un électron émis - a un impact sur le tissu de la réalité. Ce phénomène, connu sous le nom de cohérence quantique, permet aux particules de maintenir un ordre intrinsèque, malgré le chaos apparent. Les interférences, telles que l'interaction avec l'environnement extérieur, perturbent cet ordre et provoquent ce que les physiciens appellent la "décohérence".

L'hindouisme propose quelque chose de similaire avec le Dharma. Chaque individu fait partie d'un système plus vaste, d'un macrocosme ordonné.

La technologie des ordinateurs quantiques constitue un exemple pratique contemporain de la cohérence quantique. Ces dispositifs exploitent la coexistence quantique pour effectuer des calculs à une vitesse impensable pour les ordinateurs classiques. Chaque particule, comme un bit quantique (qubit), doit rester "alignée" dans le système pour préserver un ordre fonctionnel. Toutefois, un danger apparaît : la moindre perturbation suffit à rompre les connexions. Il est intéressant de noter que dans la philosophie hindoue, l'alignement sur le Dharma exige une telle vigilance. Tout choix, toute déviation, peut conduire à une "décohérence" dans la vie, c'est-à-dire à un manque d'harmonie avec son but.

Prenons l'exemple du Mahabharata, un ancien poème épique indien. L'un des héros, Yudhishthira, le roi vertueux, est connu pour son dévouement au Dharma. Dans un épisode célèbre, Yudhishthira est confronté à à une question cruciale : sacrifier ses principes pour sauver sa famille ou rester fidèle au Dharma ? Il a choisi le Dharma, même au prix d'énormes souffrances. Les physiciens diraient qu'il a préservé la cohérence, restant "aligné" malgré le chaos.

Le parallèle avec la science moderne invite à la réflexion. D'une part, la physique quantique étudie le comportement des particules, le langage de l'univers invisible. De l'autre, le concept de Dharma nous invite à vivre de manière éthique et consciente. Tous deux nous suggèrent que l'ordre naît d'une discipline invisible mais omniprésente.

Aujourd'hui, l'ordre dharmique pourrait être interprété comme un guide pour faire face au chaos de la vie moderne. Les décisions éthiques, comme les interactions quantiques, peuvent sembler insignifiantes individuellement, mais collectivement, elles façonnent le monde. Une citation de Niels Bohr, lauréat du prix Nobel et grand penseur des mystères quantiques, correspond parfaitement à cette idée :

"Dans le domaine de la physique, chaque partie dépend du tout.

L'hindouisme aurait dit la même chose, mais dans un langage plus poétique :

Tat Tvam Asi" - "Vous êtes cela".

Rester aligné dans le chaos est un défi. Mais le Dharma, comme la cohérence quantique, nous montre la voie : accepter notre but unique, agir avec conscience et trouver l'harmonie dans le désordre apparent.

La complémentarité du Dharma.

Le principe de complémentarité de Bohr, proposé en 1927, introduit l'idée que deux aspects apparemment opposés de la réalité peuvent coexister et se compléter. Dans le contexte de la physique quantique, un photon, par exemple, peut exister à la fois comme onde et comme particule, selon la manière dont il est observé. Cette dualité n'implique pas de contradiction, mais suggère plutôt que la réalité est plus complexe qu'il n'y paraît.

De même, le Dharma évolue entre deux vérités interconnectées : le devoir personnel (appelé *SvaDharma*) et le devoir universel (*Sanatana Dharma*). Le premier fait référence aux obligations individuelles, liées au contexte dans lequel une personne vit, à sa famille, à sa profession, à sa "position" dans le monde. Le second, en revanche, représente les principes universels qui régissent l'ordre cosmique. Comme l'onde et la particule, ces deux dimensions ne s'excluent pas, mais se complètent.

La complémentarité du dharma peut également être liée à un autre aspect de la physique quantique : l'interconnexion. En mécanique quantique, les particules sont liées par des lois invisibles, telles que l'intrication quantique. Lorsque deux particules interagissent, leur destin reste intriqué, quelle que soit la distance. Toute action sur une particule a un effet sur l'autre.

Ce principe reflète un aspect central du Dharma. Selon la vision hindoue, chaque action individuelle affecte inévitablement l'ensemble du tissu cosmique. Un épisode célèbre du Rigveda, l'un des plus anciens textes de l'Inde, illustre cette idée. L'histoire raconte celle d'un sage qui, alors qu'il abat un arbre pour construire un abri, est confronté à un corbeau qui vit dans cet arbre. Le sage se rend compte que son geste, même s'il est apparemment justifié, ôte la vie à un autre être. Cela l'amène à réfléchir sur le fait que chaque acte, aussi insignifiant soit-il, peut modifier les délicats équilibres universels.

Le philosophe Niels Bohr, interviewé dans les années 1950, soulignait combien le concept de complémentarité s'appliquait non seulement à la physique, mais aussi à la psychologie, à la biologie et même à la philosophie. Sans jamais mentionner explicitement le Dharma, Bohr a reconnu dans les anciennes traditions orientales une profonde intuition de l'équilibre entre les opposés. En effet, l'hindouisme a toujours intégré des dichotomies dans sa vision du monde : l'ombre et la lumière, la vie et la mort, la création et la destruction.

Un parallèle peut également être établi avec les approches modernes de la durabilité. À une époque dominée par l'urgence d'équilibrer le progrès économique et la protection de l'environnement, le Dharma offre un modèle pour naviguer entre ces deux exigences. Chaque individu, comme une particule dans un système physique, doit considérer comment ses actions personnelles contribuent à l'ordre universel.

Le concept de complémentarité du Dharma n'est pas seulement un savoir oriental obscur, mais une leçon puissante pour aujourd'hui. Nous vivons dans un monde de plus en plus interconnecté, où chaque geste peut avoir des répercussions mondiales, comme le changement climatique ou les crises économiques. Cela nous oblige à équilibrer nos responsabilités personnelles et collectives, en faisant des choix qui reflètent les deux vérités : notre vie individuelle et notre place dans l'univers.

La non-localité et le Dharma global. Influences au-delà de l'espace et du temps.

Lorsqu'Albert Einstein a défini avec sarcasme le phénomène de "non-localité" comme une "*action spectrale à distance*", il n'imaginait probablement pas à quel point cette définition s'avérerait cruciale pour redéfinir notre compréhension du cosmos. En physique quantique, la non-localité représente l'une des énigmes les plus fascinantes : deux particules, séparées par des distances cosmiques, peuvent s'influencer instantanément, comme si l'espace et le temps n'étaient qu'une illusion et non une barrière.

Dans cette perspective, des parallèles surprenants apparaissent avec les philosophies orientales, en particulier l'hindouisme. Le concept de Dharma, que l'on pourrait traduire par "devoir", "loi morale" ou "éthique", s'étend à une dimension universelle qui transcende le simple quotidien. Tout comme dans la non-localité quantique, chaque action individuelle, aussi isolée soit-elle en apparence, génère des conséquences qui se répercutent bien au-delà des frontières immédiates, dans le temps et dans l'espace.

Selon l'hindouisme, le dharma n'est pas seulement l'orientation morale de l'individu dans son contexte existentiel, mais une loi qui régit l'ordre cosmique tout entier. Ce principe se manifeste non seulement dans les actes personnels, mais aussi dans les relations intersubjectives, sociales et cosmiques. L'idée que l'individu est une partie intégrante et responsable d'un réseau d'événements interconnectés rappelle précisément le concept de non-localité : rien ne se produit de manière isolée. Il n'y a pas d'actions en dehors du système global de l'existence.

En ce sens, la philosophie hindoue nous invite à considérer le "devoir" non pas comme une contrainte individuelle, mais comme un devoir global, partagé, qui prend en compte les répercussions à long terme de chaque geste. Gandhi, l'une des figures les plus emblématiques de l'éthique mondiale, incarne précisément ce principe. Le Mahatma affirmait :

"Vous devez être le changement que vous voulez voir dans le monde".

Cette phrase apparemment simple renferme un puissant parallélisme avec la non-localité : une action juste, ancrée dans le dharmique, peut se répercuter à l'infini, influençant des réalités très éloignées dans l'espace et le temps.

Les expériences sur la non-localité, comme le célèbre théorème de Bell dans les années 1960, ont montré que la réalité quantique fonctionne grâce à des connexions invisibles. Deux particules qui ont interagi une fois sur restent "liées", quelle que soit la distance qui les sépare. De même, la pensée indienne nous enseigne que chaque pensée, parole ou action humaine tisse des fils de connexion invisibles qui guident le destin collectif.

Imaginez, par exemple, un événement historique tel que la *Marche du sel de* 1930. Guidé par son dharma, Gandhi a entrepris un acte apparemment limité mais symboliquement immense : une marche pour protester contre le monopole colonial britannique sur le sel. Une simple action locale, ancrée dans un contexte spécifique, s'est transformée en un message qui a franchi les frontières de l'Inde, inspirant des mouvements de libération nationale dans le monde entier. La "localité", à ce moment-là, a été dépassée : le geste d'un homme a engendré un rebondissement éthique mondial.

Le concept de Dharma global, inspiré par la non-localité, nous incite à reconsidérer nos responsabilités. Si chaque événement est lié, comme le suggèrent la philosophie indienne et la physique quantique, notre "devoir" ne se réduit pas à la sphère personnelle. Il s'étend à la protection de l'humanité, de la planète et des générations futures. Cela exige une éthique écologique et sociale qui transcende les frontières nationales, les limites culturelles et les préjugés temporels. Exactement comme Gandhi, qui considérait que son devoir n'était pas seulement envers l'Inde, mais envers une humanité unie.

Nous pourrions résumer cette vision par une image universelle : le battement d'ailes d'un papillon. Cette idée, rendue célèbre par le chaos déterministe, trouve un nouvel éclairage dans l'imbrication du Dharma et de la non-localité. Un battement d'ailes peut en effet déclencher un ouragan à l'autre bout du monde. Un acte de bonté peut transformer une vie au loin. Un acte de violence peut déclencher des conflits mondiaux.

Le parallélisme entre la non-localité et le dharma se traduit par un appel à la prise de conscience. Dans le contexte actuel d'interdépendance mondiale, le dharma mondial est peut-être notre seule chance de relever des défis tels que le changement climatique, les inégalités économiques et les tensions géopolitiques. Les philosophies orientales et la physique moderne, chacune à leur manière, nous disent la même chose : nous sommes tous liés. Et de cette connexion découle une responsabilité qui ne connaît pas de frontières, ni dans l'espace ni dans le temps.

Le dharma et le principe de superposition.

Le Dharma représente le principe du devoir et de l'éthique personnelle. Mais quel est le lien entre cette vision ancienne et la physique quantique moderne ? De manière surprenante, il s'agit du principe de superposition. Tout comme une particule peut se trouver simultanément dans plusieurs états, le Dharma souligne la nécessité de reconnaître les multiples options de la vie et d'agir en fonction de son rôle.

Dans l'hindouisme, Dharma signifie bien plus que "devoir religieux". Il s'agit de la boussole morale qui guide chaque individu dans son comportement quotidien. Il est souvent décrit comme le pilier de l'univers, le principe qui régit les interactions entre les hommes, la nature et le cosmos. Cette idée philosophique est liée à la notion que chaque action, même la plus petite, affecte l'équilibre universel.

Le Dharma est à la fois personnel et collectif. Siddhartha Gautama, le Bouddha, en est un exemple. Né dans le royaume de Kapilavastu au VIe siècle avant J.-C., Siddhartha a été confronté à un profond dilemme : suivre le dharma royal en tant que prince et souverain, ou emprunter la voie spirituelle pour rechercher l'illumination. Il finit par quitter le luxe de la cour et choisit la voie de la méditation et du renoncement, montrant au monde comment l'action personnelle peut révéler l'harmonie universelle.

La physique quantique décrit la réalité comme une mosaïque de possibilités. L'un de ses concepts les plus fascinants est celui de la superposition, qui stipule qu'une particule peut se trouver dans plusieurs états à la fois, jusqu'à ce qu'une observation permette de déterminer sa position. On peut imaginer une particule comme un être suspendu entre "faire" et "ne pas faire", entre de multiples trajectoires potentielles.

En appliquant cette optique à la philosophie du Dharma, le choix d'une action se présente comme une superposition de possibilités. Chaque décision crée une nouvelle ligne de réalité. Comme en physique, les choix ne sont pas neutres. Ils influencent le tissu de la vie et le destin personnel et collectif.

Le parallèle entre le dharma et la physique devient évident lorsque nous considérons la vie moderne. Chaque jour, nous sommes confrontés à des choix éthiques qui apparaissent comme des possibilités qui se chevauchent. Prenons l'exemple de la militante écologiste Vandana Shiva, profondément influencée par les concepts hindous. Diplômée en physique, Vandana Shiva a décidé d'abandonner sa carrière scientifique pour se consacrer à , à la sauvegarde de la planète et des droits des communautés paysannes en Inde. Dans son cas également, son choix de dharma personnel a affecté le monde autour d'elle, tissant une toile plus large d'impact collectif.

Revenons à Siddhartha Gautama pour une leçon plus profonde. La légende raconte qu'avant d'atteindre l'illumination, il a médité sous un arbre Bodhi à Bodh Gaya. Au cours de cette méditation, il fut confronté non seulement aux tentations envoyées par le démon Mara, mais aussi à une bataille intérieure. Des pensées contradictoires le retiennent : continuer à vivre comme un ascète ou abandonner et retourner à l'aisance royale. Cette phase peut être considérée comme sa "*superposition quantique*". Siddhartha a choisi son dharma, transcendant à la fois la vie matérielle et ascétique.

Ce choix a eu des conséquences universelles. Siddhartha est devenu le Bouddha et a inauguré une philosophie qui résonne encore aujourd'hui. Son exemple nous enseigne que les possibilités ne sont pas seulement infinies en théorie. Elles deviennent réalité grâce à des actions significatives.

Le dharma et la physique quantique mettent tous deux l'accent sur une vision holistique de l'univers. Lorsque nous faisons des choix éthiques, nous vivons en harmonie avec cette interconnexion. Tout comme l'observation d'une particule influence son état, nos actions façonnent la réalité et l'avenir.

Quand le déséquilibre engendre l'évolution.

Dans les anciennes philosophies orientales, le concept de Dharma représente le devoir universel, l'éthique intrinsèque que chaque individu doit suivre pour maintenir l'harmonie dans le cosmos. En un mot, c'est la vocation de chaque être vivant dans le grand schéma de l'existence. Mais que se passe-t-il lorsque cet équilibre est rompu ? Est-il toujours "*immoral*" de s'écarter du chemin prédestiné ? C'est là que surgit une idée fascinante : le déséquilibre pourrait être nécessaire à l'évolution.

En physique quantique, un parallèle peut être trouvé dans le comportement des particules hors d'équilibre. Lorsqu'un système quitte son état stable, une nouvelle dynamique émerge qui conduit souvent à des états plus complexes et adaptatifs. Ce concept - celui d'un "*ordre émergeant du chaos*" - trouve un écho profond dans les récits mythologiques et les textes védiques liés à la vision dynamique du Dharma.

Une figure emblématique du "dharma brisé" est Parashurama, le sixième avatar de Vishnu. Selon les textes, Parashurama était destiné à être un prêtre (Brahmana), un homme de paix et de connaissance. Cependant, ses expériences personnelles l'ont poussé à agir à l'encontre de son rôle traditionnel. Lorsqu'une dynastie de rois guerriers (kshatriya) abuse de son pouvoir en semant l'injustice, Parashurama prend les armes pour rétablir l'ordre.

Cet acte brise son dharma originel et le transforme en guerrier, une identité ambivalente qui mêle la sagesse du prêtre à la force du combattant. On dit que Parashurama a anéanti des générations entières d'oppresseurs par sa rage justifiée. Pourtant, il n'a pas agi par vengeance personnelle. Il a agi au nom de l'équilibre cosmique, accomplissant un "*Dharma dynamique*", qui abandonne l'immobilisme pour s'adapter au moment présent.

Ce mythe soulève de profondes questions : est-ce toujours du dharma si cela nécessite un acte de destruction ? Est-il possible de considérer le manquement au devoir non pas comme un échec, mais comme un moyen d'évoluer vers un état supérieur ?

Pour comprendre ces idées à la lumière de la modernité, nous pouvons nous tourner vers le monde de la physique quantique. Dans un système quantique, la notion de déséquilibre n'est pas toujours synonyme de chaos désordonné. Par exemple, des phénomènes tels que les transitions de phase - le passage de l'eau gelée à l'état liquide ou à l'état de vapeur - représentent la rupture d'un état d'équilibre pour créer quelque chose de nouveau.

Des dynamiques similaires sont observées dans l'étude des particules. Les expériences sur le condensat de Bose-Einstein, menées dans les années 1990 et au début des années 2000, montrent que les systèmes, lorsqu'ils sont poussés hors de leur état d'équilibre, créent de nouvelles formes d'ordre qui étaient auparavant impossibles à atteindre. La nature elle-même semble suivre un paradigme similaire au Dharma brisé décrit par l'hindouisme : la stabilité est sacrifiée au profit de l'évolution.

Ce concept de déséquilibre comme outil de création apparaît également dans une autre figure centrale de l'hindouisme : Shiva. Surnommé le "destructeur", Shiva ne représente pas une fin définitive, mais le cycle éternel de la transformation. Avec son Tandava, la danse cosmique qui secoue l'existence, Shiva détruit ce qui est stagnant pour faire place au nouveau. Ce parallèle entre le concept philosophique et le dynamisme quantique est particulièrement intrigant : les deux disciplines reconnaissent que le changement est nécessaire au progrès.

En outre, Shiva et Parashurama sont liés par un épisode important décrit dans le Shiva Purana. Parashurama, fier de sa force destructrice, défie Shiva, mais est vaincu par ce dernier. Shiva, après l'avoir humilié, lui aurait rendu son calme en lui rappelant que la destruction sans sagesse n'apporte que le chaos. Ce moment symbolise la nécessité de trouver l'équilibre - même dans le déséquilibre - afin de rester fidèle au Dharma.

Dans son concept le plus profond, le Dharma n'est pas une loi rigide. C'est un principe qui demande du discernement. Un pas vers l'inconnu - vers le déséquilibre - peut sembler une erreur, mais il peut aussi devenir le moteur du progrès. Dans la Bhagavad Gita, Krishna explique à Arjuna que, parfois, briser son rôle est le seul moyen d'atteindre un but plus important.

Dans la science moderne, les systèmes complexes présentent la même évolution. Le chaos peut apparaître comme une rupture de l'ordre, mais il est souvent l'occasion de générer des structures inédites. Dans les galaxies, les particules et les vies humaines, le désordre est presque un appel à de nouvelles possibilités.

Qu'il s'agisse de la colère de Parashurama, de la danse de Shiva ou de la dynamique quantique déséquilibrée, le message est clair : le déséquilibre n'est pas toujours une menace. Il peut devenir une force créatrice. Le dharma brisé ne détruit pas le cosmos, mais le transforme, le guidant vers une évolution plus profonde.

L'équilibre ne doit donc pas être recherché comme un état permanent, mais comme un point de départ. Ce n'est qu'en acceptant le déséquilibre que nous pouvons explorer le potentiel caché de ce qu'il est encore possible de devenir.

La déesse Saraswati et le flux quantique,

Dans la culture indienne, Saraswati représente la sagesse, l'art et le flux continu de connaissances. Déesse de la connaissance et des arts, Saraswati est également la gardienne de la parole, du langage et de la créativité. Son image est associée à l'écoulement d'une rivière, symbolisant le mouvement, la connaissance et l'adaptation constante. Cette figure clé de l'hindouisme offre un aperçu fascinant des concepts de la physique quantique, tels que le système équilibré et le flux dynamique des énergies qui influencent la réalité.

Dans la tradition hindoue, Saraswati n'est pas simplement une déesse, mais un symbole du "*Dharma appliqué*". Le dharma comprend également le concept d'ordre universel. Saraswati incarne le devoir spirituel d'apprendre, de s'adapter et de suivre les événements de la vie, tout comme une rivière s'adapte à la terre qu'elle traverse.

Il s'agit d'un concept étroitement lié à l'équilibre des systèmes quantiques, où l'équilibre n'est pas statique, mais dynamique. Dans le monde subatomique, les particules interagissent les unes avec les autres dans un fin tissu d'échanges d'énergie. Chaque événement entraîne un changement dans le système, mais l'ordre général est maintenu précisément grâce à l'adaptation continue de ses composants.

n parallèle intéressant peut être établi entre Saraswati et le principe de "superposition" en physique quantique. Une particule, ou plutôt un système quantique, existe dans plusieurs états simultanément jusqu'à ce qu'une observation établisse son état final. Ce processus dépend d'événements antérieurs, créant un "flux" de cause à effet qui se reflète dans la réalité que nous percevons.

Saraswati représente un flux continu de connaissances, une adaptation constante aux situations. Dans le contexte du Dharma, cela signifie acquérir de nouvelles informations et les appliquer pour maintenir l'harmonie dans un système plus large. Une anecdote traditionnelle raconte que Saraswati, dans son aspect divin, a choisi de résider dans les livres et les instruments de musique. Le message est clair : la connaissance et l'art doivent être utilisés pour améliorer la vie, avec le même esprit dynamique que nous observons dans les interactions quantiques.

Le Rig Veda, l'un des plus anciens textes de l'hindouisme, célèbre Saraswati comme "*celle qui donne vie aux idées par le langage*". Cette description est liée au concept de flux créatif, que la psychologie moderne appelle aujourd'hui "l'*état de flux*". Cet état survient lorsqu'une personne est tellement immergée dans une activité qu'elle atteint un équilibre parfait entre défi et compétence. Il ne s'agit pas seulement d'une expérience subjective : une étude réalisée en 2021 par le neuroscientifique Mihaly Csikszentmihalyi montre que le cerveau humain, en état de flux, atteint une harmonie neurochimique similaire à un système quantique équilibré.

D'un autre point de vue, Saraswati nous rappelle que l'équilibre n'est jamais statique, mais qu'il accompagne le changement avec fluidité. C'est le cœur du Dharma : vivre avec conscience, s'adapter sans renoncer à la vérité universelle.

La physique quantique décrit la réalité comme un réseau d'événements et d'interactions. Rien n'existe isolément et chaque particule influence toutes les autres, même à des distances impressionnantes. Ce phénomène, connu sous le nom d'"enchevêtrement quantique", ressemble beaucoup à l'idée hindoue de l'interconnexion universelle. Saraswati, qui signifie flux de connaissances, incarne cette vision relationnelle.

Un exemple pratique de cette philosophie peut être tiré de l'histoire de Rabindranath Tagore, le grand poète et penseur indien. En 1926, Tagore a rencontré Albert Einstein pour discuter précisément de la relation entre la science et la spiritualité. Tagore a soutenu que le cosmos ne pouvait être séparé de la conscience humaine, un point de vue qui reflète à la fois le Dharma et les connaissances quantiques sur l'interdépendance universelle.

La figure de Saraswati offre une métaphore riche et inspirante pour interpréter les principes de la physique quantique. Tout comme un système quantique équilibré doit continuellement s'adapter, l'être humain est également appelé à suivre le dharma de la connaissance : apprendre, s'adapter et évoluer avec le changement. Saraswati nous enseigne que la sagesse n'est pas statique, mais qu'elle est un processus continu de reconnaissance, d'adaptation et d'application.

Dans le monde moderne, où les connaissances scientifiques et spirituelles semblent parfois éloignées, Saraswati représente un pont entre ces deux mondes. Son message nous invite à rechercher l'équilibre, non pas dans l'immobilité, mais dans le mouvement continu. Grâce au dharma et au flux de connaissances, nous pouvons trouver notre place dans l'immense tissu de l'univers.

Le dharma et l'effondrement de la fonction d'onde

Pendant des siècles, l'Orient et l'Occident ont semblé parler des langues différentes, surtout lorsqu'il s'agit de philosophie et de science. Pourtant, à certains moments, ces deux courants de pensée se rencontrent avec une harmonie surprenante. Le concept indien de Dharma et l'effondrement de la fonction d'onde dans la physique quantique constituent l'un de ces points de contact. Deux mondes qui, du moins en apparence, ne pourraient être plus éloignés l'un de l'autre, se rapprochent lorsqu'il s'agit de choix et des possibilités infinies que chaque choix entraîne.

Le Dharma est le devoir moral, social et spirituel qui incombe à chaque individu sur son chemin de vie. Dans l'épopée indienne, le Mahabharata, le Dharma représente un guide essentiel, une boussole éthique.

La physique quantique, avec ses principes révolutionnaires, nous dit que le monde n'est pas déterministe. Avant une mesure, les particules subatomiques n'ont pas de position ou d'état défini. Elles se trouvent dans ce que les physiciens appellent une "*superposition*" : une multitude d'états potentiels coexistants. Ce n'est qu'au moment où l'on observe ou interagit avec le système que la fonction d'onde s'effondre et qu'un seul de ces états devient réel.

Il s'agit d'un processus subtil mais fondamental : la réalité, au niveau quantique, est façonnée par un acte de choix.

L'idée de l'effondrement de la fonction d'onde peut être étonnamment juxtaposée au Dharma. Chaque choix que nous faisons dans la vie est comme une observation quantique. Jusqu'à ce que nous fassions un choix, des potentiels illimités s'ouvrent devant nous. Chaque option représente une possibilité, un chemin qui n'a pas encore été parcouru. Mais dès que nous agissons en accord avec notre dharma, tout comme dans la mesure d'une particule, nous définissons la réalité. Nous "réduisons" l'infini en une seule réalité concrète.

Prenons l'exemple de la vie du Mahatma Gandhi. Gandhi aurait pu être beaucoup de choses : un riche avocat, un père tranquille, un homme ordinaire. Au lieu de cela, il a choisi son dharma : la non-violence et la lutte pour la liberté de l'Inde. À ce moment-là, d'innombrables autres possibilités se sont évanouies et Gandhi est devenu ce qu'il avait choisi d'être : un symbole de paix et de justice.

Au niveau quantique, c'est ce qui se produit chaque fois qu'une particule, en interaction avec le monde, prend "forme". Le choix dharmique n'est donc pas seulement moral ou pratique ; c'est une force créatrice.

Dans le monde quantique, le chercheur participe activement à la création de la réalité simplement en l'observant. De même, l'hindouisme suggère que chaque individu est une partie inséparable de Brahman, le tout cosmique.

Cette interconnexion est directement liée au Dharma. Chaque décision individuelle influence non seulement le présent de l'individu, mais aussi le cours général de l'existence. C'est comme un caillou jeté dans un étang : les vagues générées se propagent à l'infini et façonnent le destin.

Malgré les différences entre la philosophie et la science, les deux mondes nous incitent à réfléchir à la signification profonde de nos choix. Richard Feynman, l'un des physiciens les plus célèbres du 20e siècle, a dit ceci :

L'acte d'observer modifie ce qui est observé".

Ce principe de la mécanique quantique fait écho à la sagesse millénaire de l'hindouisme concernant le karma et le dharma.

Dans la vie d'une personne, choisir en fonction de son dharma n'est pas seulement un acte éthique. C'est une manière de façonner le chaos des possibilités. Tout comme l'effondrement de la fonction d'onde définit l'état d'une particule, le fait de suivre son dharma définit notre existence.

Les choix, qu'ils soient subatomiques ou humains, sont fondamentaux. En physique comme en spiritualité, rien ne se produit sans intervention consciente. Les anciennes philosophies orientales, comme l'hindouisme, et les théories modernes, comme la physique quantique, nous offrent des outils pour comprendre cette vérité universelle : le potentiel infini ne peut devenir réel que par l'action.

Le dharma n'est donc pas un concept abstrait. C'est la manière dont nous traduisons le possible en réalité. Reconnaître son dharma n'est pas seulement un impératif éthique, mais un acte créatif profond. Et c'est peut-être là le plus grand enseignement que partagent les philosophies orientales et la physique quantique.

Le but de l'univers : cycles et physique quantique.

Plus qu'un simple devoir moral ou éthique, le Dharma reflète l'harmonie d'un ordre cosmique, un équilibre qui maintient ensemble le microcosme personnel de chaque individu et le macrocosme universel. Nous sommes tous des fragments d'un dessein plus vaste, où chaque action a un poids et où chaque choix s'inscrit dans une toile infinie.

La physique quantique, paradoxalement, semble parler le même langage. Les scientifiques observent que dans le monde subatomique, un événement unique n'existe jamais "tout seul". Le principe de l'enchevêtrement, par exemple, révèle que les particules peuvent rester connectées indépendamment de la distance physique : un changement dans l'une affecte immédiatement l'autre. De même, la notion de Dharma dans les textes védiques implique que ce qui se passe dans une partie de l'univers a des répercussions partout. Il n'est donc pas difficile de trouver un parallèle entre les lois naturelles de la physique et les anciennes conceptions mystiques de l'Inde.

Selon les Puranas, textes sacrés de la tradition hindoue, le temps n'est pas linéaire. En avançant, il reviendrait à son point de départ. Ce concept, connu sous le nom de Kalachakra (*la roue du temps*), décrit une séquence infinie de cycles créatifs et destructifs. Dans la cosmologie hindoue , l'univers naît, grandit, se dissout et renaît. Chaque événement, même le plus petit, contribue à maintenir l'ordre cyclique.

Les théories modernes semblent être d'accord. La physique théorique suggère que l'univers pourrait fonctionner selon un ordre complexe, où l'espace et le temps sont imbriqués. La théorie des cordes, par exemple, postule que l'univers est composé de vibrations infinitésimales, semblables à des cordes, qui pulsent dans des dimensions qui échappent à notre perception. Chaque corde a son propre "devoir", son rythme unique, qui contribue à la symphonie collective.

Ce récit scientifique rappelle le concept de Dharma cosmique : chaque élément, chaque particule, agit selon une fonction précise qui se répète dans le temps. L'univers trouve ainsi un équilibre dans un ordre apparemment chaotique mais extraordinairement coordonné.

L'enchevêtrement et l'unité des choses

En 1944, l'éminent physicien autrichien Erwin Schrödinger, connu pour la célèbre expérience du "chat", a défini l'intrication en ces termes :

"Ce n'est pas un quelque chose, mais le quelque chose".

Pour Schrödinger, les mystérieuses connexions entre les particules représentaient une vérité fondamentale de l'univers. Si nous transposons cette idée dans le domaine des philosophies orientales, nous trouvons des assonances directes avec la doctrine védantique de l'unité (Advaita) : tout ce qui existe est lié, dans un champ indivisible d'énergie et de conscience.

Chaque action contribue à une mosaïque plus large, comme chaque particule affecte le tissu quantique de l'univers.

La vie de Jagadish Chandra Bose est un exemple symbolique de ce lien. Ce scientifique et philosophe bengali, qui a étudié les vibrations des plantes au début du XXe siècle, a démontré que même les organismes vivants les plus simples répondent à des modèles universels. Pour Bose, il n'existe pas de distinction fondamentale entre les règnes humain, végétal et mécanique : tout suit une dynamique dharmique commune.

Dans le contexte actuel, les implications de ces idées sont profondes. Étudier l'univers, ce n'est pas seulement découvrir comment le monde physique fonctionne, c'est aussi comprendre le rôle que nous y jouons. L'établissement de parallèles entre le Dharma et la physique moderne peut nous offrir non seulement une vision unificatrice , mais aussi un guide pour vivre avec une plus grande conscience.

Comme les particules qui vibrent en synchronisation dans les théories des cordes, dans la conception du Dharma, chaque action humaine est une onde qui se propage dans l'univers cosmique. Le temps, comme le suggèrent les anciens puranas, n'est pas une flèche, mais un cercle. Et nous, minuscules particules dans ce cycle sans fin, avons pour tâche de nous harmoniser avec le grand rythme de l'univers.

L'éthique quantique.

Les découvertes de la physique quantique ne révolutionnent pas seulement notre compréhension de la réalité, elles nous invitent aussi à réfléchir à des questions éthiques profondes. Une réflexion éthique qui dialogue avec la science ne vise pas seulement à guider l'utilisation de la technologie, mais aussi à redéfinir le rôle de l'être humain dans l'univers. L'hindouisme, avec sa vision holistique et interconnectée de la réalité, offre des perspectives précieuses pour relever ces défis et orienter le progrès technologique vers une vision compatissante et responsable.

Éthique et interconnexion. Quand l'hindouisme rencontre la physique quantique.

Les découvertes de la physique quantique ont ouvert la voie à une nouvelle compréhension de la réalité, révélant un univers où tout est profondément interconnecté. Il ne s'agit pas seulement de formules et de particules, mais aussi de questions fondamentales sur notre existence et nos valeurs. La façon dont nous choisissons de vivre et d'agir dans un monde interconnecté nous oblige à réfléchir à notre éthique. Et c'est précisément dans ce dialogue entre science et spiritualité que l'hindouisme peut nous offrir une riche perspective.

L'univers quantique, révélé au XXe siècle par des scientifiques tels que Niels Bohr et Werner Heisenberg, semblait remettre en question toutes les certitudes rationalistes construites par l'Occident. Alors que la physique découvrait que les particules subatomiques n'étaient pas des entités indépendantes, mais des systèmes liés fortement influencés par l'observateur, une similitude frappante est apparue avec les anciennes visions du monde de l'hindouisme. Depuis des millénaires, ce dernier décrit le cosmos comme un réseau dynamique de relations, bien symbolisé par l'image de la *toile d'Indra*. Par cette métaphore, les sages hindous nous invitaient déjà, il y a plusieurs siècles, à voir la réalité comme une toile infinie, où chaque nœud reflète tous les autres, dans un équilibre parfait.

Mais qu'est-ce que cela signifie pour l'éthique ? La physique quantique, comme l'hindouisme, nous offre une vérité inconfortable mais libératrice : nous sommes tous interconnectés, non seulement avec les êtres humains, mais avec l'univers tout entier. Ignorer cette réalité est non seulement irrationnel, mais aussi dangereux. S'inspirant de ces idées, de nombreux chercheurs et représentants culturels ont commencé à explorer les fondements d'une "*éthique quantique*" capable de répondre aux défis de notre époque.

Selon la Bhagavad Gita, l'un des textes fondateurs de la philosophie hindoue, chaque action individuelle a un impact sur l'ordre cosmique. Ce principe, reflété dans la loi du karma, nous enseigne que chaque comportement, même le plus invisible, contribue à façonner la réalité commune. N'est-ce pas le même message que nous transmettent le principe d'incertitude ou le phénomène d'intrication quantique ? La science, à travers la physique quantique, nous montre qu'aucune particule - et donc aucun être - n'existe véritablement ni n'agit de manière isolée.

Un exemple historique important de cette convergence entre science, spiritualité et responsabilité éthique est la pensée d'Erwin Schrödinger, l'un des pères de la physique quantique. Ce scientifique a été profondément influencé par l'hindouisme. Dans ses réflexions philosophiques, Schrödinger a adopté la vision indienne de l'Advaita Vedanta, selon laquelle l'univers entier est une essence indivisible.

Cette pensée a une portée éthique immense. Si tout est Un, si chaque être humain, chaque animal, chaque particule fait partie de la même réalité, comment justifier des comportements qui ignorent cette interconnexion ? Détruire l'environnement, exploiter les autres, agir pour le seul profit personnel apparaît non seulement immoral, mais aussi contraire à la véritable nature de la réalité.

Au XXIe siècle, l'idée d'une éthique quantique fondée sur l'interconnexion est plus urgente que jamais. Les crises environnementales, sociales et technologiques auxquelles nous sommes confrontés sont le résultat d'un mode de pensée fragmenté qui ne tient pas compte des conséquences globales de nos actions locales. Les enseignements éthiques de l'hindouisme peuvent nous aider à orienter le progrès scientifique vers une idée de bien-être universel.

David Bohm, Hindouisme et physique quantique : une vision unifiée de la réalité.

David Bohm (1917-1992), physicien américain et penseur visionnaire, a été l'un des esprits les plus fascinants du XXe siècle. Tout au long de sa vie ( ), il a tenté de résoudre un problème qui tourmentait l'humanité depuis des siècles : la fragmentation de la réalité. Pour Bohm, cette perception fragmentée n'était pas seulement le résultat de l'esprit humain, mais un modèle culturel tellement ancré qu'il influençait même la science moderne. En particulier, la physique quantique et la philosophie orientale sont devenues pour lui des outils fondamentaux pour imaginer une nouvelle approche de la compréhension du cosmos.

Bohm, élève de Robert Oppenheimer et collègue d'Albert Einstein, n'était pas seulement un physicien. Il avait la rare capacité de penser au-delà des frontières de la science académique, explorant des terrains qui englobaient également la spiritualité et la philosophie. Dans les années 1950, alors qu'il développait une nouvelle interprétation de la physique quantique, il a commencé à réfléchir profondément à des concepts qui faisaient mystérieusement écho aux traditions de l'Orient, en particulier celles de l'hindouisme.

Le point de départ de son voyage était la théorie quantique standard qui, à l'époque, mettait l'accent sur le "*dualisme onde-particule*" : la lumière, et en général toute particule subatomique, pouvait se comporter soit comme une onde continue, soit comme une particule discrète, en fonction des conditions de l'expérience. Bohm a trouvé cette vision fragmentaire insatisfaisante. Il y voit le reflet d'un esprit occidental obsédé par la séparation : l'homme et la nature, la matière et l'esprit, l'individu et la société.

Pour contrer cette fragmentation, Bohm a introduit en 1952 sa célèbre "*théorie des variables cachées*" avec l'idée de "*totalité implicite*". Pour Bohm, il existe un ordre sous-jacent et invisible qui relie toutes les choses de l'univers. Au niveau macroscopique, les choses nous paraissent séparées et indépendantes, mais à un niveau profond, elles sont reliées par une réalité indissoluble, fluide et continue. Ce concept rappelle de manière frappante l'hindouisme : l'idée que tout est une manifestation d'une seule entité, Brahman, la réalité absolue qui sous-tend le monde phénoménal.

L'hindouisme, l'une des principales traditions philosophiques de l'Orient, réfléchit depuis des millénaires sur le thème de l'interconnexion. Selon les textes védiques et les Upanishads, tout ce que nous percevons est maya, une illusion, une représentation fragmentée de quelque chose de plus grand, d'éternel et d'indivisible : Brahman. En ce sens, la vision de Bohm sur le "tout implicite" n'est pas seulement similaire, mais presque parallèle à la doctrine du Vedanta.

Bohm ne se considérait pas comme un mystique ou un religieux. Cependant, il a été profondément impressionné par l'idée orientale d'un univers dynamique et holistique, où l'esprit et la matière ne sont pas des entités séparées, mais des expressions différentes d'une même réalité. Dans l'un de ses célèbres dialogues avec Krishnamurti, philosophe indien et maître spirituel de renom, Bohm a déclaré :

"La pensée occidentale a fragmenté le monde parce qu'elle a oublié que l'observateur et l'observé ne font qu'un".

Bohm pensait que la science pouvait trouver un terrain d'entente avec ces enseignements, en aidant à surmonter l'aliénation existentielle de l'humanité.

Mais comment expliquer concrètement l'"ordre implicite" ? Bohm utilise une image simple, inspirée de la physique et des jeux d'optique. Il parle de "*deux tourbillons qui semblent séparés mais qui appartiennent à une seule rivière*". Imaginez un hologramme : chacune de ses parties contient l'information du tout. De même, selon Bohm, chaque fragment de la réalité observable contient en lui-même la "totalité" de l'univers, mais sous une forme cachée, implicite.

À titre d'exemple, Bohm a raconté une expérience ancienne menée par des scientifiques pionniers naïfs. Près de son domicile à Londres, Bohm a montré à des visiteurs un tube transparent rempli de deux liquides non mélangés, comme de l'huile et de la glycérine. Une goutte d'encre insérée au centre se fragmente lorsqu'on tourne le tube. En tournant dans le sens inverse, la goutte se reconstituait comme par magie. Cette expérience simple a permis de montrer qu'une structure apparemment "perdue" ne l'est pas vraiment : chacun de ses fragments est toujours relié à l'ensemble et peut être reconstruit si le processus peut être inversé.

Ce qui fait de Bohm un personnage si séduisant, ce n'est pas seulement l'élégance de ses théories, mais aussi sa capacité à jeter des ponts entre des mondes apparemment opposés. Bohm demonstrated that quantum physics, with its bizarre implications, could dialogue with millennia-old spiritual philosophies such as the Indian Vedanta, without falling into dogmatic mysticism.

Aujourd'hui, ses idées continuent de susciter l'intérêt. Chercheurs, philosophes et même artistes trouvent leur inspiration dans l'univers holographique de Bohm. Son travail nous invite à repenser la réalité comme un tout fluide et interconnecté, où tout est intrinsèquement lié à tout le reste.

Bohm nous laisse une grande leçon : le progrès humain ne peut venir de la fragmentation, mais de la redécouverte de la globalité. Aujourd'hui, plus que jamais, ses mots résonnent puissamment dans un monde déchiré par les divisions sociales, politiques et économiques. Il est peut-être temps de se rappeler que, comme le dit la sagesse ancestrale de l'hindouisme, nous sommes tous les gouttes d'un même océan. Et ce "Brahman" que les sages védiques recherchaient avec foi et intuition, Bohm le recherche avec mathématiques et passion. D'une manière ou d'une autre, le message universel reste le même : tout est Un.

Dharma et physique quantique. Une manière éthique de gouverner l'avenir.

Jamais auparavant, au milieu d'une révolution technologique qui remet en question notre compréhension de la réalité, l'humanité n'a été confrontée à une question cruciale : comment gouverner les nouvelles découvertes sans se perdre dans l'anarchie morale ? La physique quantique, avec ses paradoxes et sa puissance d'application, nous offre d'immenses opportunités mais aussi des risques effrayants. Pour trouver une boussole éthique adéquate, certains penseurs contemporains se tournent vers l'Orient, en particulier vers le concept hindouiste de Dharma, l'ordre cosmique et éthique qui régit le monde.

Le dharma, dans la philosophie et la religion hindoues, représente l'ensemble des lois naturelles et morales qui garantissent l'harmonie de l'univers. Il s'agit d'un principe universel, impersonnel et intrinsèque à toute chose. Pour comprendre ce concept, il est utile de penser à la métaphore du "rythme cosmique" : un équilibre qui englobe la nature, les actions humaines et le transcendant.

Curieusement, la physique quantique se nourrit également d'équilibre. Les systèmes quantiques, dans leurs possibilités infinies, ne trouvent leur "cohérence" que dans l'interaction d'entités apparemment séparées. Les états quantiques existent en superposition jusqu'à ce qu'une observation - une interaction - les "relie" à une réalité définie. Cela met en évidence un principe d'interconnexion qui résonne avec l'idée du Dharma : rien n'est isolé, chaque action se répercute sur l'ensemble du système, qu'il s'agisse de l'univers ou d'une société.

Dans la Bhagavad Gita, l'un des textes fondamentaux de l'hindouisme, Krishna explique à Arjuna que le respect de son dharma - c'est-à-dire de son devoir éthique et cosmique - est essentiel, même lorsqu'il implique des décisions difficiles. Cet enseignement, adapté aux dilemmes contemporains du site , pourrait offrir des conseils précieux pour relever les défis de la physique quantique et de ses applications, telles que l'informatique quantique, l'intelligence artificielle et la manipulation des particules subatomiques.

L'histoire nous a déjà mis en garde contre les dangers d'une science avancée sans âme éthique. Pendant la Seconde Guerre mondiale, le projet Manhattan a donné naissance à la première bombe atomique. Des scientifiques comme Robert Oppenheimer, l'un des protagonistes de la découverte, ont été confrontés à l'héritage de leur travail dans une tourmente morale sans précédent. Après l'explosion de la bombe à Hiroshima, Oppenheimer a cité un passage de la Bhagavad Gita : "*Maintenant, je suis devenu la Mort, le destructeur des mondes*". Cette phrase, prononcée avec une profonde angoisse, reflète le poids d'un savoir utilisé sans boussole éthique claire.

L'affaire Oppenheimer enseigne que le progrès scientifique a besoin d'un "principe supérieur" pour le guider. Le dharma, compris comme le respect de l'harmonie universelle, pourrait représenter ce principe.

Aujourd'hui, les technologies basées sur la physique quantique ont un potentiel similaire, voire supérieur, à celui de l'énergie nucléaire. Les ordinateurs quantiques, par exemple, promettent de résoudre des problèmes insolubles par les ordinateurs traditionnels, mais ils pourraient aussi briser les systèmes de sécurité actuels, rendant les technologies cryptographiques actuelles obsolètes. Quel sera le prix de l'accès à une telle puissance ?

Les anciens maîtres de l'hindouisme auraient répondu à cette question en invoquant le concept d'Ahimsa, la non-violence. Dans la perspective du Dharma, toute décision technologique doit respecter deux principes fondamentaux : ne pas nuire et contribuer au bien-être collectif. De même, l'architecture de l'intelligence artificielle - l'un des domaines les plus influencés par la physique quantique - devrait être conçue pour servir l'humanité, et non pour la dominer ou la détruire.

Un élément central du Dharma est la reconnaissance de la toile de la vie, une idée qui se reflète aujourd'hui sur la scène scientifique dans l'intrication quantique. Ce phénomène montre que deux particules, même à des distances énormes, restent mystérieusement liées : les actions sur une particule affectent immédiatement l'autre. Un principe similaire, selon la vision hindoue, s'applique à la relation entre les êtres humains, la nature et l'univers : ce que nous faisons au monde, nous le faisons en fin de compte à nous-mêmes.

Un exemple pratique de ce principe éthique peut être trouvé dans le domaine de la durabilité technologique. La dépendance actuelle à l'égard de ressources rares, utilisées dans la construction d'ordinateurs quantiques, soulève des questions évidentes : comment pouvons-nous équilibrer leur utilisation avec le respect de la planète ? La réponse se trouve peut-être dans l'approche systémique du Dharma : aucune ressource ne peut être exploitée en ignorant l'interconnexion entre l'environnement, la société et l'avenir.

Le voyage du Dharma à la physique quantique n'est pas seulement un exercice intellectuel, mais un défi urgent pour gouverner l'avenir. Les technologies de pointe, si elles ne sont pas guidées par une boussole éthique, peuvent amplifier la capacité humaine à détruire, mais aussi à créer. La leçon de l'hindouisme, qui prône l'équilibre et le respect de l'interconnexion cosmique, offre un programme précieux pour la science contemporaine.

Aujourd'hui, nous pouvons choisir de suivre une voie similaire à celle du projet Manhattan ou d'écouter l'ancienne sagesse du Dharma, qui intègre la connaissance et la moralité. Comme l'a écrit Gandhi, profondément inspiré par le concept de Dharma :

> *"La science sans l'humanité est l'une des sept causes de la décadence de l'homme.*

L'avenir dépend en fin de compte de notre engagement à équilibrer le pouvoir de la connaissance et le respect de l'équilibre universel.

Technologie et pouvoir : le besoin d'une éthique quantique.

Les idées issues de la physique quantique redéfinissent rapidement le paysage technologique mondial. Les progrès de l'informatique quantique, de la cryptographie ultrarapide et des systèmes de communication basés sur l'enchevêtrement des particules promettent des innovations extraordinaires. Cependant, derrière l'enthousiasme suscité par ces découvertes se cachent des risques potentiellement dévastateurs. Comme toute technologie puissante, la technologie quantique risque d'être utilisée à des fins qui pourraient accroître les inégalités, renforcer les systèmes oppressifs ou donner lieu à des formes nouvelles et imprévisibles de conflit. Dans ce contexte, le besoin d'une âme éthique n'a jamais été aussi urgent.

En 1945, à la fin de la Seconde Guerre mondiale, le monde a assisté avec consternation à la destruction d'Hiroshima et de Nagasaki. L'utilisation de bombes atomiques - résultat de découvertes en physique nucléaire - est l'exemple le plus dramatique de la manière dont les connaissances scientifiques peuvent être utilisées sans limites morales appropriées. Plus de 200 000 personnes sont mortes à la suite des explosions et des conséquences à long terme, telles que les radiations. Cet épisode nous enseigne que l'absence d'une éthique solide pour guider l'utilisation de la science peut conduire à des tragédies incalculables.

Les technologies quantiques, bien qu'elles ne soient pas des armes au sens traditionnel du terme, peuvent refléter cette même dynamique si elles ne sont pas contrôlées. Par exemple, les ordinateurs quantiques pourraient neutraliser les systèmes de sécurité numérique mondiaux en quelques secondes. Le cryptage actuel, qui est à la base de la protection de la vie privée et des transactions financières en ligne, perdrait son efficacité, ce qui ouvrirait la porte à une nouvelle ère de vulnérabilité mondiale. Dans le même temps, les communications basées sur des particules enchevêtrées pourraient accorder un contrôle sans précédent aux gouvernements ou aux entreprises, en permettant une surveillance massive ou en centralisant le pouvoir de manière insidieuse.

Pour comprendre comment la science peut être guidée vers des objectifs constructifs plutôt que destructifs, nous pouvons nous référer au concept d'ahimsa, un principe fondamental de l'hindouisme. Ahimsa, généralement traduit par "non-violence", ne se limite pas au rejet de la violence physique. Il exprime une éthique plus large qui inclut le respect de toutes les formes de vie, l'équilibre avec le monde naturel et la compassion pour tous les êtres sensibles. De son vivant, Gandhi a fait de ce principe une philosophie pratique, utilisant l'ahimsa pour lutter pacifiquement contre l'oppression coloniale et inspirer des mouvements de justice sociale dans le monde entier.

Appliquée au progrès scientifique, l'ahimsa nous invite à nous demander : cette technologie respecte-t-elle la vie ? Produit-elle plus d'harmonie que de conflit ? Sert-elle l'humanité ou privilégie-t-elle quelques-uns au détriment du plus grand nombre ? Ce type de réflexion éthique n'est pas seulement théorique, mais fondamental pour aborder les implications des technologies quantiques.

Par exemple, imaginer un système de communication basé sur l'enchevêtrement qui respecte l'éthique de l'ahimsa signifierait investir dans la diffusion de l'information pour le bénéfice de tous, en protégeant la vie privée, en garantissant un accès équitable et en empêchant tout abus de pouvoir. De même, dans le domaine de la recherche médicale, les ordinateurs quantiques pourraient révolutionner la découverte de traitements avancés pour des maladies jusqu'ici incurables. Cela serait compatible avec l'éthique de l'ahimsa, car cela améliorerait considérablement le bien-être humain.

Ahimsa n'est pas la seule valeur éthique applicable à la science, mais sa vision interconnectée du monde s'accorde parfaitement avec les principes de la physique quantique. Dans le domaine de la physique quantique, le concept d'intrication - ce phénomène mystérieux par lequel deux particules distantes restent connectées, au point qu'une action sur l'une affecte instantanément l'autre - nous rappelle que tout dans l'univers est connecté. Ce principe, lorsqu'il est extrapolé au niveau éthique, implique que chaque action a des conséquences qui se répercutent bien au-delà de l'individu ou de l'événement unique.

C'est pourquoi les philosophes et les scientifiques sont aujourd'hui confrontés à une responsabilité cruciale. La communauté scientifique doit adopter une approche qui tienne compte des conséquences à long terme de ses découvertes technologiques. En outre, les gouvernements et les institutions académiques doivent s'efforcer de créer des politiques qui concilient l'innovation avec les principes de justice et de durabilité.

L'hindouisme, avec la sagesse de ses enseignements millénaires, nous rappelle que le progrès technologique sans éthique ne conduit pas à l'évolution de l'humanité, mais à son autodestruction potentielle. Par conséquent, le concept d'ahimsa pourrait être un guide éclairé pour naviguer dans les eaux encore inexplorées de la révolution quantique.

Au XXIe siècle, la science a le pouvoir extraordinaire de transformer le monde à une vitesse inimaginable. Les technologies quantiques étant à notre porte, nous devons tirer les leçons du passé. Le principe d'ahimsa nous offre un moyen d'équilibrer l'innovation technologique et la responsabilité morale. Tout comme Gandhi affirmait que la fin ne peut jamais justifier les moyens, nous devons aujourd'hui nous demander à quelle fin nous voulons que nos découvertes servent. Il ne s'agit pas seulement de progrès technologique, mais de l'avenir de la civilisation tout entière.

Le rôle de la vision compassionnelle.

Dans un monde de plus en plus interconnecté, la réflexion sur la relation entre la science et l'éthique devient centrale. David Bohm, physicien et philosophe du 20e siècle, est une figure clé de cette discussion. Bohm, dont les études sur la mécanique quantique ont profondément influencé la vision moderne de la réalité, était convaincu que l'univers n'était pas constitué d'entités séparées, mais d'un "ordre implicite". Cet ordre suggère un tissu unitaire dans lequel chaque élément est relié aux autres.

Bohm a également développé cette vision à travers ses dialogues avec le philosophe et mystique indien Jiddu Krishnamurti. Les deux hommes ont exploré des sujets tels que la conscience, la nature de la perception et la signification de la compassion. Bohm pensait qu'une société fragmentée, dépourvue de sens de l'harmonie, était victime d'une "déconnexion" de la réalité profonde. Pour Bohm, la compassion n'est pas seulement une valeur morale, mais aussi un élément nécessaire à la compréhension de l'interconnexion universelle.

L'idée de compassion est également au cœur de l'hindouisme. Dans la Bhagavad Gita, un ancien texte sacré, nous trouvons le concept de *Karma yoga* : l'action désintéressée pour le bien commun. Krishna, la divinité qui guide le prince Arjuna, enseigne que toute action doit être entreprise sans attachement au gain personnel, mais en pensant au bien-être universel. Cette approche profondément éthique traduit en pratique l'idée que nous faisons tous partie d'une seule et même réalité.

La mécanique quantique suggère qu'au niveau subatomique, les frontières que nous percevons comme solides se dissolvent. Des particules apparemment séparées se comportent comme une seule entité dans une dynamique connue sous le nom d'enchevêtrement quantique. Bohm a interprété ce phénomène comme une démonstration scientifique de l'interconnexion de toutes les choses. Cette perspective s'aligne étonnamment sur les vues de l'hindouisme qui, depuis des millénaires, affirme l'unité de la création, exprimée dans le concept de Brahman.

La compassion devient alors une réponse éthique à cette interconnexion. Si chaque élément de l'univers est interconnecté, chacune de nos actions affecte l'ensemble. Cette idée nous amène à considérer la compassion non seulement comme une vertu individuelle, mais aussi comme une responsabilité mondiale. Comme l'a souligné Bohm, la véritable évolution sociale ne peut se faire par la compétition, mais uniquement par la coopération et le respect mutuel.

Le dialogue entre David Bohm et Jiddu Krishnamurti, mentionné plus haut, est un exemple significatif de l'interaction entre la science, la philosophie et la compassion. Cet échange, qui a eu lieu dans les années 1970 et 1980, a été l'occasion d'une rare rencontre entre la pensée scientifique moderne et les philosophies orientales. Dans ces conversations, Bohm a reconnu que la science, privée d'une vision éthique et compatissante, risquait de devenir destructrice.

Un parallèle intéressant peut être trouvé dans les monastères indiens et tibétains, où les moines ont intégré la pratique de la méditation au concept de compassion universelle. Le Dalaï Lama lui-même a souvent cité la physique quantique comme preuve des doctrines bouddhistes de connectivité universelle. Bien qu'issus de traditions différentes, l'hindouisme et le bouddhisme partagent une vision éthique similaire : le bien-être personnel ne peut être séparé du bien-être collectif.

Nous pouvons également observer des traces de cette vision dans le mouvement environnemental moderne. L'activiste indienne Vandana Shiva, par exemple, a combiné la lutte pour la préservation de la biodiversité avec une éthique profonde inspirée de l'hindouisme. Shiva souligne que la destruction des ressources naturelles n'est pas seulement un problème écologique, mais aussi un problème éthique. Selon elle, la compassion envers la terre et tous les êtres vivants est essentielle pour assurer notre propre survie.

Réunir la science et l'éthique n'est pas une tâche facile, mais des penseurs comme Bohm et des textes comme la Bhagavad Gita offrent des conseils précieux. La vision compassionnelle, comprise comme une reconnaissance de l'interconnexion universelle, pourrait révolutionner la manière dont nous traitons les problèmes mondiaux, de la crise climatique aux inégalités sociales. En même temps, cette vision nous invite à réfléchir à notre rôle individuel dans le système plus vaste de l'existence.

Progrès technologique et compassion. Une nouvelle vision issue de la Bhagavad Gita.

Le progrès technologique est sans aucun doute l'une des caractéristiques de notre époque. Des applications révolutionnaires telles que celles offertes par la physique quantique changent notre façon de comprendre la réalité. Cependant, ces possibilités extraordinaires s'accompagnent de dilemmes éthiques sans précédent. L'histoire nous enseigne que toute nouvelle découverte s'accompagne d'une responsabilité : les choix effectués peuvent conduire à des résultats positifs pour l'humanité ou à d'immenses catastrophes, comme dans le cas de l'utilisation de l'énergie atomique. Dans ce contexte de progrès et de responsabilité, la Bhagavad Gita offre une clé d'interprétation universelle.

Dans la Bhagavad Gita, Arjuna est confronté à une crise morale sur le champ de bataille de Kurukshetra. Symbole de l'humanité en équilibre entre action et responsabilité, Arjuna se demande s'il est juste de se battre, dans un contexte où chaque choix risque de causer de la souffrance. Krishna, le guide divin et la voix de la sagesse, lui enseigne la valeur de l'action imprégnée de compassion et de détachement. Il ne s'agit pas d'une fuite des responsabilités, mais d'une invitation à agir dans un esprit de service, en accomplissant son dharma, ou devoir moral, sans s'attacher aux fruits de l'action.

Aujourd'hui, nous sommes confrontés à des dilemmes similaires. Les technologies quantiques promettent des innovations qui n'appartenaient autrefois qu'au domaine de la science-fiction : cryptographie impénétrable, simulation moléculaire pour guérir les maladies, possibilité de révolutionner le secteur de l'énergie. Cependant, ces mêmes technologies pourraient être utilisées de manière destructrice. Le pouvoir, comme l'enseignent les leçons de la Bhagavad Gita, n'est jamais neutre. Il exige une éthique profondément enracinée dans des actions altruistes.

Dans la Gita, Krishna introduit le concept de karma yoga : une voie qui pousse à agir dans le monde avec un esprit de service et de compassion, sans céder à l'égoïsme ou à la cupidité. Ce message est extraordinairement pertinent aujourd'hui. Lorsque nous transposons ce principe à notre présent, nous pouvons voir comment les technologies quantiques peuvent être des outils au service du bien commun, au lieu de devenir des moyens d'oppression ou de destruction.

Un exemple est l'utilisation de superordinateurs quantiques pour s'attaquer à des problèmes mondiaux tels que le changement climatique. Grâce à leur extraordinaire puissance de calcul, ces outils pourraient optimiser la production d'énergie renouvelable, prévenir la désertification ou aider à la gestion des ressources en eau. Mais cette même puissance technologique pourrait être utilisée pour développer des armes de pointe ou pour concentrer davantage les ressources entre les mains de quelques-uns, exacerbant ainsi les inégalités sociales. L'éthique doit donc guider chaque étape du progrès.

Un parallèle intéressant peut être trouvé dans les choix faits dans l'histoire moderne. Lors de la création de la bombe atomique, dans le cadre du projet Manhattan pendant la Seconde Guerre mondiale, des physiciens comme Robert Oppenheimer ont été confrontés à des questions qui pouvaient tourmenter la conscience.

La physique quantique n'est pas seulement un domaine d'application pratique, c'est aussi une révolution dans la façon dont nous percevons le monde. Le concept d'intrication, par exemple, montre comment deux particules peuvent rester interconnectées même à de grandes distances. Cette idée présente une analogie frappante avec les philosophies orientales, notamment la pensée hindoue, qui considère l'interconnexion comme l'une des vérités fondamentales de l'existence. Krishna lui-même souligne que chaque action, aussi petite soit-elle, affectera inévitablement l'ensemble du système.

Si nous acceptons ce point de vue, il devient évident que chaque développement technologique doit tenir compte de son impact global. Chaque choix, de l'utilisation d'un algorithme à la répartition des ressources, a des répercussions qui peuvent changer le destin de la planète. Le progrès ne peut donc pas être un privilège réservé à quelques-uns. Il doit être un moyen d'alléger les souffrances humaines, dans le respect de tous les êtres vivants et de l'environnement, un principe repris dans les textes védiques.

Un exemple concret de la rencontre entre progrès technologique et compassion est l'utilisation des technologies quantiques en médecine. Les ordinateurs quantiques révolutionnent déjà la recherche médicale, grâce à leur capacité à simuler des molécules complexes et à ouvrir de nouvelles voies pour le traitement de maladies jusqu'alors considérées comme incurables. Considérer ces applications comme porteuses de compassion, c'est se concentrer sur l'objectif le plus élevé du progrès : sauver des vies.

Dans le secteur de l'énergie également, les promesses sont énormes. Les progrès de l'informatique quantique pourraient permettre de créer des matériaux révolutionnaires pour le stockage de l'énergie solaire ou des batteries plus efficaces, contribuant ainsi à réduire notre dépendance à l'égard des combustibles fossiles. Mais, comme nous l'enseigne Krishna, ces avancées doivent être guidées par une vision éthique claire.

La Bhagavad Gita nous rappelle que le progrès sans compassion est stérile. Krishna enseigne que l'action doit toujours être entreprise de manière désintéressée, en vue non pas d'un gain personnel, mais du bien commun. Face aux défis mondiaux et aux possibilités infinies offertes par la physique quantique, ces principes restent plus que jamais d'actualité.

Il est temps d'adopter une vision de compassion et d'interconnexion, en faisant de l'éthique le cœur battant de nos décisions. Ce n'est qu'à cette condition que le progrès technologique pourra être véritablement au service de l'humanité, en réalisant ce que la Gita appelle le "Dharma universel" : vivre et agir en ayant à l'esprit le bien collectif.

Conclusion : science et compassion, un avenir possible

L'hindouisme et la physique quantique empruntent des chemins apparemment éloignés, mais, à y regarder de plus près, ils semblent converger vers un point central : la compréhension de l'interconnexion. Dans la Bhagavad Gita, l'un des textes sacrés les plus célèbres de l'hindouisme, nous trouvons des mots qui semblent parler le langage de la science moderne d'aujourd'hui :

> *Celui qui voit l'Un dans la multiplicité apparente et la multiplicité dans l'Un est vraiment un sage.*

De même, la physique quantique nous a montré que la réalité n'est pas fragmentée en compartiments distincts, mais qu'il s'agit d'un système profondément imbriqué dans lequel chaque particule influence les autres par des liens invisibles.

L'idée que tout est étroitement lié est un concept ancien de la philosophie indienne. Le mot "Brahman" décrit l'essence unique et indivisible de l'univers. Chaque être vivant, chaque action, chaque son est une expression de cette énergie universelle qui imprègne tout. Traduite en termes plus modernes, cette idée trouve un écho étonnant dans le réseau quantique : un ensemble de relations invisibles qui lient des particules à des années-lumière les unes des autres. L'une des démonstrations les plus célèbres de cette interdépendance est l'intrication quantique, observée pour la première fois en 1982 par le physicien Alain Aspect et ses collègues, et confirmée par des découvertes ultérieures.

La question n'est donc plus de savoir si nous sommes interconnectés, mais comment nous choisissons d'agir au sein de cette connexion. Et c'est là qu'apparaît le grand défi éthique que doivent relever la science et la philosophie.

Selon le principe du karma, chaque action, pensée ou parole génère une onde qui se propage dans l'univers et revient inévitablement à son point de départ. Pour ceux qui connaissent, même superficiellement, ce concept spirituel, il est facile d'établir un parallèle avec les lois quantiques. Si, dans le monde quantique, une action localisée sur une particule peut en influencer une autre, même à distance, dans la pensée éthique indienne, chaque effet, aussi petit soit-il, a une portée cosmique.

Ce principe nous oblige à réfléchir aux conséquences de nos choix. Il n'y a pas d'actions isolées ou non pertinentes. Les crises environnementales du 21e siècle, par exemple, montrent à quel point notre lien collectif avec une planète vivante a des conséquences globales. La déforestation, la pollution et le changement climatique ne sont pas des problèmes "d'ailleurs". La souffrance d'une forêt abattue se reflète dans un climat qui affecte tout le monde. Des mouvements tels que Chipko, né en Inde en 1973 pour protester contre la déforestation aveugle, incarnent cette prise de conscience sur le plan spirituel et scientifique. Dans les montagnes de l'Himalaya, des groupes de femmes ont littéralement embrassé des arbres pour les protéger d'un abattage dévastateur. Ce geste symbolique évoque l'interconnexion, la piété et la responsabilité partagée.

Aujourd'hui, cependant, le grand défi n'est pas seulement de comprendre ces liens, mais de les appliquer de manière éthique pour tracer un avenir durable.

Aujourd'hui, la science a atteint des frontières extraordinaires. Des technologies telles que l'intelligence artificielle, le génie génétique et même la manipulation de la matière quantique nous offrent d'incroyables possibilités, mais aussi d'immenses dangers. La destruction atomique d'Hiroshima et de Nagasaki - un projet né de l'enthousiasme pour la physique quantique - nous a rappelé à quel point la frontière entre le progrès et la destruction est fragile.

Seule une éthique universelle, fondée sur la compassion et la conscience de l'interdépendance, peut empêcher que cela ne se reproduise. L'hindouisme parle souvent de l'ahimsa, la philosophie de la non-violence, comme point de départ d'une humanité harmonieuse. Tous les grands leaders spirituels, de Gandhi à la figure de Mère Teresa, ont incarné dans leurs actions cette compassion qui transcende les cultures et les religions, qui répond à l'appel de ceux qui souffrent, où qu'ils soient.

Cette prise de conscience émerge également dans le domaine scientifique. Le Dalaï Lama a souvent collaboré avec des scientifiques, du biologiste Francisco Varela au physicien David Bohm, pour trouver un terrain d'entente entre les connaissances scientifiques et spirituelles. Bohm, en particulier, pensait qu'il n'y avait pas de séparation entre la science et la spiritualité. Dans son livre "*Wholeness and the Implicate Order*", Bohm propose que la réalité soit un tout indivisible, une "grande mer d'énergie", faisant écho à des visions typiques du Vedānta.

En regardant vers l'avenir, nous avons la responsabilité de choisir. Nous savons aujourd'hui à quel point un seul geste peut tout affecter. Si nous considérons la planète comme un organisme vivant, nos actions doivent être orientées vers le bien de l'ensemble du système.

Il ne s'agit pas de renoncer à la technologie ou à la science, mais de créer une science éthique, guidée par la compassion. D'autre part, comme l'enseigne l'hindouisme, nous ne pouvons jamais nous séparer des autres. Même le principe quantique nous dit qu'aucune particule, ni aucun être humain, n'est vraiment isolé.

Chapitre XII. Intégration de la spiritualité et de la science.

Vers un nouveau paradigme.

Au cœur de l'Inde sacrée, sur les rives du Gange, la spiritualité hindoue se mêle à d'anciennes questions sur l'univers et la réalité. Pendant des milliers d'années, les maîtres et les philosophes hindous ont réfléchi à la relation entre l'être humain et l'infini, cherchant des réponses au-delà de la matière visible. Aujourd'hui, cette spéculation spirituelle millénaire rencontre curieusement le monde de la physique quantique, une discipline qui n'est née qu'au XXe siècle. Cette rencontre nous pousse vers un nouveau paradigme, une perspective révolutionnaire qui redéfinit notre compréhension de nous-mêmes et de la réalité.

La physique quantique, avec ses lois contre-intuitives, a remis en question les modèles traditionnels de la science occidentale. Des concepts tels que le dualisme onde-particule, l'intrication et l'effondrement de la fonction d'onde remettent en question les notions classiques d'espace, de temps et de causalité. Fait remarquable, ces concepts rappellent certaines des idées fondamentales de l'hindouisme.

L'hindouisme, à travers ses textes sacrés tels que les Vedas et les Upanishads, décrit le cosmos non pas comme une entité fixe, mais comme une danse dynamique. Par exemple, Shiva, dans la tradition hindoue, est souvent représenté comme le *Nataraja, le Seigneur de la danse*, qui crée, préserve et détruit l'univers dans un cycle éternel. La cosmologie moderne, quant à elle, parle de l'univers comme d'un champ d'énergie en mouvement et en transformation continus. Ce parallélisme n'est pas seulement poétique : des physiciens tels que Fritjof Capra ont juxtaposé la vision holistique des philosophies orientales au langage de la physique quantique.

L'un des thèmes centraux de la physique quantique est le rôle de l'observateur. L'expérience de la double fente a montré que le comportement d'une particule change si celle-ci est observée, mettant en évidence une interconnexion entre la conscience et la matière. Ce phénomène, encore débattu aujourd'hui, semble refléter le concept hindou de Maya, c'est-à-dire l'idée que la réalité matérielle n'est qu'une illusion conditionnée par la perception de nos sens.

L'hindouisme ne considère pas la réalité phénoménale comme objective, mais comme une réalité subjective projetée par l'esprit et les sens. La libération spirituelle, ou Moksha, consiste précisément à transcender cette perception illusoire et à reconnaître l'unité du soi (Atman) avec l'absolu (Brahman). De même, certains physiciens quantiques explorent la possibilité que la conscience joue un rôle fondamental dans la formation de la réalité, suggérant que la matière et l'énergie pourraient ne pas exister indépendamment de l'observation.

La fusion de la science et de la spiritualité n'est pas étrangère à l'histoire de l'humanité. Au fil des siècles, de grands penseurs et mystiques ont tenté de surmonter les barrières entre la connaissance empirique et l'intuition transcendantale. Au XXe siècle, Erwin Schrödinger, l'un des pères de la mécanique quantique, s'est intéressé à la philosophie orientale. Schrödinger a étudié les Upanishads de manière intensive et a soutenu que la physique moderne convergeait, d'une certaine manière, avec le monisme hindou.

Même J. Robert Oppenheimer, le père de la bombe atomique, a lu les Védas et cité la Bhagavad Gita alors qu'il assistait au premier essai atomique dans le désert du Nouveau-Mexique. La juxtaposition de la science et de la spiritualité peut sembler paradoxale, mais ces hommes ont vu dans les deux disciplines une recherche de la vérité, bien que par des moyens différents.

Le nouveau paradigme émergent propose un élargissement de la perspective. L'hindouisme nous invite à considérer la conscience comme une partie intégrante de l'univers, et non comme un sous-produit accidentel de la biologie. La physique quantique, quant à elle, nous rappelle que la réalité est beaucoup plus nuancée et interconnectée qu'il n'y paraît. Ensemble, ces deux visions nous offrent un message profond : la conscience et la matière ne sont pas séparables ; elles sont plutôt les deux faces d'une même pièce.

Selon le physicien David Bohm, un autre pionnier de la pensée quantique,

> *"La réalité est un tout indivisible, dans lequel l'esprit et la matière ne peuvent être considérés comme des éléments séparés.*

Cette vision trouve un écho dans l'hindouisme des textes védiques, où l'individu n'est pas séparé de l'univers, mais est comme une goutte d'eau qui contient l'océan tout entier.

Ces dernières années, des scientifiques et des philosophes ont commencé à collaborer pour explorer les frontières entre la physique moderne et les anciennes traditions spirituelles. Des centres tels que l'*Institute of Noetic Sciences* en Californie encouragent les études qui associent les neurosciences, la cosmologie et les pratiques contemplatives. Parallèlement, en Inde, les *Vedic Science Institutes* ( ) prônent l'importance d'intégrer les connaissances anciennes aux découvertes modernes.

Sur le plan personnel, l'union de la physique quantique et de l'hindouisme peut inspirer une profonde exploration de soi et de la réalité. Comme l'a dit le philosophe américain Alan Watts :

"Le renouveau spirituel ne consiste pas à trouver de nouvelles idées, mais à voir l'unité derrière tout ce qui existe.

Peut-être que la compréhension de l'univers passe inévitablement par la compréhension de notre propre esprit.

Dans ce voyage vers le nouveau paradigme, nous sommes appelés à travailler pour l'unité. D'une part, le langage rigoureux de la physique nous offre des modèles et des données. De l'autre, la sagesse millénaire de l'hindouisme nous invite à réfléchir au sens de l'existence. Unis, nous pouvons entrevoir un avenir dans lequel la science et la spiritualité ne sont plus des mondes séparés, mais des points sur une même orbite : une exploration commune du mystère universel.

Nouvelles voies dans la recherche et la spiritualité.

Les frontières de la science et celles de la spiritualité se rapprochent de plus en plus de manière inattendue. En particulier, dans l'hindouisme, l'une des plus anciennes philosophies de l'humanité, des concepts surprenants émergent et semblent dialoguer avec la physique quantique et d'autres disciplines scientifiques telles que la bioéthique et la psychologie. Ce dialogue pourrait représenter l'un des rebondissements épistémologiques les plus fascinants de notre époque, offrant de nouvelles façons de comprendre le monde et le rôle que nous y jouons.

L'un des enseignements centraux de l'hindouisme est l'idée de l'unité de toute existence. Dans les Védas, les plus anciens textes sacrés de cette tradition, il est dit que tout est imprégné de Brahman, le principe universel qui donne la vie et relie tout. Ce concept établit des parallèles frappants avec la physique quantique, où la nature unifiée de l'existence émerge à travers des phénomènes tels que l'enchevêtrement quantique.

L'intrication, déjà pressentie dans les années 1930 grâce aux travaux d'Albert Einstein, Boris Podolsky et Nathan Rosen (paradoxe EPR), décrit une propriété par laquelle deux particules, séparées même par d'immenses distances, restent connectées d'une manière qui dépasse toute explication classique. La découverte a été confirmée en 1982, puis en 2022, lorsque trois scientifiques - Alain Aspect, John F. Clauser et Anton Zeilinger - ont reçu le prix Nobel pour avoir démontré que le comportement quantique dépasse les limites imposées par le réalisme local.

De même, les textes védiques suggèrent que tous les êtres vivants et la matière partagent une seule réalité sous-jacente. Comme l'a affirmé le philosophe indien Adi Shankara au VIIIe siècle, le monde matériel (Maya) est une illusion, et ce qui existe réellement est l'unité indivisible de l'être. Cette conception philosophique semble anticiper une vision quantique de l'univers, dans laquelle la diversité et la séparation sont finalement des manifestations d'une harmonie plus profonde.

Le concept de Dharma, qui, dans l'hindouisme, représente l'ordre moral et cosmique, offre des perspectives pertinentes pour la réflexion bioéthique moderne. Aujourd'hui, des sujets complexes tels que le génie génétique, l'intelligence artificielle et le clonage soulèvent des questions éthiques de plus en plus pressantes. Comment guider nos choix scientifiques sans compromettre l'équilibre du monde naturel et de la société ?

Selon l'hindouisme, le Dharma est le guide qui permet de maintenir l'équilibre universel et de protéger l'interconnexion de tous les êtres vivants. Ce principe pourrait être appliqué à la bioéthique moderne par le biais d'un principe de responsabilité collective. Nishit Kumar Soni, physicien et philosophe contemporain, a fait valoir que l'intégration des valeurs spirituelles dans les décisions scientifiques pourrait contribuer à éviter les dévastations environnementales et sociales causées par une technologie développée sans limites morales.

Récemment, le dialogue entre la psychologie et la physique quantique s'est intensifié grâce à des concepts inspirés des philosophies orientales. Carl Gustav Jung, l'un des pères de la psychologie moderne, s'est profondément intéressé à l'hindouisme et au concept de synchronicité, c'est-à-dire à la manifestation simultanée d'événements qui, sans être liés par un lien de causalité, ont une signification symbolique ou archétypale. Jung a collaboré avec le physicien Wolfgang Pauli, l'un des pionniers de la théorie quantique, explorant les façons dont l'esprit et la matière semblent interagir à travers des modèles cohérents et non aléatoires.

Ces études rendent plus acceptable aujourd'hui un concept fondamental de l'hindouisme : l'esprit possède un pouvoir créatif. Dans les textes védiques, la conscience (Chit) est considérée comme le principe qui façonne la réalité. Certains scientifiques modernes, comme Amit Goswami, physicien théoricien et auteur de *The Self-Conscious Universe*, soutiennent que la conscience n'est pas un sous-produit de la matière, mais la base même de l'existence, anticipant une vision dans laquelle la spiritualité et la physique contemporaine se rencontrent.

Outre les parallèles philosophiques et conceptuels, de véritables champs de recherche interdisciplinaires émergent. La neurothéologie, par exemple, explore les réactions du cerveau lors de pratiques spirituelles telles que la méditation, profondément ancrée dans la tradition hindoue. Des études neuroscientifiques ont montré que la pratique régulière de la méditation peut modifier la structure du cerveau, améliorant la capacité à gérer le stress et augmentant le sentiment de connexion avec les autres.

Certains chercheurs voient dans ces résultats la possibilité de développer des outils scientifiques pour explorer les états de conscience supérieurs. Richard Davidson, neuroscientifique à l'université du Wisconsin, a mené des études sur des moines tibétains qui présentent des niveaux sans précédent d'ondes gamma dans le cerveau pendant la méditation profonde. Ces états, appelés "*unité transcendantale*", semblent confirmer ce que les anciennes écritures indiennes décrivent comme le *Samadhi*, ou état de conscience suprême dans lequel l'individu se dissout dans l'universel.

La rencontre entre la philosophie indienne et la physique quantique n'est pas seulement un effort intellectuel, mais une véritable exploration de nouvelles possibilités humaines. La sagesse ancienne peut aider la science à se rappeler que son but ultime n'est pas seulement de faire progresser la technologie, mais de comprendre la nature de l'existence et d'améliorer la qualité de la vie. Comme l'a dit David Bohm, physicien théoricien et collaborateur d'Einstein :

> *"L'univers n'est pas une entité séparée, mais un tout indivisible, une totalité dans laquelle chaque partie contient le tout".*

Dans cet esprit, l'avenir de la science retrouvera peut-être une dimension plus profonde, dans laquelle l'unité de l'esprit et de la matière deviendra le centre de la connaissance humaine.

Bibliographie pour une étude plus approfondie.

Cette liste fournit un cadre solide pour explorer les complexités entre les philosophies orientales et la physique quantique.

Presque tous les livres mentionnés ont été traduits dans différentes langues et peuvent être trouvés grâce au nom de l'auteur.

Adams Fred	The Quantum Connection: Bridging Science and Spirituality. New York: Harmony Publishers, 2002.
Amaldi Ugo	La fisica di tutti i giorni. Dai quanti ai buchi neri # Rizzoli, 2019.
Aranya Swami Vivekananda	The Complete Works of Swami Vivekananda (in più volumi) Advaita Ashrama, 1989.
Aurobindo Sri	The Life Divine. Pondicherry: Sri Aurobindo Ashram, 1940.
Baggott Jim	Beyond Measure: Modern Physics, Philosophy, and the Meaning of Quantum Theory
Balagangadhara S. N.	The Heathen in His Blindness: Asia, the West, and the Dynamic of Religion. Leiden: Brill, 1994.
Baruah Bijoy H.	Hindu Dharma and Modern Science. New Delhi: Inter-India Publications, 1985.
Bergé Marc	La quête de l'unité: Méditation spirituelle et physique quantique # Editions Albin Michel, 2021.
Bohm David	Wholeness and the Implicate Order # Routledge, 1980.

Bohm David	Science, Order, and Creativity # Routledge, 1987.
Bohm David, Krishnamurti Jiddu	The Ending of Time: Where Philosophy and Physics Meet
Capra Fritjof	The Turning Point: Science, Society, and the Rising Culture # Bantam Books, 1982.
Capra Fritjof	La rete della vita. Una nuova interpretazione scientifica dei sistemi viventi
Capra Fritjof	The Tao of Physics: An Exploration of the Parallels Between Modern Physics and Eastern Mysticism. Berkeley: Shambhala, 1975.
Chakrabarti Arindam	Classical Indian Philosophy of Mind: The Nyāya Dualist Tradition. Abingdon: Routledge, 1998.
Chatterjee Satischandra	An Introduction to Indian Philosophy. Calcutta: University of Calcutta, 1950.
Chattopadhyaya Debiprasad	Lokayata: A Study in Ancient Indian Materialism # People's Publishing House, 1959.
Chopra Deepak	Quantum Healing: Exploring the Frontiers of Mind/Body Medicine # Bantam, 1989.
Cohen Andrew	Embracing Reality: The Direct Path to Liberation. Nevada City: Moksha Press, 2001.
Dalai Lama XIV (Tenzin Gyatso)	The Universe in a Single Atom: The Convergence of Science and Spirituality
Dasgupta Surendranath	A History of Indian Philosophy (in cinque volumi) # Cambridge University Press, 1922-1955.
Deussen Paul	The Philosophy of the Upanishads # Dover Publications, 1906.
Deutsch David	The Fabric of Reality: The Science of Parallel Universes - And Its Implications # Penguin, 1998.
Dyczkowski Mark	The Doctrine of Vibration: An Analysis of the Doctrines and Practices of Kashmir Shaivism
Einstein Albert, Infeld Leopold	The Evolution of Physics # Cambridge University Press, 1938.
Eliade Mircea	Yoga. Immortalità e libertà # BUR Biblioteca Univ. Rizzoli/Martinez Roca Ediciones, 1951/1999.
Esfeld Michael	Physics and Philosophy. Oxford: Oxford University Press, 2004.
Feuerstein Georg	Yoga Tradition: Its History, Literature, Philosophy and Practice # Hohm Press, 2001.
Feuerstein Georg	The Philosophy of Classical Yoga. Rochester: Inner Traditions, 1980.
Goswami Amit	Quantum Mechanics and Consciousness # Hampton Roads Publishing, 1995.

Goswami Amit	The Self-Aware Universe: How Consciousness Creates the Material World. New York: Putnam, 1993.
Guénon René	L'uomo e il suo divenire secondo il Vêdânta # Adelphi, 1925.
Gupta Bina	The Disinterested Witness: A Feminist Perspective on Indian Aesthetics and Ethics. Evanston: Northwestern University Press, 2000.
Heisenberg Werner	Physics and Philosophy: The Revolution in Modern Science. New York: HarperCollins, 1958.
Iyer K. Satchidananda Murty	Indian Philosophy of Advaita # Motilal Banarsidass, 1982.
Jacobs Alan	The Bhagavad Gita: A Poetic Transcreation # Watkins Publishing, 2005.
Jones Richard H.	Science and Mysticism: Exploring the New Paradigm # Bucknell University Press, 1986.
Joshi Kireet	Philosophy and Yoga of Sri Aurobindo and Other Essays. New Delhi: Indian Council of Philosophical Research, 2005.
Kak Subhash	The Architecture of Knowledge: Quantum Mechanics, Neuroscience, Computers, and Consciousness. New Delhi: Center for Indic Studies, 2004.
Kaku Michio	Physics of the Impossible: A Scientific Exploration into the World of Phasers, Force Fields, Teleportation, and Time Travel # Doubleday, 2008.
Kapra Ajit	Vedanta and Quantum Physics: A Synthesis of Science and Spirituality # Eastern Light Publications, 2012.
Karmarkar Vishwanath	Indian Thought and Quantum Physics: An Exploration # Lotus Press, 2011.
Karnath Ananda	Brahman, Atman, and Quantum Theory: Revisiting Indian Metaphysics # Jain Books, 2020.
Katz Jerry	One: Essential Writings on Nonduality # Sentient Publications, 2007.
Krishna Daya	Indian Philosophy: A Counter Perspective # Oxford University Press, 1991.
Krishnamurti Jiddu	You Are the World # Krishnamurti Foundation, 1972.
Kumar Vijay	Quantum Physics and Vedanta: Scientific Linkage of Quantum Physics and Ancient Hindu Philosophy. New Delhi: Harper, 2012.

Laszlo Ervin	Science and the Akashic Field: An Integral Theory of Everything. Rochester: Inner Traditions, 2004.
Lipner Julius J.	Brahman: A Comparative Theology # Routledge, 1999.
Mahadevan T. M. P.	Invitation to Indian Philosophy. Delhi: Chand & Co., 1974.
Majumdar Ramesh Chandra	The History and Culture of the Indian People (in undici volumi) # Bharatiya Vidya Bhavan, 1951-1977.
Malhotra Rajiv	The Audacity of Self-Identity: Hindus and the Global Order. New York: HarperCollins India, 2013.
Mallick Sanbandhu	The Quantum Vision of Indian Metaphysics # Wisdom Publications, 2015.
Matsoukas T.	Quantum World and the Mystic East # Omega Print, 2009.
Mehta Rohit	Philosophy of Patanjali # Indian Institute of World Culture, 1956.
Menon Sangeetha	Consciousness and Creativity in Indian Performing Arts. New Delhi: DK Printworld, 2008.
Mitchell John D.	Physics Meets Mysticism: Insight into the Advaitan Universe # HarperOne, 2008.
Mitra Kanji Lal	India's Philosophy: Integrating Science and Spirituality # Aryan Books International, 1995.
Mukhopadhyay Ramesh	Quantum Holism and Process Thought. Kolkata: Center of Process Philosophy, 2000.
Muller Gabriel	Hindu Cosmology and Quantum Physics: Bridging Ancient and Modern Knowledge
Murthy K. Krishna	Metaphysics in Indian Philosophy. Delhi: Bharatiya Vidya Bhavan, 1981.
Nagarjuna	Mūlamadhyamakakārikā: The Fundamental Wisdom of the Middle Way. Trans. Jay Garfield. New York: Oxford University Press, 1995.
Nagendra Swami Sivananda	Vedanta Simplified # Divine Life Society, 1960.
Nikhilananda Swami	The Upanishads: A New Translation # HarperOne, 1949.
Oppenheim G.	Brahman and Quantum: Philosophical Reflections on Unity in Diversity # Eastern Publications, 2004.
Oppenheimer J. Robert	Science and the Common Understanding. New York: Simon and Schuster, 1954.
Pande Govind Chandra	The Meaning and Process of Culture. Varanasi: Banaras Hindu University, 1961.

Panikkar Raimundo	The Intercultural Challenge of Hindu Philosophy # Orbis Books, 1993.
Penrose Roger	La strada che porta alla realtà. I segreti dell'universo, della vita e della mente # Rizzoli, 2004.
Prabhupada A. C. Bhaktivedanta Swami	Bhagavad-gita As It Is # Bhaktivedanta Book Trust, 1972.
Radhakrishnan S	Indian Philosophy. London: Allen & Unwin, 1927.
Raju P. T.	The Philosophical Traditions of India. Delhi: Motilal Banarsidass, 1971.
Rosen Steven	Krishna's Song: A New Look at the Bhagavad Gita. Santa Barbara: Praeger, 2007.
Sharma Arvind	Classical Hindu Thought: An Introduction. New Delhi: Oxford University Press, 2000.
Shastri Hari Prasad	Philosophy of Gorakhnath with Goraksha-Vacana-Sangraha. Delhi: Motilal Banarsidass, 1998.
Sri Nisargadatta Maharaj	I Am That. Bombay: Chetana Publications, 1973.
Swami Vivekananda	Complete Works of Swami Vivekananda. Kolkata: Advaita Ashrama, 1897.
Tagore Rabindranath	Sadhana: The Realisation of Life. New York: Macmillan, 1913.
Thakur Upendranath	The Aesthetic Face of Being: Indian Art Through the Ages. Delhi: Heritage, 1975.
Tolle Eckhart	The Power of Now: A Guide to Spiritual Enlightenment. Novato: New World Library, 1997.
Upadhyay Ramachandra Dattatraya Ranade	A Constructive Survey of Upanishadic Philosophy. Poona: Oriental Book Agency, 1926.
Vatsyayan Kapila	The Square and the Circle of the Indian Arts. New Delhi: Abhinav Publications, 1997.
Venkatraman Bharati	Quantum Yoga: The Theory of Relationships Between Modern Physics and Yoga. Chennai: Yogi Sciences International, 2014.

Bruno Del Medico, blogueur, écrivain, éditeur, est spécialisé dans la diffusion de sujets liés à l'actualité sociale et aux nouvelles frontières de la science. Il est l'auteur de nombreuses publications, dont une série spécialisée dans la physique quantique et la métaphysique.

Brahman Hindouisme, Atman Karma Moksha Dharma, physique quantique, intrication quantique, conscience quantique, spiritualité méditation, Tao Zen Bouddhisme.

#David Bohm, philosophie des sciences, métaphysique, univers intelligent, survie de l'âme, âme immortelle, vie après la mort, NDE, mécanique quantique, particules élémentaires, photons, effondrement quantique, onde de particule, superposition quantique, Carl Jung. synchronicité, inconscient collectif.

www.ingramcontent.com/pod-product-compliance
Lightning Source LLC
LaVergne TN
LVHW010638051026
849532LV00001B/101
9788832273885